电气工程、自动化专业系列教材

供配电工程

邹一琴　陈伦琼　主编
柴济民　鞠金涛　高　深　蔡纪鹤　副主编

电子工业出版社
Publishing House of Electronics Industry
北京·BEIJING

内 容 简 介

本书全面介绍了供配电工程的基础知识和设计过程，并以实际工程设计实例贯穿教材始终，注重理论计算、分析与设计相结合。本书共10章，主要内容包括：供配电基础知识、负荷计算、变配电所及其一次系统、电力线路、短路电流计算、电气设备的选择、供配电系统的继电保护、变电所二次回路和自动装置、变电所的布置与照明设计、防雷与接地。

本书可作为电气工程、自动化及相关专业本科生的教材，也可作为高职高专、开放大学等相关专业的教学参考书，同时也能作为相关工程技术人员和注册电气工程师（供配电专业）考试的参考用书。

未经许可，不得以任何方式复制或抄袭本书之部分或全部内容。
版权所有，侵权必究。

图书在版编目（CIP）数据

供配电工程 / 邹一琴，陈伦琼主编. -- 北京：电子工业出版社，2025. 4. -- ISBN 978-7-121-49992-0

Ⅰ. TM72

中国国家版本馆 CIP 数据核字第 202506FZ75 号

责任编辑：凌　毅
印　　刷：三河市龙林印务有限公司
装　　订：三河市龙林印务有限公司
出版发行：电子工业出版社
　　　　　北京市海淀区万寿路 173 信箱　邮编：100036
开　　本：787×1 092　1/16　印张：19　字数：523 千字
版　　次：2025 年 4 月第 1 版
印　　次：2025 年 4 月第 1 次印刷
定　　价：59.90 元

凡所购买电子工业出版社图书有缺损问题，请向购买书店调换。若书店售缺，请与本社发行部联系，联系及邮购电话：（010）88254888，88258888。
质量投诉请发邮件至 zlts@phei.com.cn，盗版侵权举报请发邮件至 dbqq@phei.com.cn。
本书咨询联系方式：（010）88254528，lingyi@phei.com.cn。

前　言

随着电力工业的快速发展，供配电技术也持续更新。传统的供配电设备已被采用新技术的产品所取代，例如真空断路器和六氟化硫断路器已经广泛应用，传统的继电保护被微机保护、综合自动化所取代。产业技术发展的日新月异，促使高校教材要紧密结合产业实际，本书以供配电工程设计步骤为纲领，将实际工程实例融入每个设计过程，以呈现最新的供配电工程设计技术和知识。

本书共10章，主要讲述供配电基础知识、负荷计算、变配电所及其一次系统、电力线路、短路电流计算、电气设备的选择、供配电系统的继电保护、变电所二次回路和自动装置、变电所的布置与照明设计、防雷与接地。本书在编写过程中，深入贯彻党的二十大精神，以立德树人为根本目标，致力于培养高素质的创新型人才。本书紧密结合实际工程实例，重点介绍35kV及以下供配电工程的基本知识与理论、设计和计算，并以实际变电所设计作为每部分内容的实例，反映供配电工程设计的新技术、新设备和新知识。本书注重系统设计，例题丰富，每章有学习拓展和/或小组讨论，附录中有常用电气设备的主要技术数据、常用文字符号表等相关资料。

本书是国家级一流本科课程"供电技术"的配套教材，由邹一琴、陈伦琼担任主编，柴济民、鞠金涛、高深、蔡纪鹤担任副主编。具体编写分工如下：邹一琴编写第1章、第6章，陈伦琼编写第3章、第4章和附录，柴济民编写第7章、第8章，鞠金涛编写第2章、第5章，高深编写第10章，蔡纪鹤编写第9章。全书由钱银其总工程师主审。

本书提供免费的电子课件，读者可登录华信教育资源网www.hxedu.com.cn，注册后免费下载。读者扫描书中的二维码可观看部分章节的视频讲解，也可到"中国大学MOOC"上学习与该书配套的在线课程。

在本书的编写过程中，参考了许多相关文献，在此向所有作者致以诚挚的谢意！

由于编者学识和经验有限，书中难免存在不足、疏漏甚至错误之处，恳请读者不吝批评指正。

目 录

第1章 供配电基础知识 ··· 1
1.1 供配电工程概论 ··· 1
1.1.1 基本概念 ··· 1
1.1.2 电力系统的额定电压 ··· 4
1.1.3 电力系统的中性点运行方式 ··· 7
1.1.4 电能质量指标 ··· 10
1.1.5 电力负荷分类 ··· 12
1.2 供配电工程设计基础 ··· 13
1.2.1 供配电工程设计要求 ··· 13
1.2.2 供配电工程设计知识 ··· 13
学习拓展 ··· 16
小组讨论 ··· 16
习题 ··· 16

第2章 负荷计算 ··· 17
2.1 负荷计算基础 ··· 17
2.1.1 负荷曲线 ··· 17
2.1.2 负荷曲线的相关物理量 ··· 18
2.1.3 计算负荷的定义 ··· 19
2.2 用电设备负荷计算的方法 ··· 20
2.2.1 用电设备的设备容量 ··· 20
2.2.2 估算法 ··· 21
2.2.3 需要系数法 ··· 22
2.2.4 单相负荷计算法 ··· 24
2.3 功率损耗和年电能损耗 ··· 28
2.3.1 功率损耗 ··· 28
2.3.2 年电能损耗 ··· 29
2.4 尖峰电流的计算 ··· 30
2.5 功率因数和无功功率补偿 ··· 31
2.5.1 功率因数的计算 ··· 32
2.5.2 功率因数对供配电系统的影响及提高功率因数的方法 ··· 33
2.5.3 并联电容器补偿 ··· 34
2.5.4 并联电容器的装设与控制 ··· 36
2.5.5 补偿后的负荷计算和功率因数计算 ··· 38

  2.6 用户负荷计算与设计实例 41
    2.6.1 用户负荷计算步骤 41
    2.6.2 用户负荷计算工程设计实例 43
  小组讨论 50
  习题 50

第3章 变配电所及其一次系统 51

  3.1 供配电电压的选择 51
    3.1.1 供电电压的确定 51
    3.1.2 配电电压的确定 51
  3.2 变电所的类型与选址 52
    3.2.1 变电所的类型 52
    3.2.2 变电所位置的选择 53
  3.3 变压器的选择 54
    3.3.1 变压器型号与连接组别 54
    3.3.2 变压器台数和容量的确定 55
  3.4 变电所一次电气设备 56
    3.4.1 高低压开关设备 57
    3.4.2 互感器 61
    3.4.3 高低压熔断器和避雷器 65
    3.4.4 高低压开关柜 68
  3.5 变配电所主接线 69
    3.5.1 概述 69
    3.5.2 变电所主接线的基本形式 70
    3.5.3 变配电所主接线设计原则 72
  3.6 工程设计实例 74
  小组讨论 77
  习题 77

第4章 电力线路 78

  4.1 电力线路的接线方式 78
    4.1.1 放射式接线 78
    4.1.2 树干式接线 78
    4.1.3 环形接线 79
  4.2 电力线路选择的一般原则 80
    4.2.1 线路型号的选择原则 80
    4.2.2 线路截面的选择原则 82
  4.3 按允许载流量选择线路截面 82
    4.3.1 三相系统相导体截面的选择 82
    4.3.2 中性导体和保护导体截面的选择 83
  4.4 按允许电压损失选择线路截面 84

		4.4.1 线路电压损失的计算	84
		4.4.2 按允许电压损失选择线路截面	88
	4.5	按经济电流密度选择线路截面	90
	4.6	电力线路的结构和敷设	91
		4.6.1 电力线路的结构	91
		4.6.2 电力线路的敷设	92
	4.7	工程设计实例	94
	小组讨论		95
	习题		95

第5章 短路电流计算 97

5.1	短路电流计算基础	97
5.2	无限大等值系统三相短路分析	98
	5.2.1 无限大等值系统概念	98
	5.2.2 无限大等值系统三相短路暂态过程	99
	5.2.3 三相短路相关参数计算	101
5.3	无限大等值系统三相短路电流的计算	102
	5.3.1 标幺制	102
	5.3.2 短路回路元件的标幺值阻抗	104
	5.3.3 三相短路电流计算	105
	5.3.4 两相短路电流计算	107
	5.3.5 单相短路电流计算	108
	5.3.6 电动机对三相短路电流的影响	109
5.4	短路电流的效应	109
	5.4.1 短路电流的电动力效应	110
	5.4.2 短路电流的热效应	111
5.5	工程设计实例	113
小组讨论		116
习题		117

第6章 电气设备的选择 119

6.1	电气设备选择的一般原则	119
	6.1.1 电气设备选择的一般步骤	119
	6.1.2 电气设备的选择与校验项目	121
6.2	高压电气设备的选择	121
	6.2.1 高压开关柜的选择	121
	6.2.2 高压开关电器的选择	122
	6.2.3 互感器的选择	124
6.3	母线、支柱绝缘子和穿墙套管的选择	128
	6.3.1 母线的选择	128
	6.3.2 支柱绝缘子的选择	129

　　　　6.3.3 穿墙套管的选择······130
　6.4 低压电气设备的选择······132
　　　　6.4.1 低压熔断器的选择······132
　　　　6.4.2 低压断路器的选择······134
　　　　6.4.3 低压开关柜的选择······136
　小组讨论······137
　习题······137

第7章 供配电系统的继电保护······139

　7.1 继电保护的基本知识······139
　　　　7.1.1 继电保护的任务和要求······139
　　　　7.1.2 继电保护的基本原理和分类······140
　　　　7.1.3 继电保护技术发展简史······141
　　　　7.1.4 常用保护继电器······142
　　　　7.1.5 微机保护概述······145
　7.2 电力线路的继电保护······148
　　　　7.2.1 电力线路的常见故障和保护配置······148
　　　　7.2.2 电流保护的接线方式······148
　　　　7.2.3 阶段式电流保护······150
　　　　7.2.4 单相接地保护······163
　　　　7.2.5 过负荷保护······166
　7.3 电力变压器的继电保护······166
　　　　7.3.1 电力变压器的常见故障和保护配置······166
　　　　7.3.2 电力变压器过电流保护和过负荷保护······168
　　　　7.3.3 电力变压器的气体保护······173
　　　　7.3.4 电力变压器的差动保护······175
　7.4 其他设备的继电保护······184
　　　　7.4.1 高压电动机的继电保护······184
　　　　7.4.2 6~10kV 电力电容器的继电保护······186
　7.5 工程设计实例······187
　小组讨论······189
　习题······189

第8章 变电所二次回路和自动装置······192

　8.1 变电站综合自动化系统概述······192
　8.2 变电所二次回路······195
　　　　8.2.1 二次回路与操作电源······195
　　　　8.2.2 高压断路器控制回路······198
　　　　8.2.3 中央信号回路······201
　　　　8.2.4 测量和绝缘监视回路······204
　8.3 自动装置······209

    8.3.1 自动重合闸装置（ARD） 209
    8.3.2 备用电源自动投入装置（APD） 211
  8.4 二次回路安装接线图 212
  学习拓展 217
  习题 217

第9章 变电所的布置与照明设计 218

  9.1 变电所的布置与结构 218
    9.1.1 变电所的总体布置 218
    9.1.2 户内式变电所各部分的结构设计 219
  9.2 变电所的照明设计 223
    9.2.1 电气照明概述 223
    9.2.2 照明光源和灯具 229
    9.2.3 照度计算 235
    9.2.4 照明节能 237
    9.2.5 变电所照明平面图设计 237
    9.2.6 变电所照明配电箱设计 241
  小组讨论 243
  习题 244

第10章 防雷与接地 245

  10.1 过电压和防雷 245
    10.1.1 电气安全基础 245
    10.1.2 过电压及雷电基本概述 246
    10.1.3 防雷装置 247
    10.1.4 防雷保护 253
  10.2 接地 255
    10.2.1 接地概述 255
    10.2.2 高压电气装置接地 255
    10.2.3 低压电气装置接地 256
    10.2.4 接地装置 258
    10.2.5 接地电阻 259
    10.2.6 低压配电系统的等电位连接 260
    10.2.7 防雷工程设计接地实例分析 261
  小组讨论 263
  习题 263

附录A 常用电气设备的主要技术数据 264

附录B 常用文字符号表 290

参考文献 294

第1章　供配电基础知识

学习目标：了解和掌握电力系统和供配电系统的概念、电力系统的额定电压、电力系统中性点的运行方式、电能的质量指标等基本知识；了解供配电工程设计的要求和基本内容等；理解电力系统及供配电系统对社会发展的重要性。

1.1　供配电工程概论

电能是一种经济、实用、清洁且容易控制和转换的能源形态，也是电力部门向电能用户提供由发、供、用三方共同保证质量的一种特殊产品。电能广泛应用于国民经济、社会生产和人民生活等各个方面，已成为现代社会的主要能源。我国已建成并投入运行多条交流 1000kV、直流 ±800kV 的超高压及 ±1100kV 特高压输电线路，达到世界领先水平。目前，全国已形成了 500kV 为主（西北地区为 330kV）的电网主网架，东北、华北、西北、华中、华东、南方六大区域电网全部实现互联。

1.1.1　基本概念

1. 电力系统

电力系统由发电厂、变电站（所）、电力线路和电能用户组成，如图 1-1 所示。

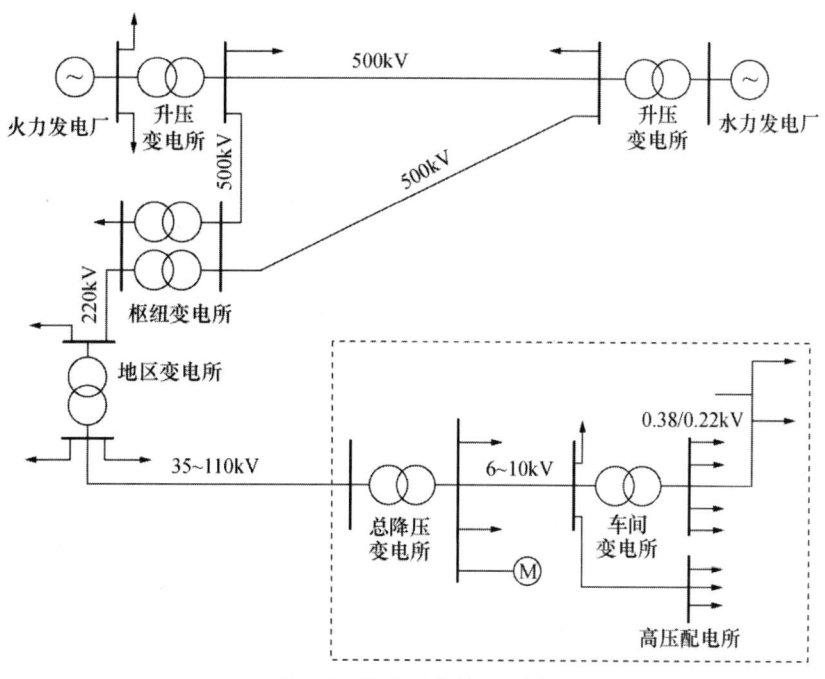

图 1-1　电力系统的示意图

（1）发电厂

发电厂又称发电站，是将自然界蕴藏的各种一次能源转换为电能（二次能源）的工厂。根据一次能源的不同，有火力、水力、核能、风力、太阳能、地热发电厂等，当前在电力系统中起主导作用的是火力、水力、风力发电厂。

火力发电厂是利用可燃物（煤、天然气、石油等）作为燃料生产电能的工厂。其发电原理是：燃料在锅炉中充分燃烧，将锅炉中的水转换为高温高压蒸汽，蒸汽推动汽轮机转动，从而带动发电机旋转发出电能。世界上多数国家的火力发电厂以燃煤为主，我国随着"西气东输"工程的开展，已逐步扩大天然气燃料的比例，目前正逐步淘汰小火力发电机组，加快水电站和核电站的建设，大力发展绿色能源。

水力发电厂是利用水流的动能和势能来生产电能的工厂。其发电原理是：水流驱动水轮机转动，带动发电机旋转发电。按水流的形成方式的不同，水力发电厂可分为堤坝式水力发电厂、引水式水力发电厂和抽水蓄能式水力发电厂等。

风力发电厂是利用风能来生产电能的工厂。其发电原理是：空气切入风轮叶片中产生阻力或者升力，在这两种力的作用下，风机的叶片旋转，带动发电机产生电能。

为充分利用资源，降低发电成本，发电厂往往远离城市和电能用户。例如，火力发电厂大多建在靠近一次能源的地区；水力发电厂一般建在水利资源丰富、远离城市的地方；风力发电厂一般建在高风能资源地区，如海岸线附近、山脉和高地等。因此，发电厂发出的电能往往需要经过升压、输送、降压和分配，再送达各电能用户。

（2）变电站（所）

变电站是指电力系统中对电压和电流进行变换，接收电能及分配电能的场所，由电力变压器、配电装置和二次系统等构成。在发电厂内的变电站是升压变电站，其作用是将发电机发出的电能升压后馈送到高压电网中，其余变电站均为降压变电站。仅用于接收电能和分配电能的场所称为配电所。用于交流电流和直流电流相互转换的场所称为换流站。

变电站按电压等级分一类变电站、二类变电站、三类变电站和四类变电站。一类变电站主要是指交流特高压站和750/500/330kV跨大区联络变电站，二类变电站是指一类变电站以外的其他750/500/330kV变电站和220kV跨省联络变电站，三类变电站是指除二类以外的220kV变电站，四类变电站主要是指110kV及以下的变电站。按变电站的地位和作用不同，分为枢纽变电站、地区变电站和用户变电站。

（3）电力线路

电力线路是指在发电厂、变电站和电能用户间用来传送电能的线路，是电力系统的重要组成部分，担负着输送和分配电能的任务。

电力线路按电流类型分，有交流输电线路和直流输电线路，直流输电线路主要用于远距离输电，连接两个不同频率的电网和向大城市供电；按电压高低分，有高压线路和低压线路，低压线路是指1kV以下的电力线路，高压线路是指1kV及以上电压的电力线路，交流1000kV及以上和直流±800kV及以上的称为特高压线路，220～750kV的称为超高压线路；按结构形式分，有架空线路、电缆线路和室内线路等；按作用和电压等级分，有输电线路和配电线路，输电线路通过较高的电压（220kV及以上）将各发电厂和枢纽变电站、地区变电站连接，构成输电网络，配电线路通过较低的电压（110kV及以下）将电能送到各电能用户，构成配电网络。

（4）电能用户

电能用户是指通过电网消费电能的设备或单位，又称电力负荷。

电能用户按行业分为工业用户、农业用户、市政商业用户和居民用户等。市政商业和居民生活用电的电压等级一般为1kV、10kV，工业用电和农业用电的电压等级一般为10kV、35kV、110kV等。

随着全球能源结构的转型和中国"双碳"目标的推进，国家发展和改革委员会、国家能源局、国家数据局印发了《加快构建新型电力系统行动方案（2024—2027年）》，大力推进新型电力系统的建设。新型电力系统是以实现碳达峰、碳中和为前提而建造的具有清洁低碳、安全可控、灵活高效、智能友好、开放互动基本特征的电力系统，对新能源、坚强智能电网、多能互补等技术有更高要求，届时，共享储能电站、虚拟电厂等新生事物也将逐渐被人们所熟悉。

2．动力系统和电力网

电力系统加上发电厂的动力设备称为动力系统，电力系统去除发电厂和电能用户称为电力网。动力系统、电力系统和电力网之间的关系紧密互联，如图1-2所示。

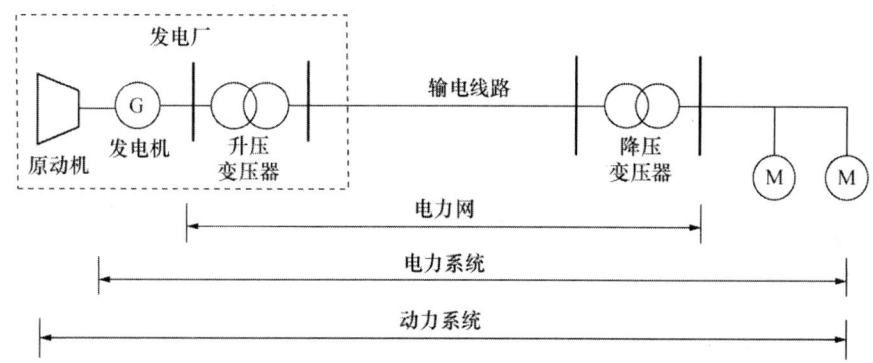

图1-2　动力系统、电力系统和电力网示意图

3．供配电系统

供配电系统是电力系统的主要用户，所以也是电力系统的重要组成部分。供配电系统一般由总降压变电所、高压配电所、配电线路、车间变电所或建筑物变电所和用电设备组成。对于某个具体用户的供配电系统，根据其电力负荷和厂区的大小，可能上述各部分都有，也可能只有其中的几部分。通常，大型企业都设总降压变电所，中小型企业仅设6～10kV变电所，某些特别重要的企业还设自备发电厂作为备用电源。图1-3所示为供配电系统的结构示意图。

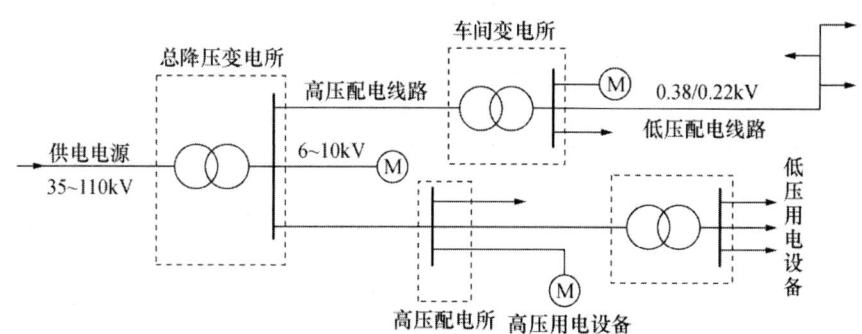

图1-3　供配电系统的结构示意图

（1）总降压变电所

总降压变电所是指从电力系统引入高压电能，降压后向高压配电所、车间变电所或建筑物变电所和高压用电设备配电的变配电设施，是连接电力系统的枢纽，一般由电力变压器、配电装置、控制和信号装置、继电保护自动装置和防雷设施等组成。主要任务是将35～220kV的

外部供电电源电压降为6~10kV高压配电电压。

（2）高压配电所

高压配电所是指对6~10kV电压进行接收、分配、控制与保护的场所，其不对电能进行变压。一般厂区大、负荷分散的大型企业设置高压配电所。

（3）配电线路

配电线路是指从总降压变电所把电力送到配电变压器或将配电所的电力送到用电单位的线路，分为6~10kV高压配电线路和0.38/0.22kV低压配电线路。高压配电线路将总降压变电所与高压配电所、车间变电所或建筑物变电所和高压用电设备连接起来；低压配电线路将车间变电所或建筑物变电所的0.38/0.22kV电压送到各低压用电设备。

（4）车间变电所或建筑物变电所

车间变电所或建筑物变电所是将6~10kV电压降为0.38/0.22kV电压，供低压用电设备使用的场所。

（5）用电设备

用电设备按用途可分为动力用电设备、工艺用电设备、电热用电设备、试验用电设备和照明用电设备等。

1.1.2 电力系统的额定电压

1. 基本概念

额定电压是指电气设备正常工作且长期运行经济效果最佳的电压，也称为标称电压。额定电压可以从用电设备和供电设备两个方面进行理解，用电设备的额定电压表示设备出厂时设计的最佳输入电压，通常也是比较容易取得的电源供给电压。供电设备的额定电压表示供电系统的最佳输出电压，需要与用电设备的额定电压进行匹配，包括电网、发电机和电力变压器的额定电压。

GB/T 156—2017《标准电压》规定了三相交流系统的标称电压和高于1000V三相交流系统的最高电压。系统最高电压也称系统最高运行电压，是指在系统正常运行的任何时间，系统中任何一点所出现的最高运行电压值，瞬态过电压（如由开关操作引起的）及不正常的暂态电压变化均不在内。

我国三相交流系统的标称电压、最高电压和发电机、电力变压器的额定电压见表1-1。

表1-1 我国三相交流系统的标称电压、最高电压和发电机、电力变压器的额定电压 （单位：kV）

分类	系统标称电压	系统最高电压	发电机额定电压	电力变压器额定电压	
				一次绕组	二次绕组
低压	0.38	—	0.4	0.22/0.38	0.23/0.4
	0.66	—	0.69	0.38/0.66	0.4/0.69
	1(1.14)	—	—	—	—
高压	3(3.3)	3.6	3.15	3,3.15	3.15,3.3
	6	7.2	6.3	6,6.3	6.3,6.6
	10	12	10.5	10,10.5	10.5,11
	—	—	13.8,15.75,18,22,24,26	13.8,15.75,18,20,22,24,26	—
	20	24	20	20	21,22

续表

分类	系统标称电压	系统最高电压	发电机额定电压	电力变压器额定电压	
				一次绕组	二次绕组
高压	35	40.5	—	35	38.5
	66	72.5	—	66	72.6
	110	126(123)	—	110	121
	220	252(245)	—	220	242
	330	363	—	330	363
	500	550	—	500	550
	750	800	—	750	820
	1000	1100	—	1000	1100

注：①表中数值为线电压；②表中斜线"/"左边的数值为相电压，右边的数值为线电压；③括号内的数值在用户有要求时使用。

2．额定电压的确定

额定电压的确定是指电力系统中发电机、变压器、电力线路、用电设备等各类电气设备的额定电压确定。

1）电网（电力线路）的额定电压

电网（电力线路）的额定电压只能选用国标规定的系统标称电压。当电力线路输送电力负荷时，要产生电压损失（允许电压损失为10%），因此，线路的额定电压实际就是线路首、末两端电压的平均值，如图1-4所示。电网（电力线路）的额定电压是确定其他电气设备额定电压的基本依据。

2）用电设备的额定电压

用电设备的额定电压与同级电网（电力线路）的额定电压相同。由于电力线路中有电压损失，致使沿线各用电设备的端电压将不同，为了保证用电设备的良好运行，国家对各级电网电压的偏差均有严格规定，但用电设备应具有比电网电压允许偏差更宽的正常工作电压范围，用电设备的电压偏移为±5%。

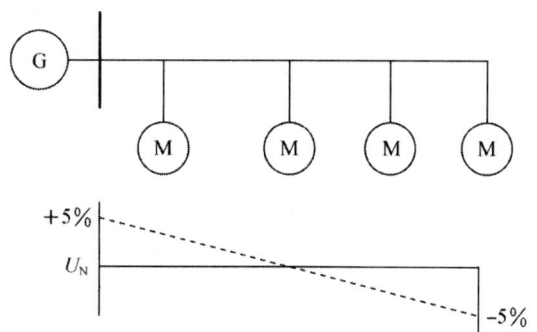

图1-4 用电设备（M）和发电机（G）额定电压示例

3）发电机的额定电压

发电机的额定电压为同级电力线路额定电压的105%。由于用电设备的电压偏移为±5%，而电力线路的允许电压损失为10%，这就要求电力线路首端电压为额定电压的105%，末端电压为额定电压的95%，发电机在电力线路首端，故电力线路首端电压即发电机额定电压。

4）电力变压器的额定电压

（1）变压器一次绕组的额定电压

当变压器接于电网末端时（如工厂降压变压器），等同于电网上的一个电气设备，故其额定电压与电网一致；当变压器接于发电机引出端时（如发电厂升压变压器），则其额定电压应与发电机额定电压相同。

（2）变压器二次绕组的额定电压

对于变压器的二次绕组，额定电压是指空载电压，考虑到变压器承载时的电压损失（一般为5%），二次绕组的额定电压应比相连线路的额定电压高5%，当线路较长（如35kV及以上高压线路）时，还应考虑到线路电压损失（按5%计），二次绕组的额定电压应比相连线路的额定电压高10%，如图1-5所示。

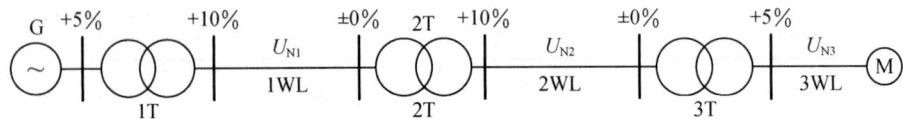

图1-5 变压器额定电压示例

【例1-1】试确定图1-6所示供电系统中发电机G、变压器2T和3T、线路1WL和2WL的额定电压。

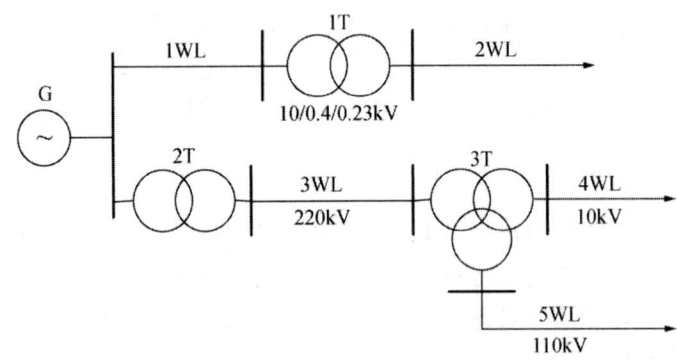

图1-6 例1-1供电系统图

解 1WL线路的额定电压为 $U_{N.1WL}=U_{1N.1T}=10\text{kV}$

2WL线路的额定电压为 $U_{N.2WL}=\dfrac{U_{2N.1T}}{1.05}=\dfrac{0.4/0.23}{1.05}=0.38/0.22\text{kV}$

发电机G的额定电压为 $U_{N.G}=1.05U_{N.1WL}=1.05\times10=10.5\text{kV}$

变压器2T的额定电压为 $U_{1N.2T}=U_{N.G}=10.5\text{kV}$

$U_{2N.2T}=1.1U_{N.3WL}=1.1\times220=242\text{kV}$

因此，2T的额定电压为10.5/242kV。

变压器3T的额定电压为 $U_{1N.3T}=U_{N.3WL}=220\text{kV}$

$U_{2N.3T}=1.1U_{N.5WL}=1.1\times110=121\text{kV}$

$U_{3N.3T}=1.05U_{N.4WL}=1.05\times10=10.5\text{kV}$

因此，3T的额定电压为220/121/10.5kV。

1.1.3 电力系统的中性点运行方式

1.1.3 节至
1.1.5 节视频

电力系统的中性点是指星形连接的变压器或发电机的中性点,其运行方式指中性点与大地的电气连接方式。电力系统的中性点运行方式主要分两类:小接地电流系统和大接地电流系统,又称中性点非有效接地系统和中性点有效接地系统。前者又分中性点不接地系统、中性点谐振接地系统和中性点经电阻接地系统,后者为中性点直接接地系统。

中性点运行方式与电压等级、单相接地故障电流、过电压水平及保护配置等有密切关系。表 1-2 为我国常用的中性点运行方式。

表 1-2 我国常用的中性点运行方式

系统电压	接地电流	中性点运行方式
1kV 以下		中性点直接接地系统
3~10kV	≤30A	中性点不接地系统
	>30A	中性点谐振接地系统
20~63kV	≤10A	中性点不接地系统
	>10A	中性点谐振接地系统
110kV 及以上		中性点直接接地系统

1. 中性点不接地系统

中性点不接地系统指中性点(N)没有人为加以接地的系统。系统正常运行时,三相对地的分布电容相同,三相对地电容电流对称且相量和为零;三相对地电压对称,为各相的相电压,线电压对称,中性点对地电压为零。

系统发生单相接地时,如图 1-7(a)所示,接地相(C 相)对地电压为零($\dot{U}'_C = 0$),从而,接地相电容电流为零。非接地相(A 相、B 相)对地电压升高为线电压($\dot{U}'_A = \dot{U}_A + (-\dot{U}_C) = \dot{U}_{AC}$,$\dot{U}'_B = \dot{U}_B + (-\dot{U}_C) = \dot{U}_{BC}$),即等于相电压的 $\sqrt{3}$ 倍,从而,非接地相对地电容电流也增大 $\sqrt{3}$ 倍。中性点 N 对地电压会升高到相电压,系统的线电压维持不变。

系统的接地电流 $\dot{I}_E$(流过接地点的电容电流 $\dot{I}_C$)为 A、B 两相对地电容电流之和。取接地电流 $\dot{I}_E$ 的正方向从相线到大地,如图 1-7(b)所示,有

$$\dot{I}_E = -(\dot{I}_{C.A} + \dot{I}_{C.B}) \tag{1-1}$$

在数值上,由于 $I_E = \sqrt{3} I_{C.A}$,而 $I_{C.A} = \dfrac{\dot{U}_A}{X_C} = \dfrac{\sqrt{3}U_A}{X_C} = \sqrt{3}I_{C0}$,因此

$$I_E = 3I_{C0} \tag{1-2}$$

即单相接地的接地电流为正常运行时每相对地电容电流的 3 倍。

中性点不接地系统发生单相接地时,虽然各相对地电压不平衡,但各相间电压(线电压)仍然对称平衡,且通过故障点的故障电流不大,系统仍可继续运行一段时间,但不得超过 2 小时,主要是为了防止非接地相再有一相发生接地,造成两相短路,从而引发更大事故。

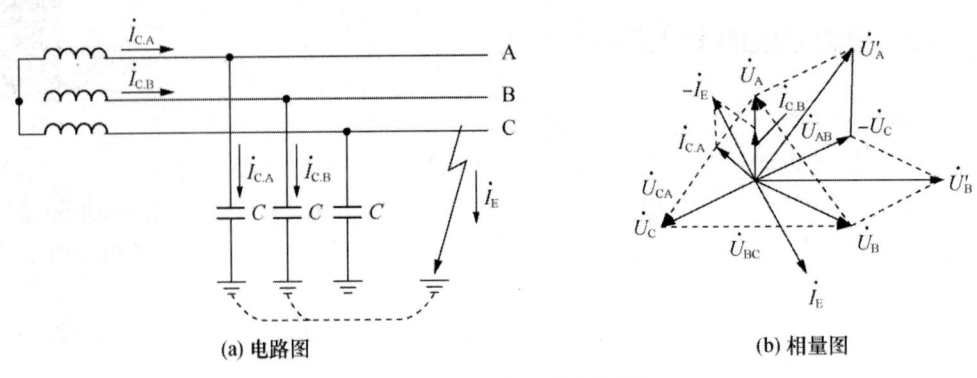

(a) 电路图　　　　　　　　　　　　　(b) 相量图

图 1-7　单相接地的中性点不接地系统

2. 中性点谐振接地系统

中性点经消弧线圈接地的系统称为中性点谐振接地系统,如图1-8所示。当中性点不接地系统的单相接地电流超过规定值时,为了避免产生断续电弧,引起过电压和造成短路,中性点应经消弧线圈接地,消弧线圈的作用是提供电感电流进行补偿,使故障点电流降至10A或30A以下。

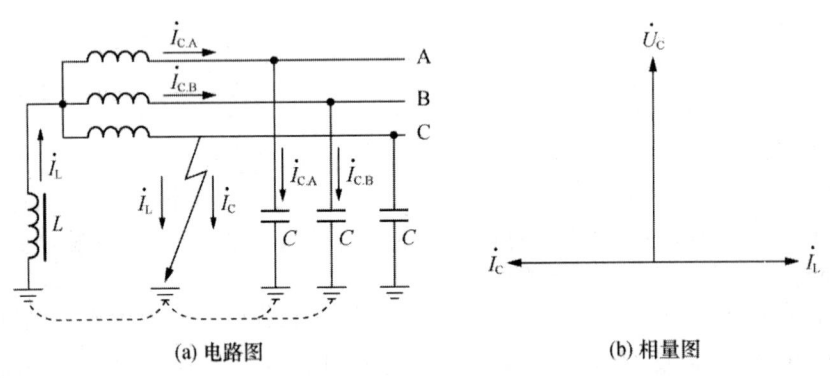

(a) 电路图　　　　　　　　　　　　　(b) 相量图

图 1-8　中性点谐振接地系统

正常工作时,中性点的电位为零,消弧线圈两端没有电压,没有电流流过消弧线圈。当发生单相接地时,各相对地电压和对地电容电流的变化情况与中性点不接地系统相同,流过接地点的电流是接地电容电流 $\dot{I}_C$ 和流过消弧线圈的电感电流 $\dot{I}_L$ 之相量和。由于两个电流的方向相反,两电流相抵后可使流过接地点的电流减小。

消弧线圈对电容电流的补偿有3种方式：①全补偿,$I_L=I_C$；②欠补偿,$I_L<I_C$；③过补偿,$I_L>I_C$。一般采用过补偿,以防止由全补偿引起的电流谐振,损坏设备或欠补偿后由于部分线路断开造成全补偿。

中性点谐振接地系统在单相接地时不破坏系统对称性,能自动消除瞬时单相接地故障,电网的运行可靠性较高,但发生永久性故障时存在选线不够快速准确、故障检测困难等情况,设备投资也较高。

3. 中性点经电阻接地系统

系统中至少有一根导体或一点经过电阻接地,称为中性点经电阻接地系统。经过电阻接地分为经高电阻接地和经低电阻接地。

(1) 中性点经高电阻接地系统

经高电阻接地的目的是给故障点注入阻性电流,以提高接地保护动作的灵敏性,电阻值一般为数百至数千欧姆。当发生单相接地故障时,在接地电弧熄弧后,系统对地电容中的残留电荷将通过中性点电阻泄放,从而减少电弧重燃的可能性,抑制电网过电压的幅值,从而降低间歇性弧光接地过电压。中性点经高电阻接地系统对系统绝缘水平要求较高,主要用于发电机回路。有些大型发电机为提高运行的稳定性,中性点也会采用经高电阻接地方式。

(2) 中性点经低电阻接地系统

中性点经低电阻接地方式也称为小电阻接地方式。中性点经低电阻接地方式是以获得快速选择性继电保护所需的足够电流为目的,一般接地故障电流为 100~1000A,限制瞬态过电压的准则是系统等值零序电阻与其系统零序电抗之比 $R_{(0)}/X_{(0)} \geqslant 2$,电阻值为 10~200Ω。中性点经低电阻接地方式适用于以电缆线路为主,不容易发生瞬时性单相接地故障且系统电容电流比较大的城市电网、发电厂用电系统、轨道交通用电系统及企业配电系统等。6~20kV 主要由电缆线路构成的送、配电网络,单相接地故障电容电流较大时,可采用低电阻接地方式。

4．中性点直接接地系统

图 1-9 是发生单相(如 C 相)接地时的中性点直接接地系统。中性点直接接地系统发生单相接地时,中性点对地电压仍为零,非接地相对地电压也不发生变化,但中性点与接地点形成单相短路,产生很大的短路电流 I_K,继电保护动作切除故障线路,使系统的其他部分恢复正常运行。

中性点直接接地系统的优点是系统过电压水平和输变电设备所需的绝缘水平较低,投资造价较低,但发生单相接地故障时单相接地电流很大,必然引起断路器跳闸,降低了供电的连续性,因此供电可靠性较差。

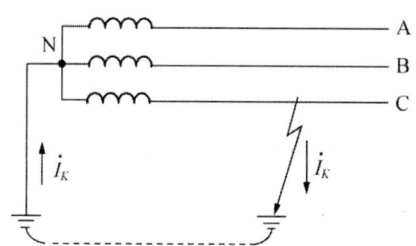

图 1-9 单相接地的中性点直接接地系统

各种中性点接地方式的比较见表 1-3。

表 1-3 各种中性点接地方式的比较

比较项目	不接地	谐振接地	高电阻接地	低电阻接地	直接接地
接地故障电流	低	最低	大于接地故障电容电流	一般控制在 100~1000A	高,有时大于三相短路电流
接地故障时非接地相工频电压	高,长输电线产生高电压	故障点约为线间电压,离开故障点时比线间电压高 20%~50%或更高	比不接地时略低,有时比线间电压高	异常过电压控制在 2.8 倍以下	低,与正常时一样
单相接地时对设备的损害	较严重	避免	减轻	减轻	可能严重
单相接地故障时电网的稳定性	高	最高	高	最低	最低
接近故障点时对人身的危害	较重	较轻	较重	较重	严重
接地装置的投入	少	最多	较多	较少	最少

1.1.4 电能质量指标

供电质量包括电能质量和供电可靠性两个方面。供电可靠性可用电能用户全年实际供电小时数与全年总小时数（8760h）的百分比来衡量，也可用全年的停电次数和停电持续时间来衡量。

电能质量主要是指电压、频率和波形的质量，主要包括电压偏差、电压波动与闪变、三相电压不平衡、频率偏差、波形畸变和供电中断等。理想的电能质量是恒定频率、恒定幅值的正弦波形电压与连续供电。

电能质量问题可能对电能用户造成巨大损失。表 1-4 为主要电能质量现象、起因和典型持续时间。

表 1-4 主要电能质量现象、起因和典型持续时间

电能质量现象	起因	典型持续时间
电压偏差	无功功率不平衡	>1min
频率偏差	有功功率不平衡	<10s
电压波动与闪变	功率波动性或间歇性负荷	间歇，频率<25Hz
三相电压不平衡	负荷三相不平衡或电力系统元件参数不对称	稳态
波形畸变	非线性负荷和系统的非线性电气元件	稳态
供电中断	系统检修、线路或设备永久性故障、供需不平衡	>1min

1. 电压质量

电压质量以电压偏差、电压波动和闪变、三相电压不平衡等指标来衡量。

（1）电压偏差

电压偏差是实际运行电压对系统标称电压的偏差相对值，以百分数表示，即

$$\Delta U\% = \frac{U - U_N}{U_N} \times 100\% \tag{1-3}$$

式中，$\Delta U\%$为电压偏差百分数；U为实际运行电压；U_N为系统标称电压（额定电压）。

GB/T 12325—2008《电能质量 供电电压偏差》规定了我国供电电压偏差的限值，最大允许电压偏差应不超过以下标准：

① 35kV 及以上供电电压正、负偏差的绝对值之和不超过系统标称电压的 10%；

② 20kV 及以下三相供电电压允许偏差为系统标称电压的±7%；

③ 220V 单相供电电压允许偏差为系统标称电压的+7%、-10%。

可通过改变变压器的变比、降低系统阻抗、无功功率补偿等措施减小电压偏差。

（2）电压波动和闪变

电压波动是指电压均方根值（有效值）一系列的变动或连续的变化。它是波动负荷（生产或运行过程中周期性或非周期性地从供电网中取用快速变动功率的负荷，如炼钢电弧炉、轧机、电弧焊机等）引起的电压快速变动。系统阻抗越大，其所导致的电压波动越大。电压波动程度用电压变动和电压变动频度衡量，GB/T 12326—2008《电能质量 电压波动和闪变》对电压变动限值作了规定。

电压闪变是电压波动在一段时间内的累计效果，它通过灯光照度不稳定造成的视觉感受来反映。电压闪变程度主要用短时间闪变值和长时间闪变值来衡量。短时间闪变值是衡量短时间（若干分钟）内闪变强弱的一个统计值，短时间闪变值的基本记录周期为 10min。长时间闪变

值是由短时间闪变值推算出来的，反映长时间（若干小时）闪变强弱的量值，长时间闪变值的基本记录周期为2h。GB/T 12326—2008《电能质量　电压波动和闪变》对闪变的限值作了规定。

可通过安装静止无功装置、专线供电敏感负荷等方式改善电压波动和闪变，增强系统的稳定性。

（3）三相电压不平衡

三相电压不平衡指的是三相电压幅值不同或相位差不为120°，或兼而有之。三相电压不平衡主要是由负荷不平衡（如电弧炉和电焊机等单相大容量负荷）和三相阻抗不对称（供电线路不对称）引起。三相电压不平衡会引起旋转电机的附加发热和振动，使变压器容量得不到充分利用，对通信系统产生干扰。

三相电压不平衡的分析通常采用对称分量法。三相电压不平衡度是指三相电力系统中三相不平衡的程度，用电压、电流负序基波分量或零序基波分量与正序基波分量的均方根值的百分比表示。根据GB/T 15543—2008《电能质量　三相电压不平衡》，对于电力系统的公共连接点，电网正常运行时，负序电压不平衡度不超过2%，短时不得超过4%。低压系统零序电压不平衡度限值暂不作规定。接于公共连接点的每个用户引起该点负序电压不平衡度允许值一般为1.3%，短时不得超过2.6%。根据连接点的负荷状况以及邻近发电机、继电保护和自动装置安全运行要求，该允许值可适当变动，但必须满足对电力系统公共连接点的限值要求。

可通过分散不对称负荷、加装三相平衡装置等方式改善三相电压不平衡度。

2．频率质量

电网的额定频率有两种：50Hz和60Hz。欧洲、亚洲等大多数地区采用50Hz，北美地区采用60Hz。按照GB/T 15945—2008《电能质量　电力系统频率偏差》规定：电力系统正常运行条件下频率偏差限值为±0.2Hz，当系统容量较小时，偏差限值可以放宽到±0.5Hz。冲击负荷引起的系统频率变化为±0.2Hz，根据冲击负荷的性质和大小以及系统的条件也可适当变动，但应保证近区电力网、发电机组和用户的安全、稳定运行及正常供电。

3．波形质量

在交流电网中，由于许多非线性电气设备的投入运行，其电压、电流波形实际上不是完全的正弦波形，而是不同程度畸变的非正弦波。非正弦波通常是周期性的交流量，含基波、谐波和间谐波。基波的频率与电网频率相同（工频50Hz），谐波的频率为基波频率的整数倍，间谐波的频率为基波频率的非整数倍。

波形质量以谐波电压含有率、间谐波电压含有率和电压波形畸变率来衡量。电网中的谐波对电气设备、电力线路的影响较大，GB/T 14549—1993《电能质量　公共电网谐波》规定我国公用电网谐波电压含有率应不大于表1-5限值。GB/T 24337—2009《电能质量　公共电网间谐波》规定我国220 kV及以下电力系统公共连接点（PCC）各次间谐波电压含有率和单一用户间谐波电压含有率应不大于表1-6限值。

表1-5　公用电网谐波电压（相电压）限值（GB/T 14549—1993）

电网额定电压/kV	电压总谐波畸变率/%	各次谐波电压含有率/% 奇次	各次谐波电压含有率/% 偶次
0.38	5.0	3.8	1.3
6、10、20	4.0	3.0	1.6
35、66	3.0	2.0	1.5
110	2.5	1.9	0.7

表1-6　间谐波电压含有率限值（GB/T 24337—2009）

电压等级/V	频率/Hz <100	频率/Hz 100~800
≤1000	0.2%（0.16%）	0.5%（0.4%）
>1000	0.16%（0.13%）	0.4%（0.32%）

注：括号内数据为单一用户间谐波电压含有率限值；频率800Hz以上间谐波电压限值还在研究中。

1.1.5 电力负荷分类

电力系统中，在某一时刻所承担的各类用电设备消费电功率的总和，称为电力负荷。电力负荷包括各类电动机、变压器、电弧炉、整流装置、制冷制热设备、电子仪器和照明设施等，它们的工作特征和重要性不同，对供电的可靠性和供电的质量要求也不同。因此，对电力负荷进行分类，可以满足电力负荷对供电可靠性的不同要求，保证供电质量。

1．可靠性分类

电力负荷根据对供电可靠性的要求及中断供电在政治上、经济上造成的损失或影响的程度划分为三级。

（1）一级负荷

符合下列情况之一时，应为一级负荷：

① 中断供电将造成人身伤亡者；

② 中断供电将在政治上、经济上造成重大损失者，如重大设备损坏、重大产品报废、用重要原料生产的产品大量报废，国民经济中重点企业的连续性生产过程被打乱而需要长时间恢复等；

③ 中断供电将影响有重大政治、经济意义的用电单位的正常工作，如重要交通枢纽、重要通信枢纽、重要宾馆、大型体育场馆、经常用于国际活动的大量人员集中的公共场所等用电单位中的重要电力负荷。

在一级负荷中，当中断供电将发生中毒、爆炸和火灾等情况的负荷，以及特别重要场所的不允许中断供电的负荷，称为特别重要的负荷。

一级负荷的供电电源应符合下列规定：

① 由两个独立电源供电。当一个电源发生故障时，另一个电源不应同时受到损坏；

② 特别重要的负荷，除两个独立电源供电外，还必须增设应急电源（独立于正常电源的发电机组、干电池、蓄电池等），并严禁将其他负荷接入应急供电系统。

（2）二级负荷

符合下列情况之一时，应为二级负荷：

① 中断供电将在政治上、经济上造成较大损失者，如主要设备损坏、大量产品报废、连续性生产过程被打乱需较长时间才能恢复、重点企业大量减产等；

② 中断供电系统将影响重要用电单位的正常工作，如交通枢纽、通信枢纽等用电单位中的重要电力负荷，大型影剧院、大型商场等较多人员集中的重要公共场所。

二级负荷的供电电源应符合下列规定：

① 采用双回线路供电；

② 在负荷较小或地区供电条件较差时，可由一回 6kV 及以上的架空线路供电。

（3）三级负荷

不属于一级和二级负荷的其他负荷为三级负荷。如一些非连续性生产的中小型企业，停电仅影响产量或造成少量产品报废的用电设备，以及一般民用建筑的用电负荷等。

三级负荷对供电电源没有特殊要求。

2．工作制分类

电力负荷按其工作制可分为三类。

（1）连续（长期）工作制负荷

连续（长期）工作制负荷指长时间（超过其稳定温升的时间，至少 30 分钟）连续工作的用电设备。该类负荷的特点是比较稳定，能达到稳定温升。大多数用电设备（如泵类、通风机、压缩机、电炉、运输设备、照明设备等）属于这类负荷。

（2）短时工作制负荷

短时工作制负荷是指工作时间短、停歇时间长的用电设备。该类负荷的特点为工作时温度达不到稳定温度，停歇时温度降到环境温度，少部分用电设备（如机床的横梁升降装置、刀架快速移动电动机、闸门电动机等）属于此类负荷。

（3）反复短时（断续周期）工作制负荷

反复短时（断续周期）工作制负荷是指时而工作、时而停歇、反复运行的设备。该类负荷的特点为工作时温度达不到稳定温度，停歇时也达不到环境温度，少部分用电设备（如起重机、电梯、电焊机、电冰箱等）属于此类负荷。

反复短时（断续周期）工作制负荷可用负荷持续率（或暂载率）ε 表示，为

$$\varepsilon = \frac{t_\mathrm{w}}{t_\mathrm{w}+t_0} \times 100\% = \frac{t_\mathrm{w}}{T} \times 100\% \tag{1-4}$$

式中，t_w 为工作时间，t_0 为停歇时间，T 为工作周期。

此外，根据用电部门不同，电力负荷分工业负荷、农业负荷、交通运输负荷、市政生活负荷等；根据发生时间不同，电力负荷分最大负荷、最低负荷、平均负荷等；根据发、供、用情况，电力负荷分发电负荷、供电负荷、用电负荷等。

1.2 供配电工程设计基础

1.2.1 供配电工程设计要求

做好供配电工程设计，对于促进工业生产、降低产品成本、实现生产自动化和工业现代化及保障人民生活有着十分重要的意义。对供配电工程的基本要求是：

- 安全——在电能的供应、分配和使用中，不应发生人身事故和设备事故；
- 可靠——应满足用电设备对供电可靠性的要求；
- 优质——应满足用电设备对电压质量、频率质量和波形质量的要求；
- 经济——供配电工程应尽量做到投资少，年运行费低，尽可能减少有色金属消耗量和电能损耗，提高电能利用率。

应当指出，上述要求不仅互相关联，而且往往互相制约和互相矛盾。因此，考虑满足上述要求时，必须全面考虑，统筹兼顾。

1.2.2 供配电工程设计知识

1. 供配电工程设计的内容

供配电工程主要是接受电力系统供给的 35～110kV 高压电能，经过总降压变电所和车间（或用户）变电所两级降压，分配给企事业单位内的各种高低压用电设备；小型企事业单位则可用 10kV 高压电源，进行 10/0.4kV 降压后分配给低压用电设备。设计内容主要有变电所设

计、供配电线路设计、防雷接地设计等。

(1) 变电所设计

变电所设计的内容主要是确定高低压系统主接线方案和二次回路设计方案，进行负荷计算、无功功率补偿计算和短路电流计算，选择变压器，选择开关设备及线缆，进行继电保护的选择与整定，设计变电所结构和电气照明，设计防雷保护与接地。

(2) 供配电线路设计

供配电线路设计的内容主要包括供电电源、电压等级和供电线路的确定，企事业单位内部高压和低压配电系统的设计。

(3) 防雷接地设计

防雷接地设计的内容主要包括电力线路的防雷设计、变电所防雷设计、高压电动机的防雷设计、建筑物的防雷设计、接地装置的设计等。

2. 供配电工程设计的基础资料

(1) 进行供配电工程设计需要的基础资料
- 工艺、土建、给排水、通风采暖、通信等专业提供的用电设备情况和对供配电工程的要求；
- 用电单位的总平面图和车间（建筑物）平面图；
- 用电单位全年的计划产量（用电量）和发展规划；
- 当地气象和地质资料。

(2) 需向供电部门索取的资料
- 供电电源点（变电所或发电厂）名称、方位及距离；
- 供电电压、线路规格、输电距离及回路数；
- 总降压变电所进线端的电力系统最大和最小运行方式下的短路数据；
- 电网中性点接地方式及电网系统单相接地电容电流值；
- 供电端的继电保护方式（有无自动重合闸装置等）及对用户受电端的继电保护设置和时限配合的要求；
- 对功率因数的要求；
- 对大型特殊用电负荷启动和运行方式的要求；
- 电能计量方式（计费专用电能计量装置或专用电能计量柜的安装位置是在进线断路器之前还是之后）及电费收取办法（包括计算方法、奖罚规定、地区电价等）；
- 对通信调度的要求；
- 供电端电源母线电压在最大负荷和最小负荷时的电压偏差范围；
- 基建时解决施工用电的途径；
- 其他必要的资料，如防雷、接地等。

(3) 需向建设单位索取的资料
- 总降压变电所或总配电所的施工图设计委托单位；
- 当地的雷电活动资料及土壤电阻率；
- 如为改扩建工程，需要原有的供配电系统图及平面布置图，有关变（配）电所的平剖面图及主接线系统图，近三年来的最大负荷、年耗电量、功率因数、受电电压等；
- 可利用库存设备的型号、规格及同设计安装有关的技术资料；
- 其他必要的资料，如允许中断供电的最长时间等。

（4）需向供电部门提供的资料
- 工程名称、地址，必要时提供显示新建工程位置的平面图；
- 最终规模的最大负荷、工程逐年建设情况和投产日期；
- 负荷性质及对供电可靠性的要求；
- 总降压变电所的系统接线图和平面布置图（标有电源进线方向）；
- 对电源的电压、频率、供电线路形式、回路数、进线方向等的要求；
- 用户变（配）电所在总平面图上的位置、容量及其他应当说明的情况。

3．供配电工程设计步骤

（1）设计阶段划分

供配电工程设计分二阶段设计或三阶段设计。小型单位一般采用初步设计和施工设计两个阶段，大中型企事业单位采用初步设计、扩大初步设计和施工设计三个阶段。如果设计任务紧迫，设计规模较小，经技术论证许可，也可以直接进行施工设计。

初步设计阶段应收齐相关图纸及技术要求，并向当地供电部门、气象部门、消防部门等收集相关资料，进行负荷估算，向电力部门协商供电电源和方式，初步确定供配电方案，提出防雷措施及消防措施，估算项目投资等。报上级主管部门审批。

扩大初步设计阶段主要是根据设计任务要求，进行负荷的统计计算，确定用电单位的用电容量，选择供配电工程的原则性方案及主要设备，编制主要设备材料清单，并编制工程概算，报上级主管部门审批。扩大初步设计阶段的资料包括供配电工程的总体布置图、主接线图、平面布置图等图纸及设计说明书和工程概算书等。

施工设计在扩大初步设计方案经上级主管部门批准后进行，主要为满足安装施工要求而进行的设计，重点是绘制施工图、编制材料明细表、编制施工设计说明书、编制工程预算书等。

（2）具体步骤
- 收集设计需要的基础资料；
- 计算总计算负荷和功率因数补偿；
- 向电力部门提出用电申请并签订协议；
- 供配电系统设计，通过技术经济比较确定供配电系统方案，包括供电电压、变（配）电所和车间（建筑物）变电所的位置及数量、配电方式、变压器台数和容量、主接线设计；
- 短路电流计算及电气设备选择；
- 变电所测量、控制信号和继电保护二次系统设计；
- 防雷和接地装置设计；
- 电力线路设计；
- 车间动力和照明设计；
- 专题设计，如直流系统变流站设计、电压波动和补偿装置设计、自动化装置设计、节能设计等；
- 绘制施工图和选用标准图；
- 编制设备材料清单；
- 编制工程概算书和预算书。

学 习 拓 展

《"十四五"能源领域科技创新规划》发布了先进可再生能源发电及综合利用技术、新型电力系统及其支撑技术、安全高效核能技术、绿色高效化石能源开发利用技术、能源系统数字化智能化技术五大技术路线图。预计到 2030 年、2050 年，我国新能源装机规模将分别达到 12 亿千瓦、28 亿千瓦以上，新能源逐步成为主导能源。

小 组 讨 论

1. 新能源发电有哪些类型？其发展前景和趋势如何？
2. 国内新能源发电企业排名前十的有哪些？其品牌分别是什么？
3. 什么是虚拟电厂？

习 题

1-1 电力系统和电力网有何区别？

1-2 供配电系统由哪些部分组成？在什么情况下应设总降压变电所或高压配电所？

1-3 电能的质量指标有哪些？电压质量、频率质量和波形质量用什么来衡量？

1-4 电力系统的中性点运行方式有几种？中性点不接地系统和中性点直接接地系统发生单相接地时各有什么特点？

1-5 供配电工程设计主要包括哪些内容？

1-6 试确定图 1-10 所示供电系统中发电机 G 与变压器 1T、2T 和 3T 的额定电压。

1-7 试确定图 1-11 所示供电系统中发电机 G 与变压器 1T 和 2T 的额定电压。

1-8 利用网络或其他渠道查阅相关资料，找出去年我国的发电机装机容量、年发电量和年用电量。

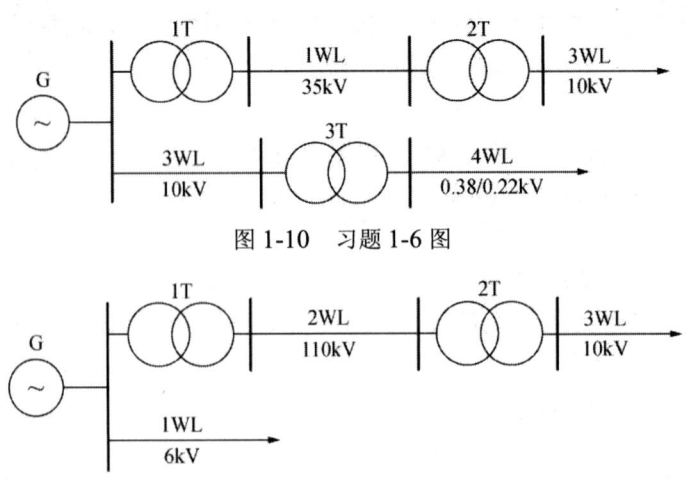

图 1-10 习题 1-6 图

图 1-11 习题 1-7 图

第 2 章 负 荷 计 算

学习目标：了解和掌握负荷计算的概念和方法、尖峰电流计算方法、功率因数和无功功率补偿方法，为供配电系统中变压器、导线、电缆、开关电器、电流互感器等选型提供理论计算基础，理解供配电系统安全可靠运行的重要性。

2.1 负荷计算基础

由于用电单位的负荷是不断变化的，而供配电系统必须能够承受用电单位可能出现的最大负荷情况，因此本节介绍负荷计算的基本概念与参数。

2.1.1 负荷曲线

电力负荷，又称"用电负荷"，是指电能用户的用电设备在某一时刻向电力系统取用的电功率的总和（包括有功功率和无功功率）。负荷曲线是电力系统中将电力负荷随时间变化的情况记录在坐标轴中的曲线，并据此研究用户用电的特点和规律，从而为调度电力系统的电力和进行电力系统规划提供依据。

负荷曲线按记录负荷变化的时间不同，分为日负荷曲线和年负荷曲线；表征有功功率变化情况的称为有功负荷曲线，表征无功功率变化的称为无功负荷曲线；按负荷对象不同，分用户、车间或某类设备负荷曲线。

1. 日负荷曲线

日负荷曲线表示用电单位在一天中有功功率的变化情况，如图 2-1 所示。

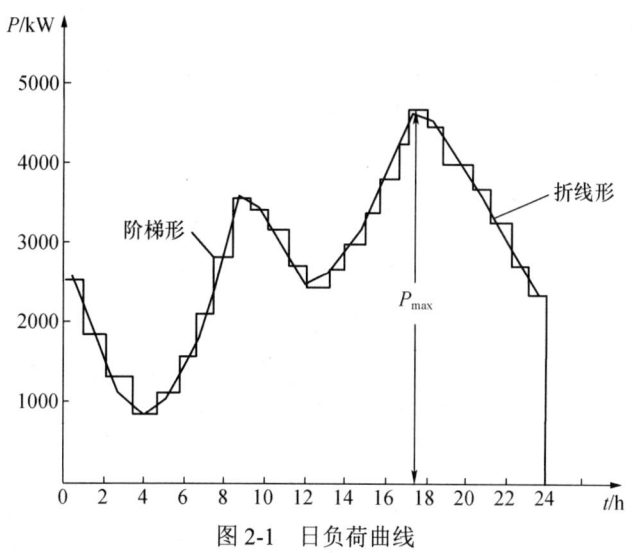

图 2-1 日负荷曲线

日负荷曲线有折线形和阶梯形两种形式，绘制的方法是：①在某个监测点记录一天 24h 内有功功率的数值,将其绘制成连续的曲线,称为折线形负荷曲线,如图 2-1 中的折线形所示。②通过接在供电线路上的电能表,每隔半小时将其读数记录下来,求出半小时内的平均功率,以平均功率作为这半小时的负荷曲线画在坐标系中,把一天中记录的平均功率连成阶梯状,就是阶梯形负荷曲线,如图 2-1 中的阶梯形所示。为计算方便,负荷曲线多绘成阶梯形。

2. 年负荷曲线

年负荷曲线反映一年内(8760h)负荷的变动情况。

年负荷曲线又分为年运行负荷曲线和年持续负荷曲线,常用的是年持续负荷曲线。年运行负荷曲线是将全年的日负荷曲线中同一功率的持续时间累加并绘制到一个坐标系中;年持续负荷曲线的绘制方法如图 2-2 所示,要借助一年中有代表性的冬季日负荷曲线和夏季日负荷曲线,用冬季、夏季日负荷曲线的值分别乘以冬季、夏季天数。一般在北方,近似认为冬季 200 天,夏季 165 天;在南方,近似认为冬季 165 天,夏季 200 天。图 2-2 是南方某用户的年持续负荷曲线,图中功率 P_1 在年持续负荷曲线上所占的时间为 $T_1=200t_1+165t_2$。

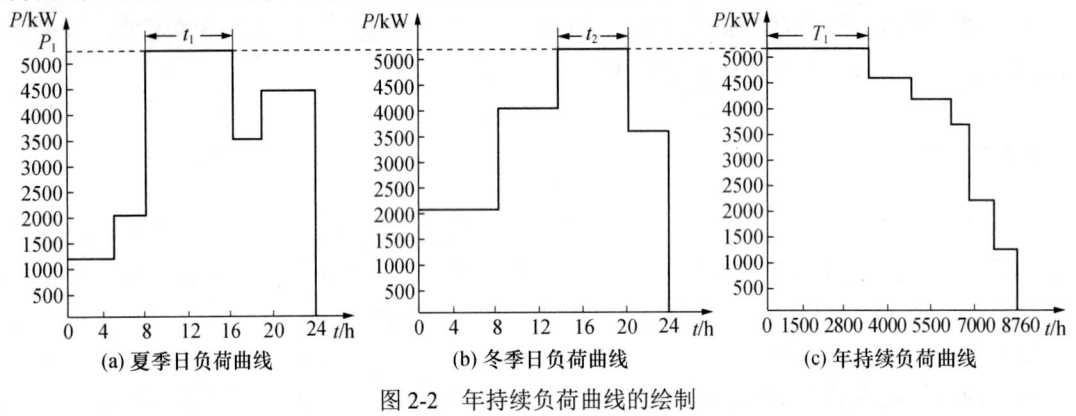

图 2-2 年持续负荷曲线的绘制

注意:日负荷曲线按时间的先后绘制,而年负荷曲线按负荷的大小和累计时间绘制。

2.1.2 负荷曲线的相关物理量

1. 年最大负荷 P_{max}

年最大负荷 P_{max} 是指全年中以 30min 为周期的平均功率的最大值,因此年最大负荷也被称为 30min 最大负荷 P_{30},为防止偶然性,年最大负荷至少出现 2~3 次,因此年最大负荷 P_{max} 可以取实际年负荷曲线中的最大负荷,如图 2-3 中的 P_{max}。

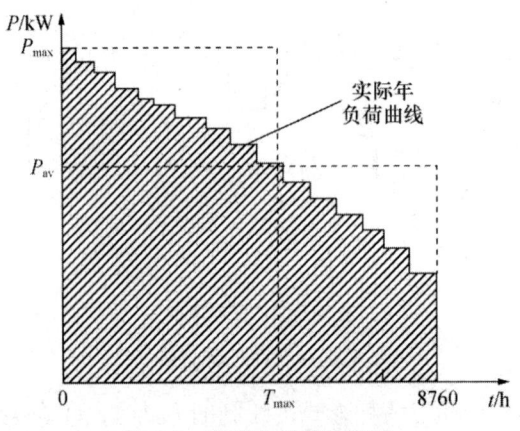

图 2-3 负荷曲线的物理量

2. 年最大负荷利用小时 T_{max}

年最大负荷利用小时 T_{max} 是指假设电力系统以年最大负荷 P_{max} 持续运行，当到达年最大负荷利用小时 T_{max} 后消耗的电能恰好等于该电力负荷全年实际消耗的电能，这段时间就是年最大负荷利用小时，如图 2-3 中的 T_{max}，其值为阴影部分即全年实际消耗的电能除以年最大负荷 P_{max}。如果以 W_a 表示全年实际消耗的电能，则有

$$T_{max} = \frac{W_a}{P_{max}} \tag{2-1}$$

T_{max} 值越大，则负荷越平稳，因此 T_{max} 反映了电力系统负荷变化的均匀程度。年最大负荷利用小时越接近全年的小时数（8760h），说明负荷变化越小。一班制的工厂，T_{max} 为 1800~3000h，两班制的工厂，T_{max} 为 3500~4800h，三班制的工厂，T_{max} 为 5000~7000h，居民用户的 T_{max} 为 1200~2800h，因此 T_{max} 与用户的性质和生产班制有较大关系。

3. 平均负荷 P_{av}

平均负荷就是指电力负荷在一定时间内消耗功率的平均值。设在 t 时间内消耗的电能为 W_t，则 t 时间的平均负荷为

$$P_{av} = \frac{W_t}{t} \tag{2-2}$$

年平均负荷是指电力负荷在一年内消耗的功率的平均值。例如图 2-3 中，全年实际消耗电能 W_a 为阴影部分的面积，则年平均负荷 P_{av} 为阴影部分的面积 W_a 除以全年小时数 8760h，即

$$P_{av} = \frac{W_a}{8760} \tag{2-3}$$

4. 负荷系数 K_L

负荷系数可分为有功负荷系数 K_{aL} 和无功负荷系数 K_{rL}。有功负荷系数是指平均负荷 P_{av} 与最大负荷 P_{max} 的比值，无功负荷系数是指平均无功负荷 Q_{av} 与最大无功负荷 Q_{max} 的比值，即

$$\begin{cases} K_{aL} = \dfrac{P_{av}}{P_{max}} \\ K_{rL} = \dfrac{Q_{av}}{Q_{max}} \end{cases} \tag{2-4}$$

负荷系数可以表征负荷曲线不平坦的程度，负荷系数越接近 1，负荷越平坦。所以用户应尽量提高负荷系数，从而充分发挥供电设备的供电能力、提高供电效率。一般用户的负荷系数 K_{aL} 为 0.7~0.75，K_{rL} 为 0.76~0.82。有时也用 α 表示有功负荷系数，用 β 表示无功负荷系数。

对于单个用电设备或用电设备组，负荷系数是指设备的输出功率 P 和设备额定容量 P_N 的比值，即

$$K_L = \frac{P}{P_N} \tag{2-5}$$

它表征该用电设备或用电设备组的容量是否被充分利用。

2.1.3 计算负荷的定义

当负荷在某种工况下工作时，实际流过电流会在供电导体中产生一定的最高温升，假设导体中通过一个恒定的等效负荷，使导体产生最高温升与实际负荷产生的最高温升相等，该恒定的等效负荷就称为计算负荷。

导体通过电流达到稳定温升的时间为 3～4 倍的发热时间常数 τ。对中小截面（35mm² 以下）的导体，其发热时间常数 τ 约为 10min，故载流导体经 30min 左右可达到稳定温升值。但是，由于较大截面导体的发热时间常数往往大于 10min，30min 还不能达到稳定温升，因此计算负荷主要以由中小截面导体供电的用电设备来决定，用电设备的最大负荷等于图 2-3 中的 30min 最大负荷 P_{30}（即年最大负荷 P_{max}），因此计算负荷 P_c 可以定义为

$$\begin{cases} P_c \stackrel{\text{def}}{=} P_{max} \stackrel{\text{def}}{=} P_{30} \\ Q_c \stackrel{\text{def}}{=} Q_{max} \stackrel{\text{def}}{=} Q_{30} \\ S_c \stackrel{\text{def}}{=} S_{max} \stackrel{\text{def}}{=} S_{30} \\ I_c \stackrel{\text{def}}{=} I_{max} \stackrel{\text{def}}{=} I_{30} \end{cases} \quad (2\text{-}6)$$

式中，P_c 为有功计算负荷，Q_c 为无功计算负荷，S_c 为视在计算负荷，I_c 为计算电流。

计算负荷是供配电系统中变压器、断路器、导线、电缆等的基本设计依据。计算负荷的确定是否合理，将直接影响到电气设备和导线、电缆的选择是否经济合理。

因此，工程上依据不同的计算目的，针对不同类型的用户和不同类型的负荷，在实践中总结出了各种负荷的计算方法：估算法、需要系数法、二项式法、利用系数法和单相负荷计算法等。

2.2 用电设备负荷计算的方法

2.2.1 用电设备的设备容量

虽然计算负荷定义为供配电系统实际运行下的值，但在进行供配电系统设计时并不能测得这些参数，必须根据用电单位的用电设备情况进行估算，因此首先需要对用电设备的设备容量进行计算。

1. 设备容量的定义

若用电设备长期工作在额定状态下，那么其设备容量就等于铭牌上标注的额定功率。但各用电设备的额定工作条件不同，例如，有的是长期工作制，有的是反复短时工作制，有的是短时工作制，当用户有多种工作制的用电设备时，用户的电力负荷不能直接用铭牌上标定的额定功率直接相加来估算。因此，必须首先按照一定的方法换算成统一规定的工作制下的额定功率，然后才能进行负荷计算。经过换算至统一规定的工作制下的"额定功率"称为设备容量，用 P_e 表示。

2. 设备容量的确定

（1）长期工作制和短时工作制的用电设备

长期工作制和短时工作制的设备容量就是该设备的铭牌额定功率，即

$$P_e = P_N \quad (2\text{-}7)$$

（2）反复短时工作制的用电设备

反复短时工作制的设备容量是将某负荷持续率的额定功率换算到统一的负荷持续率下的功

率。常用设备的换算要求如下。

① 电焊机和电焊机组：要求统一换算到负荷持续率ε=100%时的功率，即

$$P_e = \sqrt{\frac{\varepsilon_N}{\varepsilon_{100\%}}} P_N = \sqrt{\varepsilon_N} S_N \cos\varphi_N \tag{2-8}$$

式中，P_N为电焊机的额定有功功率；S_N为额定视在功率；ε_N为额定负荷持续率（计算中用小数）；$\varepsilon_{100\%}$为其值为100%的负荷持续率（计算中用1）；$\cos\varphi_N$为额定功率因数。

② 起重机（吊车电动机）：要求统一换算到负荷持续率ε=25%时的功率，即

$$P_e = \sqrt{\frac{\varepsilon_N}{\varepsilon_{25\%}}} P_N = 2\sqrt{\varepsilon_N} P_N \tag{2-9}$$

式中，P_N为额定有功功率；ε_N为额定负荷持续率（用小数计算）；$\varepsilon_{25\%}$为其值为25%的负荷持续率（用0.25计算）。

(3) 照明设备

① 不用镇流器的照明设备（如白炽灯、碘钨灯等）的设备容量就是其额定功率，即

$$P_e = P_N \tag{2-10}$$

② 用镇流器的照明设备（如荧光灯、高压钠灯等）的设备容量要包括镇流器的功率损失，即

$$P_e = K_{bl} P_N \tag{2-11}$$

式中，K_{bl}为镇流器功率损耗系数，荧光灯采用普通电感镇流器取1.25、采用节能型电感镇流器取1.15~1.17、采用电子镇流器取1.1，高压钠灯和金属卤化物灯采用普通电感镇流器取1.14~1.16，采用节能型电感镇流器取1.09~1.1。

③ 照明设备的设备容量还可按建筑物的单位面积容量法估算，即

$$P_e = \rho S / 1000 \tag{2-12}$$

式中，ρ为建筑物单位面积的照明容量（W/m²）；S为建筑物的面积（m²）。

2.2.2 估算法

估算法也可以称为指标法，当在编写某用户的供配电系统设计任务书或初步设计阶段，尤其当需要进行方案比较时，使用估算法可以比较快捷地估算出用户的负荷需求。

1. 单位产品耗电量法

若某企业设定每年的最大年产量为m，根据相关设计手册可以查得该企业产品类型的单位耗电量为ω，则企业全年电能W_a可以用下式进行估算：

$$W_a = \omega \cdot m \tag{2-13}$$

有功计算负荷为

$$P_c = \frac{W_a}{T_{max}} \tag{2-14}$$

式中，T_{max} 为年最大负荷利用小时，T_{max} 参见有关设计手册。

2. 负荷密度法

常见类型的车间可以通过查表得到其负荷密度指标 $\rho(kW/m^2)$，则车间平均负荷 P_{av} 为生产面积 $S(m^2)$ 和负荷密度 ρ 的乘积，即

$$P_{av} = \rho S \tag{2-15}$$

常见车间的负荷密度指标见表 2-1。

表 2-1 常见车间的负荷密度指标

车间名称		负荷密度/(W/m²)	cosφ	tanφ
金属加工	小型机床部	100～290	0.55～0.65	1.52～1.17
	中型机床部	300～500	0.55～0.65	1.52～1.17
	装配部	150～350	0.4～0.5	2.29～1.73
铸铁车间		60	0.7	1.02
铸钢车间（不包括电弧炉）		55～60	0.65	1.17
工具车间		100～120	0.65	1.17
铆焊车间		40～120	0.45～0.5	1.98～1.73
金属结构车间		150	0.35～0.45	2.67～1.98
木工车间		60	0.6	1.33

车间计算负荷为

$$P_c = \frac{P_{av}}{K_{aL}} \tag{2-16}$$

式中，K_{aL} 为 2.1.2 节中定义的有功负荷系数。

2.2.3 需要系数法

2.2.3 节至 2.4 节视频

在进行工程设计或施工设计时，为了精准、正确地选择导线、电缆、开关电器和电气设备，需要对负荷进行比较准确的计算，计算方法有需要系数法、利用系数法和二项式法，其中使用最为普遍的是需要系数法，具体介绍如下。

对某一供配电节点的电气设备进行设计时，要计算该节点范围内（如一条干线、一段母线或一台变压器）用电设备组的计算负荷，其并不直接等于所有用电设备的设备容量之和，两者之间存在一个比值关系，因此引进需要系数的概念，即

$$P_c = K_d P_e \tag{2-17}$$

式中，K_d 为需要系数；P_c 为计算负荷；P_e 为设备容量。

形成该系数的原因有：①用电设备的设备容量是指输出功率，它与输入容量之间有一个额定效率 η_N 的比值；②用电设备不一定满负荷运行，因此引入负荷系数 K_L；③配电线路有功率损耗，所以引入一个线路平均效率 η_{wL}；④用电设备组的所有设备不一定同时运行，故引入一个同时系数 K_Σ。故需要系数可表达为

$$K_d = \frac{K_\Sigma K_L}{\eta_N \eta_{wL}} \tag{2-18}$$

实际上，需要系数 K_d 还与操作人员的技能及生产过程等多种因素有关，表 A-1-1 中列出了各种用电设备的需要系数变化范围。

若进行计算的负荷有多种类型，则可将用电设备按需要系数的不同分成若干组，每组用电设备选用相应的需要系数，先算出各组用电设备的设备容量，再用需要系数法计算各组的计算负荷，最后根据各组计算负荷求总的计算负荷。

需要系数法一般用来求多台三相用电设备的计算负荷。下面结合例题介绍采用需要系数法确定计算负荷的方法。

1. 单组用电设备组的计算负荷

由于单组用电设备的工作时长和需要系数相同，因此可以把同一组用电设备当作一台用电设备进行负荷计算：

$$\begin{cases} P_c = K_d P_e \\ Q_c = P_c \tan\varphi \\ S_c = \sqrt{P_c^2 + Q_c^2} \\ I_c = \dfrac{S_c}{\sqrt{3}U_N} \end{cases} \quad (2\text{-}19)$$

式中，K_d 为需要系数；P_e 为同一组用电设备的总设备容量；$\tan\varphi$ 为设备功率因数角的正切值。

【例 2-1】 已知某机修车间的金属切削机床组，有线电压为 0.38kV 的电动机 26 台，其总设备容量为 100kW，试求其计算负荷。

解 查表 A-1-1 中的"小批生产的金属冷加工机床"项，可得 K_d 为 0.12~0.16（取 0.15 计算），$\cos\varphi=0.5$，$\tan\varphi=1.73$。根据式（2-19）得

$$P_c = K_d P_e = 0.15 \times 100 = 15\text{kW}$$
$$Q_c = P_c \tan\varphi = 15 \times 1.73 = 25.95\text{kvar}$$
$$S_c = P_c / \cos\varphi = 15 / 0.5 = 30\text{kVA}$$
$$I_c = \frac{S_c}{\sqrt{3}U_N} = \frac{30}{\sqrt{3} \times 0.38} = 45.6\text{A}$$

2. 多组用电设备组的计算负荷

由于各用电设备组的最大负荷不一定同时出现，多组用电设备的计算负荷需将各组用电设备计算负荷相加后再乘以一个同时系数，即

$$\begin{cases} P_c = K_{\Sigma p}\sum_{i=1}^{n} P_{ci} \\ Q_c = K_{\Sigma q}\sum_{i=1}^{n} Q_{ci} \\ S_c = \sqrt{P_c^2 + Q_c^2} \\ I_c = \dfrac{S_c}{\sqrt{3}U_N} \end{cases} \quad (2\text{-}20)$$

式中，n 为用电设备组的组数；$K_{\Sigma p}$、$K_{\Sigma q}$ 分别为有功功率、无功功率的同时系数；P_{ci}、Q_{ci} 分别为各用电设备组的有功计算负荷和无功计算负荷。

【例 2-2】 某机修车间的 0.38kV 线路上，接有金属切削机床电动机 15kW、2 台，11kW、

4 台，7.5kW、2 台，4kW、1 台，2.2kW、6 台；另接 6 台 1.5kW 通风机；1 台 3kW 电阻炉。试求计算负荷（设同时系数 $K_{\Sigma p}$、$K_{\Sigma q}$ 均为 0.9）。

解 金属切削机床为冷加工机床类，题中数量较少，可属于小批生产的金属冷加工机床；通风机属于各种风机、空调器类；电阻炉属于小型电热设备类。查表 A-1-1 可得这 3 类设备的需要系数、功率因数。具体计算如下。

（1）冷加工机床：$K_{d1} = 0.15$，$\cos\varphi_1 = 0.5$，$\tan\varphi_1 = 1.73$

$$P_{c1} = K_{d1} P_{e1} = 0.15 \times (15 \times 2 + 11 \times 4 + 7.5 \times 2 + 4 \times 1 + 2.2 \times 6) = 15.93\text{kW}$$

$$Q_{c1} = P_{c1} \tan\varphi_1 = 15.93 \times 1.73 = 27.56\text{kvar}$$

（2）通风机：$K_{d2} = 0.8$，$\cos\varphi_2 = 0.8$，$\tan\varphi_2 = 0.75$

$$P_{c2} = K_{d2} P_{e2} = 0.8 \times 1.5 \times 6 = 7.2\text{kW}$$

$$Q_{c2} = P_{c2} \tan\varphi_2 = 7.2 \times 0.75 = 5.4\text{kvar}$$

（3）电阻炉：因只有 1 台，故其计算负荷等于设备容量，即

$$P_{c3} = P_{e3} = 3\text{kW}$$

$$Q_{c3} = 0$$

车间计算负荷为

$$P_c = K_{\Sigma p} \sum_{i=1}^{3} P_{ci} = 0.9 \times (15.93 + 7.2 + 3) = 23.52\text{kW}$$

$$Q_c = K_{\Sigma q} \sum_{i=1}^{3} Q_{ci} = 0.9 \times (27.56 + 5.4 + 0) = 29.66\text{kvar}$$

$$S_c = \sqrt{P_c^2 + Q_c^2} = \sqrt{23.52^2 + 29.66^2} = 37.85\text{kVA}$$

$$I_c = \frac{S_c}{\sqrt{3} U_N} = \frac{37.85}{\sqrt{3} \times 0.38} = 57.51\text{A}$$

需要系数值与用电设备的类别、工作状态和设备台数有关，如机修车间的金属切削机床电动机属于小批生产的冷加工机床；各类锻造设备应属小批生产的热加工机床；起重机、行车或电葫芦等属于吊车。需要系数的确定原则为：用电设备台数较多时，取较小值；用电设备台数较少时，取较大值；用电设备只有 2～3 台时，取值为 1，即计算负荷等于其设备容量之和。

需要系数是从长期的工程实践中总结出来的各种设备的经验系数，用该方法来估算计算负荷，特点是简单方便、计算结果比较有效，因此，需要系数法是世界各国求取计算负荷普遍采用的基本方法。但是，把需要系数看作与一组设备中设备的多少及容量是否相差悬殊等都无关的固定值，这就考虑不全面。实际上只有当设备台数较多、没有特大型用电设备时，表 A-1-1 中的需要系数值才比较符合实际。所以，需要系数法普遍应用于用户和大型车间变电所的负荷计算（2.6 节将详细介绍其计算方法并列举一个实例进行具体计算说明）。

2.2.4 单相负荷计算法

在电能用户中，除广泛使用三相用电设备外，还有单相用电设备，如照明、电热、电焊等

设备。单相用电设备应均衡分配在三相线路上，使各相负荷尽量相近、三相负荷尽量平衡。单相负荷的计算原则如下：

● 三相线路中单相用电设备的总容量不超过三相总容量的15%时，单相用电设备可按三相负荷平衡计算；

● 三相线路中单相用电设备的总容量超过三相总容量的15%时，应把单相用电设备容量换算为等效三相设备容量，再算出三相等效计算负荷。

1. 单相用电设备组的等效三相设备容量

（1）单相用电设备接于相电压时

其等效三相设备容量为最大负荷相所接的单相用电设备容量 $P_{e.\varphi.m}$ 的3倍，即

$$P_e = 3P_{e.\varphi.m} \qquad (2\text{-}21)$$

（2）单相用电设备接于线电压时

① 单相用电设备接于同一线电压时的等效三相设备容量为单相设备容量 $P_{e.\varphi}$ 的 $\sqrt{3}$ 倍，即

$$P_e = \sqrt{3}P_{e.\varphi} \qquad (2\text{-}22)$$

② 单相用电设备接于不同线电压的等效三相设备容量：先将接于线电压的单相设备容量换算为接于相电压的设备容量，求出负荷最大的那一相等效为接于相电压的单相用电设备，再根据式（2-21）计算出等效三相设备容量。相电压的设备容量换算公式为

A 相
$$\begin{cases} P_{e.A} = \dfrac{1}{\sqrt{3}}[S_{AB}\cos(\varphi_{AB}-30°) + S_{CA}\cos(\varphi_{CA}+30°)] \\ Q_{e.A} = \dfrac{1}{\sqrt{3}}[S_{AB}\sin(\varphi_{AB}-30°) + S_{CA}\sin(\varphi_{CA}+30°)] \end{cases} \qquad (2\text{-}23)$$

B 相
$$\begin{cases} P_{e.B} = \dfrac{1}{\sqrt{3}}[S_{BC}\cos(\varphi_{BC}-30°) + S_{AB}\cos(\varphi_{AB}+30°)] \\ Q_{e.B} = \dfrac{1}{\sqrt{3}}[S_{BC}\sin(\varphi_{BC}-30°) + S_{AB}\sin(\varphi_{AB}+30°)] \end{cases} \qquad (2\text{-}24)$$

C 相
$$\begin{cases} P_{e.C} = \dfrac{1}{\sqrt{3}}[S_{CA}\cos(\varphi_{CA}-30°) + S_{BC}\cos(\varphi_{BC}+30°)] \\ Q_{e.C} = \dfrac{1}{\sqrt{3}}[S_{CA}\sin(\varphi_{CA}-30°) + S_{BC}\sin(\varphi_{BC}+30°)] \end{cases} \qquad (2\text{-}25)$$

式中，S_{AB}、S_{BC}、S_{CA} 分别为接于各线电压的单相用电设备的视在功率；φ_{AB}、φ_{BC}、φ_{CA} 分别为接于各线电压的单相用电设备的功率因数角。

等效三相设备容量为最大负荷相设备容量的3倍，即

$$\begin{cases} P_e = 3P_{e.\varphi.m} \\ Q_e = 3Q_{e.\varphi.m} \end{cases} \qquad (2\text{-}26)$$

（3）有的单相用电设备接于线电压、有的单相用电设备接于相电压时

将接于线电压的单相设备容量换算为接于相电压的设备容量，然后分别计算各相的设备容量，取其中最大负荷相设备容量的3倍为三相设备容量，如式（2-26）所示。

2. 单相用电设备组的等效三相计算负荷

单相用电设备组的各相电压、线电压的计算负荷可直接用需要系数法，按式（2-19）进行计算。然后根据式（2-23）至式（2-25）将线电压用电设备的计算负荷换算到各相电压上，最后分别计算各相的计算负荷，按式（2-26）计算等效三相计算负荷。

【例 2-3】 某 220/380V 三相四线制线路上，装有 220V 单相电热干燥箱 6 台、单相电加热器 2 台和 380V 单相电焊机 6 台，其在线路上的连接情况为：电热干燥箱 2 台、20kW 接于 A 相，1 台、30kW 接于 B 相，3 台、10kW 接于 C 相；电加热器 2 台、20kW 分别接于 B 相和 C 相；电焊机 3 台、21kVA（ε=100%，$\cos\varphi_N$=0.7）接于 AB 相，2 台、28kVA（ε=100%，$\cos\varphi_N$=0.8）接于 BC 相，1 台 46kW（ε=60%，$\cos\varphi_N$=0.75）接于 CA 相。试求该线路的计算负荷。

解 （1）电热干燥箱及电加热器的各相计算负荷

查表 A-1-1 得，电热干燥箱及电加热器 K_d=0.7，$\cos\varphi$=1，$\tan\varphi$=0，其计算负荷为

A 相
$$P_{c.A1} = K_d P_{e.A1} = 0.7 \times 20 \times 2 = 28\text{kW}$$
$$Q_{c.A1} = 0$$

B 相
$$P_{c.B1} = K_d P_{e.B1} = 0.7 \times (30 \times 1 + 20 \times 1) = 35\text{kW}$$
$$Q_{c.B1} = 0$$

C 相
$$P_{c.C1} = K_d P_{e.C1} = 0.7 \times (10 \times 3 + 20 \times 1) = 35\text{kW}$$
$$Q_{c.C1} = 0$$

（2）电焊机的各相计算负荷

① 接于各线电压电焊机的设备容量：

将 CA 相电焊机设备容量换算至 ε=100%的设备容量，为

$$P_{CA} = P_N \sqrt{\varepsilon_N} = 46 \times \sqrt{0.6} = 35.63\text{kW}$$

则 CA 相电焊机换算至 ε=100%的视在功率为

$$S_{CA} = \frac{P_{CA}}{\cos\varphi_N} = \frac{35.63}{0.75} = 47.51\text{kVA}$$

AB、BC 相电焊机 ε=100%的视在功率为

$$S_{AB} = 3 \times S_N = 3 \times 21 = 63\text{kVA}$$

$$S_{BC} = 2 \times S_N = 2 \times 28 = 56\text{kVA}$$

② 接于各线电压的电焊机的设备容量换算为接于各相电压的设备容量：

接于各线电压的电焊机的功率因数角分别为

φ_{AB}=arccos(0.7)=45.57°， φ_{BC}=arccos(0.8)=36.87°， φ_{CA}=arccos(0.75)=41.41°

A 相设备容量为

$$P_{e.A2} = \frac{1}{\sqrt{3}}[S_{AB}\cos(45.57° - 30°) + S_{CA}\cos(41.41° + 30°)]$$

$$= \frac{1}{\sqrt{3}}(63 \times 0.9657 + 47.51 \times 0.3203) = 43.78\text{kW}$$

· 26 ·

$$Q_{e.A2} = \frac{1}{\sqrt{3}}[S_{AB}\sin(45.57°-30°) + S_{CA}\sin(41.41°+30°)]$$

$$= \frac{1}{\sqrt{3}}(63 \times 0.2784 + 47.51 \times 0.9493) = 35.76\text{kvar}$$

B 相设备容量为

$$P_{e.B2} = \frac{1}{\sqrt{3}}[S_{BC}\cos(36.87°-30°) + S_{AB}\cos(45.57°+30°)]$$

$$= \frac{1}{\sqrt{3}}(56 \times 0.9928 + 63 \times 0.2492) = 41.16\text{kW}$$

$$Q_{e.B2} = \frac{1}{\sqrt{3}}[S_{BC}\sin(36.87°-30°) + S_{AB}\sin(45.57°+30°)]$$

$$= \frac{1}{\sqrt{3}}(56 \times 0.1196 + 63 \times 0.9685) = 39.10\text{kvar}$$

C 相设备容量为

$$P_{e.C2} = \frac{1}{\sqrt{3}}[S_{CA}\cos(41.41°-30°) + S_{bc}\cos(36.87°+30°)]$$

$$= \frac{1}{\sqrt{3}}(47.51 \times 0.9802 + 56 \times 0.3928) = 39.39\text{kW}$$

$$Q_{e.C2} = \frac{1}{\sqrt{3}}[S_{CA}\sin(41.41°-30°) + S_{BC}\sin(36.87°+30°)]$$

$$= \frac{1}{\sqrt{3}}(47.51 \times 0.1978 + 56 \times 0.9196) = 35.16\text{kvar}$$

③ 电焊机的各相计算负荷：

查表 A-1-1，电焊机 K_d=0.35，其计算负荷为

A 相　　　　　$P_{c.A2} = K_d P_{e.A2} = 0.35 \times 43.78 = 15.32\text{kW}$

　　　　　　　$Q_{c.A2} = K_d Q_{e.A2} = 0.35 \times 35.76 = 12.52\text{kvar}$

B 相　　　　　$P_{c.B2} = K_d P_{e.B2} = 0.35 \times 41.16 = 14.41\text{kW}$

　　　　　　　$Q_{c.B2} = K_d Q_{e.B2} = 0.35 \times 39.10 = 13.69\text{kvar}$

C 相　　　　　$P_{c.C2} = K_d P_{e.C2} = 0.35 \times 39.39 = 13.86\text{kW}$

　　　　　　　$Q_{c.C2} = K_d Q_{e.C2} = 0.35 \times 35.16 = 12.31\text{kvar}$

（3）各相总的计算负荷（取同时系数为 0.95）

A 相　　　　　$P_{c.A} = K_\Sigma(P_{c.A1} + P_{c.A2}) = 0.95 \times (28+15.32) = 45.6\text{kW}$

　　　　　　　$Q_{c.A} = K_\Sigma(Q_{c.A1} + Q_{c.A2}) = 0.95 \times (0+12.52) = 11.89\text{kvar}$

B 相　　　　　$P_{c.B} = K_\Sigma(P_{c.B1} + P_{c.B2}) = 0.95 \times (35+14.41) = 46.94\text{kW}$

　　　　　　　$Q_{c.B} = K_\Sigma(Q_{c.B1} + Q_{c.B2}) = 0.95 \times (0+13.69) = 13.01\text{kvar}$

C 相 $\quad P_{c.C} = K_\Sigma(P_{c.C1} + P_{c.C2}) = 0.95 \times (35 + 13.86) = 46.42\text{kW}$

$$Q_{c.C} = K_\Sigma(Q_{c.C1} + Q_{c.C2}) = 0.95 \times (0 + 12.31) = 11.69\text{kvar}$$

（4）总的等效三相计算负荷

因为 B 相的有功计算负荷最大，即

$$P_{e.\varphi.m} = P_{c.B} = 46.94\text{kW}, \quad Q_{e.\varphi.m} = Q_{c.B} = 13.01\text{kvar}$$

总的等效三相计算负荷为

$$P_c = 3P_{c.\varphi.m} = 3 \times 46.94 = 140.82\text{kW}$$

$$Q_c = 3Q_{c.\varphi.m} = 3 \times 13.01 = 39.03\text{kvar}$$

$$S_c = \sqrt{P_c^2 + Q_c^2} = \sqrt{140.82^2 + 39.03^2} = 146.1\text{kVA}$$

$$I_c = \frac{S_c}{\sqrt{3}U_N} = \frac{146.1}{\sqrt{3} \times 0.38} = 220\text{A}$$

2.3 功率损耗和年电能损耗

电流流过电力线路和变压器时，会引起功率损耗和年电能损耗，这部分损耗在功率较大时不能忽略，因此，在进行用户负荷计算时，应将这部分损耗考虑在内。

2.3.1 功率损耗

供配电系统的功率损耗主要包括线路的功率损耗和变压器的功率损耗。

1. 线路的功率损耗

（1）有功功率损耗

有功功率损耗是电流流过线路的电阻所引起的损耗，计算公式为

$$\Delta P_{WL} = 3I_c^2 R_{WL} \times 10^{-3} \text{kW} \tag{2-27}$$

式中，I_c 为线路的计算电流（A）；R_{WL} 为线路每相的电阻（Ω），$R_{WL}=R_0 \cdot L$，R_0 为线路单位长度的电阻（Ω/km），可查表 A-15；L 为线路的计算长度（km）。

（2）无功功率损耗

无功功率损耗是电流流过线路电抗所引起的损耗，计算公式为

$$\Delta Q_{WL} = 3I_c^2 X_{WL} \times 10^{-3} \text{kvar} \tag{2-28}$$

式中，I_c 为线路的计算电流（A）；X_{WL} 为线路每相的电抗（Ω），$X_{WL}=X_0 \cdot L$，X_0 为线路单位长度的电抗（Ω/km），可查表 A-15，一般架空线路为 0.4Ω/km 左右，电缆线路为 0.08Ω/km 左右；L 为线路的计算长度（km）。

查表 A-15，X_0 所需的几何均距计算公式为

$$d_{av} = \sqrt[3]{d_1 d_2 d_3} \tag{2-29}$$

式中，d_1、d_2、d_3 为三相线路各导线之间的距离。

2. 变压器的功率损耗

变压器的功率损耗分为铁损和铜损。通常用空载损耗表示铁损，用负载损耗表示铜损。

（1）有功功率损耗

变压器的有功功率损耗由空载有功功率损耗和负载有功功率损耗两部分组成。因此，变压器的有功功率损耗为

$$\Delta P_T = \Delta P_0 + \Delta P_L = \Delta P_0 + \Delta P_N \left(\frac{S_c}{S_N}\right)^2 \tag{2-30}$$

或

$$\Delta P_T = \Delta P_0 + \Delta P_k K_L^2 \tag{2-31}$$

式中，S_N 为变压器的额定容量；S_c 为变压器的计算负荷；ΔP_N 为变压器额定负荷时的有功功率损耗，也称为变压器的负载损耗 ΔP_k，可查表 A-3；K_L 为变压器的负荷系数。

（2）无功功率损耗

变压器的无功功率损耗由空载无功功率损耗和负载无功功率损耗两部分组成。因此，变压器的无功功率损耗为

$$\Delta Q_T = \Delta Q_0 + \Delta Q_L = \Delta P_0 + \Delta P_N \left(\frac{S_c}{S_N}\right)^2 = S_N \left[\frac{I_0\%}{100} + \frac{U_k\%}{100}\left(\frac{S_c}{S_N}\right)^2\right] \tag{2-32}$$

或

$$\Delta Q_T = S_N \left(\frac{I_0\%}{100} + \frac{U_k\%}{100} K_L^2\right) \tag{2-33}$$

式中，ΔQ_T 为变压器额定负荷时的无功功率损耗；$I_0\%$ 为变压器的空载电流百分值，可查表 A-3；$U_k\%$ 为变压器的短路阻抗百分值，可查表 A-3；K_L 为变压器的负荷系数。

在负荷计算时，若变压器尚未选出，低损耗变压器的功率损耗也可按下式计算

$$\begin{cases} \Delta P_T = 0.015 S_c \\ \Delta Q_T = 0.06 S_c \end{cases} \tag{2-34}$$

式中，S_c 为变压器二次侧的计算视在功率。

2.3.2 年电能损耗

变压器和线路是供配电系统中能量集中的设备，并且常年持续运行，供配电系统容量越大，每年产生的电能损耗越大，因此当损耗达到一定程度时，就需要考虑变压器和线路的损耗。

由于负荷是不断变化的，因此要计算出供配电系统中的实际电能损耗比较困难，通常用最大计算电流 I_c 乘以一定的假想时间 τ 来等效全年实际的电能损耗，这个假想时间 τ 就是年最大负

荷损耗小时。它与年最大负荷利用小时 T_{max} 和负荷的功率因数 $\cos\varphi$ 有一定关系。如图 2-4 所示为不同功率因数下的年最大负荷损耗小时 τ 与年最大负荷利用小时 T_{max} 的关系。

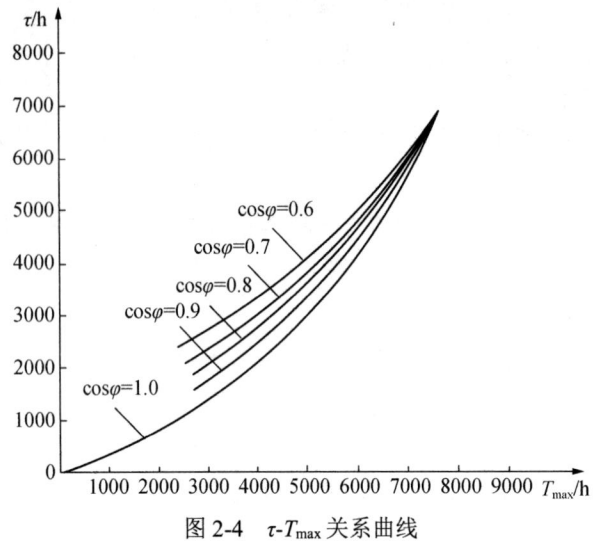

图 2-4 τ-T_{max} 关系曲线

当 $\cos\varphi=1$，且线路电压不变时，有

$$\tau = \frac{T_{max}^2}{8760} \tag{2-35}$$

1. 线路的年电能损耗

线路的年电能损耗为线路的有功功率损耗与年最大负荷损耗小时的乘积，即

$$\Delta W_{a.WL} = 3I_c^2 R_{WL} \tau \times 10^{-3} \tag{2-36}$$

2. 变压器的年电能损耗

① 由于铁损为空载损耗，全年 8760h 内都存在损耗，因此变压器铁损的年电能损耗为

$$\Delta W_{a1} = \Delta P_{Fe} \times 8760 \approx \Delta P_0 \times 8760 \tag{2-37}$$

② 由于铜损为负载损耗，因此需要用年最大负荷损耗小时计算，变压器铜损的年电能损耗为

$$\Delta W_{a2} = \Delta P_{Cu} \tau = \Delta P_{Cu.N} K_L^2 \tau \approx \Delta P_k K_L^2 \tau \tag{2-38}$$

因此，变压器的年电能损耗为

$$\Delta W_{a.T} = \Delta W_{a1} + \Delta W_{a2} \approx \Delta P_0 \times 8760 + \Delta P_k K_L^2 \tau \tag{2-39}$$

2.4 尖峰电流的计算

尖峰电流 I_{pk} 是指单台或多台用电设备在电动机启动、电压波动等情况下出现了 1~2s 的短时最大负荷电流，与负荷计算中的计算电流不同，计算电流是指 30min 最大平均电流，因此，尖峰电流比计算电流大得多。

计算尖峰电流的目的是选择熔断器、整定低压断路器和继电保护装置、计算电压波动及检验电动机自启动条件等。

1. 单台用电设备供电的支线尖峰电流计算

尖峰电流通常可以认为是用电设备的启动电流，即

$$I_{pk} = I_{st} = K_{st} I_N \tag{2-40}$$

式中，I_{st} 为用电设备的启动电流；I_N 为用电设备的额定电流；K_{st} 用电设备的启动电流倍数（可查手册或铭牌，鼠笼型电动机一般为 5~7，绕线型电动机一般不大于 2，直流电动机一般为 1.5~2，单台电弧炉为 3，弧焊变压器、弧焊整流器小于或等于 2.1，电阻焊机为 1，闪光对焊机为 2）。

2. 多台用电设备供电的干线尖峰电流计算

计算多台用电设备供电干线的尖峰电流时，一般只需要考虑其中一台用电设备启动时的尖峰电流，即

$$I_{pk} = (K_{st} I_N)_{max} + I'_c \tag{2-41}$$

式中，$(K_{st} I_N)_{max}$ 为启动电流最大的一台用电设备的启动电流，I'_c 为除启动用电设备外线路上其他用电设备的计算电流。

若存在两台以上的用电设备有可能同时启动的情况，尖峰电流根据实际情况确定。

【例 2-4】 计算某 380V 供电干线的尖峰电流，该干线向 3 台机床供电，已知 3 台机床电动机的额定电流和启动电流倍数分别为 I_{N1}=7A，I_{N2}=5A，I_{N3}=10A，K_{st1}=7，K_{st2}=4，K_{st3}=3。

解 （1）计算启动电流

$$K_{st1} I_{N1} = 7 \times 7 = 49A$$

$$K_{st2} I_{N2} = 4 \times 5 = 20A$$

$$K_{st3} I_{N3} = 3 \times 10 = 30A$$

可见，第一台用电设备电动机的启动电流最大，因此尖峰电流以第一台电动机启动电流为准进行计算。

（2）计算供电干线的尖峰电流（取需要系数为 0.15）

$$I_{pk} = (K_{st} I_N)_{max} + I'_c = 49 + 0.15 \times (5 + 10) = 51.25A$$

2.5 功率因数和无功功率补偿

2.5 节视频

功率因数是有功功率在供电系统总容量中所占的比重，是衡量供配电系统运行经济性的一个重要指标。绝大多数用电设备，如感应电动机、电力变压器、电焊机及交流接触器等，都要从电网吸收大量无功电流来产生交变磁场，其功率因数均小于 1。为了减小系统运行的损耗、提升经济性，需要提高功率因数，即进行无功功率补偿。

2.5.1 功率因数的计算

为了表示不同情况下的功率因数,定义了3种具有显著代表性的功率因数计算方法,即瞬时功率因数、平均功率因数和最大负荷时的功率因数。

1. 瞬时功率因数

为了解和分析用户或设备在生产过程中无功功率的变化情况,以便采取相应补偿措施,需要实时了解功率因数的变化情况,因此定义了瞬时功率因数。它是指供电系统在某一时刻的功率因数,可由功率因数表直接测量,也可以在同一时间记录下有功功率表、电流表和电压表的读数,并按下式计算:

$$\cos\varphi = \frac{P}{\sqrt{3}UI} \tag{2-42}$$

式中,P 为有功功率表测出的三相功率读数（kW）；U 为电压表测出的线电压读数（kV）；I 为电流表测出的线电流读数（A）。

2. 平均功率因数

供电部门需要根据月平均功率因数调整用户的电价,因此把在某一时间内的功率因数定义为平均功率因数,也称加权平均功率因数。

（1）平均功率因数可以由消耗的电能计算,计算公式为

$$\cos\varphi_{av} = \frac{P_{av}}{\sqrt{P_{av}^2 + Q_{av}^2}} = \frac{\frac{W_a}{t}}{\sqrt{\left(\frac{W_a}{t}\right)^2 + \left(\frac{W_r}{t}\right)^2}} = \frac{W_a}{\sqrt{W_a^2 + W_r^2}} = \frac{1}{\sqrt{1+\left(\frac{W_r}{W_a}\right)^2}} \tag{2-43}$$

式中,W_a 为某一时间 t 内消耗的有功电能（kWh,由有功电能表的读数求出）；W_r 为某一时间 t 内消耗的无功电能（kvarh,由无功电能表的读数求出）。

若用户在电费计量点装设感性和容性的无功电能表来分别计量感性无功电能（W_{rL}）和容性无功电能（W_{rC}）,则可按以下公式计算:

$$\cos\varphi_{av} = \frac{W_a}{\sqrt{W_a^2 + (W_{rC} + W_{rL})^2}} \tag{2-44}$$

（2）平均功率因数还可以由计算负荷进行估算

$$\cos\varphi_{av} = \frac{P_{av}}{S_{av}} = \frac{K_{aL}P_c}{\sqrt{(K_{aL}P_c)^2 + (K_{rL}Q_c)^2}} = \frac{1}{\sqrt{1+\left(\frac{K_{rL}Q_c}{K_{aL}P_c}\right)^2}} \tag{2-45}$$

式中,K_{aL} 为有功负荷系数（一般为 0.7~0.75）；K_{rL} 为无功负荷系数（一般为 0.76~0.82）。

3. 最大负荷时的功率因数

最大负荷时的功率因数是指在年最大负荷（计算负荷）时的功率因数,计算公式为

$$\cos\varphi_c = \frac{P_c}{S_c} \tag{2-46}$$

【例 2-5】某机械加工厂的全年用电量为:有功电能 6×10^6 kWh,感性无功电能 4.5×10^6 kvarh,容性无功电能 6.3×10^5 kvarh,试计算该厂的年平均计算负荷和平均功率因数。

解 根据式（2-3）可得该厂年平均负荷为

$$P_{av} = \frac{W_a}{8760} = \frac{6 \times 10^6}{8760} = 684.9 \text{kW}$$

根据式（2-44）可得平均功率因数为

$$\cos\varphi_{av} = \frac{W_a}{\sqrt{W_a^2 + (W_{rC} + W_{rL})^2}} = \frac{6 \times 10^6}{\sqrt{(6 \times 10^6)^2 + (4.5 \times 10^6 + 6.3 \times 10^5)^2}} = 0.76$$

2.5.2 功率因数对供配电系统的影响及提高功率因数的方法

1. 功率因数对供配电系统的影响

供配电系统中的用电设备经常需要使用感性负载，感性负载需要吸收无功功率，导致供配系统的功率因数降低。若功率因数太低，将给供配电系统带来电能损耗增加、电压损失增大和供电设备总容量增加与利用率降低等不良影响。所以在国家标准 GB/T 3485—1998《评价企业合理用电技术导则》中规定："在企业最大负荷时的功率因数应不低于 0.9，凡功率因数未达到上述规定的，应在负荷侧合理装设集中与就地无功功率补偿设备。"为鼓励提高功率因数，供电部门规定，功率因数低于规定值予以罚款；相反，功率因数高于规定值予以奖励，即实行"高奖低罚"的原则。

2. 提高功率因数的方法

（1）提高自然功率因数

自然功率因数是指未装设任何补偿装置的实际功率因数，功率因数不满足要求时，首先应提高自然功率因数，然后进行人工补偿。提高自然功率因数，就是采取科学措施减少用电设备的无功功率的需要量，使供配电系统总功率因数提高。主要有以下几种方法。

① 合理选择电动机的规格、型号。例如，异步电动机在满足工艺要求的情况下，尽量选用鼠笼型电动机、开启式和防护式电动机，因为鼠笼型电动机比绕线型电动机的功率因数高，开启式和防护式电动机比封闭式电动机的功率因数高。另外，异步电动机的功率因数和效率与负载的大小有较大关系，在 70%至满载运行时功率因数较高，所以在选择电动机的容量时，一般选择电动机的额定容量为拖动负载的 1.3 倍左右。

② 防止电动机长时间空载运行。在生产加工过程中若电动机必须存在长时间空载运行的情况，可以通过装设空载自停装置，或降压运行（如将电动机的定子绕组由三角形接线改为星形接线；或采用自耦变压器、电抗器、调压器降压）等，减小长时间空载运行的影响。

③ 保证电动机的检修质量。电动机长期运行会增加定、转子间的气隙，或者减少定子线圈的有效匝数，导致励磁电流和励磁功率的增加，从而降低功率因数。因此，检修时要严格保证电动机的结构参数和性能参数。

④ 合理选择变压器的容量。选择变压器的容量时要从经济运行和改善功率因数两个方面来考虑，一般选择电力变压器在负荷率为 0.6 以上，运行比较经济，因为变压器轻载时功率因数较低，但满载时有功功率损耗较大。

⑤ 交流接触器的节电运行。用电设备中通常使用大量的交流接触器，其线圈是感性负载，功率因数较低，在长时间运行情况下将产生较大的无功功率，电能消耗比较大。可用大功率晶闸管取代交流接触器，或将交流接触器改为直流运行或使其无电压运行（在交流接触器合闸后，用机械锁扣装置自行锁扣，此时线圈断电不再消耗电能）。

（2）人工补偿功率因数

受到生产工艺和设备自身的影响，仅靠提高自然功率因数来提升总体功率因数的效果有限，因此，还必须进行人工补偿。主要有以下几种方法。

① 并联电容器人工补偿。由于供配电系统中的用电设备基本上都为阻感负载，电流滞后电压，导致功率因数降低，因此可以在电网中并联电容器使电流相位接近电压相位，从而增加功率因数。采用并联电容器来补偿无功功率是目前广泛采用的方法，它具有下列优点：

- 有功功率损耗小，为 0.25%～0.5%，而同步调相机为 1.5%～3%；
- 无旋转部分，运行和维护方便；
- 可按系统需要，增加或减少补偿容量；
- 个别电容器损坏不影响整个装置运行。

当然，该补偿方法也存在缺点，如只能按级调节，而不能随无功功率的变化进行平滑的自动调节，当通风不良及运行温度过高时，易发生漏油、鼓肚、爆炸等故障。

② 动态无功功率补偿。这是通过无功功率电源根据电力系统中无功功率的实时变化产生与系统中无功相位相反的无功功率实现的，无功功率电源通常安装在变电所或电能用户变电所。在现代工业生产中存在一些容量很大的冲击性负荷，如炼钢电炉、黄磷电炉、轧钢机等，这些负荷产生电网冲击时会在短时间内导致电网电压显著波动、功率因数严重下降。由于并联电容器的自动投切装置响应太慢，无法及时补偿无功功率负荷的冲击，因此必须采用大容量、高速的动态无功功率补偿装置。

动态无功功率补偿技术经过发展，按照出现的先后分为 3 种类型：第一种为机械式投切的无源补偿装置，该装置对无功功率补偿的响应速度较慢，最先在电力系统中应用；第二种为静止无功功率补偿器（Static Var Compensator，SVC），该补偿器由晶闸管控制投切的电抗器和电容器组成，属于无源、快速动态无功功率补偿装置，主要用于配电系统中，输电网中应用很少；第三种为静止无功功率发生器（Static Var Generator，SVG），又称高压动态无功功率补偿发生装置，或静止同步补偿器，这是一种采用可关断的电力半导体桥式变流器来进行动态无功功率补偿的装置，具有补偿精确、速度快、可消除谐波、使用寿命长等优点。

2.5.3 并联电容器补偿

1. 并联电容器的型号

并联电容器的型号由文字和数字两部分组成，表示和含义如下：

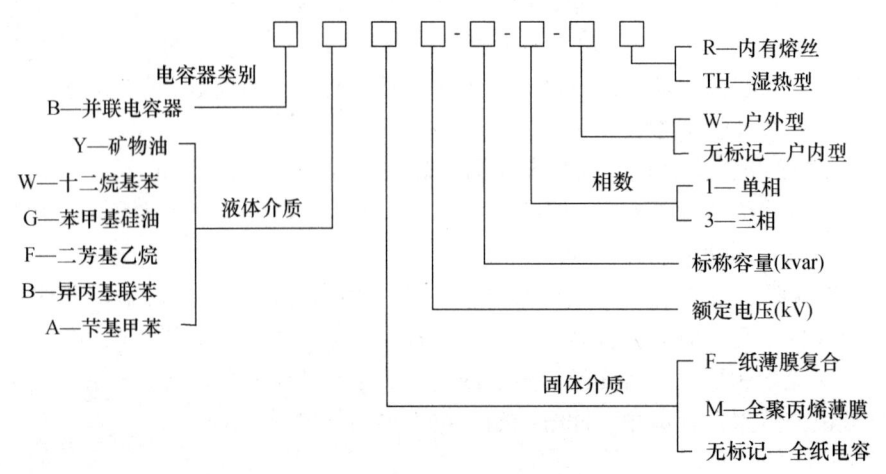

```
         □□□□-□-□-□
         │││││ │ │ │
电容器类别┘││││ │ │ └─ R——内有熔丝
          ││││ │ │    TH——湿热型
 B——并联电容器 │ │ 
   Y——矿物油  │ │ └── W——户外型
   W——十二烷基苯│ │     无标记——户内型
   G——苯甲基硅油│ └─ 相数
   F——二芳基乙烷│     1——单相
   B——异丙基联苯│     3——三相
   A——苄基甲苯 └── 标称容量(kvar)
            │
            └── 额定电压(kV)
            
            液体介质
            
            固体介质
            F——纸薄膜复合
            M——全聚丙烯薄膜
            无标记——全纸电容
```

例如，BFM11-100-1W 型为单相户外型液体介质为二芳基乙烷、固体介质为全聚丙烯薄膜的并联电容器，额定电压为 11kV、容量为 100kvar。

2. 补偿容量和电容器个数的确定

按不同电压等级线路上采用的补偿方式不同，可分为固定补偿方式和自动补偿方式两种，并联电容器的补偿容量需要根据补偿前和补偿后的无功功率之差确定，补偿后的无功功率由供电公司规定的最小功率因数决定。

（1）固定补偿方式

在变电所 6～10kV 高压母线上进行人工补偿时，一般采用固定补偿方式，即补偿电容器不随负荷变化投入或切除，其补偿容量按下式计算：

$$Q_{c.c} = P_{av}(\tan\varphi_{av1} - \tan\varphi_{av2}) \tag{2-47}$$

式中，$Q_{c.c}$ 为补偿容量；P_{av} 为平均有功负荷，$P_{av}=K_{aL}P_c$ 或 W_a/t，P_c 为有功计算负荷，K_{aL} 为有功负荷系数，W_a 为时间 t 内消耗的电能；$\tan\varphi_{av1}$ 为补偿前平均功率因数角的正切值；$\tan\varphi_{av2}$ 为补偿后平均功率因数角的正切值；$\tan\varphi_{av1}-\tan\varphi_{av2}$ 称为补偿率，可用 Δq_c 表示。

（2）自动补偿方式

在变电所 0.38kV 母线上进行补偿时，都采用自动补偿方式，即根据系统实时功率因数的测量值和最低功率因数设定值计算出无功功率补偿值，自动投入或切除电容器。其补偿容量按下式计算：

$$Q_{c.c} = P_c(\tan\varphi_1 - \tan\varphi_2) \tag{2-48}$$

在确定了并联电容器的容量后，根据产品目录（见附表 A-2）就可以选择并联电容器的型号，并确定并联电容器的数量为

$$n = \frac{Q_{c.c}}{Q_{N.C}} \tag{2-49}$$

式中，$Q_{N.C}$ 为单个电容器的额定容量（kvar）。

对于由上式计算所得的数值，应取相近偏大的整数。如果是单相电容器，还应取为 3 的倍数，以便三相均衡分配。在实际工程中，都选用成套电容器补偿柜（屏）。

【例 2-6】某企业的计算负荷为 3100kW，平均功率因数为 0.65。要使其平均功率因数提高到 0.9（在 10kV 侧固定补偿），问需要装设多大容量的并联电容器？如果采用 BFM11-50-1 型电容器，需装设多少个？

解 $\tan\varphi_{av1} = \tan(\arccos 0.65) = 1.169$，$\tan\varphi_{av2} = \tan(\arccos 0.9) = 0.484$

$$Q_{c.c} = P_{av}(\tan\varphi_{av1} - \tan\varphi_{av2}) = K_{aL}P_c(\tan\varphi_{av1} - \tan\varphi_{av2})$$
$$= 0.75 \times 3100 \times (1.169 - 0.484) = 1592.625\text{kvar}$$

$$n = \frac{Q_{c.c}}{Q_{N.C}} = \frac{1592.625}{50} = 31.85 \approx 32$$

考虑三相均衡分配，应装设 33 个并联电容器，每相 11 个，此时并联电容器的实际值为 33×50=1650kvar，此时的实际平均功率因数为

$$\cos\varphi_{av} = \frac{P_{av}}{S_{av}} = \frac{P_{av}}{\sqrt{P_{av}^2 + (P_{av}\tan\varphi_{av1} - Q_{c.c})^2}}$$

$$= \frac{0.75 \times 3100}{\sqrt{(0.75 \times 3100)^2 + (0.75 \times 3100 \times 1.169 - 1650)^2}}$$

$$= 0.91$$

满足要求。

2.5.4 并联电容器的装设与控制

1. 并联电容器的接线

并联补偿的电容器大多采用三角形连接，因此生产厂家通常将低压（0.5kV 以下）并联电容器制作成为三角形连接的三相电容器，少数大容量高压电容器采用星形接线。

但是，当电容器采用三角形连接时，如果出现其中一相电容器被击穿，将造成另外两相的短路，由此产生很大的短路电流，会引起电容器爆炸，造成严重事故，因此电容器击穿对三角形连接的高压电容器来说存在较大的安全隐患。当电容器采用星形连接时，若某一相电容器发生击穿短路，其短路电流仅为正常工作电流的 3 倍，比两相短路电流小很多，不太容易引起电容器爆炸，相对比较安全。所以在国家标准 GB 50053—2013《20kV 及以下变电所设计规范》中规定：高压电容器组应采用中性点不接地的星形连接，低压电容器组可采用三角形连接或星形连接。

2. 并联电容器的装设地点

按并联电容器在供配电系统中不同电压线路上的安装，可以将并联电容器的补偿方式分为 3 种，即高压集中补偿、低压集中补偿和单独就地补偿（个别补偿或分散补偿），如图 2-5 所示。

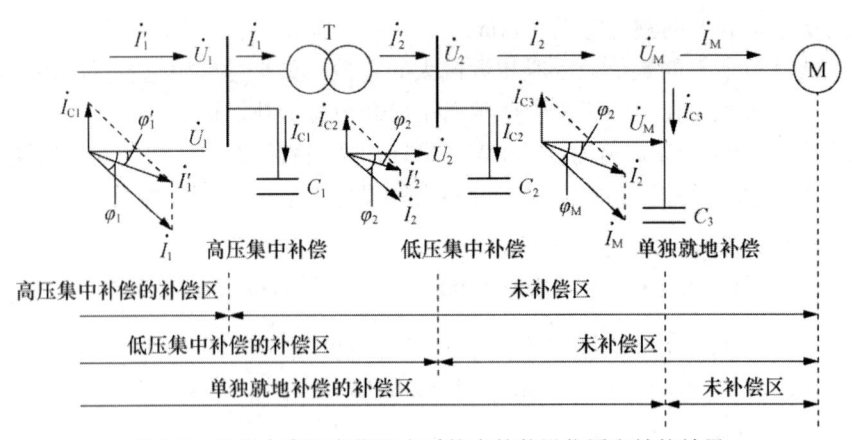

图 2-5 并联电容器在供配电系统中的装设位置和补偿效果

在工程设计中，需要根据补偿范围的大小、利用率的高低及运行条件和维护管理的方便等来选择补偿的方式。

（1）高压集中补偿

高压集中补偿是指将高压电容器组集中装设在总降压变电所的 6~10kV 母线上。

该补偿方式在总降压变电所 6~10kV 母线处进行无功功率补偿，可以减小补偿点上级的供配电系统中电气设备、线路中的无功功率，但补偿点下级的电压等级更低的线路上，用电设备的无功功率仍然存在，因此补偿范围最小，经济效果较后两种补偿方式差。但由于装设集中，运行条件较好，维护管理方便，投资较少，且总降压变电所6～10kV母线停电机会少，因此电容器利用率高。这种方式在大中型企业中应用相当普遍。

图2-6为接在总降压变电所6～10kV母线上的集中补偿的并联电容器的接线图。电容器采用星形连接，并选用成套的高压电容器柜。熔断器FU用以保护电容器击穿时引起的相间短路。电压互感器TV作为电容器的放电装置。

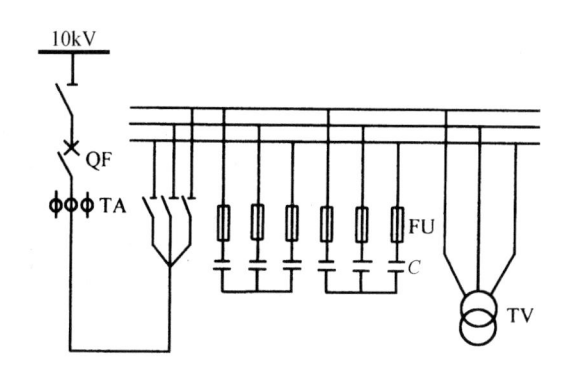

图2-6 高压集中补偿电容器组的接线

由于电容器从电网上切除时会有达到电网峰值的电压残留在内，对人身安全造成了重大的威胁，因此GB 50227—2017《并联电容器装置设计规范》规定：电容器组应配有放电器件，常采用放电线圈作为放电器件，其放电容量不应小于并联的电容器组容量。放电器件的设计应确保在断电后，电容器组两端的电压能够从$\sqrt{2}$倍额定电压降至50V。对于高压电容器，降压时间不得超过5s，而低压电容器则不得超过3min。高压电容器组通过电压互感器（如图2-6中的TV）的一次绕组进行放电。在电容器组的放电回路中，严禁安装熔断器或开关，以确保放电过程的可靠性，并保护人身安全。

（2）低压集中补偿

低压集中补偿是指在车间变电所或建筑物变电所的低压母线上集中装设低压电容器，在此处进行无功功率补偿能够使变电所低压母线前的变压器、高压配电线路及电力系统中的无功功率减小，变电所低压母线后的设备中的无功功率仍然存在。因此，其补偿范围比高压集中补偿的大，而且该补偿方式能使变压器的视在功率减小，从而可以选择更经济的低容量变压器。这种低压电容器补偿屏一般可安装在低压配电室内，运行和维护安全方便。该补偿方式应用普遍。

图2-7为低压集中补偿电容器组的接线图。电容器采用三角形连接，采用放电电阻或220V、15～25W的白炽灯的灯丝电阻作为放电装置，白炽灯可以起到指示电容器组是否正常运行的作用。

（3）单独就地补偿

单独就地补偿是指在个别功率因数较低的设备旁边装设补偿电容器组。该补偿方式能减小安装部位以前的所有电气设备和线路中的无功功率，因此补偿范围最大、效果最好。但所需补偿点和补偿电容器较多，投资较大，而且如果被补偿的设备停止运行，电容器组也被切除，不能用于补偿其他设备，因此电容器的利用率较低。此外，还存在小容量电容器的单位价格高、电容器易受到机械震动及其他环境条件影响等缺点。所以这种补偿方式适用于长期稳定运行、无功功率较大，或距离电源较远、不便于实现其他补偿的场合。

图 2-8 为直接接在感应电动机旁的单独就地补偿的低压电容器组的接线图，其放电装置通常为该电动机的绕组电阻。

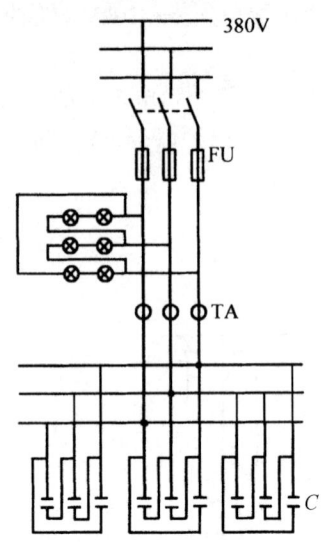

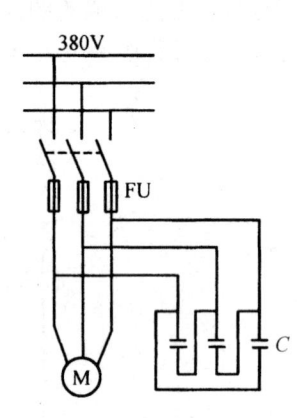

图 2-7　低压集中补偿电容器组的接线　　　图 2-8　单独就地补偿的低压电容器组的接线

在供电设计中，实际上采用的是这些补偿方式的综合，以求经济合理地提高功率因数。

3．并联电容器的控制方式

并联电容器的控制方式分为固定控制方式和自动控制方式两种。固定控制方式的并联电容器的补偿容量是固定的，投入就全部补偿，切除就全部切除。自动控制方式的并联电容器的补偿容量随负荷的变化而变化，根据某个参数值对电容器进行分组投入或切除，包括：

- 按功率因数进行控制；
- 按负荷电流进行控制；
- 按受电端的无功功率进行控制。

电容器分组采用循环投切（先投先切，后投后切）或编码投切的工作方式。

4．并联电容器接入电网的基本要求

根据 GB 50227—2017《并联电容器装置设计规范》要求，并联电容器接入电网时，应遵循以下原则：

① 为减少由于无功功率的传送而引起电网的有功功率损耗，原则上无功功率宜就地平衡补偿；

② 容量较大的电容器宜分组，分组的主要原则是根据电压波动、负荷变化、谐波含量等因素确定，且分组电容器在各种容量组合运行时不得发生谐振；

③ 为抑制谐波和限制涌流，电容器组宜串联适当参数的电抗器；

④ 为提高补偿效果，降低损耗，阻止用户向电网倒送无功功率，在高压侧无高压负荷时，不得在高压侧装设并联电容器。

2.5.5　补偿后的负荷计算和功率因数计算

1．补偿后的负荷计算

用户、车间或建筑物装设了无功功率补偿装置后，在确定补偿装置装设地点以前的总计算负荷时,应在补偿位置扣除补偿容量。

若补偿装置装设地点在变压器一次侧,则补偿后的计算负荷为

$$\begin{cases} P'_c = P_c \\ Q'_c = Q_c - Q_{c.c} \end{cases} \quad (2-50)$$

若补偿装置装设地点在变压器二次侧,如图 2-9 所示,则还要考虑补偿后变压器损耗的变化,即

$$\begin{cases} P'_c = P_c + \Delta P'_T \\ Q'_c = Q_c + \Delta Q'_T - Q_{c.c} \end{cases} \quad (2-51)$$

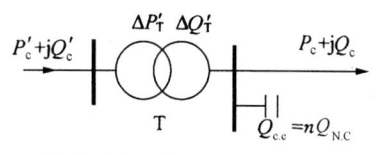

图 2-9 补偿电容器接于变压器二次侧示意图

式中,$\Delta P'_T$,$\Delta Q'_T$ 为补偿后变压器的有功功率损耗和无功功率损耗。

补偿后总的视在计算负荷为

$$S'_c = \sqrt{P'^2_c + Q'^2_c} \quad (2-52)$$

2. 补偿后的功率因数计算

(1) 固定补偿

一般计算其平均功率因数,补偿后的平均功率因数为

$$\cos\varphi'_{av} = \frac{P'_{av}}{S'_{av}} = \frac{P'_{av}}{\sqrt{P'^2_{av} + Q'^2_{av}}} = \frac{K_{aL}P'_c}{\sqrt{(K_{aL}P'_c)^2 + [K_{rL}(Q_c + \Delta Q'_T) - Q_{c.c}]^2}} \quad (2-53)$$

(2) 自动补偿

一般计算其最大负荷时的功率因数,补偿后最大负荷时的功率因数为

$$\cos\varphi'_c = \frac{P'_c}{S'_c} = \frac{P'_c}{\sqrt{P'^2_c + Q'^2_c}} \quad (2-54)$$

由此可以看出,在变电所低压侧装设了无功功率补偿装置后,低压侧总的视在功率减小,变电所变压器的容量也减小,功率因数提高。

【例 2-7】某工厂修建 10/0.4kV 的车间变电所,已知车间变电所低压侧的视在计算负荷 S_{c1} 为 1000kVA,无功计算负荷 Q_{c1} 为 600kvar,现要求车间变电所高压侧的功率因数不低于 0.9,如果在低压侧装设自动补偿电容器,补偿容量需多少?补偿后车间总的视在计算负荷(高压侧)降低了多少?

解 (1) 补偿前的计算负荷和功率因数

低压侧的有功计算负荷为

$$P_{c1} = \sqrt{S^2_{c1} - Q^2_{c1}} = \sqrt{1000^2 - 600^2} = 800\text{kW}$$

电压侧的功率因数为

$$\cos\varphi_{c1} = \frac{P_{c1}}{S_{c1}} = \frac{800}{1000} = 0.8$$

变压器的功率损耗为

$$\Delta P_{\mathrm{T}} = 0.015 S_{\mathrm{c}} = 0.015 \times 1000 = 15 \mathrm{kW}$$

$$\Delta Q_{\mathrm{T}} = 0.06 S_{\mathrm{c}} = 0.06 \times 1000 = 60 \mathrm{kvar}$$

变电所高压侧总的计算负荷为

$$P_{\mathrm{c2}} = P_{\mathrm{c1}} + \Delta P_{\mathrm{T}} = 800 + 15 = 815 \mathrm{kW}$$

$$Q_{\mathrm{c2}} = Q_{\mathrm{c1}} + \Delta Q_{\mathrm{T}} = 600 + 60 = 660 \mathrm{kvar}$$

$$S_{\mathrm{c2}} = \sqrt{P_{\mathrm{c2}}^2 + Q_{\mathrm{c2}}^2} = \sqrt{815^2 + 660^2} = 1048.73 \mathrm{kVA}$$

变电所高压侧的功率因数为

$$\cos\varphi_{\mathrm{c2}} = \frac{P_{\mathrm{c2}}}{S_{\mathrm{c2}}} = \frac{815}{1048.73} = 0.777$$

（2）确定补偿容量

由于要求高压侧的功率因数不低于0.9，补偿位置在低压侧，所以需要考虑变压器损耗，在低压侧补偿值应该更多一些，设低压侧的目标功率因数为0.92来计算需补偿的容量，在0.38kV 侧进行补偿需要采用自动补偿方式，补偿容量为

$$Q_{\mathrm{c.c}} = P_{\mathrm{c1}}(\tan\varphi_1 - \tan\varphi_2) = 800 \times [\tan(\arccos 0.8) - \tan(\arccos 0.92)] = 259.2 \mathrm{kvar}$$

查表 A-2 选 BZMJ0.4-14-3 型电容器，需要的数量为

$$n = \frac{Q_{\mathrm{c.c}}}{Q_{\mathrm{N.C}}} = \frac{259.2}{14} = 18.5 \approx 19$$

实际补偿容量为

$$Q'_{\mathrm{c.c}} = n \cdot Q_{\mathrm{N.C}} = 19 \times 14 = 266 \mathrm{kvar}$$

（3）补偿后的计算负荷和功率因数

变电所低压侧的视在计算负荷为

$$S'_{\mathrm{c1}} = \sqrt{P_{\mathrm{c1}}^2 + Q_{\mathrm{c1}}'^2} = \sqrt{P_{\mathrm{c1}}'^2 + (Q_{\mathrm{c1}} - Q'_{\mathrm{c.c}})^2} = \sqrt{800^2 + (600 - 266)^2} = 866.92 \mathrm{kVA}$$

此时变压器的功率损耗为

$$\Delta P'_{\mathrm{T}} = 0.015 S'_{\mathrm{c}} = 0.015 \times 866.92 = 13 \mathrm{kW}$$

$$\Delta Q'_{\mathrm{T}} = 0.06 S'_{\mathrm{c}} = 0.06 \times 866.92 = 52 \mathrm{kvar}$$

变电所高压侧总的计算负荷为

$$P'_{\mathrm{c2}} = P'_{\mathrm{c1}} + \Delta P'_{\mathrm{T}} = 800 + 13 = 813 \mathrm{kW}$$

$$Q'_{\mathrm{c2}} = Q_{\mathrm{c1}} - Q'_{\mathrm{c.c}} + \Delta Q'_{\mathrm{T}} = 600 - 266 + 52 = 386 \mathrm{kvar}$$

$$S'_{\mathrm{c2}} = \sqrt{P_{\mathrm{c2}}'^2 + Q_{\mathrm{c2}}'^2} = \sqrt{813^2 + 386^2} = 900 \mathrm{kVA}$$

$$\Delta S = 1048.73 - 900 = 148.73 \mathrm{kVA}$$

变电所高压侧的功率因数为

$$\cos\varphi'_{\mathrm{c2}} = \frac{P'_{\mathrm{c2}}}{S'_{\mathrm{c2}}} = \frac{813}{900} = 0.903$$

符合要求。如果补偿后的功率因数 $\cos\varphi'_{\mathrm{c2}}$ 小于0.9，则需重新计算，同时把一开始的设定值

0.92 取大一点，直到 $\cos\varphi_{c2}$ 满足要求为止。

通过上述计算可得：需补偿的容量为 266kvar，补偿后车间变电所高压侧功率因数达到 0.903，高压侧总的视在功率减少了 148.73kVA。补偿前车间变电所变压器容量应选 1250kVA，补偿后选 1000kVA 即满足要求。

2.6 用户负荷计算与设计实例

2.6.1 用户负荷计算步骤

变电所中的变压器、断路器、电缆、互感器、电能表等一次设备和二次设备的设计与选型都需要以用户的计算负荷作为基本依据，因此负荷计算是供配电系统设计的重要组成部分，也是与电力部门签订用电协议的基本依据。

确定用户计算负荷的方法很多，应根据不同的情况和要求采用不同的方法。在制订计划、初步设计特别是方案估算时可用较粗略的方法，如 2.2.2 节所述。在技术设计时，应进行详细的负荷计算，最常用的就是逐级计算法。

按逐级计算法确定用户计算负荷的原则和步骤为：①将具有相同需要系数、工作时长和功率因数的用电设备分为一组，再根据需要系数法确定各用电设备组的计算负荷；②根据用户的供配电系统图，从用电设备朝电源方向逐级确定各级节点的计算负荷；③在配电点处考虑同时系数；④在变压器安装处计及变压器损耗；⑤用户的电力线路较短时，可不计电力线路损耗；⑥在并联电容器安装处计及无功补偿容量。

某用户的供配电系统如图 2-10 所示，下面以此为例讨论供配电系统中各级配电点的负荷计算方法和用户总计算负荷的求取方法。

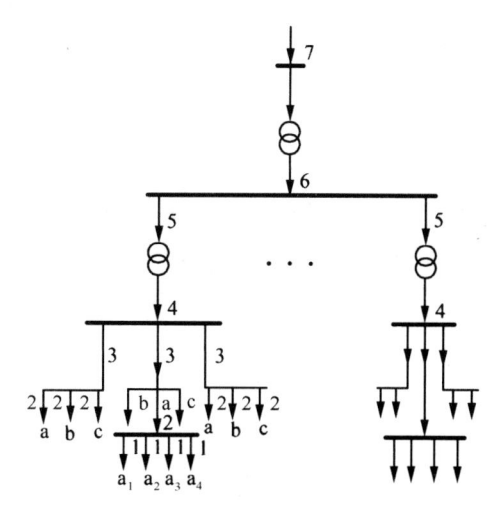

图 2-10 确定用户总计算负荷的供配电系统示意图

1. 供给单台用电设备的支线的计算负荷的确定（如图 2-10 中 1 点处）

计算目的：用来选择节点 1 处的开关设备和导线截面。

由于是给最末端的一台设备供电，因此同时系数 $K_\Sigma=1$；又因为线路长度较短，线路效率可视为 1（$\eta_{wL}=1$），而且设备的最大运行方式一般可能达到额定状态，负荷系数也可取 1

（$K_L=1$），此时由式（2-18）可得需要系数 $K_d=1/\eta_N$，则

$$\begin{cases} P_{c1} = \dfrac{P_e}{\eta_N} \\ Q_{c1} = P_{c1}\tan\varphi_N \end{cases} \quad (2\text{-}55)$$

式中，P_e 为单台用电设备的设备容量；η_N 为单台用电设备的额定效率；$\tan\varphi_N$ 为单台用电设备的额定功率因数角的正切值。

若该设备确实无法达到额定工作状态，可设定负荷系数 K_L 的值进行计算；若该设备不存在效率问题，则 $\eta_N=1$。

2．用电设备组计算负荷的确定（如图2-10中2点处）

计算目的：用来选择节点2处车间配电干线及干线上的电气设备。

用电设备组是指需要系数、工作时间制和功率因数都相同的一组设备（2～3台以上），其计算负荷按下式计算：

$$\begin{cases} P_{c2} = K_d P_{e\Sigma} \\ Q_{c2} = P_{c2}\tan\varphi \\ S_{c2} = \sqrt{P_{c2}^2 + Q_{c2}^2} \\ I_{c2} = \dfrac{S_{c2}}{\sqrt{3}U_N} \end{cases} \quad (2\text{-}56)$$

式中，$P_{e\Sigma}$ 为该用电设备组设备容量之和（kW）；U_N 为用电设备的额定线电压（kV）；$\tan\varphi$ 为该用电设备组的功率因数角的正切值；K_d 为该用电设备组的需要系数。

3．车间干线或多组用电设备的计算负荷的确定（如图2-10中3点处）

计算目的：用来选择节点3处车间变电所低压干线及其上的开关设备。

如果该干线上有多组用电设备，各用电设备组的最大负荷不一定同时出现，所以需要考虑同时系数，按下式计算：

$$\begin{cases} P_{c3} = K_{\Sigma p}\sum P_{c2} \\ Q_{c3} = K_{\Sigma q}\sum Q_{c2} \end{cases} \quad (2\text{-}57)$$

4．车间变电所或建筑物变电所低压母线的计算负荷的确定（如图2-10中4点处）

计算目的：用来选择节点4处变电所的变压器容量及低压母线的截面。

由于每根干线上的最大负荷不一定同时出现，因此在节点4处也可以引入一个同时系数，计算公式与式（2-57）相同，即

$$\begin{cases} P_{c4} = K_{\Sigma p}\sum P_{c3} \\ Q_{c4} = K_{\Sigma q}\sum Q_{c3} \\ S_{c4} = \sqrt{P_{c4}^2 + Q_{c4}^2} \\ I_{c4} = \dfrac{S_{c4}}{\sqrt{3}U_N} \end{cases} \quad (2\text{-}58)$$

式中，$K_{\Sigma p}$ 取 0.90～0.95；$K_{\Sigma q}$ 取 0.93～0.97；$\sum P_{c3}$ 为各干线上的有功计算负荷之和；$\sum Q_{c3}$ 为各干线上的无功计算负荷之和。

5. 车间变电所或建筑物变电所高压母线的计算负荷的确定（如图 2-10 中 5 点处）

计算目的：用来选择节点 5 处高压配电线及其上的电气设备。

因为用户低压线路不长，功率损耗不大，在负荷计算时往往不考虑低压线路的功率损耗，但要考虑变压器的损耗。由此计算负荷为式（2-58）中的计算结果加上变压器损耗，即

$$\begin{cases} P_{c5} = P_{c4} + \Delta P_T \\ Q_{c5} = Q_{c4} + \Delta Q_T \end{cases} \quad (2\text{-}59)$$

6. 总降压变电所二次侧的计算负荷的确定（如图 2-10 中 6 点处）

节点 6 处为总降压变电所二次侧，计算负荷应在其二次侧各出线的计算负荷的基础上求取。若总降压变电所到车间或建筑物的距离较长，应考虑线路的功率损耗，其功率损耗 ΔP_{WL}、ΔQ_{WL} 可按照式（2-27）和式（2-28）计算。

把总降压变电所二次侧各出线的计算负荷（加上线路损耗）相加并乘以同时系数（有功、无功负荷的同时系数 $K_{\Sigma p}$ 和 $K_{\Sigma q}$ 可取 0.9～0.97），即得总降压变电所二次侧的计算负荷，即

$$\begin{cases} P_{c6} = K_{\Sigma p} \sum (P_{c5} + \Delta P_{WL}) \\ Q_{c6} = K_{\Sigma q} \sum (Q_{c5} + \Delta Q_{WL}) \end{cases} \quad (2\text{-}60)$$

7. 总降压变电所高压侧的计算负荷的确定（如图 2-10 中 7 点处）

把总降压变电所低压侧的计算负荷加上变压器的损耗，即总降压变电所高压侧（用户）的总计算负荷，即

$$\begin{cases} P_{c7} = P_{c6} + \Delta P_T \\ Q_{c7} = Q_{c6} + \Delta Q_T \\ S_{c7} = \sqrt{P_{c7}^2 + Q_{c7}^2} \\ I_{c7} = \dfrac{S_{c7}}{\sqrt{3} U_N} \end{cases} \quad (2\text{-}61)$$

2.6.2 用户负荷计算工程设计实例

为了将本章知识与工程应用相结合，下面针对一工程实例进行完整的负荷计算与无功功率补偿计算。

假设工程情况如下：某企业 35/10kV 的总降压变电所，分别供电给 1#～6# 10kV 车间变电所，如图 2-11 所示。其中，1#车间变电所负荷有：机加工车间有冷加工机床 342kW，通风机 18kW，电焊机 81kW（ε=60%），吊车 87.5kW（ε=40%），车间照明 15kW（荧光灯、电子镇流器），办公大楼照明（荧光灯、电子镇流器）10kW、空调 210kW，科研设计大楼照明（荧光灯、电子镇流器）15kW、空调 360kW，室外照明（高压钠灯、节能型电感镇流器）20kW；2#～6#车间变电所低压侧的计算负荷分别为：P_{c2}=1050kW，Q_{c2}=600kvar；P_{c3}=980kW，Q_{c3}=766kvar；P_{c4}=1088kW，Q_{c4}=640kvar；P_{c5}=845kW，Q_{c5}=522kvar；P_{c6}=902kW，Q_{c6}=690kvar。试计算该用户的总计算负荷（忽略线损），并要求在总降压变电所的 10kV 低压侧进行功率补偿，保证高压侧功率因数高于 0.9。

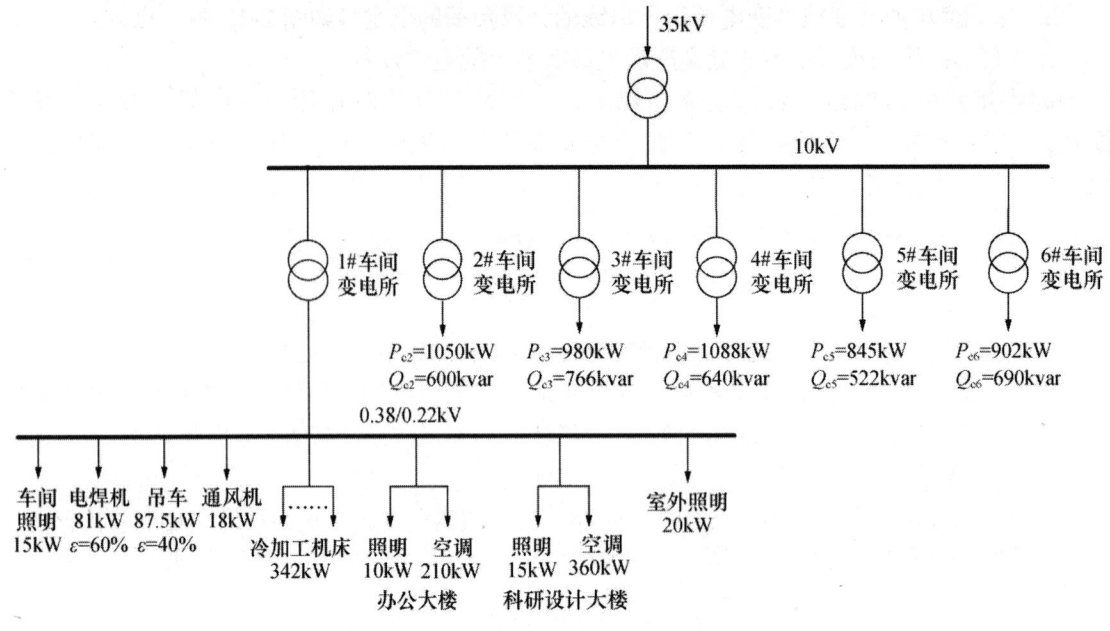

图 2-11 工程实例供电系统图

解 用逐级计算法进行负荷计算。

首先用需要系数法计算 1#车间变电所各用电设备组的计算负荷，然后考虑用电设备组的同时系数计算 1#车间变电所低压侧计算负荷，再考虑变压器损耗计算出高压侧计算负荷；同样计算 2#～6#车间变电所高压侧计算负荷；再考虑总降压变电所二次侧出线的同时系数和变压器损耗后，即得用户的总计算负荷。

1#10kV 车间变电所计算负荷具体计算如下。

（1）计算 1#车间变电所各用电设备组的计算负荷

① 冷加工机床

查表 A-1-1，大批生产冷加工机床 K_d=0.2，$\cos\varphi$=0.5，$\tan\varphi$=1.73，则

$$P_{c1.1} = K_d P_{e1.1\Sigma} = 0.2 \times 342 = 68.4\text{kW}$$

$$Q_{c1.1} = P_{c1.1} \tan\varphi = 68.4 \times 1.73 = 118.3\text{kvar}$$

② 通风机

查表 A-1-1，通风机 K_d=0.8，$\cos\varphi$=0.8，$\tan\varphi$=0.75，则

$$P_{c1.2} = K_d P_{e1.2\Sigma} = 0.8 \times 18 = 14.4\text{kW}$$

$$Q_{c1.2} = P_{c1.2} \tan\varphi = 14.4 \times 0.75 = 10.8\text{kvar}$$

③ 吊车

吊车要求统一换算到 ε=25%时的额定功率，即

$$P_{e1.3\Sigma} = 2\sqrt{\varepsilon_N} P_N = 2\sqrt{40\%} \times 87.5 = 110.8\text{kW}$$

查表 A-1-1，吊车 K_d=0.25，$\cos\varphi$=0.5，$\tan\varphi$=1.73，则

$$P_{c1.3} = K_d P_{e1.3\Sigma} = 0.25 \times 110.8 = 27.7\text{kW}$$

$$Q_{c1.3} = P_{c1.3} \tan\varphi = 27.7 \times 1.73 = 47.9 \text{kvar}$$

④ 电焊机

电焊机要求统一换算到 $\varepsilon=100\%$ 时的额定功率，即

$$P_{e1.4\Sigma} = \sqrt{\varepsilon_N} P_N = \sqrt{60\%} \times 81 = 62.7 \text{kW}$$

查表 A-1-1，电焊机 $K_d=0.35$，$\cos\varphi=0.6$，$\tan\varphi=1.33$，则

$$P_{c1.4} = K_d P_{e1.4\Sigma} = 0.35 \times 62.7 = 21.9 \text{kW}$$

$$Q_{c1.4} = P_{c1.4} \tan\varphi = 21.9 \times 1.33 = 29.1 \text{kvar}$$

⑤ 空调

查表 A-1-1，空调 $K_d=0.8$，$\cos\varphi=0.8$，$\tan\varphi=0.75$，则
办公大楼空调

$$P_{c1.51} = K_d P_{e1.51} = 0.8 \times 210 = 168 \text{kW}$$

$$Q_{c1.51} = P_{c1.51} \tan\varphi = 168 \times 0.75 = 126 \text{kvar}$$

科研设计大楼空调

$$P_{c1.52} = K_d P_{e1.52} = 0.8 \times 360 = 288 \text{kW}$$

$$Q_{c1.52} = P_{c1.52} \tan\varphi = 288 \times 0.75 = 216 \text{kvar}$$

总空调计算负荷为

$$P_{c1.5} = P_{c1.51} + P_{c1.52} = 168 + 288 = 456 \text{kW}$$

$$Q_{c1.5} = Q_{c1.51} + Q_{c1.52} = 126 + 216 = 342 \text{kvar}$$

⑥ 照明计算负荷

车间照明：荧光灯要考虑镇流器的功率损耗，电子镇流器 $K_{bl}=1.1$，即

$$P_{e1.61} = K_{bl} P_{N.61} = 1.1 \times 15 = 16.5 \text{kW}$$

查表 A-1-2，车间 $K_d=0.9$，查表 A-1-3，荧光灯 $\cos\varphi=0.98$，$\tan\varphi=0.2$，则

$$P_{c1.61} = K_d P_{e1.61} = 0.9 \times 16.5 = 14.85 \text{kW}$$

$$Q_{c1.61} = P_{c1.61} \tan\varphi = 14.85 \times 0.2 = 2.97 \text{kvar}$$

办公大楼照明：荧光灯设备容量为

$$P_{e1.62} = K_{bl} P_{N.62} = 1.1 \times 10 = 11 \text{kW}$$

查表 A-1-2，办公楼 $K_d=0.8$，查表 A-1-3，荧光灯 $\cos\varphi=0.98$，$\tan\varphi=0.2$，则

$$P_{c1.62} = K_d P_{e1.62} = 0.8 \times 11 = 8.8 \text{kW}$$

$$Q_{c1.62} = P_{c1.62} \tan\varphi = 8.8 \times 0.2 = 1.76 \text{kvar}$$

科研设计大楼照明：荧光灯设备容量为

$$P_{e1.63} = K_{bl} P_{N.63} = 1.1 \times 15 = 16.5 \text{kW}$$

查表 A-1-2，科研设计大楼 $K_d=0.9$，查表 A-1-3，荧光灯 $\cos\varphi=0.98$，$\tan\varphi=0.2$，则

$$P_{c1.63} = K_d P_{e1.63} = 0.9 \times 16.5 = 14.85\text{kW}$$

$$Q_{c1.63} = P_{c1.63} \tan\varphi = 14.85 \times 0.2 = 2.97\text{kvar}$$

室外照明：高压钠灯要考虑镇流器的功率损失，节能型电感镇流器 $K_{bl}=1.1$，即

$$P_{e1.64} = K_{bl} P_{N.64} = 1.1 \times 20 = 22\text{kW}$$

查表 A-1-2，室外照明 $K_d=1.0$，查表 A-1-3，高压钠灯 $\cos\varphi=0.5$，$\tan\varphi=1.73$，则

$$P_{c1.64} = K_d P_{e1.64} = 1.0 \times 22 = 22\text{kW}$$

$$Q_{c1.64} = P_{c1.64} \tan\varphi = 22 \times 1.73 = 38.06\text{kvar}$$

照明总计算负荷为

$$P_{c1.6} = P_{c1.61} + P_{c1.62} + P_{c1.63} + P_{c1.64} = 14.85 + 8.8 + 14.85 + 22 = 60.5\text{kW}$$

$$Q_{c1.6} = Q_{c1.61} + Q_{c1.62} + Q_{c1.63} + Q_{c1.64} = 2.97 + 1.76 + 2.97 + 38.06 = 45.76\text{kvar}$$

（2）计算 1#车间变电所低压侧的计算负荷

取同时系数 $K_{\Sigma p} = 0.95$，$K_{\Sigma q} = 0.97$，则

$$P_{c1} = K_{\Sigma p} \sum_{i=1}^{6} P_{c1.i}$$
$$= 0.95 \times (68.4 + 14.4 + 27.7 + 21.9 + 456 + 60.5) = 616.455\text{kW}$$

$$Q_{c1} = K_{\Sigma q} \sum_{i=1}^{6} Q_{c1.i}$$
$$= 0.97 \times (118.3 + 10.8 + 47.9 + 29.1 + 342 + 45.76) = 593.86\text{kvar}$$

$$S_{c1} = \sqrt{P_{c1}^2 + Q_{c1}^2} = \sqrt{616.455^2 + 593.86^2} = 855.97\text{kVA}$$

（3）计算 1#车间变电所变压器的损耗

当电流经过变压器和线路时，肯定会引起电能损耗。输电线路较短时，线路损耗可以忽略，但变压器的损耗不能忽略。

$$\Delta P_{1T} = 0.015 S_{c1} = 0.015 \times 855.97 = 12.84\text{kW}$$

$$\Delta Q_{1T} = 0.06 S_{c1} = 0.06 \times 855.97 = 51.36\text{kvar}$$

（4）计算 1#车间变电所高压侧的计算负荷

$$P'_{c1} = P_{c1} + \Delta P_{1T} = 616.455 + 12.84 = 629.295\text{kW}$$

$$Q'_{c1} = Q_{c1} + \Delta Q_{1T} = 593.86 + 51.36 = 645.22\text{kvar}$$

$$S'_{c1} = \sqrt{P'^2_{c1} + Q'^2_{c1}} = \sqrt{629.29^2 + 645.22^2} = 901.29\text{kVA}$$

$$I'_{c1} = \frac{S'_{c1}}{\sqrt{3}U_N} = \frac{901.29}{\sqrt{3} \times 10} = 52.04\text{A}$$

（5）补偿前的计算负荷和功率因数

该工程要求在总降压变电所的 10kV 低压侧进行集中补偿，因此采用固定补偿方式计算无功补偿容量。

总降压变电所的 10kV 低压侧计算负荷需要根据 1#～6# 车间变电所 10kV 侧的计算负荷进行计算。1#～6# 车间变电所 10kV 侧计算负荷需要考虑车间变压器的损耗，即

$P'_{c1} = 629\text{kW}, \quad Q'_{c1} = 645\text{kvar}$

$P'_{c2} = P_{c2} + 0.015S_{c2} = P_{c2} + 0.015\sqrt{P_{c2}^2 + Q_{c2}^2} = 1050 + 0.015 \times \sqrt{1050^2 + 600^2} = 1068\text{kW}$

$Q'_{c2} = Q_{c2} + 0.06S_{c2} = Q_{c2} + 0.06\sqrt{P_{c2}^2 + Q_{c2}^2} = 600 + 0.06 \times \sqrt{1050^2 + 600^2} = 673\text{kvar}$

$P'_{c3} = P_{c3} + 0.015S_{c3} = P_{c3} + 0.015\sqrt{P_{c3}^2 + Q_{c3}^2} = 980 + 0.015 \times \sqrt{980^2 + 766^2} = 999\text{kW}$

$Q'_{c3} = Q_{c3} + 0.06S_{c3} = Q_{c3} + 0.06\sqrt{P_{c3}^2 + Q_{c3}^2} = 766 + 0.06 \times \sqrt{980^2 + 766^2} = 841\text{kvar}$

$P'_{c4} = P_{c4} + 0.015S_{c4} = P_{c4} + 0.015\sqrt{P_{c4}^2 + Q_{c4}^2} = 1088 + 0.015 \times \sqrt{1088^2 + 640^2} = 1107\text{kW}$

$Q'_{c4} = Q_{c4} + 0.06S_{c4} = Q_{c4} + 0.06\sqrt{P_{c4}^2 + Q_{c4}^2} = 640 + 0.06 \times \sqrt{1088^2 + 640^2} = 716\text{kvar}$

$P'_{c5} = P_{c5} + 0.015S_{c5} = P_{c5} + 0.015\sqrt{P_{c5}^2 + Q_{c5}^2} = 845 + 0.015 \times \sqrt{845^2 + 522^2} = 860\text{kW}$

$Q'_{c5} = Q_{c5} + 0.06S_{c5} = Q_{c5} + 0.06\sqrt{P_{c5}^2 + Q_{c5}^2} = 522 + 0.06 \times \sqrt{845^2 + 522^2} = 582\text{kvar}$

$P'_{c6} = P_{c6} + 0.015S_{c6} = P_{c6} + 0.015\sqrt{P_{c6}^2 + Q_{c6}^2} = 902 + 0.015 \times \sqrt{902^2 + 690^2} = 919\text{kW}$

$Q'_{c6} = Q_{c6} + 0.06S_{c6} = Q_{c6} + 0.06\sqrt{P_{c6}^2 + Q_{c6}^2} = 690 + 0.06 \times \sqrt{902^2 + 690^2} = 758\text{kvar}$

由于总降压变电所与 6 个车间变电所之间的传输线路较短，可以忽略线路损耗，因此总降压变电所 10kV 侧有功负荷为 6 个车间变电所有功负荷之和并乘以同时系数，即

$$P_{c10\Sigma} = K_{\Sigma p} \sum_{i=1}^{6} P'_{ci} = 0.95 \times (629 + 1068 + 999 + 1107 + 860 + 919) = 5302.9\text{kW}$$

总降压变电所 10kV 侧无功负荷为 6 个车间变电所有功负荷之和并乘以同时系数，即

$$Q_{c10\Sigma} = K_{\Sigma q} \sum_{i=1}^{6} Q'_{ci} = 0.95 \times (645 + 673 + 841 + 716 + 582 + 758) = 3793.5\text{kvar}$$

总降压变电所 10kV 侧的视在负荷为

$$S_{c10\Sigma} = \sqrt{P_{c10\Sigma}^2 + Q_{c10\Sigma}^2} = \sqrt{5302.9^2 + 3793.5^2} = 6520\text{kVA}$$

固定补偿需要根据平均功率因数进行计算，总降压变电所 10kV 侧的平均功率因数为

$$\cos\varphi_{\text{av}10\Sigma} = \frac{K_{\text{aL}}P_{c10\Sigma}}{\sqrt{(K_{\text{aL}}P_{c10\Sigma})^2 + (K_{\text{rL}}Q_{c10\Sigma})^2}} = \frac{0.75 \times 5302.9}{\sqrt{(0.75 \times 5302.9)^2 + (0.82 \times 3793.5)^2}} = 0.788$$

（6）确定无功补偿容量

由于总降压变电所高压侧的功率因数要高于 0.9，因此设定低压侧补偿后功率因数为 0.92，则补偿前功率因数角 $\varphi_{\text{av}10\Sigma}$ 和补偿后对应的功率因数角 $\varphi_{\text{av}2}$ 分别为

$$\varphi_{\text{av}10\Sigma} = \arccos 0.788 = 38.03°, \quad \varphi_{\text{av}2} = \arccos 0.92 = 23.07°$$

计算补偿容量为

$$Q_{c.c} = P_{av}(\tan\varphi_{av10\Sigma} - \tan\varphi_{av2}) = K_{aL}P_{c10\Sigma}(\tan\varphi_{av10\Sigma} - \tan\varphi_{av2})$$
$$= 0.75 \times 5302.9 \times (\tan 38.03° - \tan 23.07°) = 1416.7\text{kvar}$$

选用型号为 BAM11-200-1W 的电容器，其额定电压为 11kV，额定容量为 200kvar，则需要补偿电容器的个数为

$$n = \frac{Q_{c.c}}{Q_{N.C}} = \frac{1416.72}{200} = 7.084 \approx 9$$

由于电容器为单相的，因此需要取 3 的整数倍，补偿电容器个数最少为 9。

在实际工程中，通常采用补偿电容器生产厂家集成好的电容器补偿柜，本实例中使用具体型号为 TBB(F)-10-1000/200AK 的电容器补偿柜，该补偿柜由 BAM11-200-1W 型的电容器组合而成，单个补偿柜容量为 1000kvar，因此需要 2 组才能达到补偿容量，则实际补偿容量为

$$Q'_{c.c} = n \cdot Q_{N.C} = 2 \times 1000 = 2000\text{kvar}$$

补偿后总降压变电所 10kV 侧的无功负荷为

$$Q'_{c10\Sigma} = Q_{c10\Sigma} - Q'_{c.c} = 3793.5 - 2000 = 1793.5\text{kvar}$$

补偿后总降压变电所 10kV 侧的视在负荷为

$$S'_{c10\Sigma} = \sqrt{P_{c10\Sigma}^2 + Q_{c10\Sigma}'^2} = \sqrt{5302.9^2 + 1793.5^2} = 5598\text{kVA}$$

（7）补偿后的总降压变电所 35kV 侧的功率因数

补偿后变压器的损耗为

$$\Delta P'_T = 0.015 S'_{c10\Sigma} = 0.015 \times 5598 = 84\text{kW}$$
$$\Delta Q'_T = 0.06 S'_{c10\Sigma} = 0.06 \times 5598 = 335.9\text{kvar}$$

补偿后总降压变电所 35kV 侧总的计算负荷为

$$P'_{c35\Sigma} = P'_{c10\Sigma} + \Delta P_T = 5302.9 + 84 = 5386.9\text{kW}$$
$$Q'_{c35\Sigma} = Q'_{c10\Sigma} + \Delta Q_T = 1793.5 + 335.9 = 2129.4\text{kvar}$$
$$S'_{c35\Sigma} = \sqrt{P_{c35\Sigma}'^2 + Q_{c35\Sigma}'^2} = \sqrt{5386.9^2 + 2129.4^2} = 5792.5\text{kVA}$$
$$I'_{c35\Sigma} = \frac{S'_{c35\Sigma}}{\sqrt{3}U_N} = \frac{5792.5}{\sqrt{3} \times 35} = 95.55\text{A}$$

补偿后总降压变电所 35kV 侧的功率因数为

$$\cos\varphi_{av35\Sigma} = \frac{P'_{c35\Sigma}}{S'_{c35\Sigma}} = \frac{5386.9}{5792.5} = 0.93$$

综上所述，完成了该企业的负荷计算，并得出无功功率补偿后的计算负荷。各车间变电所具体计算数据和结果见表 2-2。

表2-2 工程实例负荷计算表

计算内容		设备名称	设备容量/kW	K_d	$\cos\varphi$	$\tan\varphi$	P_c/kW	Q_c/kvar	S_c/kVA	I_c/A
1#车间变电所计算负荷	各设备组计算负荷	冷加工机床	342	0.2	0.5	1.73	68.4	118.3		
		通风机	18	0.8	0.8	0.75	14.4	10.8		
		吊车(ε_N=40%)	87.5	0.25	0.5	1.73	27.7	47.9		
		电焊机(ε_N=60%)	81	0.35	0.6	1.33	21.9	29.1		
		办公大楼空调	210	0.8	0.8	0.75	168	126		
		科研设计大楼空调	360	0.8	0.8	0.75	288	216		
		车间照明	15	0.9	0.98	0.2	14.85	2.97		
		办公大楼照明	10	0.8	0.98	0.2	8.8	1.76		
		科研设计大楼照明	15	0.9	0.98	0.2	14.85	2.97		
		室外照明	20	1.0	0.5	1.73	22	38.06		
	变压器1T低压侧计算负荷 $K_{\Sigma p}=0.95$,$K_{\Sigma q}=0.97$						616.46	593.86	855.97	
	变压器1T损耗						12.84	51.36		
	变压器1T高压侧计算负荷						629.30	645.22	901.29	52.04
2#车间变电所	变压器2T低压侧计算负荷						1050	600	1209	
	变压器2T损耗						18.135	72.54		
	变压器2T高压侧计算负荷						1068	673	1262.4	72.88
3#车间变电所	变压器3T低压侧计算负荷						980	766	1243.8	
	变压器3T损耗						18.657	74.628		
	变压器3T高压侧计算负荷						999	841	1305.9	75.40
4#车间变电所	变压器4T低压侧计算负荷						1088	640	1262.3	
	变压器4T损耗						18.935	75.738		
	变压器4T高压侧计算负荷						1107	716	1318.4	76.12
5#车间变电所	变压器5T低压侧计算负荷						854	522	1000.9	
	变压器5T损耗						15.01	60.1		
	变压器5T高压侧计算负荷						860	582	1038.4	60
6#车间变电所	变压器6T低压侧计算负荷						902	690	1135.7	
	变压器6T损耗						17.04	68.14		
	变压器6T高压侧计算负荷						919	758	1191.3	68.78
总降压变电所低压侧计算负荷 $K_{\Sigma p}=0.95$,$K_{\Sigma q}=0.95$							5302.9	3793.5	6520	
无功补偿容量								2000		
补偿后总降压变电所10kV侧计算负荷							5302.9	1793.5	5598	
总降变压器损耗							84	335.9		
企业(总降压变电所高压侧)计算负荷							5386.9	2129.4	5792.5	95.55

小 组 讨 论

1. 写出与"供配电系统无功功率补偿节能技术的发展"相关的10个关键词。
2. 并联补偿的电力电容器大多采用三角形接线,为什么?
3. 对系统来说,在哪里装设电容器比较好?对负荷来说,在哪里装设电容器比较好?为什么?

习 题

2-1 什么叫负荷曲线?有哪几种?与负荷曲线有关的物理量有哪些?

2-2 各工作制用电设备的设备容量如何确定?

2-3 负荷计算有哪些方法?各有什么特点?各适用哪些场合?

2-4 功率因数过低有何影响?如何提高功率因数?

2-5 什么叫尖峰电流?尖峰电流的计算有什么用处?

2-6 某厂金工车间的生产面积为 60m×32m,试用估算法估算该车间的平均负荷。

2-7 某车间采用一台 10/0.4kV 变压器供电,低压负荷有生产用通风机 5 台共 60kW,电焊机(ε=65%)3 台共 10.5kW,有联锁的连续运输机械 8 台共 40kW,5.1kW 的起重机(ε=15%)2 台。试确定该车间变电所低压侧的计算负荷。

2-8 某 220/380V 三相四线制线路上接有下列负荷:220V、3kW 电热箱 2 台接于 A 相,6kW 1 台接于 B 相,4.5kW 1 台接于 C 相;380V、20kW(ε=65%)单头手动电弧焊机 1 台接于 AB 相,6kW(ε=100%)3 台接于 BC 相,10.5kW(ε=50%)2 台接于 CA 相。试求该线路的计算负荷。

2-9 某机械加工车间变电所供电电压为 10kV,低压侧负荷拥有金属切削机床容量共 920kW,通风机容量共 56kW,起重机容量共 76kW(ε=15%),照明负荷容量 38.16kW(荧光灯、电子镇流器),线路额定电压为 380V。试求:

(1)该车间变电所高压侧(10kV)的计算负荷及功率因数;

(2)若车间变电所低压侧进行自动补偿,功率因数补偿到 0.95,应装 BZMJ0.4-30-3 型电容器多少个?

(3)补偿后车间变电所高压侧的计算负荷及功率因数,计算视在功率减小多少?

2-10 某企业 35kV 总降压变电所 10kV 侧的计算负荷为:1#车间 720kW+j510kvar;2#车间 580kW+j400kvar;3#车间 630kW+j490kvar;4#车间 475kW+j335kvar(K_{aL}=0.76,K_{rL}=0.82,忽略线损)。试求:

(1)该企业的计算负荷及平均功率因数。

(2)功率因数是否满足供用电规程?若不满足,应补偿到多少?

(3)若在 10kV 侧进行固定补偿,应装 BFM11-50-1W 型电容器多少个?

(4)补偿后该企业的计算负荷及平均功率因数。

第3章 变配电所及其一次系统

学习目标：掌握变配电所（变电所和配电所的简称）及其一次系统的主要内容，包括供配电系统的电压选择、变电所类型及位置选择，变配电所的一次设备，变配电所主接线等；理解供配电系统设计和运行的必备知识，有利于培养学生的工程设计能力。

3.1 供配电电压的选择

3.1.1 供电电压的确定

用电单位的供电电压是指供配电系统从电力系统所取得的电源电压。其选择应考虑用电容量及供电距离（见表3-1）、用电设备特性、供电线路的回路数、用电单位的远景规划、当地公共电网现状及其发展规划以及经济合理等因素。

表3-1 各级电压下电力线路合理的输送功率和输送距离

线路类型	线路电压/kV	输送功率/MW	输送距离/km
架空线	6	0.1～1.2	15～4
	10	0.2～2	20～6
	20	0.4～4	40～10
	35	2～8	50～20
	66	3.5～10	100～30
	110	10～50	150～50
电缆线	6	3	≤3
	10	5	≤6
	20	10	≤12
	35	15	≤20

注：表中数据的计算依据如下。
① 架空线及6～20kV电缆芯截面按240mm²，35～110kV电缆芯按400mm²，电压损失≤5%。
② 导体的实际工作温度θ：架空线为55℃；6～10kV，电缆线为90℃；20～110kV，电缆线为80℃。
③ 导体的几何均距d：6～10kV为1.25m，35～110kV为3m，功率因数$\cos\varphi=0.85$。

目前用电单位的供电电压有220kV、110kV、35kV、10kV、6kV。一般来讲，特大型企业（如石化、钢铁企业）采用220kV，大中型企业常采用35～110kV，中小型企业常采用10kV。

3.1.2 配电电压的确定

配电电压是指用电单位内部向用电设备配电的电压等级。配电电压的高低取决于供电电压、用电设备的电压以及供电范围、负荷大小和分布情况等。

高压配电电压一般采用20kV或10kV，用于供电电压为35kV及以上用电单位内部，由总降压变电所向高压用电设备、用户车间变电所或建筑物变电所配电；若6kV用电设备（主要指高压电动机）的总容量较大，选用6kV在技术经济上合理时，可采用6kV。

如果用电单位环境条件允许，负荷均为低压，且小而集中，或用电点多而距离远，可采用35kV作为高压配电电压深入负荷中心的直配方式，将35kV直接降为380V供电，这样既简化供配电系统，又节省投资和电能，从而提高电能质量。

低压配电电压宜采用380/220V，其中线电压380V接三相电力设备及额定电压为380V的单相设备，相电压220V接额定电压为220V的单相设备和照明灯具。工矿企业可采用660V，这主要是考虑到在这些场合变电所距离负荷中心较远，供电距离又较长。当安全需要时，也采用小于50V的电压。

3.2 变电所的类型与选址

3.2.1 变电所的类型

变电所按其在供配电系统中的地位和作用，电能用户内有总降压变电所、独立变电所、车间变电所、建筑物及高层建筑变电所、杆上变电所、箱式变电所等。其中，车间变电所包括车间附设变电所和车间内变电所。

1. 总降压变电所

大中型企业，由于负荷较大，其总降压变电所采用35～110kV电源进线，降压至10kV或6kV，再向各车间变电所和高压用电设备配电。

2. 独立变电所

独立变电所是指设在中小电能用户的10(20)/0.4kV变电所，或者设在与车间或建筑物有一定距离的单独的10(20)/0.4kV变电所，向用户负荷供电，或者向周围几个车间或建筑物供电，如图3-1所示。

3. 车间附设变电所

车间附设变电所是指利用车间的一面或两面墙壁的10/0.4kV变电所。如图3-2所示，车间附设变电所又分内附式（见图3-2中1）和外附式（见图3-2中2）两种。

4. 车间内变电所

车间内变电所是位于车间内的单独房间内的10/0.4kV变电所（见图3-2中3），变压器一般采用干式变压器。

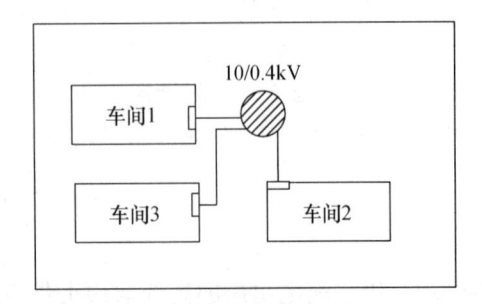

图3-1 独立变电所与车间的位置关系

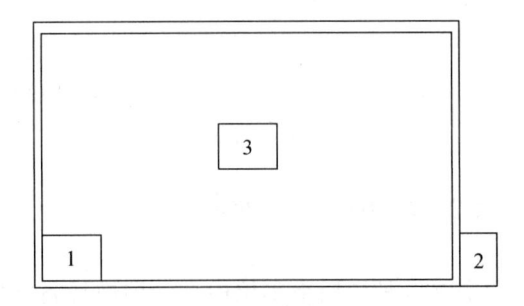

图3-2 车间变电所类型

5. 建筑物及高层建筑变电所

民用建筑中常采用 10/0.4kV 变电所，高层建筑变电所的变压器一律采用干式变压器，高压开关应采用真空断路器，也可采用六氟化硫断路器。高层建筑变电所为楼内变电所，置于高层建筑的地下室、中间某层或高层。

6. 杆上变电所

杆上变电所适用于 315kVA 及以下变压器，变压器安装在室外电杆上，常用于居民区、用电负荷小的企业。

7. 箱式变电所

箱式变电所采用 10/0.4kV 变电所，在金属外壳内装设高压室、变压器室和低压室，安装、维护方便，一般用于居民小区或城市供电。

3.2.2 变电所位置的选择

1. 变电所位置选择的要求

变电所的位置选择应符合 GB 50187—2012《工业企业总平面设计规范》的有关规定，其要求为：①应尽可能接近负荷中心，以降低配电系统的电能损耗、电压损耗和有色金属消耗量；②进出线方便，考虑电源的进线方向，偏向电源侧；③不应妨碍企业的发展，要考虑扩建的可能性；④设备运输方便；⑤尽量避开有腐蚀性气体和污秽的地段，若无法避免，则应位于污染源的上风侧；⑥变电所屋外配电装置与其他建筑物、构筑物之间的防火间距符合规定；⑦变电所建筑物、变压器及屋外配电装置应与附近的冷却塔或喷水池之间的距离符合规定。

2. 负荷中心确定

负荷中心的确定方法有负荷指示图法、负荷功率矩法或负荷电能矩法等。

（1）负荷指示图法

将电力负荷按一定比例用负荷圆的形式，标示在企业或车间的平面图上就是负荷指示图。各车间的负荷圆的圆心位于车间的负荷"重心"（负荷中心）。

负荷圆的半径为 r，由车间的计算负荷得

$$r = \sqrt{\frac{P_c}{K\pi}} \tag{3-1}$$

式中，K 为负荷圆的比例（kW/mm²）。

某企业变电所位置和负荷指示图如图 3-3 所示。由负荷指示图近似确定负荷中心，并结合变电所所址选择的其他要求，确定变电所的位置。

（2）负荷功率矩法

设有负荷 P_1、P_2、P_3，分布如图 3-4 所示。图中的坐标分别为 $P_1(x_1, y_1)$、$P_2(x_2, y_2)$、$P_3(x_3, y_3)$。现假设总负荷 $P = \sum P_i = P_1 + P_2 + P_3$ 的负荷中心位于 $P(x, y)$ 处。负荷中心的坐标为

$$\begin{cases} x = \dfrac{\sum (P_i x_i)}{\sum P_i} \\ y = \dfrac{\sum (P_i y_i)}{\sum P_i} \end{cases} \tag{3-2}$$

负荷功率矩法确定负荷中心时没有考虑各负荷的工作时间，因而负荷中心被认为是固定不变的。

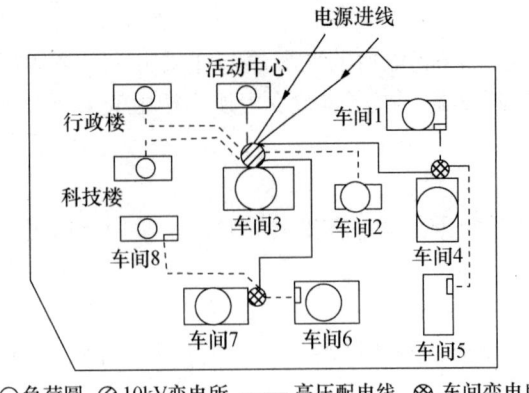

图 3-3 某企业变电所位置和负荷指示图

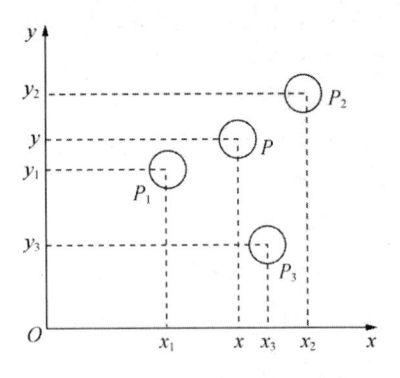

图 3-4 负荷功率矩法确定负荷中心

（3）负荷电能矩法

考虑各负荷的工作时间不同，负荷中心也可能不同，负荷中心与各负荷的功率和工作时间都有关，因而提出了负荷电能矩法来确定负荷中心。

按负荷电能矩法确定负荷中心的公式为

$$\begin{cases} x = \dfrac{\sum(P_{ci}T_{\max i}x_i)}{\sum(P_{ci}T_{\max i})} = \dfrac{\sum W_{ai}x_i}{\sum W_{ai}} \\ y = \dfrac{\sum(P_{ci}T_{\max i}y_i)}{\sum(P_{ci}T_{\max i})} = \dfrac{\sum W_{ai}y_i}{\sum W_{ai}} \end{cases} \quad (3\text{-}3)$$

式中，P_{ci} 为各负荷的有功计算负荷；W_{ai} 为各负荷的年有功电能消耗量；$T_{\max i}$ 为各负荷的年最大负荷利用小时。

3. 变电所位置的确定

在按负荷指示图法、负荷功率矩法或负荷电能矩法确定负荷中心的基础上，综合考虑变电所位置选择的其他要求来确定变电所的位置，包括总降压变电所、独立变电所、车间变电所等的位置。注意负荷中心是会随机变动的，大多数变电所的位置都靠近负荷中心且偏向电源侧。

3.3 变压器的选择

3.3.1 变压器型号与连接组别

3.3节视频

1. 变压器型号

变压器是重要的一次设备，其主要功能是变换电压，以便电能合理输送、分配和使用。

变压器的分类，按功能分有升压变压器和降压变压器；按相数分有单相和三相变压器；按绕组导体的材质分有铜绕组和铝绕组变压器；按冷却方式和绕组绝缘分有油浸式、干式两大类，其中油浸式变压器又有油浸自冷式、油浸风冷式、油浸水冷式和强迫油循环冷却式等，而干式变压器又有浇注式、开启式、充气式（SF_6）等；按用途可分为普通变压器和特种变压器；按调压方式可分为无载调压变压器和有载调压变压器。安装在总降压变电所的变压器通常称为主变压器，6~10(20)kV 变电所的变压器常被称为配电变压器。

变压器的型号表示及含义如下：

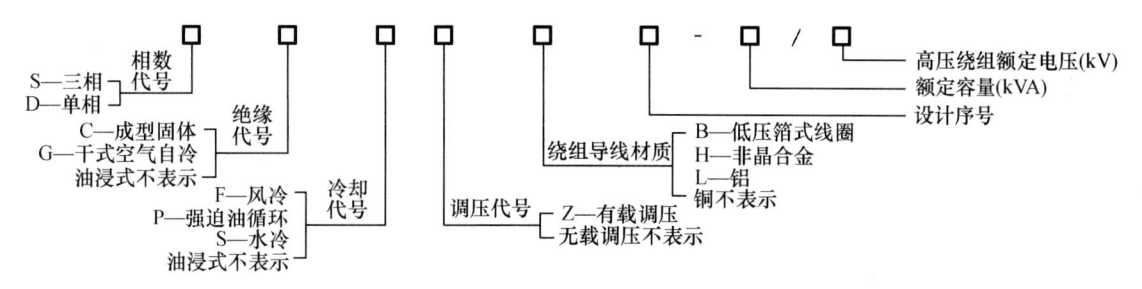

```
         □   □   □   □     □  - □  / □ ── 高压绕组额定电压(kV)
      相数                                 ── 额定容量(kVA)
      代号                                 ── 设计序号
S—三相
D—单相
  C—成型固体  绝缘              B—低压箔式线圈
  G—干式空气自冷  代号   绕组导线材质   H—非晶合金
  油浸式不表示                       L—铝
      F—风冷   冷却              铜不表示
      P—强迫油循环  代号  调压代号   Z—有载调压
      S—水冷                    无载调压不表示
      油浸式不表示
```

例如，S13-630/10 表示三相铜绕组油浸式（自冷式）变压器，设计序号为 13，容量为 630kVA，高压绕组额定电压为 10kV。

一般正常环境的变电所可选用油浸式变压器，考虑到低损耗节能，优先选用 S13、S14 油浸变压器和 SH13、SH15 非晶合金油浸式变压器；防火要求较高场所，例如高层建筑、地下建筑、发电厂、化工厂等选用干式变压器，优先采用 SC(B)13 等系列环氧树脂浇注变压器，SG13 非包封线圈干式变压器等；电力潮流变化大和电压偏移大的变电所，应采用有载调压变压器，如 SZ13、SZ13-RL 系列。

2. 变压器的连接组别

变压器的连接组别是指变压器一、二次绕组因采用不同连接方式而形成变压器一、二次侧对应的线电压之间的不同相位关系。供配电系统中变压器常用的连接组别有 Yyn0、Yd11 和 Dyn11，如图 3-5 所示。

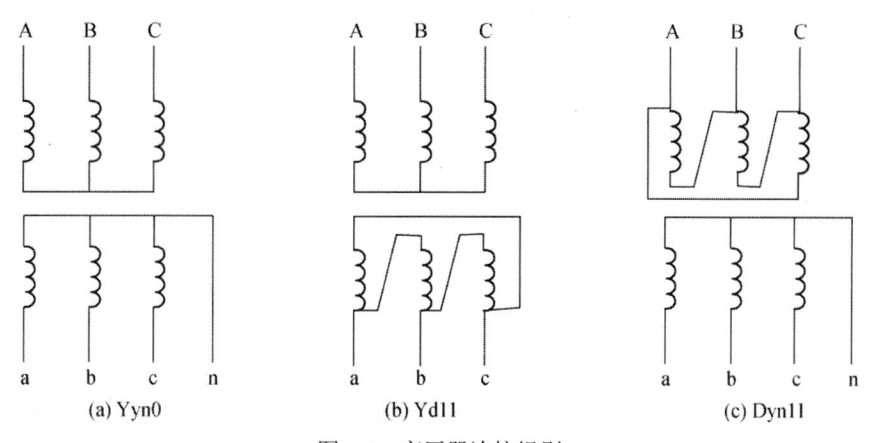

图 3-5 变压器连接组别

(a) Yyn0 (b) Yd11 (c) Dyn11

Yd11 一般用于主变压器，Yyn0 和 Dyn11 常用于配电变压器。Yyn0 一般用于三相负荷基本平衡，低压中性线电流不超过低压绕组额定电流的 25%时。Dyn11 用于单相不平衡负荷引起的中性线电流，超过变压器低压绕组额定电流的 25%时；供电系统中存在较大谐波源，3 次谐波电流比较突出时。

3.3.2 变压器台数和容量的确定

1. 总降压变电所主变压器台数和容量的确定

主变压器的台数和容量应根据地区供电条件、负荷性质、用电容量和运行方式等考虑确定。

(1) 变压器台数的确定

① 在有一、二级负荷的变电所中，为满足用电负荷对可靠性的要求，应装设两台主变压器，当技术经济比较合理时，主变压器选择也可多于两台。

② 季节性负荷或昼夜负荷变化较大时，技术经济合理时可选择两台主变压器。

③ 三级负荷一般选择一台主变压器，负荷较大时，也可选择两台主变压器。

(2) 变压器容量的确定

装单台变压器时，其额定容量 S_N 应能满足全部用电设备的计算负荷 S_C，考虑负荷发展应留有一定的容量裕度，并考虑变压器的经济运行，即

$$S_N \geqslant (1.15 \sim 1.4) S_C \tag{3-4}$$

装两台主变压器时，任意一台主变压器容量 S_N 应同时满足下列两个条件：

① 任一台主变压器单独运行时，应满足总计算负荷 60%~70% 的要求，即

$$S_N \geqslant (0.6 \sim 0.7) S_C \tag{3-5}$$

② 任一台主变压器单独运行时，应能满足全部一、二级负荷 $S_{C(Ⅰ+Ⅱ)}$ 的需要，即

$$S_N \geqslant S_{C(Ⅰ+Ⅱ)} \tag{3-6}$$

另外，变压器容量和台数的确定与变电所主接线方案相关，设计主接线方案时，要考虑用电单位的变压器台数和容量。

2．车间变电所变压器台数和容量的确定

车间变电所变压器台数和容量的确定与总降压变电所基本相同。

对于二、三级负荷，变电所只设置一台变压器，其容量可根据计算负荷决定。对一、二级负荷较大的车间，采用两回独立进线，设置两台变压器，其容量确定和总降压变电所相同。

【例 3-1】某一车间变电所（10/0.4kV）的总计算负荷为 1300kVA，其中一、二级负荷为 700kVA，试选择变压器的台数和容量。

解 根据车间变电所变压器台数及容量选择要求，该车间变电所有一、二级负荷，宜选择两台变压器。

任一台变压器单独运行时，要满足 60%~70% 的负荷，即

$$S_N = (0.6 \sim 0.7) S_C = (0.6 \sim 0.7) \times 1300 = (780 \sim 910) \text{kVA}$$

且任一台变压器应满足 $S_N \geqslant 700\text{kVA}$，因此，可选两台容量均为 1000kVA 的变压器，具体型号为 S13-1000/10。

注意：因安装地点的实际温度与额定容量的规定温度不同，变压器的实际容量与额定容量有差异。

另外，正常运行时，油浸式变压器允许有一定的过负荷，干式变压器一般不考虑正常过负荷。在事故情况下，变压器允许短时间内以较大幅度过负荷运行，事故过负荷运行的时间可参看相关规范。

3.4 变电所一次电气设备

3.4节视频

供配电系统中担负电能输送和分配任务的电路称为一次系统或一次回路，也称为主电路。

一次系统中的电气设备,称为一次设备。一次设备按功能可分为以下5类:变换设备,如变压器、电流互感器、电压互感器等;开关设备,如断路器、隔离开关等;保护设备,如熔断器、避雷器等;补偿设备,如并联电容器;成套设备,如高压开关柜、低压开关柜等。

变电所部分一次设备的文字符号和图形符号见表3-2。

表3-2 变电所部分一次设备的文字符号和图形符号

序号	名称	文字符号	图形符号	序号	名称	文字符号	图形符号	序号	名称	文字符号	图形符号
1	高低压断路器	QF		4	高低压熔断器	FU		7	变压器	T	
2	高压隔离开关	QS		5	避雷器	F		8	电流互感器	TA	
3	高压负荷开关	QL		6	低压刀开关	QS		9	电压互感器	TV	

3.4.1 高低压开关设备

高压开关主要包括高压断路器、高压隔离开关、高压负荷开关,低压开关指低压断路器。

1. 高压断路器

高压断路器(QF)是一种专用于断开或接通电路的开关设备,具有完善的灭弧装置,不仅能通断正常的负荷电流,而且出现短路故障时,能在保护装置作用下自动跳闸,切断短路电流。

高压断路器按其采用的灭弧介质来划分,有六氟化硫(SF_6)断路器、真空断路器、油断路器等。油断路器分为多油和少油两大类,多油断路器已不再采用,但少油断路器仍有用户在使用。

高压断路器型号表示和含义如下:

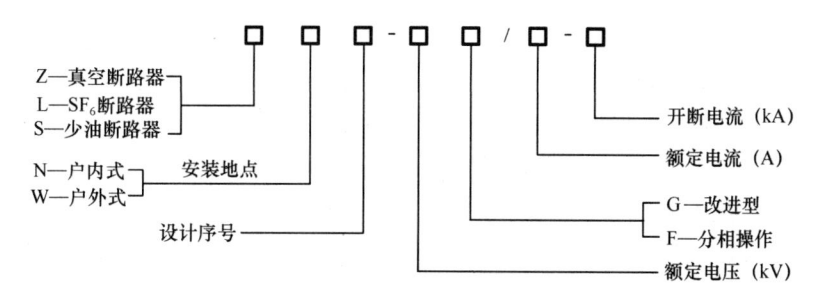

```
         □□□-□□/□-□
Z—真空断路器 ┘ │ │  │  │   │
L—SF₆断路器   │ │  │  │   └─ 开断电流(kA)
S—少油断路器   │ │  │  └──── 额定电流(A)
              │ │  │
N—户内式  安装地点  │  G—改进型
W—户外式          │  F—分相操作
              设计序号  额定电压(kV)
```

(1)真空断路器

真空断路器利用"真空"作为绝缘和灭弧介质。真空断路器的触头为圆盘状,被放置在真空灭弧室内,如图3-6所示。真空断路器分闸时,由于真空中没有可被游离的气体,只有高电场发射和热电发射使触头间产生真空电弧。电弧的温度很高,使金属触头表面形成金属蒸汽,由于触头设计为特殊形状,在电流通过时产生一个横向磁场,使真空电弧在主触头表面切线方向快速移动,在屏蔽罩内壁上凝结成部分金属蒸汽,电弧在电流自然过零时暂时熄灭,触头间的介质强度迅速恢复;电流过零后,外加电压虽然恢复,但触头间隙不会再被击穿,真空电弧在电流第一次过零时就能完全熄灭。这样燃弧时间短,又不会产生很高的过电压。

真空断路器有户内式和户外式两种类型。图 3-7 为 ZN63(VS1)-12 户内式真空断路器的外形结构。

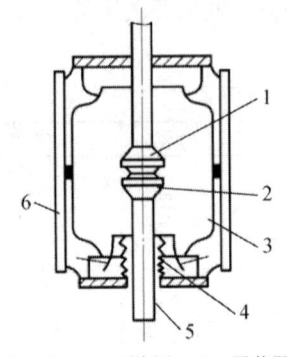

1—静触头；2—动触头；3—屏蔽罩；
4—波纹管；5—导电杆；6—外壳

图 3-6　真空断路器的灭弧室结构

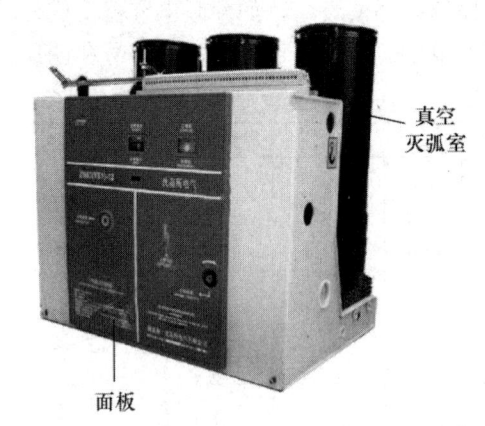

图 3-7　ZN63(VS1)-12 户内式真空断路器的外形结构

真空断路器具有操作噪声小、体积小、重量轻、动作快、寿命长、安全可靠和便于维护等优点，是变电所实现无油化改造的理想设备，目前主要用在 35kV 及以下的现代化配电网中。

（2）SF$_6$ 断路器

SF$_6$ 断路器是利用 SF$_6$ 气体做灭弧和绝缘介质的断路器。SF$_6$ 是一种无色、无味、有毒（密度比空气大，令人窒息），且不易燃烧的惰性气体。SF$_6$ 中不含碳元素，对于灭弧和绝缘介质来说，具有极为优越的特性；SF$_6$ 也不含氧元素，不存在触头氧化问题；SF$_6$ 还具有优良的电绝缘性能，在电流过零时，电弧暂时熄灭后，能迅速恢复绝缘强度，从而使电弧很快熄灭。

SF$_6$ 断路器具有断流能力强、灭弧速度快、绝缘性能好、检修周期长、没有燃烧爆炸危险等优点。在电力系统中，SF$_6$ 断路器已得到越来越广泛的应用，特别是用作全封闭组合电器。

2. 高压隔离开关

高压隔离开关（QS）俗称刀闸，主要功能是隔离高压电源，以保证其他设备和线路的安全检修及人身安全。高压隔离开关断开后，具有明显的可见断开间隙，绝缘可靠。高压隔离开关没有灭弧装置，不能带负荷拉、合闸。当高压隔离开关与断路器配合使用时，必须保证高压隔离开关"先通后断"，即送电时应先合上高压隔离开关，后合断路器；断电时，应先断开断路器，后断开高压隔离开关。

高压隔离开关按安装地点分为户内式和户外式两大类；按有无接地可分为不接地、单接地、双接地 3 类。

高压隔离开关的型号表示和含义如下：

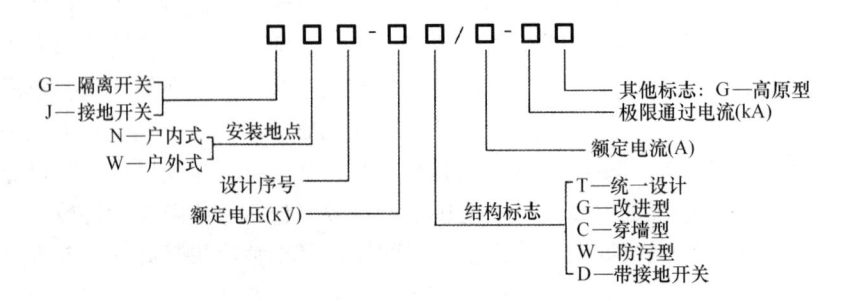

```
□□□-□□/□-□□
```

G—隔离开关
J—接地开关
N—户内式
W—户外式　安装地点
设计序号
额定电压(kV)

其他标志：G—高原型
极限通过电流(kA)
额定电流(A)
结构标志　T—统一设计
G—改进型
C—穿墙型
W—防污型
D—带接地开关

高压隔离开关的型号较多，常用的有 GN19-12、GN30-12、GN27-40.5、GW3-40.5 等系列，如图 3-8 所示为 GN19-12 高压隔离开关的外形结构。

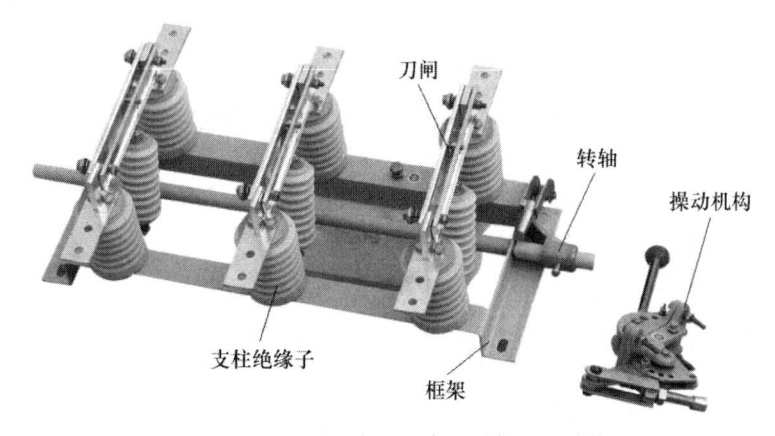

图 3-8 GN19-12 高压隔离开关的外形结构

3. 高压负荷开关

高压负荷开关（QL）有简单的灭弧装置，可通、断负荷电流和过负荷电流，有隔离开关的作用，但不能断开短路电流。因此，高压负荷开关常与熔断器串联使用来切除故障电流，可应用于城市电网和农村电网。

高压负荷开关主要有产气式、压气式、真空式和 SF_6 等结构类型，按安装地点分为户内式和户外式两类，主要用于 6～10kV 电网。

高压负荷开关型号的表示和含义如下：

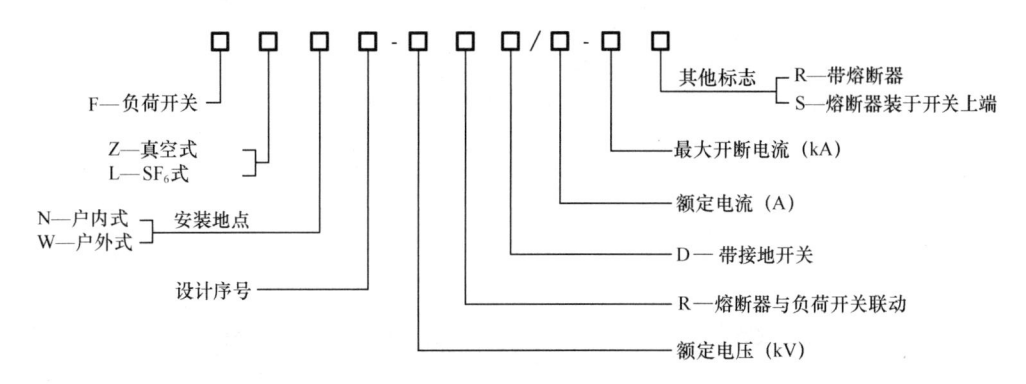

F—负荷开关
Z—真空式
L—SF_6式
N—户内式 安装地点
W—户外式
设计序号
额定电压（kV）
R—熔断器与负荷开关联动
D—带接地开关
额定电流（A）
最大开断电流（kA）
其他标志 R—带熔断器
S—熔断器装于开关上端

如图 3-9 所示为 FZN21-12DR 户内式真空负荷开关的外形结构，它主要由隔离开关（熔断器）、真空灭弧室和接地开关组成，最大的特点是隔离开关与熔断器结合在一起，使组合电器的高度尺寸大大减小。适用于无油化、不检修及频繁操作的场所。

4. 低压断路器

低压断路器（QF）又称为低压自动开关，既能带负荷通断电路，又能在短路、过负荷、欠压或失压的情况下自动跳闸。其功能类似于高压断路器。

低压断路器的原理图如图 3-10 所示，它由触头、灭弧装置、转动机构和脱扣器等部分组成。热脱扣器

图 3-9 FZN21-12DR 户内式真空负荷开关的外形结构

用于线路或设备长时间过载保护，金属片受热变形，使断路器跳闸；欠压脱扣器用于欠压或失压（零压）保护，当电源电压低于定值时自动断开断路器；过流脱扣器用于短路、过负荷保护，当电流大于动作电流时自动断开断路器，过流脱扣器的动作特性有瞬时、短延时和长延时 3 种，根据要求，其保护特性可构成瞬时动作式（见图 3-11（a））、两段保护式（见图 3-11（b））和三段保护式（见图 3-11（c））；分励脱扣器用于远距离跳闸。

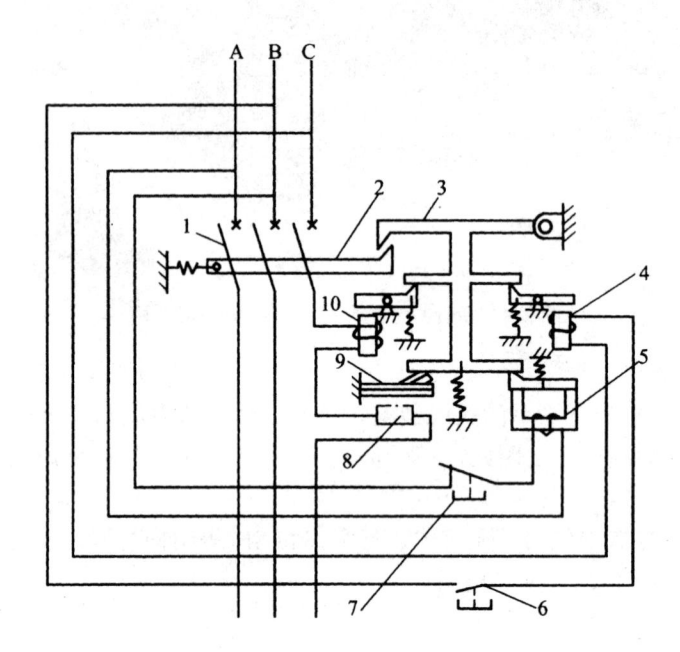

1—触头；2—跳钩；3—锁扣；4—分励脱扣器；5—欠压脱扣器；
6，7—脱扣按钮；8—加热电阻丝；9—热脱扣器；10—过流脱扣器

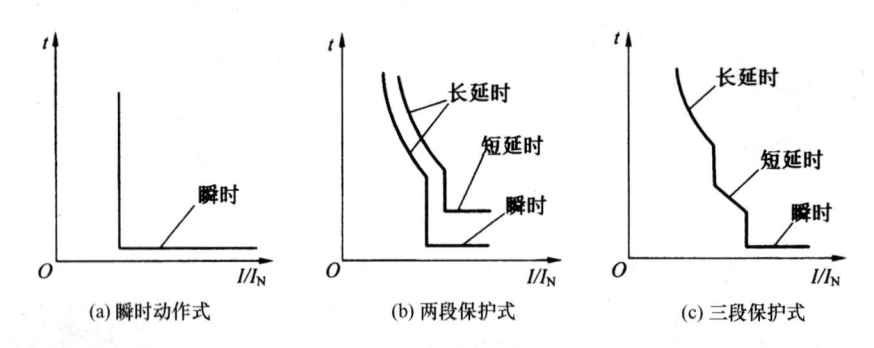

图 3-10　低压断路器原理图

图 3-11　低压断路器保护特性曲线

低压断路器的分类，按灭弧介质分为空气断路器和真空断路器；按用途分为配电、电动机保护、照明、漏电保护等几类；按结构形式分为开启式或万能式（框架式）和塑料外壳式或模压外壳式（塑壳式）两大类；按保护性能分为非选择型和选择型两种。

塑料外壳式断路器的所有机构及导电部分都装在塑料壳内，在塑料外壳正面中央有操作手柄及分合位置指示。操作手柄有 3 个位置，即合闸位置、自由脱扣位置、分闸和再扣位置。万能式断路器的内部结构主要有机械操作和脱扣系统、触头及灭弧系统、过电流保护装置 3 部分。

塑料外壳式和万能式低压断路器应用了微处理器和计算机技术就形成了智能型断路器，它具有过电流保护、负荷监控、显示和测量、报警及指示、故障记忆、自诊断、谐波分析和通信等功能。如CM2Z系列智能型塑料外壳式低压断路器，CW1、CW2、CW3系列智能型万能式低压断路器。

此外，低压断路器还有微型断路器，简称MCB（Micro Circuit Breaker）。MCB在建筑电气终端配电装置中使用广泛，有单极（1P）、2极（2P）、3极（3P）、4极（4P）4种，用于220/380V单相/三相的短路、过载、过压等保护。常用的有C45、C65、CH1等系列微型断路器。

3.4.2 互感器

互感器是一种特殊的变压器，可分为电流互感器和电压互感器。互感器在供配电系统中的作用是：将高电压、大电流变换为低电压（100V）、小电流（5A或1A），供给测量仪表及继电器的线圈；隔离一次主电路和测量仪表、继电器等二次设备，保证测量仪表、继电器和工作人员的安全；作为标准化仪表和继电器。

1. 电流互感器（TA）

（1）电流互感器的原理结构和类型

电流互感器的原理结构如图3-12所示，其一次绕组匝数少且粗，串联在一次电路中；二次绕组匝数很多，导体较细，与仪表、继电器电流线圈串联成闭合回路，由于这些电流线圈的阻抗很小，工作时电流互感器二次电路接近短路状态。二次绕组的额定电流一般为5A，当传输距离较远时也有1A的。

电流互感器的电流比称为电流互感器的变比，用K_i表示，即

$$K_i = \frac{I_{1N}}{I_{2N}} \approx \frac{N_2}{N_1} \quad (3-7)$$

式中，I_{1N}、I_{2N}分别为电流互感器一次绕组和二次绕组的额定电流值；N_1、N_2为其一次和二次绕组匝数。K_i一般表示成如100/5A的形式。

1—铁芯；2——次绕组；3—二次绕组

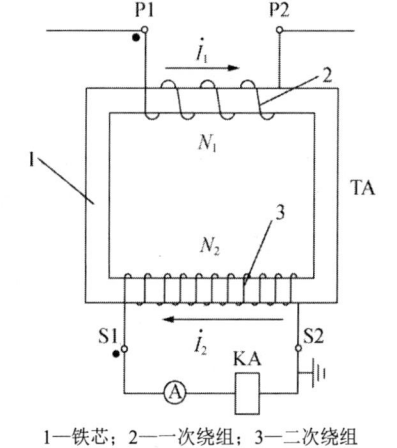

图3-12 电流互感器的原理结构

由于电流互感器二次绕组的额定电流规定为5A，因此电流比的大小取决于一次绕组额定电流的大小。电流互感器的一次绕组额定电流等级有（单位：A）20、30、40、50、75、150、200、300、400、600、800、1000、1200、1500、2000等。

电流互感器的种类很多，按一次电压分有高压和低压两大类；按一次绕组匝数分有单匝（包括母线式、芯柱式、套管式）和多匝式（包括线圈式、绕环式、串级式）；按用途分有测量用和保护用两大类；按准确度等级分，测量用电流互感器有0.1、0.2、0.5、1、3、5等级，保护用电流互感器有5P、10P两种；按绝缘介质类型分，有油浸式、环氧树脂浇注式、干式、SF_6气体绝缘式等。在高压系统中，还采用电压电流组合式互感器。

电流互感器的型号表示和含义如下：

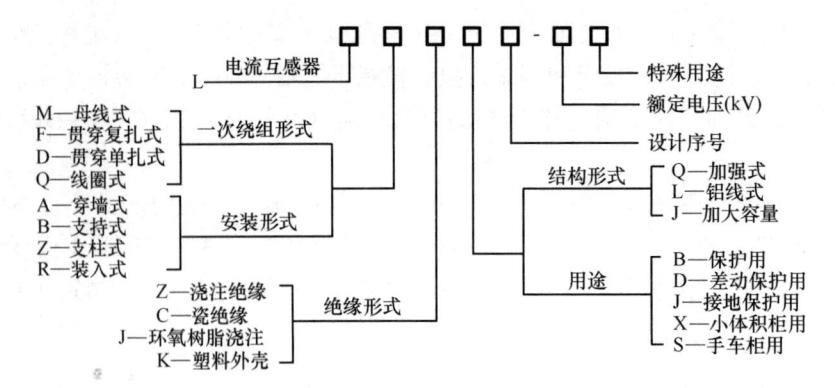

```
                    电流互感器 ┬┬┬┬-┬┬  特殊用途
                             L             额定电压(kV)
         M—母线式  ┐                       设计序号
         F—贯穿复扎式├ 一次绕组形式
         D—贯穿单扎式│                    结构形式 ┬ Q—加强式
         Q—线圈式  ┘                              ├ L—铝线式
         A—穿墙式  ┐                              └ J—加大容量
         B—支持式  ├ 安装形式
         Z—支柱式  │                       用途  ┬ B—保护用
         R—装入式  ┘                             ├ D—差动保护用
              Z—浇注绝缘 ┐                       ├ J—接地保护用
              C—瓷绝缘    ├ 绝缘形式              ├ X—小体积柜用
              J—环氧树脂浇注│                     └ S—手车柜用
              K—塑料外壳 ┘
```

如图 3-13 和图 3-14 所示分别为 LZZBJ9-12 型和 LMZJ1-0.5 型电流互感器的外形结构。

1——一次出线端；2——二次出线端
图 3-13 LZZBJ9-12 型电流互感器的外形结构

1——一次母线穿孔；2——铁芯，外绕二次绕组；3——二次接线端子
图 3-14 LMZJ1-0.5 型电流互感器的外形结构

（2）电流互感器的接线方式

电流互感器的接线方式如图 3-15 所示，分为一相式接线、两相式接线、两相电流差接线和三相星形接线 4 种。

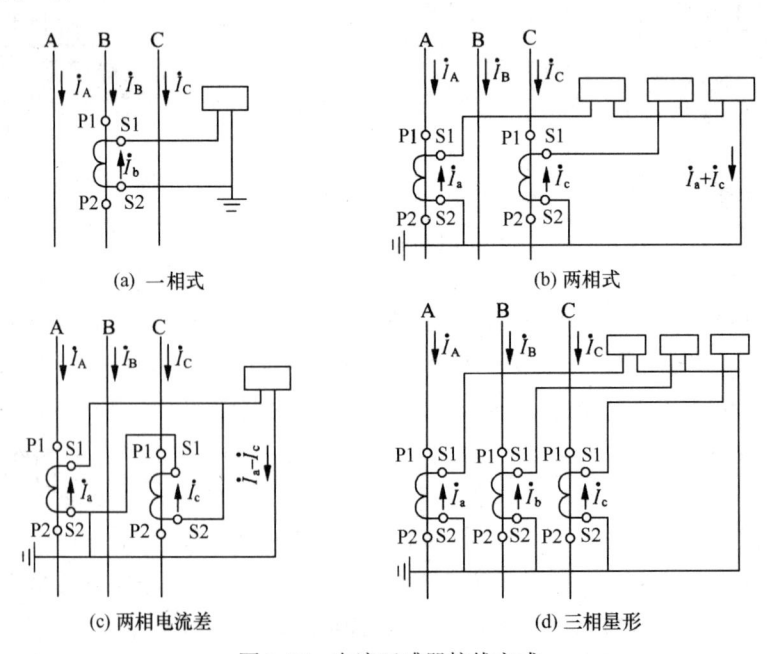

(a) 一相式

(b) 两相式

(c) 两相电流差

(d) 三相星形

图 3-15 电流互感器接线方式

① 一相式接线（见图 3-15（a））。一般在 B 相装一只电流互感器，反映一次电路相应相的电流，常用于三相负荷平衡系统如低压动力线路中，供测量电流或过负荷保护之用。

② 两相式接线（见图 3-15（b）），又叫不完全星形接线。可测量 3 个相电流，二次电路公共线上的电流为 $\dot{I}_a + \dot{I}_c = -\dot{I}_b$，在中性点不接地系统中，用于测量三相电流、电能及过电流保护。

③ 两相电流差接线（见图 3-15（c）），又叫两相一继电器式接线。二次电路公共线上的电流为 $\dot{I}_a - \dot{I}_c$，其量值是相电流的 $\sqrt{3}$ 倍。在中性点不接地系统中，用于过电流保护。

④ 三相星形接线（见图 3-15（d））。其 3 个电流线圈能反映各相电流，在三相不平衡高压或低压系统中，用于测量三相电流、电能及过电流保护。

电流互感器在工作时二次侧不得开路。若二次侧开路，电流互感器为空载运行，此时一次侧被测电流成励磁电流，使铁芯中的磁通剧增，一方面产生过热，从而产生剩磁，降低电流互感器的准确度；另一方面，二次侧会感应出较高的电压，危及人身和设备安全。因此，电流互感器在安装时，二次侧接线必须可靠、牢固，不允许在二次电路中接入开关或熔断器。电流互感器的二次侧有一端必须接地。另外，电流互感器在接线时，必须注意其端子的极性。若将其中一个电流互感器的二次绕组接反，可能使继电保护误动作，甚至会使电流表烧坏。

2．电压互感器（TV）

（1）电压互感器的原理结构和类型

电压互感器的原理结构如图 3-16 所示，其一次绕组匝数很多，并联在一次电路上，二次绕组匝数很少，与仪表、继电器的电压线圈并联，由于电压线圈的阻抗很大，工作时二次绕组近似于开路状态。二次绕组的额定电压一般为 100V。

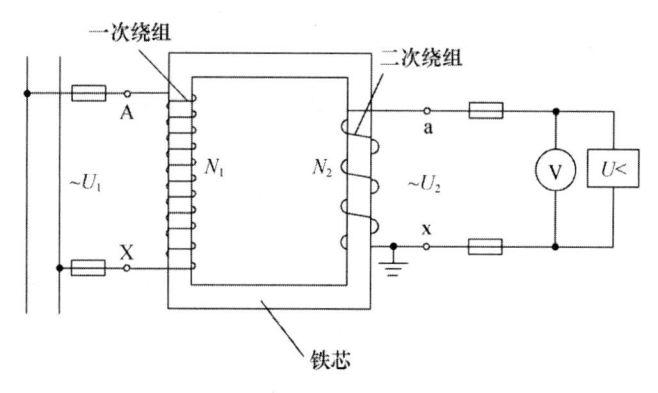

图 3-16 电压互感器的原理结构

电压互感器的变压比用 K_u 表示，有

$$K_u = \frac{U_{1N}}{U_{2N}} \approx \frac{N_2}{N_1} \qquad (3-8)$$

式中，U_{1N}、U_{2N} 分别为电压互感器一次绕组和二次绕组的额定电压，N_1、N_2 为一次绕组和二次绕组的匝数。K_u 通常表示成如 10/0.1kV 的形式。

电压互感器的种类很多。按绝缘介质分为油浸式、环氧树脂浇注式两类；按使用场所分为户内式和户外式；按相数分为三相和单相两类；按准确度等级分，有 0.2、0.5、1、3、3P、6P 等；在高压系统中，还有电容式电压互感器、气体电压互感器、电流电压组合互感器等。

电压互感器型号表示和含义如下:

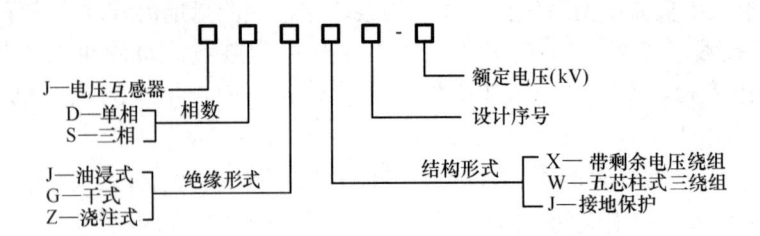

```
      □ □ □ □ □ - □
                  └─ 额定电压(kV)
               └─ 设计序号
J─电压互感器  相数    结构形式  X— 带剩余电压绕组
D─单相                        W— 五芯柱式三绕组
S─三相                        J— 接地保护
J─油浸式  绝缘形式
G─干式
Z─浇注式
```

图 3-17 和图 3-18 分别给出了 JDZX9-35 型和 JDZ10-10 型电压互感器的外形结构。

图 3-17　JDZX9-35 型电压互感器的外形结构　　　图 3-18　JDZ10-10 型电压互感器的外形结构

（2）电压互感器的接线方式

电压互感器的接线方式如图 3-19 所示。

① 一相式接线（见图 3-19（a）），采用一个单相电压互感器。供仪表和继电器测量一个线电压，用于备用线路的电压监视。

② 两相式接线（见图 3-19（b）），又叫 V-V 形接线，采用两个单相电压互感器。供仪表和继电器测量 3 个线电压，但不能测量相电压。

③ Y_0/Y_0 形接线（见图 3-19（c）），采用 3 个单相电压互感器。供仪表和继电器测量 3 个线电压，并供电给接相电压的绝缘监视电压表。由于小电流接地系统发生单相接地故障时，另两个完好相的对地电压要升高到线电压，因此绝缘监视用电压表应按线电压选择。

④ $Y_0/Y_0/\triangle$ 形接线（见图 3-19（d）），采用 3 个单相三绕组或一个三相五芯柱式电压互感器接成，其接成 Y_0 的二次绕组，供给需线电压的仪表、继电器及绝缘监视电压表；接成开口三角形的二次绕组，供给监视线路绝缘的过电压继电器，当线路正常工作时，开口三角形两端的剩余电压接近于零，而当线路上发生单相接地故障时，开口三角形两端的剩余电压接近 100V，使电压继电器动作，发出信号。

电压互感器在工作时，其一、二次侧不得短路。电压互感器一、二次侧都是在并联状态下工作的，短路时会产生很大的短路电流，有可能烧毁电压互感器。因此，电压互感器一、二次侧都必须装设熔断器以进行短路保护。为防止一、二次绕组绝缘损坏后危及设备及人身安全，电压互感器的二次侧必须有一端接地。电压互感器在接线时，必须注意其端子的极性，若将其中的一相绕组接反，二次电路中的线电压将发生变化，会造成测量误差和保护动作（或误信号）。

(a) 一相式接线

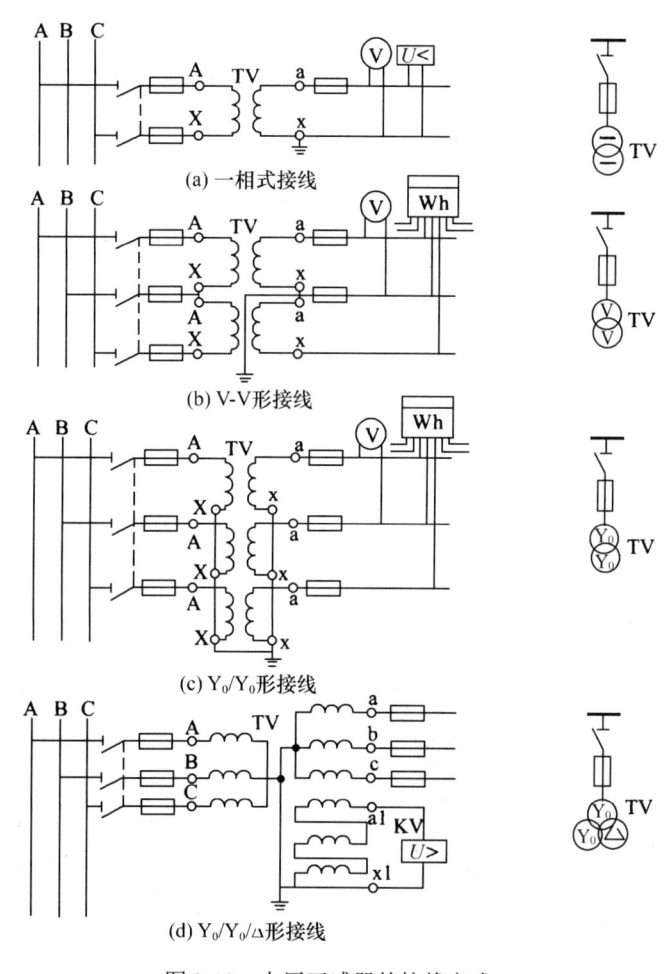

(b) V-V形接线

(c) Y_0/Y_0形接线

(d) $Y_0/Y_0/\triangle$形接线

图 3-19 电压互感器的接线方式

3.4.3 高低压熔断器和避雷器

1. 高压熔断器（FU）

高压熔断器是一种在电路电流超过一定数值时，使其熔体熔断而断开电路的保护设备，其功能主要是对电路及其设备进行短路或过负荷保护。

高压熔断器分为户内和户外两大类，户内式熔断器有XRN（X代表限流型）、RN系列，户外式熔断器有RW系列高压跌开式熔断器、单台并联电容器保护用高压熔断器BRW型等。

高压熔断器型号的表示和含义如下：

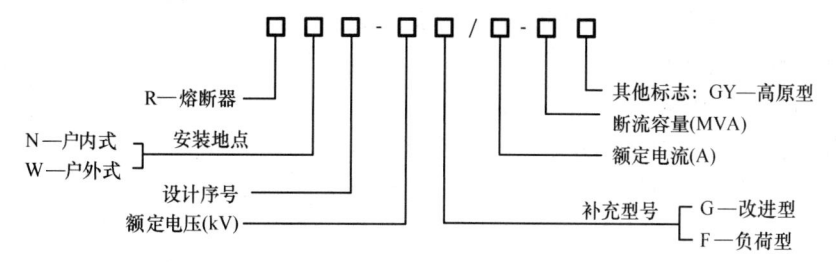

```
□□□-□□/□-□□
```

- R—熔断器
- N—户内式　安装地点
- W—户外式
- 设计序号
- 额定电压(kV)
- 补充型号 ─ G—改进型
-            F—负荷型
- 额定电流(A)
- 断流容量(MVA)
- 其他标志：GY—高原型

（1）XRN、RN系列高压熔断器

XRN、RN系列高压熔断器主要用于3~35kV电力变压器、电压互感器和电力电容器的短路保护及过载保护。其中，XRNT1、XRNT2、XRNT3、XRNM1、RN1、RN3、RN5型用于电力变压器、电力线路过载和短路保护；XRNP1、XRNP2、RN2和RN4型熔断器为保护电压互感器的专用熔断器，额定电流均为0.5～10A。

XRNT-12型高压熔断器包括熔管、接触导电部分、绝缘子和底座等部分，其外形结构和熔管内部结构分别如图3-20和图3-21所示。熔管中填充石英砂细粒用于灭弧；管内熔体细铜丝上焊有锡球。锡是低熔点金属，过负荷时受热熔化，包围铜熔丝，使其在较低温度下熔断，这样熔断器在较小的短路电流或过负荷电流时就能动作，同时几根并联细铜丝熔断时可将粗弧分细，电弧在石英砂中燃烧，因石英砂对电弧的强力去游离作用而形成狭沟灭弧，且能在短路电流未达到冲击值以前完全灭弧，切断短路电流。这种高压熔断器称为有限流作用熔断器。

1—熔管；2—接线端子；3—绝缘子

图3-20 XRNT-12型高压熔断器的外形结构

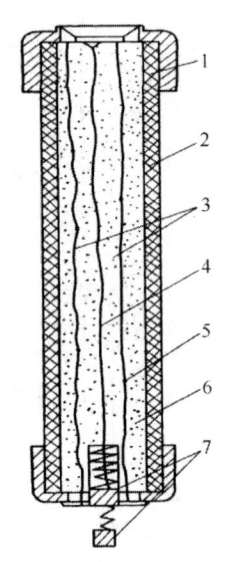

1—管帽；2—瓷质管；3—工作熔体；4—指示熔体；5—锡球；
6—石英砂填料；7—熔断指示器（熔断后弹出状态）

图3-21 XRNT-12型熔管的内部结构

（2）RW系列高压跌开式熔断器

该系列熔断器主要用于配电变压器或电力线路的短路保护和过负荷保护。其结构主要由静触头、动触头、熔管、熔丝、瓷瓶和固定安装板等组成。

RW10-12型高压跌开式熔断器的外形结构如图3-22所示，当线路发生短路时，短路电流使熔丝熔断而形成电弧，消弧管（内管）由于电弧燃烧而分解出大量的气体，使管内压力剧增，并沿管道向下喷射吹弧（纵吹），使电弧迅速熄灭。同时，由于熔丝熔断使动触头失去了张力，锁紧机构释放熔管，在触头弹力及自重作用下断开，形成断开间隙。

该熔断器采用逐级排气结构，在分断小故障电流时，由于上端封闭，形成单端排气，使管内有较大压力，利于熄灭小故障电流；在分断大短路电流时，上端封闭薄膜冲开形成两端排气，以减少管内压力，防止分断大短路电流时熔管被机械破坏。

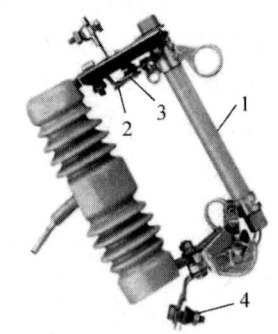

1—熔管；2—动触头；
3—静触头；4—下接线端子

图3-22 RW10-12型跌开式

2．低压熔断器（FU）

低压熔断器是串接在低压线路中的保护电器，用于低压配电系统进行过载和短路保护，主要有 RL 系列熔断器、RT 系列有填料封闭管式熔断器、RS 系列快速熔断器和 RZ 系列自复式熔断器。

低压熔断器型号的表示和含义如下：

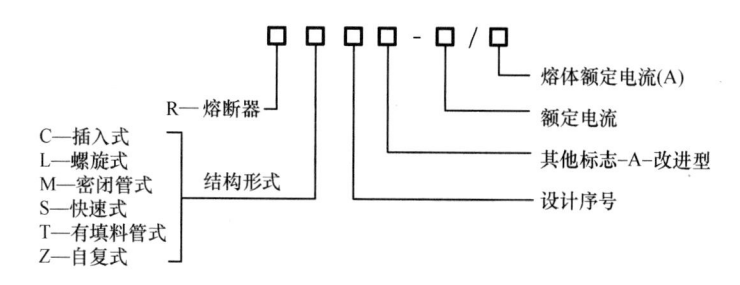

```
            □□□□-□/□
                    ├─熔体额定电流(A)
       R—熔断器     ├─额定电流
  C—插入式          ├─其他标志-A-改进型
  L—螺旋式  结构形式
  M—密闭管式        └─设计序号
  S—快速式
  T—有填料管式
  Z—自复式
```

（1）RL 系列熔断器

其结构由载熔件（瓷帽）、熔断体（芯子）、底座及微动开关组成。熔断体内装有熔体并填有石英砂，熔断体端面有明显的熔断指示，可以观察到熔体熔断。微动开关动作后，其触头去切断控制电路的电源。熔体熔断后，需重新更换。

（2）RT 系列有填料封闭管式熔断器

其结构由瓷熔管、熔体（栅状）和底座 3 部分组成。瓷熔管由高强度陶瓷制成，内装优质石英砂。熔体为栅状铜熔体，具有变截面小孔和引燃栅。变截面小孔可使熔体在短路电流通过时熔断，将长弧分割为多段短弧，引燃栅具有等电位作用，使粗弧分细，与 XRNT-12 型高压熔断器的灭弧相似。熔体熔断后，其熔断指示器（红色）弹出，以示提醒。熔断后的熔体需重新更换，更换时采用载熔件（操作手柄）进行操作。

（3）RS 系列快速熔断器

该系列熔断器由熔管、熔体和底座组成，外形结构与 RT16 有填料封闭管式熔断器有些相似。主要特点为体积小、重量轻、动作快、功耗小、分断能力强，有较强限流作用和快速动作性，一般用于半导体整流元件的保护。

RS 系列快速熔断器有 RS0、RS3 系列。RS0 系列适用于 750V、480A 以下线路晶闸管及成套装置的短路保护；RS3 系列适用于 1000V、700A 以下线路晶闸管及成套装置的短路保护。

（4）RZ 系列自复式熔断器

为了克服熔体熔断后必须更换才能恢复供电的缺点，研制生产了 RZ 系列自复式熔断器，其熔体是由高分子材料添加导电粒子制成的。该系列熔断器既能切断短路电流，又能在短路故障消除后自动恢复供电，无须更换熔体。

3．避雷器（F）

避雷器的主要作用是保护电气设备免受高瞬态过电压的危害，通过限制续流时间和续流幅值，将过电压引导到地，从而保护电气设备。

避雷器的类型包括保护间隙、阀型避雷器和氧化锌避雷器等，目前主要采用氧化锌避雷器。

氧化锌避雷器型号表示和含义如下：

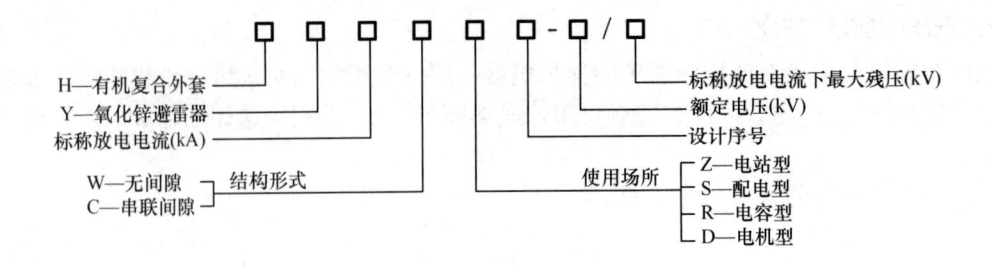

```
       □ □ □ □ □ □ - □ / □
       │ │ │ │ │ │   │   │
H—有机复合外套─┘ │ │ │ │ │   │   └─ 标称放电电流下最大残压(kV)
Y—氧化锌避雷器──┘ │ │ │ │   └───── 额定电压(kV)
标称放电电流(kA)──┘ │ │ │
                  │ │ └──────────── 设计序号
W—无间隙 ┐结构形式  │ │
C—串联间隙┘────────┘ └── 使用场所  Z—电站型
                              S—配电型
                              R—电容型
                              D—电机型
```

3.4.4 高低压开关柜

高低压开关柜是成套设备，是按一定的线路方案将有关一次设备和二次设备组装为成套设备的产品，用于供配电系统的控制、监测和保护，其中安装有开关设备、监测仪表、保护和自动装置及母线、绝缘子等。

1．高压开关柜

高压开关柜按结构形式可分为固定式、移开式两大类型，主要有 KGN、XGN 系列金属封闭固定式开关柜和 KYN 系列金属封闭户内移开式开关柜。按功能作用主要有馈线柜、联络柜、电压互感器柜（PT 柜）、高压电容器柜（GR-1 型）、电能计量柜（PJ 系列）、高压环网柜（XGN 型）等。

表 3-3 中列出了主要高压开关柜型号及外形尺寸。

表 3-3　主要高压开关柜型号及外形尺寸

型号	名称	额定电压/kV	宽×深×高（b×a×h）/mm×mm×mm
KYN-12	金属封闭户内移开式开关柜	12	800×1500×2300
XGN-12	金属封闭户内箱型固定式开关柜	12	1100×1200×2650
XGN80-12	气体绝缘全封闭户内箱型固定式开关柜	12	600×1450×2400
SKY-12	矿用一般型双层移开式高压真空开关柜	12	800×1150×2200
KGS-12	手车式单层高压真空开关柜	12	800×1500×1700
KCY1-12	侧装金属封闭移开式开关柜	12	650×1100×2000
KYN-40.5	气体绝缘全封闭户内箱型固定式开关柜	40.5	1400×2800×2800
XGN80-40.5	全绝缘全封闭充气柜	40.5	800×1450×2400
KGN-40.5	金属封闭户内固定式开关柜	40.5	1818×3100×3200

高压开关柜具有"五防"措施，即防止误跳、合断路器，防止带负荷拉、合隔离开关，防止带电挂接地线，防止带接地线合上隔离开关，防止人员误入带电间隔。

（1）KYN 系列金属封闭户内移开式开关柜

KYN 系列开关柜的柜体可分为 4 个单独的隔室，分别是手车室、母线室、电缆室、继电器室，各小室均有独立的防护等级，以确保操作安全。

可配置真空断路器，安装在手车上，手车置于手车室内，可在手车室中移出或移入。手车在手车室有 3 种位置：①工作位置，一次、二次回路都接通；②试验位置，一次回路断开，二次回路仍接通；③断开位置，一次、二次回路都断开。因为有"五防"措施，只有当断路器处于断开位置时，手车才能移出或移入。断路器与接地开关有机械联锁，确保断路器处于断开位置，接地开关才能合闸。当设备损坏或检修时，可用同类型备用手车替换，以恢复供电，因此具有结构先进、合理、紧凑、性能优越、安全可靠的特点。

（2）XGN 系列金属封闭户内箱型固定式开关柜

XGN 系列开关柜采用金属封锁箱式构造，柜内断路器室、母线室、电缆室、仪表室分隔封闭，采用真空断路器和旋转式隔离开关，设计新颖、结构合理、性能可靠、运行操作及检修维护方便。该系列开关柜采用空气绝缘，"五防"性能齐全。

2．低压开关柜

低压开关柜又叫低压配电屏，按结构形式可分为固定式、抽屉（出）式两大类型。固定式开关柜主要有 GGD、GLL、GBD 等系列；抽屉（出）式开关柜主要有 GCL、GCS、GCK、MNS 等系列。还有引进国外先进技术生产的 OMINO、MNS 系列低压开关柜等。表 3-4 列出了主要低压开关柜型号及外形尺寸。按功能作用分，主要有次总柜、馈电柜、联络柜、低压电容器柜等。

表 3-4　主要低压开关柜型号及外形尺寸

型号	名称	额定电压/kV	宽×深×高（$b×a×h$）/mm×mm×mm
GGD	低压固定式配电柜（电力用）	0.4	600(800、1000、1200)×600(800)×2200
GLL	低压固定式配电柜（电力用）	0.4	400(600、800、1000、1200)×800(1000)×2200
GCL	低压抽出式开关柜（动力用）	0.4	800×800×2200
GCS	低压抽出式开关柜（开关配电装置）	0.4	400(600、800、1000、1200)×800(1000)×2200
GCK	低压抽出式开关柜（动力及控制用）	0.4	400(600、800、1000、1200)×800(1000)×2200
CGZ1	现场总线型智能低压抽出式开关柜	0.4	400(600、800、1000、1200)×1000×2200
MNS	低压抽出式开关柜（动力及控制用）	0.38/0.66	400(600、800.1000.1200)×800(1000)×2200
MCS	智能型低压抽出式开关柜（动力及控制用）	0.38/0.66	400(600、800、1000)×600(1000)×2200
MHS	低压抽出式开关柜（电力用）	0.38/0.66	400(600、1000)×400(600、1000)×2200

3.5　变配电所主接线

3.5.1　概述

3.5 节视频

变配电所主接线即主电路，也称为一次回路，一次电路中所有的电气设备称为一次设备，如电力变压器、断路器、互感器等。而用来控制、指示、监测和保护一次设备运行的电路，称为二次回路，也称为二次接线。二次回路中的所有电气设备都称为二次设备或二次元件，如仪表、继电器、操作电源等。

变配电所的主接线有两种表示形式：

① 系统式主接线，即主接线的原理图，该主接线仅表示电能输送和分配的次序与相互的连接；

② 配置式主接线，即变配电所的施工图，该主接线按高压开关柜或低压开关柜的相互连接和部署位置绘制。

变配电所主接线应满足安全、可靠、灵活、经济等基本要求。

3.5.2 变电所主接线的基本形式

供配电系统变电所常用的主接线基本形式有线路-变压器组接线、单母线接线和桥式接线3种类型。另外，电力系统中还有双母线接线。

1．线路-变压器组接线

这种接线用于一路电源供电线路和一台变压器，如图 3-23 所示。图中，变压器高压侧可装设 4 种开关设备。当上级的总降压变电所出线继电保护装置能保护变压器且灵敏度满足要求时，只装设隔离开关①；当变压器高压侧短路容量不超过高压熔断器断流容量，采用高压熔断器保护变压器时，可装设跌开式熔断器（FD）②或负荷开关-熔断器③；一般情况下，在变压器高压侧装设隔离开关和断路器④。

第③种情况下，变压器容量不大于 1250kVA；第①和②种情况下，变压器容量一般不大于 630kVA。

这种接线的优点是接线简单，电气设备少，节约投资。其缺点是可靠性不高，任一设备发生故障或检修时，变电所全部停电。这种接线只能供小容量三级负荷。

2．单母线接线

母线又称汇流排，用于汇集和分配电能。单母线接线又可分为单母线不分段和单母线分段两种。

（1）单母线不分段接线

如图 3-24（a）所示，这种接线用于一路电源进线时，每路进线和出线装设一只隔离开关和断路器。靠近线路的隔离开关称为线路隔离开关，靠近母线的隔离开关称为母线隔离开关。

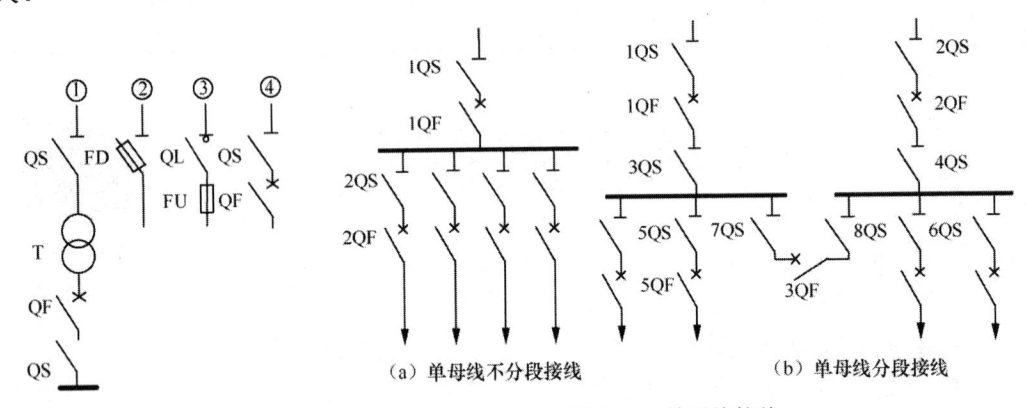

图 3-23　线路-变压器组接线

图 3-24　单母线接线

单母线不分段接线的优点是接线简单、设备少，操作人员发生误操作的可能性小。其缺点是不够灵活可靠，任一器件故障或检修时，全部用户供电中断。只适用于容量小、线路少和对二、三级负荷供电的变电所。

（2）单母线分段接线

如图 3-24（b）所示，这种接线用于双电源供电时，常采用断路器将单母线分段接线，3QF 为分段断路器。当 3QF 断开时为分段单独运行，各段相当于单母线不分段接线的运行状态，各段母线的电气系统互不影响。当 3QF 合上时为并列运行，任一电源线路故障或检修时，若另一电源能负担全部负荷，则可经倒闸操作（接通电路时先闭合隔离开关，后闭合断路器；切断电路时先断开断路器，后断开隔离开关）并列运行，否则由该电源所带的负荷仍应部分停止运行。

单母线分段接线的供电可靠性较高，操作灵活，除母线故障或检修外，可对用户连续供电。缺点是母线故障或检修时，仍有 50%左右的用户停电。适用于两回电源线路，可对一、二级负荷供电，特别是装设了备用电源自动投入装置后，更加提高了用断路器分段单母线接线的供电可靠性。

3．桥式接线

当变电所具有两台变压器和两条线路时，主接线为桥式接线，按桥断路器的位置不同，可分为内桥和外桥式两种接线，如图 3-25 所示。桥式接线适用于 35～110kV 电压等级系统。

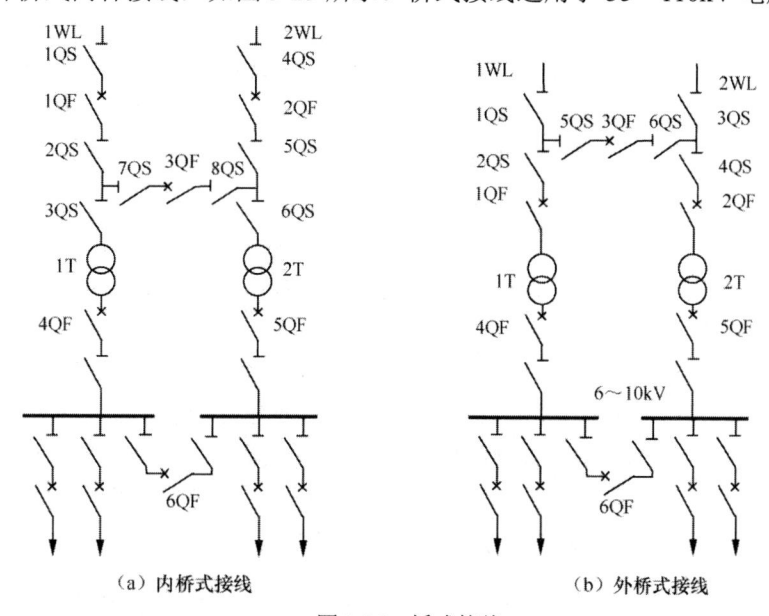

图 3-25 桥式接线

（1）内桥式接线

桥断路器在进线断路器之内，变压器回路仅装设隔离开关，称为内桥式接线，如图 3-25（a）所示。内桥式接线对电源进线操作方便，但对变压器回路操作不便。例如，线路 1WL 发生故障或检修时，只需断开 1QF，变压器 1T 可由线路 2WL 通过桥断路器 3QF 继续受电。但是当变压器 1T 发生故障或者检修时，需断开 1QF、3QF、4QF，然后经过倒闸操作拉开 3QS，再闭合 1QF 和 3QF，才能恢复正常供电。

内桥式接线适用于电源进线线路较长，负荷比较平稳，变压器不需要经常操作，没有穿越功率的终端总降压变电所。所谓穿越功率，是指某一功率由一条线路流入并穿越横跨桥又经另一线路流出的功率。

（2）外桥式接线

桥断路器跨接在进线断路器的外侧，线路回路仅装设隔离开关，称为外桥式接线，如图 3-25（b）所示。外桥式接线对变压器回路的操作很方便，但对电源进线的操作不便。例如，当线路 1WL 发生故障或检修时，需断开 1QF 和 3QF，打开 1QS，再合上 1QF 和 3QF，才能恢复变压器 1T 的正常供电。但当变压器 1T 发生故障或检修时，只需断开 1QF 和 4QF 即可。

外桥式接线适用于电源进线线路较短，负荷变化大，变压器操作频繁，有穿越功率流经的中间变电所。

桥式接线具有如下特点：4个回路仅用3只断路器，投资小，接线简单，可靠性和灵活性较高，适用于对一、二级负荷供电。

3.5.3 变配电所主接线设计原则

1．总降压变电所主接线的设计原则

对于电源进线电压为35kV及以上的大中型企业，通常先经总降压变电所将电源进线电压降为6～10kV的高压配电电压，然后经车间变电所降为380/220V的电压。其主接线设计原则如下。

（1）一台主变压器的总降压变电所

该主接线采用一次侧线路一变压器组、二次侧单母线不分段接线，又称一次侧无母线、二次侧单母线不分段主接线，如图3-26所示。其特点是经济简单，设备少，投资费用低，但可靠性不高，适用于负荷不大的三级负荷用电。

（2）两台主变压器的总降压变电所

总降压变电所为单电源进线和两台主变压器时，主接线采用一次侧单母线不分段、二次侧单母线分段接线，如图3-27所示。但单电源供电的可靠性不高，因此，这种接线只适用于三级负荷及部分二级负荷。

总降压变电所主接线为双电源进线和两台主变压器时，可有以下两种接线方式。

① 一次侧采用内桥或外桥式接线，二次侧采用单母线分段接线，如图3-25所示。该接线所用设备少，结构简单，占地面积小，供电可靠性高，可供电一、二级负荷。

② 一、二次侧均采用单母线分段接线，如图3-28所示。该接线的供电可靠性高，运行灵活，可供一、二级负荷。但是高压开关设备较多，投资较大。

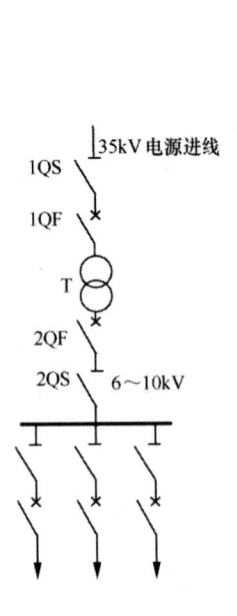

图3-26 总降压变电所一次侧无母线、二次侧单母线不分段接线

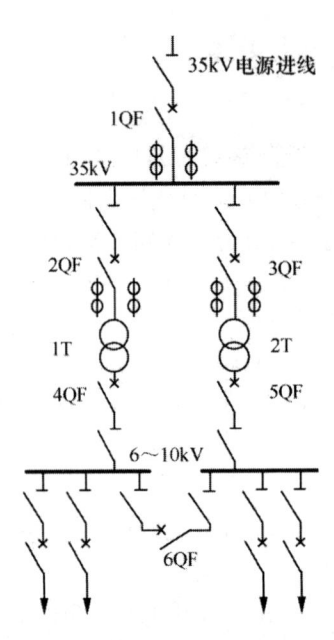

图3-27 总降压变电所一次侧单母线不分段、二次侧单母线分段接线

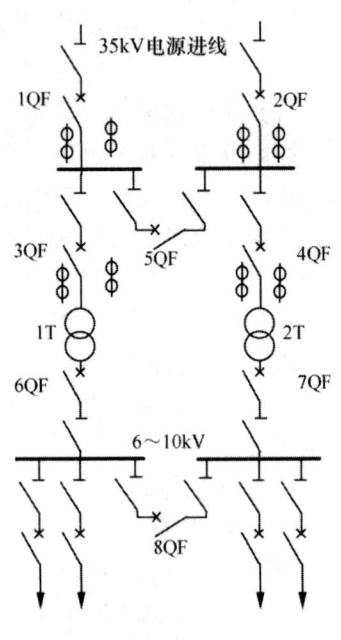

图3-28 总降压变电所一、二次侧均采用单母线分段接线

2. 10kV 变电所主接线的设计原则

（1）一台变压器的 10kV 变电所

一次侧采用线路-变压器组接线、二次侧单母线不分段接线，如图 3-29 所示。这种接线比较简单，可靠性不高，适用于三级负荷的小型变电所。

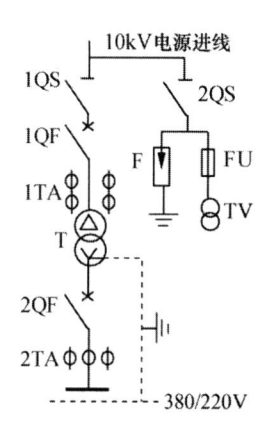

图 3-29 10kV 变电所一次侧无母线、二次侧单母线不分段

（2）两台变压器的 10kV 变电所

单电源进线和两台变压器时，采用一次侧单母线不分段、二次侧单母线分段主接线，如图 3-30 所示。这种接线可靠性不高，适用于三级负荷。

双电源进线和两台变压器时，主接线采用一、二次侧均为单母线分段接线，如图 3-31 所示。这种接线适用于有一、二级负荷的企业。

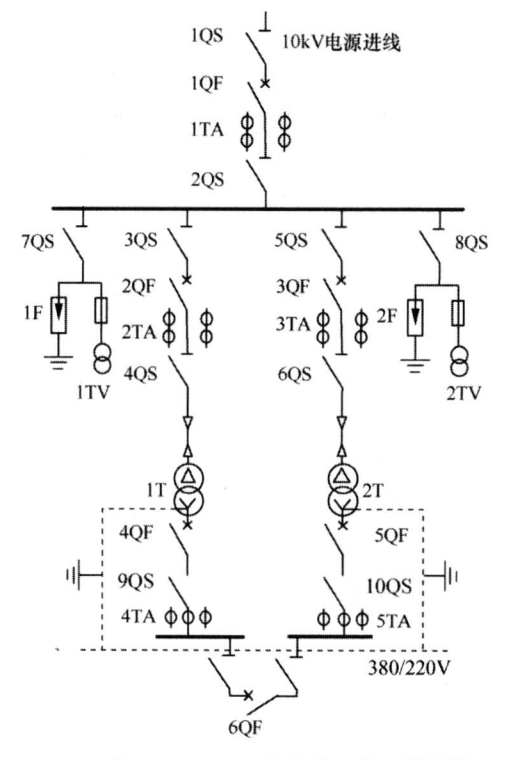

图 3-30 10kV 变电所一次侧单母线不分段、二次侧单母线分段

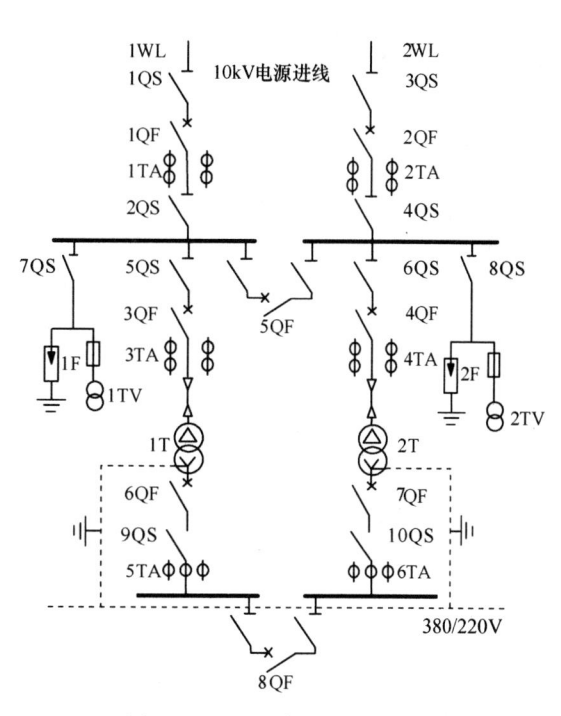

图 3-31 10kV 变电所一、二次侧均为单母线分段

3. 配电所主接线

配电所具有接收和分配电能的作用，其位置应尽量靠近负荷中心。每个配电所的馈电线路一般不少于 4~5 回，配电所一般为单母线制，根据负荷的类型及进出线数目可考虑将母线分段。如图 3-32 所示为配电所双回路进线单母线分段主接线。配电所的出线可根据用户类型采用熔断器、熔断器加负荷开关、断路器。

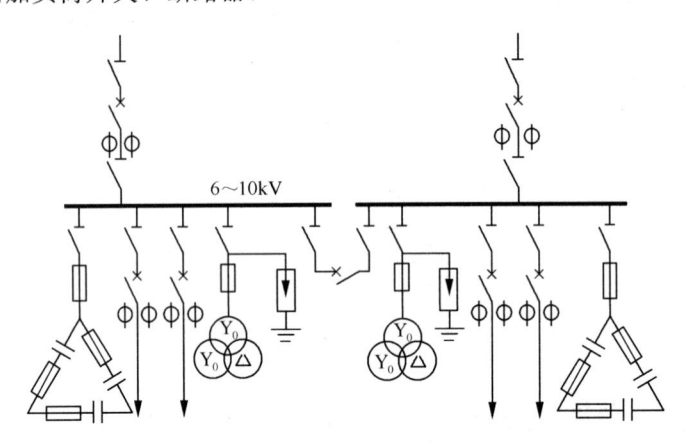

图 3-32 配电所双回路进线单母线分段主接线

3.6 工程设计实例

3.6 节视频

1. 10kV 变电所主接线实例

以第 2 章例 2-7 某企业 10/0.4kV 变电所主接线为例，如图 3-33 所示，该变电所为一路电源进线，根据无功功率补偿后的负荷情况，装设两台变压器，可选 S13-M630/10/0.4kV，一次侧采用单母线不分段主接线，选用 KYN28-12 型金属移开式开关柜 5 台，其中进线柜、计量柜、避雷器柜各 1 台，馈线柜 2 台。二次侧采用单母线分段主接线，选用 GGD2-28 型固定式低压开关柜 11 台，其中进线柜、电容器补偿柜各 2 台，馈线柜 6 台，联络柜 1 台。

2. 35kV 变电所主接线实例

以第 2 章工程实例中的总降压变电所为例，根据无功功率补偿后的负荷情况，考虑到该企业有部分二级负荷，该变电所设两路 35kV 电源进线，装设两台变压器，变压器的容量为 5000kVA，具体型号参数为 S11-5000/35，连接组别为 Yd11。

如图 3-34 所示为某企业 35/10kV 总降压变电所主接线，主接线一次侧采用单母线分段接线但没有联络、二次侧采用单母线分段接线有联络，35kV 侧选用 KYN-40.5 型移开式开关柜，按功能划分 1#进线和 2#进线，且均有进线开关柜 H11、H21，进线计量柜 H12、H22，PT 柜 H13、H23，主变出线柜 H14、H24，共 8 个高压开关柜。10kV 侧选用 KYN-12 型移开式开关柜，有次总柜、所用变柜、PT 柜、电容器补偿柜、分段开关柜、分段隔离柜和 6 路 10kV 出线柜。

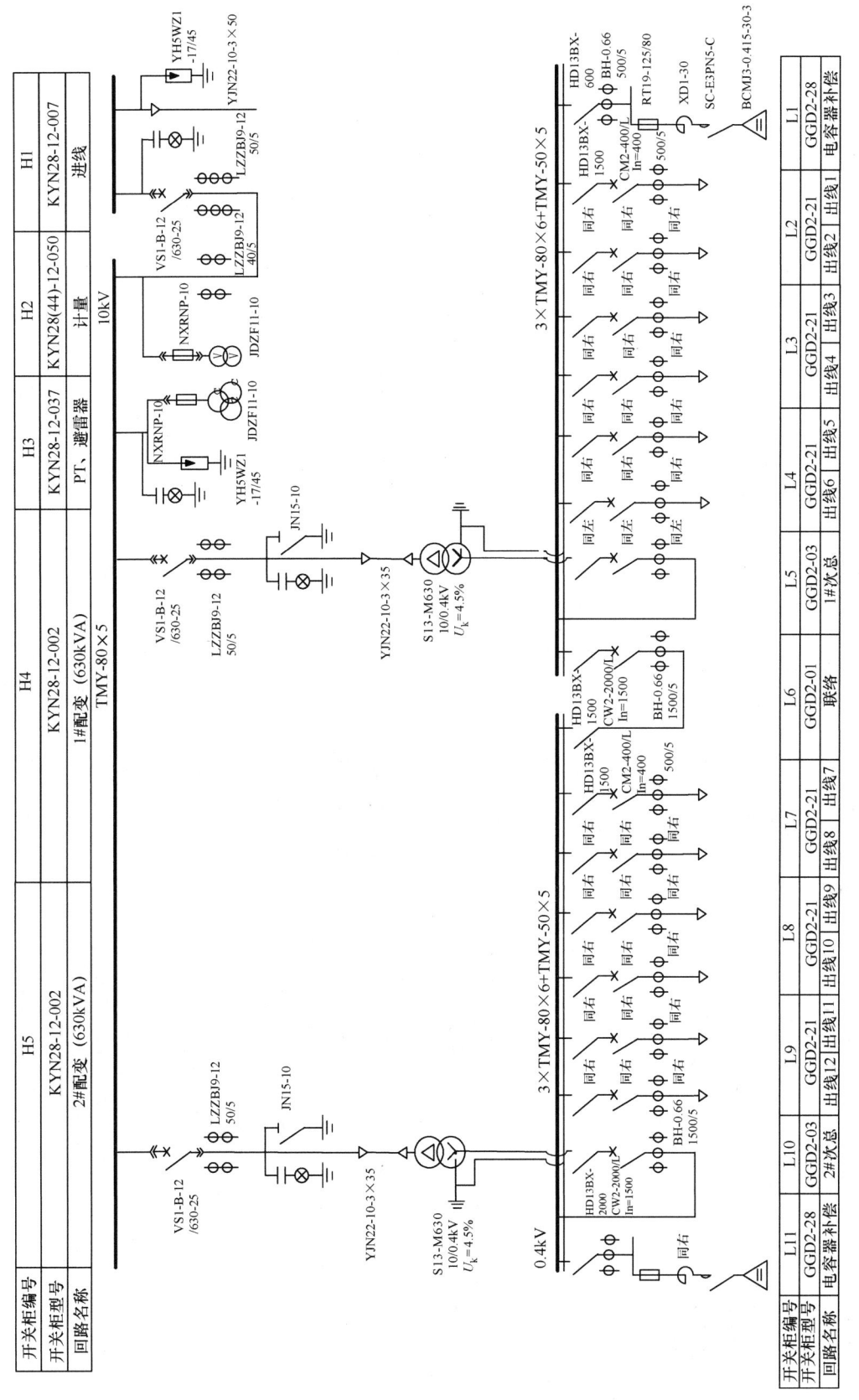

图3-33 某企业10/0.4kV变电所主接线

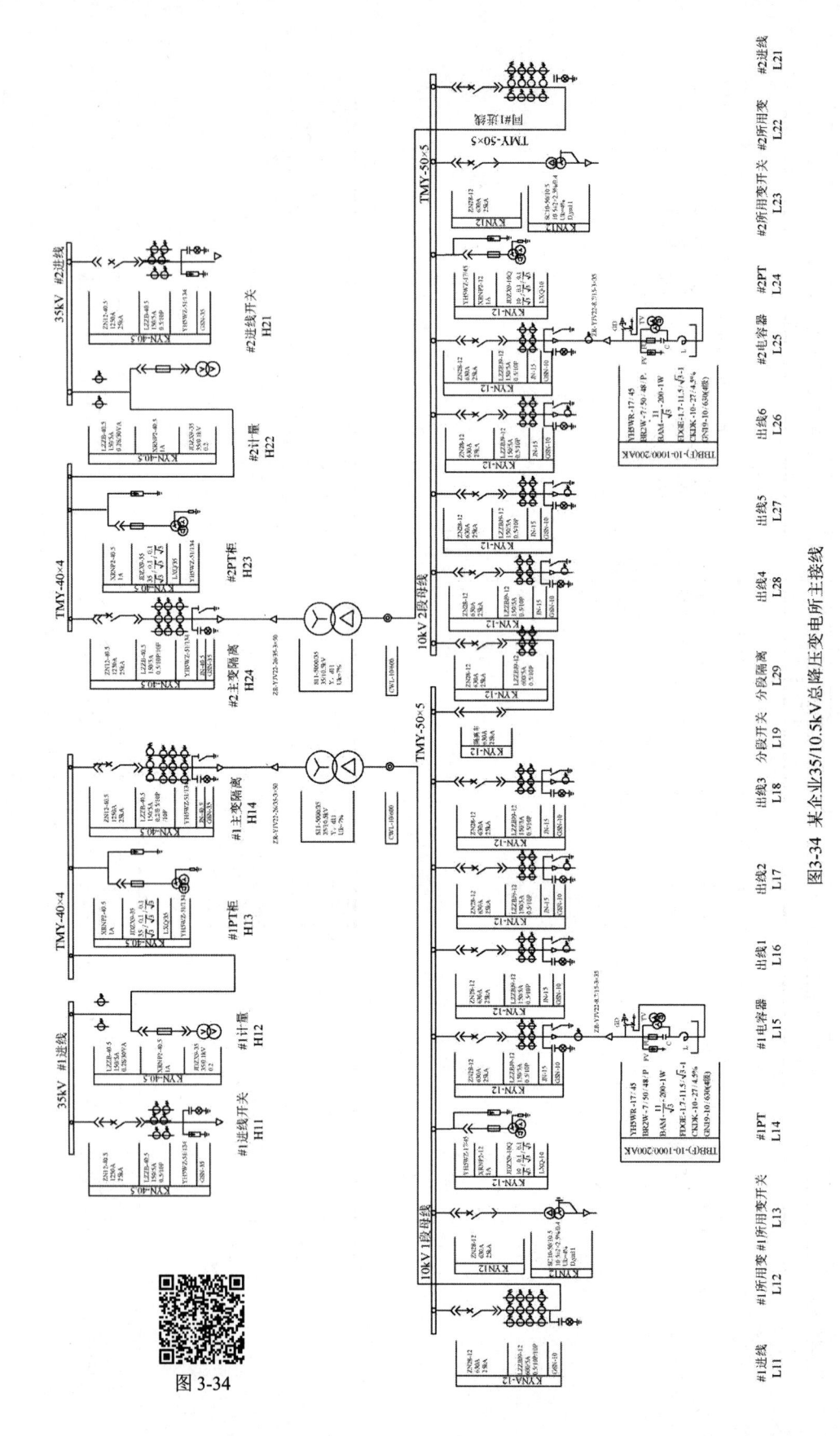

图3-34 某企业35/10.5kV总降压变电所主接线

小 组 讨 论

1. 了解什么是爬电现象、爬电距离、爬电比距。
2. 分析计量与测量的区别。
3. 分析内桥式主接线和外桥式主接线的区别。
4. 查阅至少 5 种技术先进、性能卓越的断路器开关品牌，并简述各自的特点。

习 题

3-1 供配电电压等级有哪些？如何确定工厂的供配电电压？

3-2 确定变电所变压器容量和台数的原则是什么？什么是电力变压器的连接组别？

3-3 高压断路器、高压隔离开关、高压负荷开关有何区别？

3-4 熔断器的作用是什么？常用的高压熔断器户内和户外的型号有哪些？各用于哪些场合？

3-5 互感器的作用是什么？电流互感器和电压互感器在结构上各有什么特点？互感器在使用时有哪些注意事项？

3-6 电流互感器经常有多个二次绕组，为什么？

3-7 避雷器的作用是什么？图形符号怎样表示？

3-8 常用的高、低压开关柜型号主要有哪些？

3-9 低压断路器有哪些功能？按结构形式分类有哪两大类？

3-10 什么叫一次回路？什么叫二次回路？一次设备按功能可分哪几类？

3-11 工厂常用的主接线有哪几种类型？各有何特点？

3-12 主接线中母线在什么情况下分段？分段的目的是什么？

3-13 倒闸操作的原则是什么？

3-14 某工厂总的计算负荷为 7000kVA，约 55% 为二级负荷，其余为三级负荷，拟采用两台变压器供电。可从附近取得两回 35kV 电源，假定变压器采用并联运行方式，试确定两台变压器的型号和容量，并画出主接线方案草图。

第4章 电力线路

学习目标：了解电力线路的接线方式，掌握电力线路型号和参数的选择，理解电力线路是供配电系统中承担输送和分配电能任务的重要组成部分。

4.1 电力线路的接线方式

4.1节和
4.2节视频

电力线路按结构可分为架空线路、电缆线路及室内（车间）线路等；按电压高低分，有1kV以上的高压线路和1kV及以下的低压线路。

电力线路的接线方式是指由电源端（变配电所）向负荷端（电能用户或用电设备）输送电能时采用的网络形式。常用的接线方式有放射式、树干式和环形3种。

4.1.1 放射式接线

变配电所母线每一条线路只向一个车间变电所或高、低压用电设备供电，中间不接其他负荷，称为放射式接线。图4-1、图4-2分别为高压和低压放射式接线。高压放射式接线有单回路放射式、双回路放射式、公共备用接线放射式和带低压联络线放射式4种，适用于容量大、负荷重要的系统。

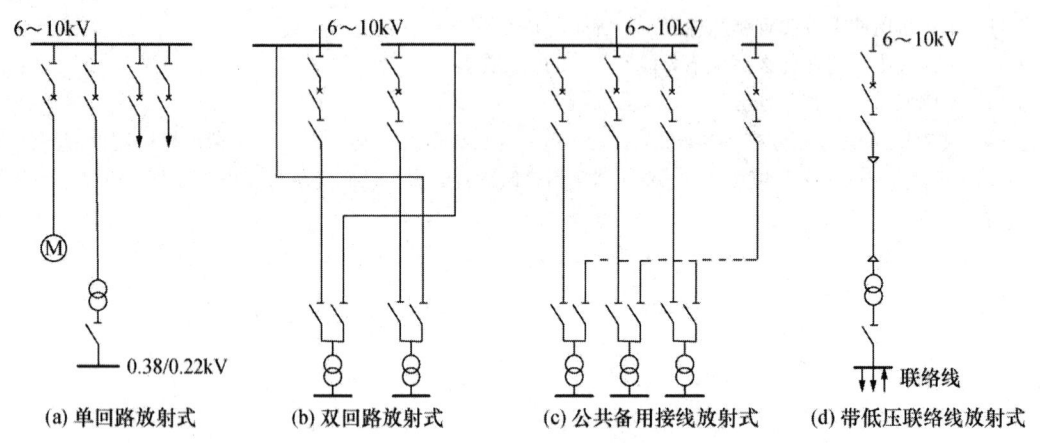

(a) 单回路放射式　(b) 双回路放射式　(c) 公共备用接线放射式　(d) 带低压联络线放射式

图 4-1　高压放射式接线

放射式接线的供电可靠性高，任意一回路有故障时，不会影响其他回路；缺点是线路多，有色金属耗量大，投资较大。

4.1.2 树干式接线

变配电所母线上引出配电干线后，分散引至几个

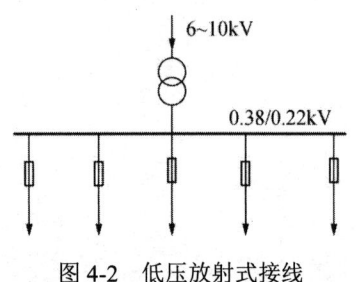

图 4-2　低压放射式接线

车间变电所或用电设备的接线方式，称为树干式接线。图 4-3、图 4-4 分别为高压和低压树干式接线。高压树干式接线有单电源树干式接线、双树干式接线和两电源单树干式接线 3 种，其供电可靠性也各有不同。低压树干式接线有放射树干式、干线树干式和链式等。树干式接线适用于向三级负荷供电。

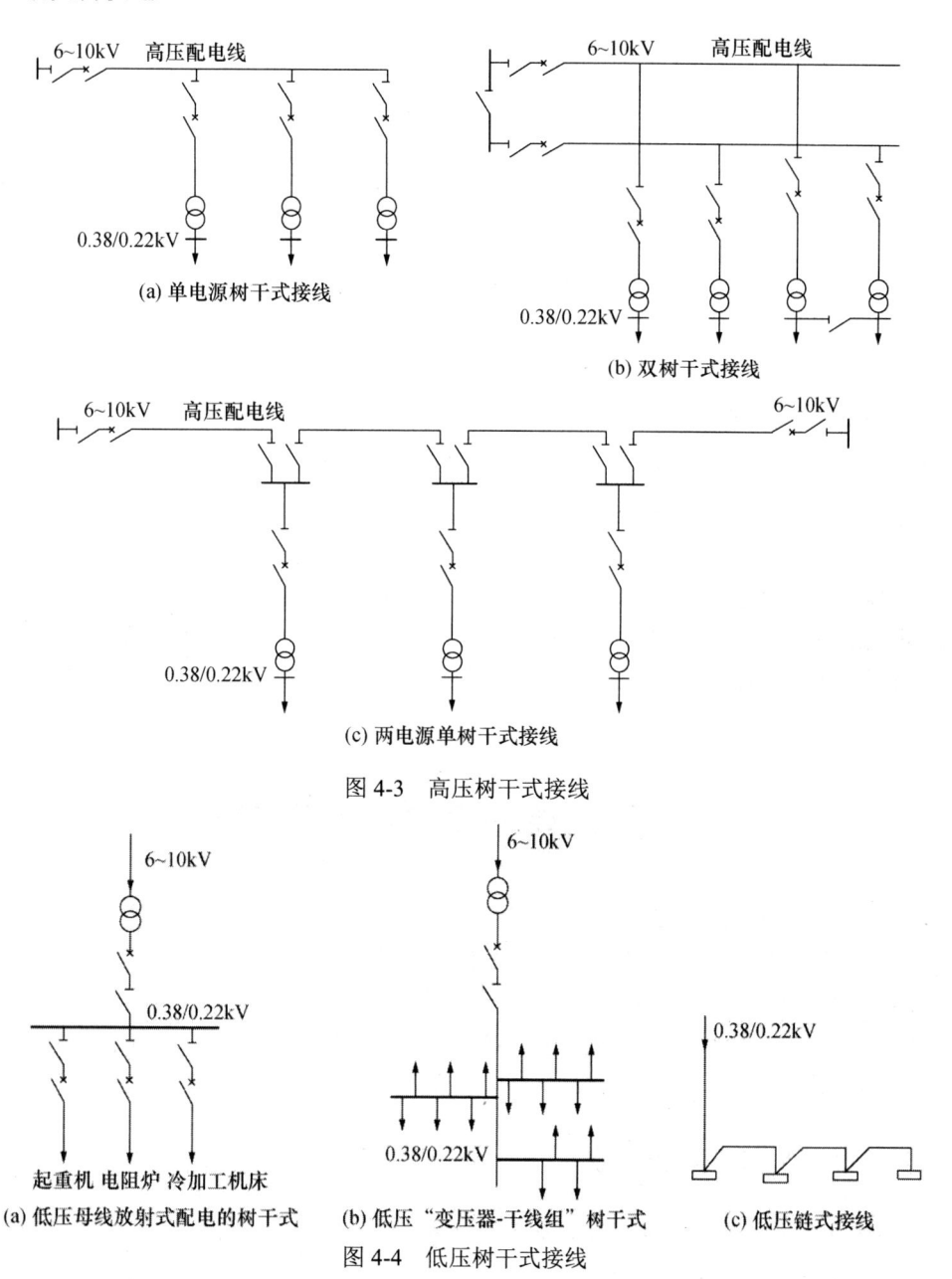

图 4-3 高压树干式接线

图 4-4 低压树干式接线

树干式接线的电源出线少，节省有色金属，投资不大；缺点是可靠性较差，配电干线检修或故障时，所有用户都会停电。

4.1.3 环形接线

环形接线是树干式接线的改进，两路链式接线的末端连接起来就构成环形接线，如图 4-5

和图 4-6 所示。

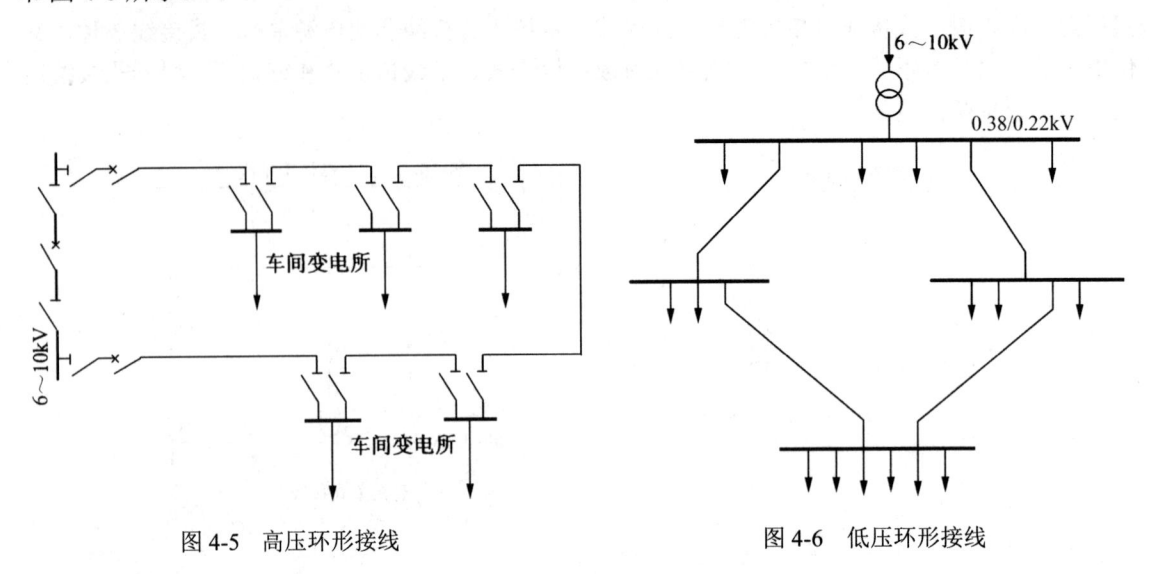

图 4-5　高压环形接线　　　　　图 4-6　低压环形接线

环形接线运行灵活，供电可靠性较高。但是继电保护整定及配合较为复杂，所以采用"开环"运行方式，即环形接线中某一开关断开，正常时成为两个树干式接线运行。在现代化城市配电网中，环形接线应用较广。

配电系统的接线往往不是单一接线形式，实际上是几种接线方式的组合，根据具体情况及对供电可靠性的要求，经技术经济合理综合比较后才能确定。一般来说，配电系统宜优先采用放射式接线，对于供电可靠性要求不高的辅助生产区和生活住宅区，可采用树干式或环形接线。

4.2　电力线路选择的一般原则

电力线路的选择是供配电设计中的重要内容之一。线路用于电能输送及分配，其选择是否合理直接影响电网的安全运行。电力线路的导体优先选用铜导体，以减少损耗，节约电能，特别在易爆炸、腐蚀严重的场所。

线路的选择必须保证供配电系统安全、可靠、优质、经济地运行，尽量节省投资，降低年运行费。线路的选择包括型号和截面选择两个方面。

4.2.1　线路型号的选择原则

电力线路型号的选择应根据其使用环境、工作条件等因素来确定。

1. 常用架空线路导体型号及选择

户外架空线路有裸导体和绝缘导体两大类，6kV 及以上电压等级一般采用裸导体，380V 电压等级一般采用绝缘导体。裸导体采用多股绞线，有铜绞线（TJ）、铝绞线（LJ）、钢芯铝绞线（LGJ）和防腐钢芯铝绞线（LGJF）等。

根据我国资源情况，在环境正常的架空线路上，宜优先选用铝绞线。铝绞线的导电性能较好，重量轻，对风雨的抵抗力较强，但对化学腐蚀作用的抵抗力和机械强度较差，常用于 6～

10kV 线路。在机械强度要求较高的场合和 35kV 及以上的架空线路上，则多采用钢芯铝绞线，以增强导线的机械强度，其外围为铝线，芯子采用钢线，由于交流电的趋肤效应，电流通过导线时，实际只从铝线经过，钢芯铝绞线的截面就是其中铝线的截面。防腐钢芯铝绞线一般用在沿海地区、咸水湖及化工工业地区等周围有腐蚀性物质的高压和超高压架空线路上。

2．常用电力电缆型号及选择

（1）电缆型号

电缆型号由拼音及数字组成，其表示和含义如下：

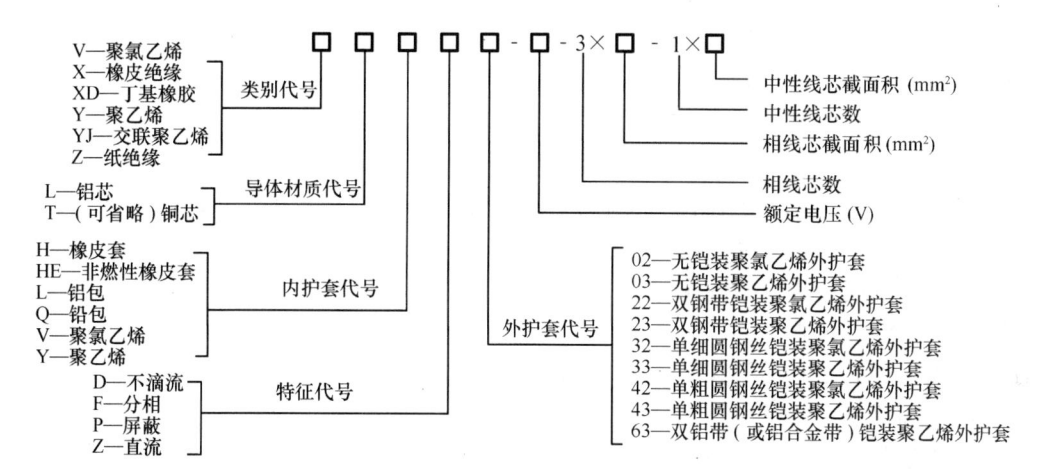

```
         □ □ □ □ □ □ - □ - 3×□ - 1×□
V—聚氯乙烯                              │     │    │    │    │
X—橡皮绝缘                              │     │    │    │    └─ 中性线芯截面积 (mm²)
XD—丁基橡胶    类别代号                 │     │    │    └────── 中性线芯数
Y—聚乙烯                                │     │    └────────── 相线芯截面积 (mm²)
YJ—交联聚乙烯                           │     └─────────────── 相线芯数
Z—纸绝缘                                └─────────────────── 额定电压 (V)

L—铝芯           导体材质代号
T—(可省略)铜芯

H—橡皮套
HE—非燃性橡皮套
L—铝包          内护套代号        02—无铠装聚氯乙烯外护套
Q—铅包                            03—无铠装聚氯乙烯外护套
V—聚氯乙烯                        22—双钢带铠装聚氯乙烯外护套
Y—聚乙烯                          23—双钢带铠装聚氯乙烯外护套
                 外护套代号        32—单细圆钢丝铠装聚氯乙烯外护套
D—不滴流                          33—单细圆钢丝铠装聚氯乙烯外护套
F—分相          特征代号           42—单粗圆钢丝铠装聚氯乙烯外护套
P—屏蔽                            43—单粗圆钢丝铠装聚氯乙烯外护套
Z—直流                            63—双铝带（或铝合金带）铠装聚氯乙烯外护套
```

注：① 控制电缆在型号前加 K，信号电缆在型号前加 P；② ZR—阻燃电缆，ZF—耐火电缆，一般标注在型号前面。

例如，YJV22 表示铜芯交联聚乙烯绝缘聚氯乙烯外护套双钢带铠装电力电缆，ZR-KVV 表示铜芯聚氯乙烯绝缘聚氯乙烯护套阻燃控制电缆。

（2）常用型号及选择原则

电缆的主要应用型号是塑料绝缘电力电缆，其特点是结构简单，重量轻，抗酸碱，耐腐蚀，敷设安装方便，并可敷设在较大高落差或垂直、倾斜的环境中。常用的有聚氯乙烯绝缘及护套电缆和交联聚乙烯绝缘聚氯乙烯外护套电缆两种。交联聚氯乙烯绝缘电缆允许发热温度高，允许载流量大。

其次是阻燃电缆，主要应用于：重要的高层建筑、公共建筑、人员密集场所；敷设在吊顶内、电缆隧道内及电缆桥架内，同一通道敷设的电缆应采用同一阻燃等级；建筑物内火灾自动报警保护对象为二级、消防用电供电负荷等级为二级的消防设备供电干线及支线。

还有耐火电缆，用于建筑物内火灾自动报警保护对象分级为一级、消防用电供电负荷等级为一级的消防设备供电干线及支线。

电缆导体的类型应按敷设方式及环境条件选择，一般选用铜导体。

3．常用绝缘导体型号及选择

建筑物或车间内采用的配电线路及从电杆上引进户内的线路一般采用绝缘导体。绝缘导体的线芯材料有铝芯和铜芯两种。绝缘导体外皮的绝缘材料有塑料绝缘和橡胶绝缘。塑料绝缘导体的绝缘性能良好，价格低，可节约橡胶和棉纱，在室内敷设可取代橡胶绝缘导体。

常用塑料绝缘导体型号有 BV（BLV）、BVV（BLVV）、BVR，其中 B 表示布导体，V 表示聚氯乙烯，R 表示软导体，L 表示铝芯，铜芯不表示。例如，BV 表示铜芯聚氯乙烯绝缘导体，BVR 表示铜芯聚氯乙烯绝缘软导体。一般导体选用铜芯。

4.2.2 线路截面的选择原则

线路（包括架空、电缆、母线）截面的选择必须满足安全、可靠和经济的条件。

（1）按允许载流量选择线路截面

线路在通过正常最大负荷电流（即计算电流）时产生的发热温度，不应超过正常运行时的最高允许温度。要求线路的最大负荷电流不应大于其允许载流量。

（2）按允许电压损失选择线路截面

线路在通过正常最大负荷电流（即计算电流）时产生的电压损失，不应超过正常运行时允许的电压损失。要求按允许电压损失选择线路截面。

（3）按经济电流密度选择线路截面

经济电流是指线路的初始投资与年运行费用的总支出最小的电流，相应的电流密度称为经济电流密度。按此原则选择的线路截面称为经济截面。对35kV及以上的高压线路及35kV以下的长距离、大电流和年最大负荷利用小时大的线路，宜按经济电流密度选择。

（4）按机械强度选择线路截面

架空线路要经受风雨、覆冰等多种因素影响，因此必须有足够的机械强度，以防线路发生断裂。要求所选的截面不小于其最小允许截面。

（5）满足短路稳定的条件

架空线路散热性较好，可不做短路稳定校验，电缆应进行热稳定校验，其截面不应小于短路热稳定最小截面 S_{min}。

在实际设计中，一般按其中一个原则选择，再按其他原则校验。对于35kV及以上的供电线路，其截面通常按照经济电流密度来选择，再校验其他条件；对供电线路较长（几千米到几十千米）的6~10kV线路，通常按允许电压损失选择截面，再校验其他条件；当6~10kV供电线路较短时，则按允许载流量选择截面，再校验其他条件；对低压照明线路，通常先按允许电压损失选择截面，再校验其他条件。

选择线路截面时，要求在满足上述5个原则的基础上选择其中最大的截面。

4.3 按允许载流量选择线路截面

4.3 节和 4.4 节视频

4.3.1 三相系统相导体截面的选择

线路通过电流时会发热，当温度超过其最高允许温度时会破坏绝缘。根据最高允许温度，计算出线路在某一截面的允许载流量 I_{al}，通过相导体的计算电流 I_c 不超过其允许载流量 I_{al}，即

$$I_c \leqslant I_{al} \tag{4-1}$$

线路的允许载流量是在参考环境温度及敷设方式条件下，对应线路稳定温度不超过允许值的最大电流。考虑到周围介质环境温度、实际敷设条件，对其进行修正计算出 I'_{al}，即

$$I_c \leqslant I'_{al} \tag{4-2}$$

实际环境温度与参考环境温度不一致时，允许载流量须乘上温度修正系数 K_θ，以求出实

际的允许载流量，即

$$I'_{al} = K_\theta I_{al} \tag{4-3}$$

式中，$K_\theta = \sqrt{\dfrac{\theta_{al} - \theta'_0}{\theta_{al} - \theta_0}}$，$\theta_{al}$ 为线路的最高允许温度；θ'_0 为线路敷设处的环境温度，埋入土中电缆取当地最热月地下 0.8~1m 深处的土壤月平均温度，户外空气中或电缆沟敷设为最热月平均最高气温；户内电缆沟敷设为最热月平均最高温度加 5℃。

电缆直埋敷设时，因土壤热阻系数不同，散热条件也不同，其允许载流量应乘上土壤热阻系数 K_s 进行校正，见表 A-13-5。电缆多根并列时，其散热条件较单根敷设时差，允许载流量将降低，应乘上并列校正系数 K_p 进行校正，见表 A-13-6 至表 A-13-8。

计算电流 I_c 的选取：对降压变压器高压侧的导体，取变压器一次额定电流；对电容器的引入线，考虑电容器充电时有较大涌流，高压电容器的引入线取电容器额定电流的 1.35 倍，低压电容器的引入线取电容器额定电流的 1.5 倍。

4.3.2 中性导体和保护导体截面的选择

1. 中性导体（N 线）截面的选择

三相四线制线路的中性导体截面的选择，要考虑不平衡电流、零序电流及谐波电流的影响。

① 单相两线制线路及铜相线截面不大于 16mm² 或铝相线截面不大于 25mm² 的三相四线制线路，中性导体截面 S_0 应与相线截面 S_φ 相同，即

$$S_0 = S_\varphi \tag{4-4}$$

② 当相导体截面为大于 16mm² 的铜导体或者大于 25mm² 的铝导体时，若 3 次谐波电流不超过基波电流的 15%，中性导体截面可小于相线截面，但不应小于相线截面的 50%，即

$$S_0 \geqslant 0.5 S_\varphi \tag{4-5}$$

且铜中性导体截面不小于 16mm² 或铝中性导体截面不小于 25mm²。

③ 三次谐波电流相当突出的三相四线制线路，由于各相的三次谐波电流都要通过中性导体，使得中性导体电流可能接近甚至超过相电流，因此中性导体截面积宜不小于相线截面积，即

$$S_0 \geqslant S_\varphi \tag{4-6}$$

2. 保护导体（PE 线）截面的选择

保护导体截面 S_{PE} 应满足短路热稳定度的要求，并满足下列规定：

（1）当 $S_\varphi \leqslant 16\text{mm}^2$ 时

$$S_{PE} \geqslant S_\varphi \tag{4-7}$$

（2）当 $16\text{mm}^2 < S_\varphi \leqslant 35\text{mm}^2$ 时

$$S_{PE} \geqslant 16\text{mm}^2 \tag{4-8}$$

（3）当 $S_\varphi > 35\text{mm}^2$ 时

$$S_{PE} \geqslant 0.5 S_\varphi \tag{4-9}$$

3. 保护中性导体（PEN 线）截面的选择

保护中性导体具有保护导体和中性导体的双重功能，其截面按两者的最大值选取。在配电线路中，固定敷设的铜保护中性导体的截面不应小于 10mm²，铝保护中性导体的截面不应小于 16mm²。

【例 4-1】 图 3-33 中出线 1 为一条 0.38/0.22kV 的三相四线制线路，采用 BV 型铜芯塑料线穿钢管埋地敷设，其计算电流为 140A，当地最热月平均最高气温为 15℃。试按允许载流量选择线路截面。

解 （1）相导体截面的选择

因为是三相四线制线路，所以查 4 根单芯线穿钢管的参数，查表 A-12-2 得，4 根单芯线穿钢管敷设的每相芯线截面为 50mm² 的 BV 型导体，在环境温度为 25℃时的允许载流量 I_{al}=128A，其正常最高允许温度为 70℃。

温度校正系数为

$$K_\theta = \sqrt{\frac{\theta_{al} - \theta_0'}{\theta_{al} - \theta_0}} = \sqrt{\frac{70-15}{70-25}} = 1.1$$

导体的实际允许载流量为

$$I_{al}' = K_\theta I_{al} = 1.1 \times 128 = 140.8A > 140A$$

满足 $I_{al}' > I_c$，所选相导体截面为 50mm² 满足允许载流量的要求。

（2）中性导体 S_0 的选择

按 $S_0 \geq 0.5 S_\varphi$ 要求，选 S_0=25mm²，所以选线路为 BV-500-3×50+1×25。

4.4 按允许电压损失选择线路截面

由于线路阻抗的存在，当负荷电流通过线路时会产生电压损失。电压损失越大，用电设备端电压的偏移就越大，当电压偏移超过允许值时将严重影响电气设备的正常运行。为保证供电质量，规定高压配电线路的电压损失一般不超过线路额定电压的 5%；从变压器低压侧母线到用电设备受电端的低压配电线路的电压损失，一般也不超过用电设备额定电压的 5%；对照明效果较高的照明电路，则为 2%～3%。如果线路电压损失超过了允许值，应适当加大导线截面，直到满足要求。

4.4.1 线路电压损失的计算

1. 放射式线路电压损失的计算

如图 4-7 所示，放射式线路可以简化成线路末端有一个集中负荷 $S=p+jq$ 的三相线路，线路额定电压为 U_N，线路电阻为 R，电抗为 X。设线路首端线电压为 $\dot{U}_1$，末端线电压为 $\dot{U}_2$。

线路首末两端线电压的相量差称为线路电压降，用 $\Delta \dot{U}$ 表示，线路首末两端线电压的代数差称为线路电压损失，用 ΔU 表示。

设每相电流为 $\dot{I}$，负荷的功率因数为 $\cos\varphi_2$，线路首端和末端的相电压分别为 $\dot{U}_{\varphi 1}$、$\dot{U}_{\varphi 2}$，以末端电压 $\dot{U}_{\varphi 2}$ 为参考轴的电压相量图，如图 4-8 所示。

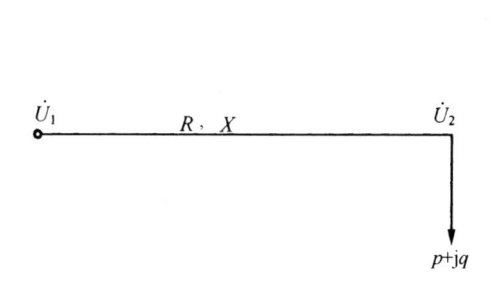

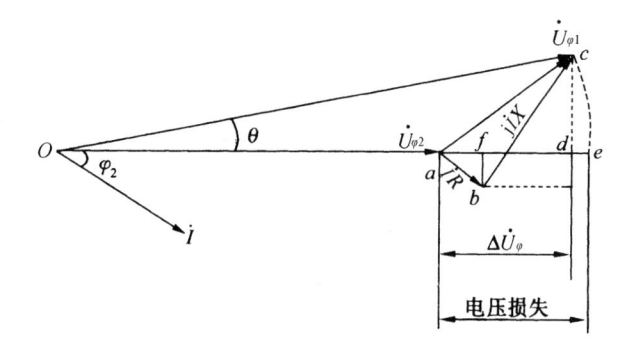

图 4-7 末端接有一个集中负荷的三相线路

图 4-8 末端接一个集中负荷时其中一相的电压相量图

由图 4-8 可以看出，线路相电压损失为

$$\Delta U_\varphi = U_{\varphi 1} - U_{\varphi 2} = \overline{ae}$$

所以在工程计算中，由于 ae 段的准确计算比较复杂，而 θ 角很小，常以 ad 段代替 ae 段，其误差不超过实际电压损失的 5%，每相的电压损失为

$$\Delta U_\varphi = \overline{ad} = \overline{af} + \overline{fd} = IR\cos\varphi_2 + IX\sin\varphi_2 = I(R\cos\varphi_2 + X\sin\varphi_2)$$

换算成线电压损失，则

$$\Delta U = \sqrt{3}\Delta U_\varphi = \sqrt{3}I(R\cos\varphi_2 + X\sin\varphi_2) \quad (4\text{-}10)$$

因为 $I = \dfrac{p}{\sqrt{3}U\cos\varphi_2}$，所以

$$\Delta U = \frac{pR + qX}{U_2} \quad (4\text{-}11)$$

在实际计算中，常采用线路的额定电压 U_N 来代替 U_2，误差极小，所以有

$$\Delta U = \frac{pR + qX}{U_N} \quad (4\text{-}12)$$

式中，p、q 为负荷的三相有功功率和无功功率。线路电压损失一般用百分值来表示，即

$$\Delta U\% = \frac{\Delta U}{1000U_N} \times 100 = \frac{\Delta U}{10U_N} = \frac{pR + qX}{10U_N^2} \quad (4\text{-}13)$$

注意：U_N 的单位是 kV，ΔU 的单位是 V，考虑到 U_N 单位换算，在上式中出现系数 10。

2. 树干式线路电压损失的计算

下面以接 3 个集中负荷的三相线路为例，如图 4-9 所示。图中，P_1、Q_1、P_2、Q_2、P_3、Q_3 为通过各段干线的有功和无功功率；p_1、q_1、p_2、q_2、p_3、q_3 为各支线的有功和无功功率；r_1、x_1、r_2、x_2、r_3、x_3 为各段干线的电阻和电抗；R_1、X_1、R_2、X_2、R_3、X_3 为从电源到各支线负荷线路的电阻和电抗；l_1、l_2、l_3 为各干线的长度；L_1、L_2、L_3 为从电源到各支线负荷的长度；I_1、I_2、I_3 为各段干线的电流。

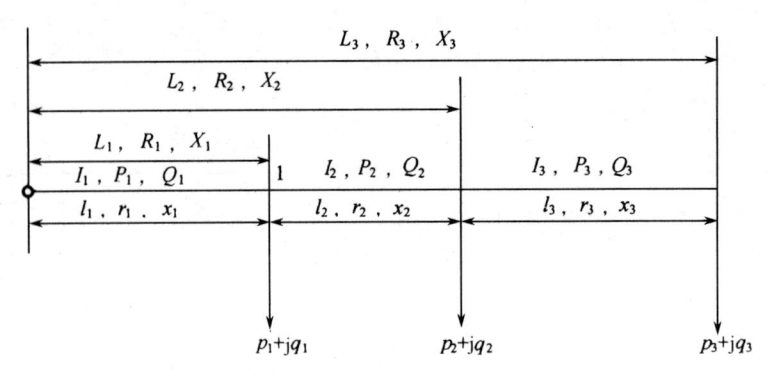

图 4-9 接 3 个集中负荷的三相线路

因为供电线路一般较短,所以线路上的功率损耗可略去不计。线路上每段干线的负荷分别为

$$P_1 = p_1 + p_2 + p_3 \qquad Q_1 = q_1 + q_2 + q_3$$
$$P_2 = p_2 + p_3 \qquad Q_2 = q_2 + q_3$$
$$P_3 = p_3 \qquad Q_3 = q_3$$

先计算出线路上每段干线的电压损失,分别为

$$\Delta U_1\% = \frac{P_1}{10U_N^2}r_1 + \frac{Q_1}{10U_N^2}x_1$$

$$\Delta U_2\% = \frac{P_2}{10U_N^2}r_2 + \frac{Q_2}{10U_N^2}x_2$$

$$\Delta U_3\% = \frac{P_3}{10U_N^2}r_3 + \frac{Q_3}{10U_N^2}x_3$$

线路上总的电压损失为

$$\Delta U\% = \Delta U_1\% + \Delta U_2\% + \Delta U_3\% = \sum_{i=1}^{3}\frac{P_i r_i + Q_i x_i}{10U_N^2}$$

推广到线路上有 n 个集中负荷时的情况,用干线负荷及各干线的电阻和电抗计算,线路电压损失的计算公式为

$$\Delta U\% = \sum_{i=1}^{n}\frac{P_i r_i + Q_i x_i}{10U_N^2} \tag{4-14}$$

若用支线负荷及电源到支线的电阻和电抗表示,则有

$$\Delta U\% = \sum_{i=1}^{n}\frac{p_i R_i + q_i X_i}{10U_N^2} \tag{4-15}$$

如果各段干线使用的导线截面和结构相同,上面两式可简化为

$$\Delta U\% = \frac{R_0 \sum_{i=1}^{n} P_i l_i + X_0 \sum_{i=1}^{n} Q_i l_i}{10U_N^2} = \frac{R_0 \sum_{i=1}^{n} p_i L_i + X_0 \sum_{i=1}^{n} q_i L_i}{10U_N^2} \tag{4-16}$$

对于线路电抗可略去不计或线路的功率因数接近 1 的"无感"线路(如照明线路),电压损失的计算公式简化为

$$\Delta U\% = \frac{\sum_{i=1}^{n} p_i r_i}{10U_N^2} \tag{4-17}$$

对于全线型号和规格一致的"无感"线路，电压损失的计算公式为

$$\Delta U\% = \frac{\sum_{i=1}^{n} P_i l_i}{10\gamma S U_N^2} = \frac{\sum_{i=1}^{n} p_i L_i}{10\gamma S U_N^2} = \frac{\sum_{i=1}^{n} M_i}{10\gamma S U_N^2} \tag{4-18}$$

式中，γ 为导线的电导率；S 为导线的截面；M_i 为各负荷的功率矩。

【例4-2】 试计算如图4-10所示的10kV供电系统的电压损失。已知线路1WL的导体型号为LJ-95，$R_0=0.34\Omega/km$，$X_0=0.36\Omega/km$；线路2WL、3WL的导体型号为LJ-70，$R_0=0.46\Omega/km$，$X_0=0.369\Omega/km$。

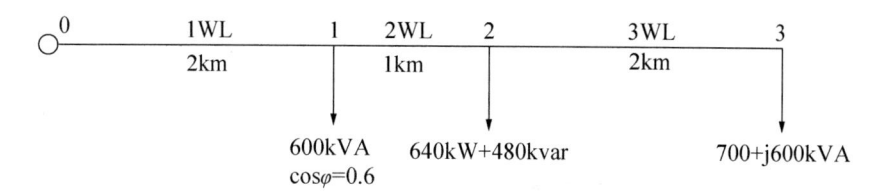

图4-10 例4-2线路图

解 用干线法求10kV供电系统的电压损失。

（1）计算每段干线的计算负荷

$$P_1 = p_1 + p_2 + p_3 = 600 \times \cos 0.6 + 640 + 700 = 1700\text{kW}$$
$$P_2 = p_2 + p_3 = 640 + 700 = 1340\text{kW}$$
$$P_3 = p_3 = 700\text{kW}$$
$$Q_1 = q_1 + q_2 + q_3 = 600 \times \sin(\arccos 0.6) + 480 + 600 = 1560\text{kvar}$$
$$Q_2 = q_2 + q_3 = 480 + 600 = 1080\text{kvar}$$
$$Q_3 = q_3 = 600\text{kvar}$$

（2）计算各干线的电阻和电抗

$$r_1 = R_{01} l_1 = 0.34 \times 2 = 0.68\Omega \qquad x_1 = X_{01} l_2 = 0.36 \times 2 = 0.75\Omega$$
$$r_2 = R_{02} l_2 = 0.46 \times 1 = 0.46\Omega \qquad x_2 = X_{02} l_2 = 0.369 \times 1 = 0.369\Omega$$
$$r_3 = R_{03} l_3 = 0.46 \times 2 = 0.92\Omega \qquad x_3 = X_{03} l_3 = 0.369 \times 2 = 0.738\Omega$$

（3）计算10kV供电系统的电压损失

$$\Delta U\% = \sum_{i=1}^{3} \frac{P_i r_i + Q_i x_i}{10 U_N^2}$$
$$= \frac{1700 \times 0.68 + 1340 \times 0.46 + 700 \times 0.92 + 1560 \times 0.72 + 1080 \times 0.369 + 600 \times 0.738}{10 \times 10^2} = 4.18$$

3. 均匀分布负荷线路的电压损失计算

如图4-11所示，设线段 L_2 的单位长度线路上的负荷电流为 i_0，则微小线段 dl 的负荷电流为 $i_0 dl$。这个负荷电流 $i_0 dl$ 流过线路（长度为 l，电阻为 $R_0 l$）所产生的电压损失为

$$d(\Delta U) = \sqrt{3} i_0 dl (R_0 l \cos\varphi_2 + X_0 l \sin\varphi_2) = \sqrt{3} i_0 (R_0 \cos\varphi_2 + X_0 \sin\varphi_2) l dl$$

因此整个线段由分布负荷产生的电压损失为

$$\Delta U = \int_{L_1}^{L_1+L_2} d(\Delta U) = \sqrt{3} i_0 L_2 (R_0 \cos\varphi_2 + X_0 \sin\varphi_2)\left(L_1 + \frac{L_2}{2}\right)$$

令 $i_0 L_2 = I$ 为均匀分布负荷的等效集中负荷，则有

$$\Delta U = \sqrt{3}I(R_0\cos\varphi_2 + X_0\sin\varphi_2)\left(L_1 + \frac{L_2}{2}\right) \quad (4\text{-}19)$$

上式表明，带有均匀分布负荷的线路，在计算其电压损失时，可将分布负荷集中于分布线段的中点，按集中负荷来计算。

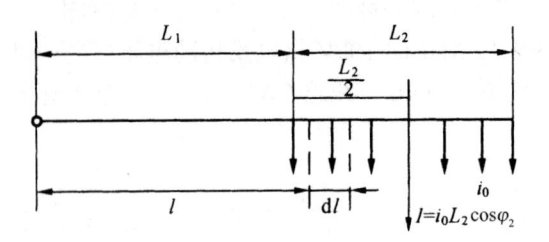

图 4-11 负荷均匀分布的线路

4.4.2 按允许电压损失选择线路截面

由于用户单位供配电系统内部的电力线路往往不长，为避免不必要的接头，减少线路品种的规格，各段干线常采用同一截面。

把 $R_i=R_0L_i$，$X_i=X_0L_i$ 代入式（4-15）得

$$\Delta U\% = \frac{R_0}{10U_N^2}\sum_{i=1}^{n}p_iL_i + \frac{X_0}{10U_N^2}\sum_{i=1}^{n}q_iL_i = \Delta U_a\% + \Delta U_r\% \leqslant \Delta U_{al}\% \quad (4\text{-}20)$$

式中，$\Delta U_{al}\%$ 为线路的允许电压损失。

式（4-20）可分为两部分，第一部分为由有功负荷在电阻上引起的电压损失 $\Delta U_a\%$，第二部分为由无功负荷在电抗上引起的电压损失 $\Delta U_r\%$。其中

$$\Delta U_a\% = \frac{R_0}{10U_N^2}\sum_{i=1}^{n}p_iL_i = \frac{1}{10\gamma SU_N^2}\sum_{i=1}^{n}p_iL_i \quad (4\text{-}21)$$

式中，γ 为导线的电导率，铜芯线 $\gamma=0.053\text{km}/(\Omega\cdot\text{mm}^2)$，铝芯线 $\gamma=0.032\text{km}/(\Omega\cdot\text{mm}^2)$；$S$ 即为所求的导线截面。因此，有

$$\Delta U\% = \frac{1}{10\gamma SU_N^2}\sum_{i=1}^{n}p_iL_i + \Delta U_r\% \leqslant \Delta U_{al}\% \quad (4\text{-}22)$$

式（4-20）和式（4-22）中，有两个未知数 S 和 X_0，因 X_0 一般变化不大，可以采用逐步试求法，即先假设一个 X_0，求出截面 S，再校验 $\Delta U\%$，截面 S 由下式计算：

$$S = \frac{\sum_{i=1}^{n}p_iL_i}{10\gamma U_N^2(\Delta U_{al}\% - \Delta U_r\%)} = \frac{\sum_{i=1}^{n}p_iL_i}{10\gamma U_N^2 \Delta U_a\%} \quad (4\text{-}23)$$

逐步试求法的具体计算步骤如下。

① 先取线路的电抗平均值（对于架空线路，可取 0.35~0.40Ω/km，低压取偏低值；对于电缆线路，可取 0.08Ω/km），求出 $\Delta U_r\%$；

② 根据 $\Delta U_a\% = \Delta U_{al}\% - \Delta U_r\%$ 求出 $\Delta U_a\%$；

③ 根据式（4-23）求出截面 S，并根据此值选出相应的标准截面；

④ 校验。根据所选的标准截面及敷设方式，查出 R_0 和 X_0，按式（4-20）计算线路实际的电压损失，与允许电压损失比较，如不大于允许电压损失则满足要求，否则重取电抗平均值且回到第①步重新计算，直到所选截面满足允许电压损失的要求为止。

对均一无感线路，因为不计线路电抗，所以 $\Delta U_r\% = 0$，导线截面按下式计算：

$$S = \frac{\sum\limits_{i=1}^{n} p_i L_i}{10\gamma S U_N^2 \Delta U\%} \tag{4-24}$$

【**例 4-3**】一条 10kV 线路向两个用户供电，三相导线为 LJ 型且呈等边三角形布置，线间距为 1m，环境温度为 25℃，允许电压损失为 5%，其他参数如图 4-12 所示，试按允许电压损失选择线路截面，并校验其发热条件和机械强度。

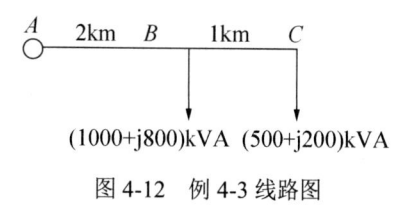

图 4-12 例 4-3 线路图

解 （1）按允许电压损失选择线路截面

因为是 10kV 架空线路，所以初设 X_0=0.38Ω/km，则

$$\Delta U_r\% = \frac{X_0}{10 U_N^2} \sum_{i=1}^{n} q_i L_i = \frac{0.38}{10 \times 10^2} \times [800 \times 2 + 200 \times (2+1)] = 0.836$$

$$\Delta U_a\% = \Delta U_{al}\% - \Delta U_r\% = 5 - 0.836 = 4.164$$

$$S = \frac{\sum\limits_{i=1}^{n} p_i L_i}{10\gamma U_N^2 \Delta U_a\%} = \frac{1000 \times 2 + 500 \times (2+1)}{10 \times 0.032 \times 10^2 \times 4.164} = 26.27\text{mm}^2$$

选 LJ-35，查表 A-15-1，得几何均距为 1m、截面为 35mm² 的 LJ 型铝绞线的 X_0=0.366Ω/km，R_0=0.92Ω/km，实际的电压损失为

$$\Delta U\% = \frac{R_0 \sum\limits_{i=1}^{n} p_i L_i + X_0 \sum\limits_{i=1}^{n} q_i L_i}{10 U_N^2}$$

$$= \frac{0.92}{10 \times 10^2} \times (1000 \times 2 + 500 \times 3) + \frac{0.366}{10 \times 10^2} \times (800 \times 2 + 200 \times 3)$$

$$= 4.03 < 5$$

故所选导线 LJ-35 满足允许电压损失的要求。

（2）校验发热情况

查表 A-11-1 可知，LJ-35 在室外温度为 25℃时的允许载流量为 I_{al}=170A。

线路中最大负荷在 AB 段，为

$$I = \frac{\sqrt{(p_1+p_2)^2 + (q_1+q_2)^2}}{\sqrt{3} U_N} = \frac{\sqrt{(1000+500)^2 + (800+200)^2}}{\sqrt{3} \times 10} = 104\text{A} < 170\text{A}$$

发热情况满足要求。

（3）校验机械强度

查表 A-14-1 可知，高压架空裸铝绞线的最小允许截面为 35mm²，所选的截面可满足机械强度的要求。

4.5 按经济电流密度选择线路截面

线路导体截面越大,电能损耗就越小,但线路投资及维修管理费用就越高;反之,导体截面越小,线路投资低,但电能损耗大。线路投资和电能损耗都会影响年运行费用。因此,综合考虑,使年运行费用达到最小、初投资费用又不过大而确定的符合总经济利益的导体截面,称为经济截面,用 S_{ec} 表示。

对应于经济截面的电流密度称为经济电流密度,用 j_{ec} 表示。我国规定的经济电流密度见表 4-1。

表 4-1 我国规定的经济电流密度 j_{ec} （单位：A/mm²）

导体材料	年最大负荷利用小时		
	3000h 以下	3000～5000h	5000h 以上
铝绞线、钢芯铝绞线	1.65	1.15	0.90
铜绞线	3.00	2.25	1.75
铝芯电缆	1.92	1.73	1.54
铜芯电缆	2.50	2.25	2.00

按经济电流密度计算经济截面的公式为

$$S_{ec} = \frac{I_c}{j_{ec}} \qquad (4-25)$$

式中,I_c 为线路的计算电流。

根据式（4-25）计算出截面后,从手册或表 A-14 中选取与该值接近且稍小的标称截面,可节省初期投资和有色金属消耗,再校验其他条件。

【例 4-4】 某工厂容量为 4000+j2300kVA,申请一路 35kV 架空线路供电,工厂的年最大负荷利用小时为 5400h。架空线路采用 LGJ 型钢芯铝绞线。试选择其经济截面,并校验其发热条件和机械强度。

解 （1）选择经济截面

$$I_c = \frac{S}{\sqrt{3}U_N} = \frac{\sqrt{4000^2 + 2300^2}}{\sqrt{3} \times 35} = 76.1 \text{A}$$

查表 4-1 可知,其 j_{ec}=0.9A,时

$$S_{ec} = \frac{I_c}{j_{ec}} = \frac{76.1}{0.9} = 84.6 \text{mm}^2$$

选标准截面 70mm²,即型号为 LGJ-70 的铝绞线。

（2）校验发热条件

查表 A-11-1 可知,LGJ-70 在室外温度为 25℃时的允许载流量为 I_{al} = 275A > I_c = 76.1A,所以满足发热条件。

（3）校验机械强度

查表 A-14-1 可知,35kV 架空铝绞线的机械强度最小截面为 S_{min} = 35mm² < S = 700mm²,因此所选的导线截面也满足机械强度要求。

4.6 电力线路的结构和敷设

电力线路主要有架空线路和电缆线路，架空线路具有投资少、施工维护方便、易于发现和排除故障、受地形影响小等优点；电缆线路具有运行可靠、不易受外界影响、美观等优点。因此其结构和敷设各不相同。

4.6.1 电力线路的结构

1．架空线路的结构

架空线路由导线、电杆、横担、绝缘子、线路金具等组成。有的架空线路上装设有接闪线，以防止雷击。

导线用于输送电能。导线在露天条件下，要承受自重、风压、覆冰、化学腐蚀等，工作条件恶劣，材质必须具有良好的导电性、耐腐蚀性和机械强度，一般采用铝绞线（LJ）和钢芯铝绞线（LGJ），LGJ截面示意图如图4-13所示。导线在电杆上的排列方式有三角形排列、水平排列或垂直排列等。

电杆用于支持绝缘子、导线和接闪线。电杆按采用材料分为水泥杆、钢杆和铁塔3种；按其地位和功能不同可分为直线杆、分段杆、转角杆、终端杆、跨越杆和分支杆等，如图4-14所示。

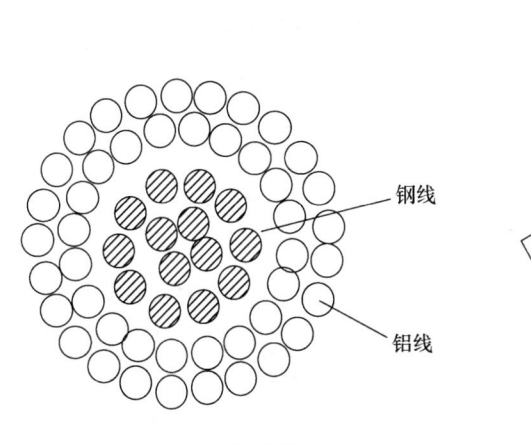

图4-13 钢芯铝绞线截面

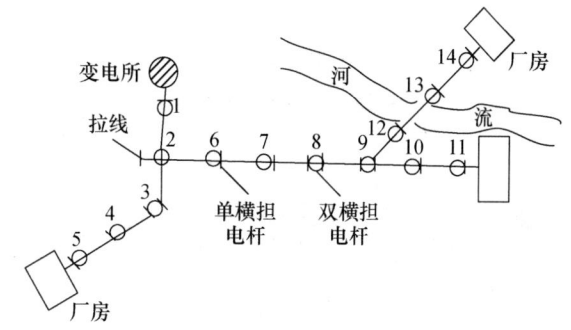

图4-14 各种杆型在架空线路中的应用

1、5、11、14—终端杆；2、9—分支杆；
3—转角杆；4、6、7、10—直线杆（中间杆）；
8—分段杆（耐张杆）；12、13—跨越杆

横担的作用是固定绝缘子，保证导线对地及导线之间有一定的距离。横担有铁横担、瓷横担。

绝缘子把导线固定在电杆上，并使导线之间、导线与横担及杆塔之间保持绝缘，同时承受导线的重量与其他作用力，具有良好的电气绝缘强度与机械强度。主要有针式绝缘子和悬式绝缘子两类。

线路金具是用来连接导线、横担和绝缘子等的金属部件。线路金具有压接管、并沟线夹、悬式线夹、挂环、挂板、U形抱箍和花篮螺丝等。

2. 电缆线路的结构

电缆线路由电力电缆和电缆头组成。电力电缆一般包括导体、绝缘层和保护层3部分，如图4-15所示。

导体通常采用多股铜线或铝线绞合而成。根据导体的数目不同，电缆可分为单芯、三芯和四芯等种类。绝缘层用于导体线芯之间或线芯与保护层之间保持绝缘。保护层用来保护绝缘层，使其在运输、敷设及运行过程中免受机械力破坏，并且防止潮气进入和绝缘油外渗。

电缆头包括电缆中间接头和终端头。电缆头是电缆线路的薄弱环节，要求密封性好，机械强度高，绝缘耐压强度同电缆本身。图4-16所示为环氧树脂中间接头。图4-17所示为户内式环氧树脂终端头。

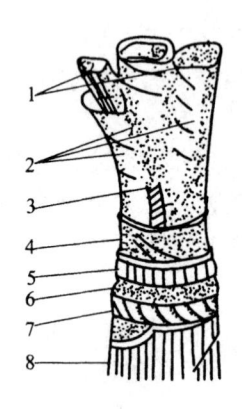

1—载流线芯；2—电缆纸；3—黄麻填料；
4—束带绝缘；5—铅包皮；6—纸带；
7—黄麻保护层；8—锯铠

图4-15 电力电缆结构示意图

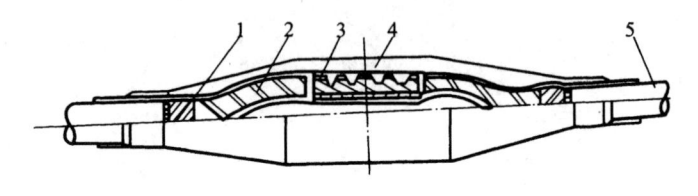

1—统包绝缘层；2—缆芯绝缘；3—扎锁管（管内两线芯对接）；
4—扎锁管涂色层；5—铅包

图4-16 电缆环氧树脂中间接头

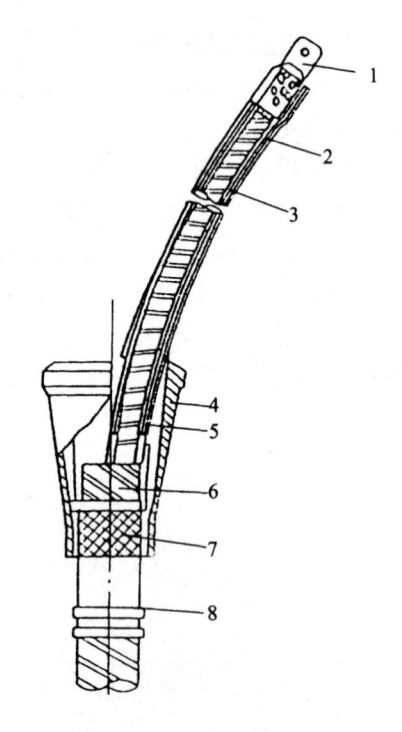

1—引线鼻子；2—缆芯绝缘；3—缆芯
（外包绝缘层）；4—预制环氧外壳
（可代以铁皮模具）；5—环氧树脂（现场浇注）；
6—统包绝缘；7—铅包；8—接地线卡子

图4-17 户内式环氧树脂终端头

4.6.2 电力线路的敷设

1. 架空线路的敷设

① 在施工和竣工验收中必须遵循有关规程规定，以保证施工质量和线路安全运行。

② 正确选择路径，要求是：路径短，转角小，施工维护方便，并与建筑物保持一定的安全距离。

③ 确定挡距、弧垂、杆高等。挡距也称跨距，指同一线路上相邻两电杆中心线之间的距离；弧垂指架空导线最低点与悬挂点间的垂直距离。

挡距根据不同电压等级而不同。一般 380V 线路挡距为 50～60m，6～10kV 线路挡距为 80～120m。弧垂与挡距、导线型号与截面、架设松紧及气候条件等有关，弧垂过大易碰线，过小则易造成断线或倒杆。线路的挡距、弧垂与杆高相互影响，挡距越大，电杆数量越少，弧垂增大，杆高增加；反之，挡距越小，电杆数量越多，弧垂减小，杆高降低。

④ 确定导线在电杆上的排列方式。一般三相四线制低压线路可水平排列；三相三线制可三角排列，也可水平排列；多回路导线同杆，可三角、水平混合排列，也可垂直排列。

2．电缆线路的敷设

电缆线路敷设时，原则上要求电缆不宜受到机械外力、过热、腐蚀等损伤；便于敷设和维护；避开场地规划中的施工用地或建设用地；在满足安全条件下，使电缆路径最短。

常用的敷设方式有以下几种。

（1）直接埋地敷设

这种方式需要挖好壕沟，然后沟底敷砂土、放电缆，再填以砂土，上加保护板，再回填土，如图 4-18 所示。其施工简单，散热效果好，且投资少。但检修不便，易受机械损伤和土壤中酸性物质的腐蚀。直接埋地敷设适用于电缆数量少（不超过 6 根）、敷设途径较长的场合。

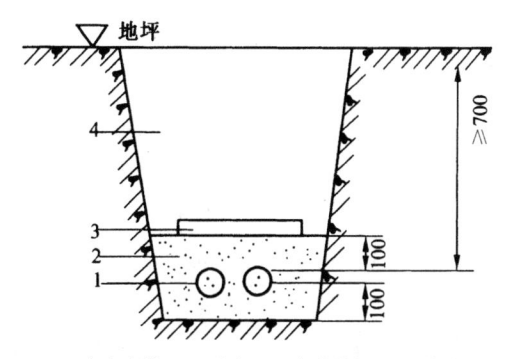

1—电力电缆；2—砂土；3—保护盖板；4—填土

图 4-18 电缆直接埋地敷设（单位：mm）

（2）电缆沟敷设

这种方式是将电缆敷设在电缆沟的电缆支架上。电缆沟由砖砌成或混凝土浇筑而成，上加盖板，内侧有支架，如图 4-19 所示。其投资稍高，但检修方便，占地面积少，所以在配电系统中应用很广泛。

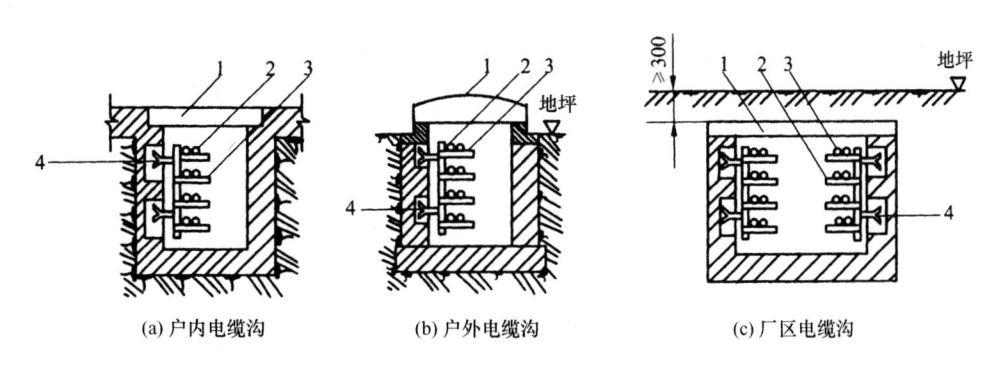

(a) 户内电缆沟　　(b) 户外电缆沟　　(c) 厂区电缆沟

1—盖板；2—电缆；3—电缆支架；4—预埋铁件

图 4-19 电缆在电缆沟内敷设（单位：mm）

（3）电缆多孔导管敷设

电缆多孔导管可采用石棉水泥管或混凝土管或PVC管，其结构如图4-20所示。适用于电缆数量不多（每根管宜穿一根电缆），而道路交叉较多，路径拥挤，又不宜采用直埋或电缆沟敷设的地段。

（4）电缆沿墙敷设

这种方式先在墙上预埋铁件，再设固定支架，电缆沿墙敷设在支架上，如图4-21所示。其结构简单，维修方便，但积灰严重，易受热力管道影响，且不够美观。

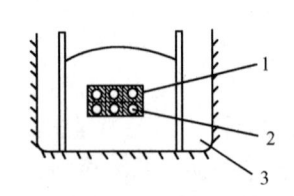

1—多孔导管；2—电缆孔（穿电缆）；3—电缆沟

图4-20 电缆多孔导管敷设

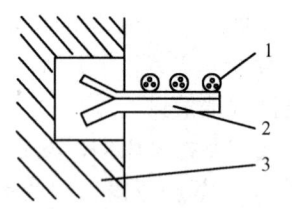

1—电缆；2—角铁支架；3—墙

图4-21 电缆沿墙敷设

（5）电缆桥架敷设

这种方式适用于电缆数量较多或较集中的场所。电缆桥架装置是由支架、盖板、支臂和线槽等组成的，如图4-22所示为电缆桥架敷设示意图。

电缆桥架敷设不积水、不积灰、不损坏电缆，具有占用空间少、投资少、建设周期短、便于采用全塑电缆和工厂系列化生产等优点，因此在国内已广泛应用。

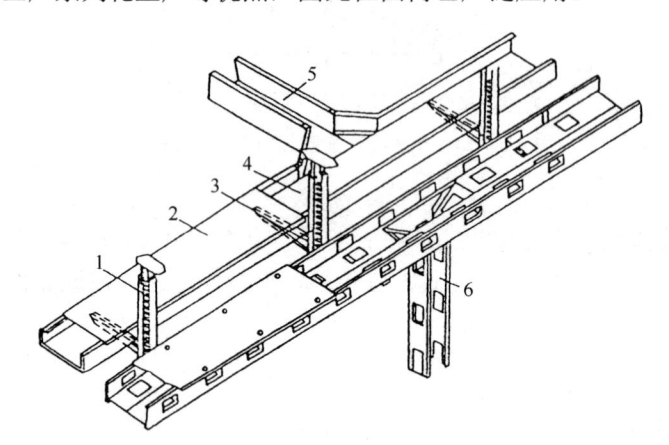

1—支架；2—盖板；3—支臂；4—线槽；5—水平分支线槽；6—垂直分支线槽

图4-22 电缆桥架敷设

4.7 工程设计实例

如图3-34所示的某企业35/10kV总降压变电所中，变压器高低压进出线要选择其型号和截面。其中高压进线柜的进线来源于电源进线的厂区外500m的T点接线处。

1. 35kV侧进出线选择

以主变出线柜H14（或H24）到变压器高压接线端子的电缆线路为例，工厂的年最大负荷利用小时为5600h。采用YJV22-26/35型电缆。下面按经济电流密度原则选择其截面。

先确定计算电流，可取变压器一次侧的额定电流

$$I_c = I_{1N} = \frac{S_N}{\sqrt{3}U_{1N}} = \frac{5000}{\sqrt{3}\times 35} = 82.5\text{A}$$

查表4-1可知，年最大负荷利用小时为5600h时，铜芯电缆$j_{ec} = 2\text{A}/\text{mm}^2$，则

$$S_{ec} = \frac{I_c}{j_{ec}} = \frac{82.5}{2} = 41.25\text{mm}^2$$

选标准截面为35mm²，型号参数为YJV22-26/35-3×35。

35kV侧进线H11柜（或H21柜）内电缆也可选择该型号和截面。

2．10kV侧出线选择

10kV侧有6路出线，其负荷大小见第2章负荷计算，现以第1车间出线为例，电缆型号采用YJV22-8.7/15，按照允许载流量来选择其截面。

根据第2章的计算知，该线路的计算电流为56.29A，查表A-13-2，取最小截面为35mm²的3芯铜导体10kV电缆地中直埋时，允许载流量为100A，远大于该线路的计算电流56.29A，故该线路选择YJV22-8.7/15-3×35。

10kV侧其他5条出线的计算电流分别为72.9A、75.4A、76.1A、60A、68.8A，同理线路具体型号均可选择为YJV22-8.7/15-3×35。

小 组 讨 论

如图3-33所示的某企业10/0.4kV变电所主接线。
1. 10kV侧的H1进线柜的进线电缆型号参数为YJN22-10-3×50是否合理？
2. 10kV侧的H4和H5柜与变压器一侧的电缆型号参数如何选择？
3. 若L7柜中出线7的计算电流为350A，其出线型号参数如何选择？

习　　题

4-1 高压和低压的放射式接线和树干式接线有哪些优缺点？分别说明高低压配电系统各宜首先考虑哪种接线方式？

4-2 试比较架空线路和电缆线路的优缺点。LJ-95和YJV22-3×50各表示什么线路？

4-3 电力电缆常用哪几种敷设方式？

4-4 有一供电线路，电压为380/220V。已知线路的计算负荷为84.5kVA，现用BV型铜芯绝缘线穿硬塑料管敷设，试按允许载流量选择该线路的相线、中线和PE线的截面及穿线管的直径（安装地点的环境温度为15℃）。

4-5 某变电所用10kV架空线路向相邻两工厂供电，如图4-23所示。架空线路采用LJ型铝绞线，呈水平等距排列，线间距离为1.5m，各段干线的截面相同，全线允许电压损失为5%，环境温度为30℃。试选择架空线路的导线截面。

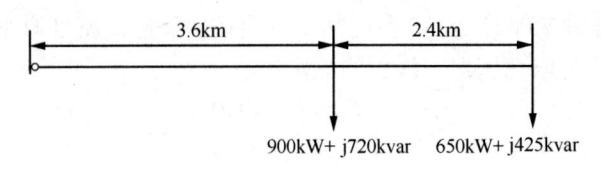

图 4-23 习题 4-5 图

4-6 有一条 LGJ 铝绞线的 35kV 线路，计算负荷为 4880kW，$\cos\varphi=0.88$，年最大负荷利用小时为 4500h，试选择其经济截面，并校验其发热条件和机械强度。

4-7 某 380/220V 低压架空线路如图 4-24 所示，环境温度为 35℃，允许电压损失为 3%，试选择导线截面（采用铝芯绝缘线）。

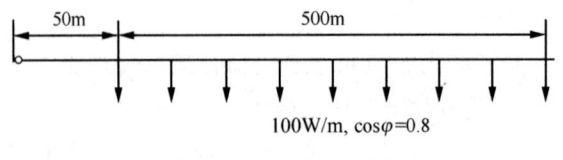

图 4-24 习题 4-7 图

4-8 计算图 4-25 中所示 10kV 电力线路的电压损失。1WL 线路导体型号为 LJ-70，2WL、3WL 线路导体型号为 LJ-50，线间几何均距为 1.25m。

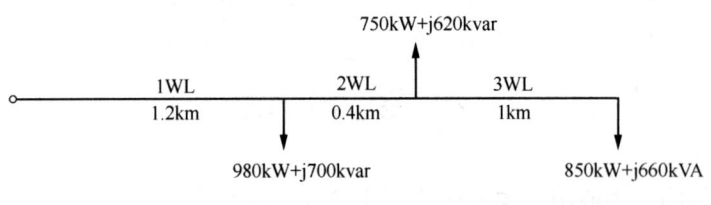

图 4-25 习题 4-8 图

4-9 某 10kV 电力线路接有两个负荷：距离电源点 500m 处的 $P_{c1}=1320$kW，$Q_{c1}=1100$kvar；距离电源点 850m 处的 $P_{c2}=1020$kW，$Q_{c2}=930$kvar。假设整个线路截面相同，线间几何均距为 1m，允许电压损失为 4%，试选择 LJ 铝绞线的截面。

第 5 章　短路电流计算

学习目标：重点了解供配电系统短路电流的基本种类、原因与危害；了解无限大等值系统下的三相短路暂态过程与主要参数；掌握无限大等值系统三相短路电流的标幺制计算方法，短路电流的电动力效应和热效应；理解短路电流对选择电气设备、母线、电缆、继电保护参数整定等的重要性。

5.1　短路电流计算基础

5.1 节和 5.2 节视频

短路是指不同相之间，相对中线或地线之间的直接金属性连接或经小阻抗连接。本节介绍短路产生的种类、产生短路的原因及短路的危害。

1. 短路的种类

三相交流供配电系统的短路主要有三相短路、两相短路、单相接地短路和两相接地短路 4 种，如图 5-1 所示。三相短路为对称短路，是电路某一处的三相线路间均发生短路的故障，用 $K^{(3)}$ 表示；其余三种为不对称短路，两相短路为三相线路中的某两相之间发生短路，用 $K^{(2)}$ 表示；单相接地短路（简称单相短路）为某一相线路经大地与中性线发生的短路，用 $K^{(1)}$ 表示；两相接地短路指在中性点不接地系统中，某两相线路均与大地连接而产生的短路，用 $K^{(1,1)}$ 表示。

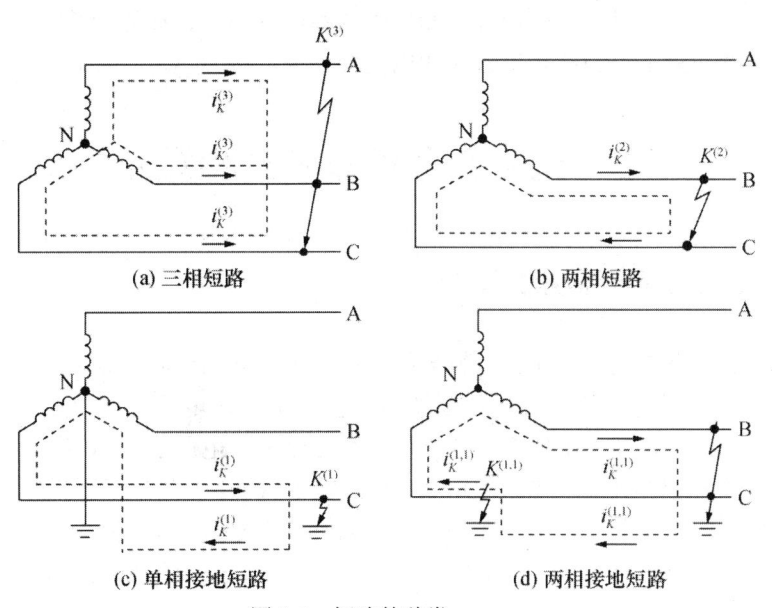

(a) 三相短路　　(b) 两相短路

(c) 单相接地短路　　(d) 两相接地短路

图 5-1　短路的种类

对于三相不对称短路，需要把一组不对称的三相量分解成三组对称的正序、负序和零序分量来分析研究，这称为对称分量法。在各种短路种类中，发生单相接地短路的情况最多，三相短路发生最少，由于三相短路电流最大、危害最严重，同时三相短路也是分析不对称短路的基础，因此计算三相短路电流是短路电流计算的重点。

2. 短路的原因

① 绝缘损坏：由于自然老化、操作过电压、大气过电压、污秽和机械损伤等导致电力系统中电气设备的载流导体绝缘性能遭到损坏是发生短路故障的主要原因。

② 误操作：由于工作人员不遵守操作规程，如带负荷拉、合隔离开关，检修后忘记拆除地线就合闸等误操作产生的短路故障。

③ 鸟兽跨越裸露导线。

3. 短路的危害

发生短路时，短路回路的阻抗很小，因此短路电流通常为正常电流的数十倍，有时可能达到数万甚至数十万安培，这将造成以下后果：

① 短路产生很大的热量，导体温度升高，使故障元件损坏；

② 短路产生巨大的电动力，使电气设备受到损坏或缩短使用寿命；

③ 短路使系统电压大大降低，电气设备正常工作受到破坏或产生废品；

④ 短路造成停电，给国民经济带来损失，给人民生活带来不便；

⑤ 严重的短路可能影响电力系统运行的稳定性，使并联运行的同步发电机失去同步，造成系统解列甚至崩溃；

⑥ 不对称短路产生的不平衡磁场，对附近的通信线路和弱电设备产生严重的电磁干扰，影响其正常工作。

以上后果都极为严重，因此在供配电系统的设计和运行中，需要尽可能消除引起短路的一切因素。此外，必须设计一套在短路故障发生后，能够及时采取措施的保护系统，尽量减少短路造成的损失，例如采用继电保护装置将短路回路从供配电系统中切除、在合适的地点装设电抗器限制短路电流、采用自动重合闸装置消除瞬时故障使系统尽快恢复正常等。这些措施都需要知道系统短路电流，以便正确地选择和校验各种电气设备、计算和整定短路保护的继电保护装置和选择限制短路电流的电气设备（如电抗器）等。

5.2 无限大等值系统三相短路分析

5.2.1 无限大等值系统概念

短路电流受到发电机、变压器、输电线路等很多因素的影响，精确的分析较为复杂，因此在供配电系统设计时为了简化分析，通常假设供配电系统电源是一个无限大等值系统。所谓"无限大等值系统"，是指供配电系统的电源功率无限大、电压保持恒定、没有内部阻抗，这种理想电源的参数不会受到后端电网短路故障的影响而改变。

在供配电系统的实际运行中，系统电源的功率并不是恒定不变的，当投入运行的电源容量最大、系统等效阻抗最小时，如果线路发生短路，则短路电流为最大，这种运行方式称为最大运行方式，短路电流被称为最大短路电流；反之，称为最小运行方式、最小短路电流。

当供配电系统容量较电力系统容量小得多，电力系统阻抗小于短路回路总阻抗的5%~10%，或短路点到电源的电气距离足够远，发生短路时系统母线电压降低很小时，此时可将系统看作无限大等值系统，将使短路电流计算大为简化。

5.2.2 无限大等值系统三相短路暂态过程

无限大等值系统发生三相短路时的系统图和三相电路图如图 5-2（a）、(b）所示，图中 r_K、x_K 为短路回路的电阻和电抗，r_1、x_1 为负载的电阻和电抗。由于三相电路对称，分析一相（A 相）等效电路图即可，如图 5-2（c）所示。

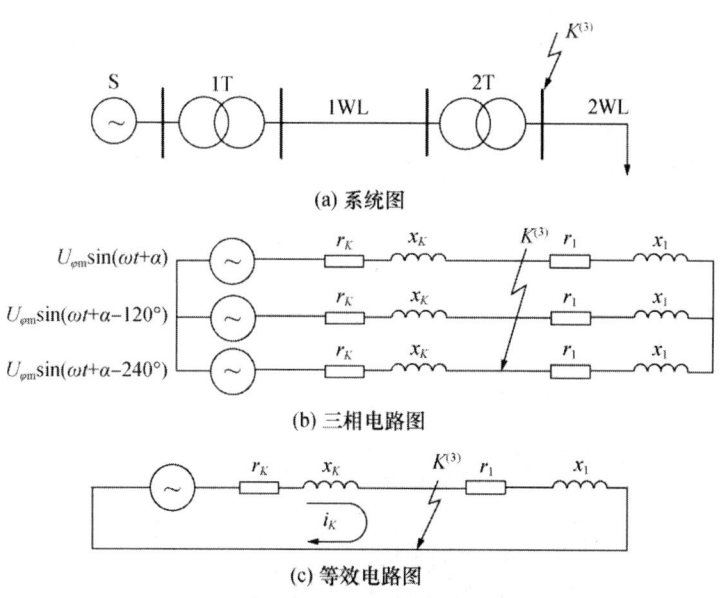

图 5-2 无限大等值系统三相短路图

1．正常运行

设电源相电压为 $u_\varphi = U_{\varphi m}\sin(\omega t+\alpha)$，正常运行时相电流为

$$i = I_m \sin(\omega t+\alpha-\varphi) \tag{5-1}$$

式中，电流幅值 $I_m = U_{\varphi m}/\sqrt{(r_K+r_1)^2+(x_K+x_1)^2}$；阻抗角 $\varphi = \arctan(x_K+x_1)/(r_K+r_1)$。

2．三相短路分析

设 $t=0$ 时，在图 5-2 中 K 点发生三相短路，则在 K 点的左半部分的有源回路中产生短路电流，列出短路回路的电压回路方程为

$$L_K \frac{di_K}{dt} + r_K i_K = U_{\varphi m}\sin(\omega t+\alpha) \tag{5-2}$$

式（5-2）是常系数非齐次一阶线性微分方程，其解为相应齐次方程的通解加一个特解，特解为短路后的稳态解，即

$$i_K = I_{pm}\sin(\omega t+\alpha-\varphi_K) + i_{np0}e^{-\frac{t}{\tau}} \tag{5-3}$$

式中，$I_{pm} = U_{\varphi m}/\sqrt{r_K^2+x_K^2}$ 为短路电流周期分量幅值，$\varphi_K = \arctan(x_K/r_K)$ 为短路回路阻抗角，$\tau = L_K/r_K$ 为短路回路时间常数；i_{np0} 为短路电流非周期分量初值。

i_{np0} 由初始条件决定，在短路瞬间 $t=0$ 时，短路前工作电流与短路后短路电流相等，即

$$I_m\sin(\alpha-\varphi) = I_{pm}\sin(\alpha-\varphi_K) + i_{np0} \tag{5-4}$$

$$i_{np0} = I_m \sin(\alpha - \varphi) - I_{pm} \sin(\alpha - \varphi_K) \tag{5-5}$$

将式（5-5）代入式（5-3），得

$$i_K = I_{pm} \sin(\omega t + \alpha - \varphi_K) + [I_m \sin(\alpha - \varphi) - I_{pm} \sin(\alpha - \varphi_K)]e^{-\frac{t}{\tau}} = i_p + i_{np} \tag{5-6}$$

由式（5-6）可以看出，无限大等值系统的三相短路电流由短路电流周期分量 i_p 和非周期分量 i_{np} 组成。周期分量 i_p 由电源电压和短路回路阻抗决定，在无限大等值系统条件下，其幅值不变，又称为稳态分量。非周期分量 i_{np} 的大小与合闸角 α 有关，并随时间按指数规律衰减，最终为零，又称为自由分量。

将式（5-6）的表达式用波形表示出来，就得到了无限大等值系统三相短路电流的波形图，如图 5-3 所示。

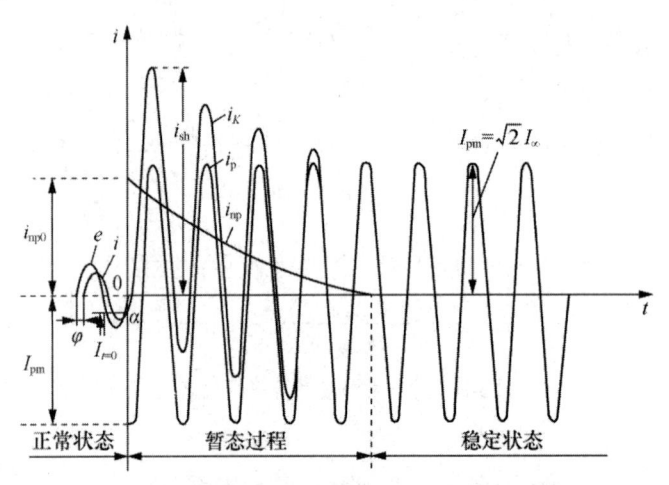

图 5-3 无限大等值系统发生三相短路时的短路电流波形图

3. 最严重三相短路时的短路电流

从图 5-3 可以看出，短路电流 i_K 的最大值出现在第一个峰值上，为周期分量幅值和非周期分量幅值之和。周期分量幅值的大小由短路回路中的电压幅值和阻抗确定。当短路点确定后，阻抗值的大小和周期分量的幅值也就确定了。

当回路中的电抗部分远大于电阻部分时，可以近似认为阻抗角 $\varphi_K = 90°$，代入式（5-6）中可得，当 $\alpha = 0°$，且 $I_m = 0$ 时，非周期分量 i_{np} 的第一项为零，第二项取得最大值，也就是非周期分量取得最大值，与周期分量的叠加将达到短路电流的最大值。因此，发生最严重三相短路的条件为：

- 短路前电路空载，即 $I_m=0$；
- 短路瞬间电压过零，即 $t=0$ 时 $\alpha=0°$ 或 $180°$；
- 短路回路近似纯电感，即 $\varphi_K=90°$。

将 $I_m=0$，$\alpha=0$，$\varphi_K=90°$ 代入式（5-6），得

$$i_K = -I_{pm}\cos\omega t + I_{pm}e^{-\frac{t}{\tau}} = -\sqrt{2}I_p\cos\omega t + \sqrt{2}I_p e^{-\frac{t}{\tau}} \tag{5-7}$$

式中，I_p 为短路电流周期分量有效值。

5.2.3 三相短路相关参数计算

1. 短路电流周期分量有效值

由式（5-3）短路电流周期分量幅值 I_{pm} 可求得短路电流周期分量有效值 I_p。式中，电源电压为线路额定电压的 1.05 倍，即线路首末两端电压的平均值，称为线路平均额定电压，用 U_{av} 表示，从而短路电流周期分量有效值为

$$I_p = \frac{U_{av}}{\sqrt{3}Z_K} \tag{5-8}$$

式中，$U_{av} \approx 1.05 U_N$（kV），$Z_K = \sqrt{r_K^2 + x_K^2}$（Ω）为短路回路总阻抗。

2. 次暂态短路电流

次暂态短路电流是短路电流周期分量在短路后第一个周期的有效值，用 I'' 表示。在无限大等值系统中，短路电流周期分量不衰减，即

$$I'' = I_p \tag{5-9}$$

3. 短路全电流有效值

短路电流包含非周期分量，不是正弦波，短路过程中短路电流的有效值 $I_{K(t)}$ 是指以时间 t 为中心的一个周期内短路电流瞬时值的均方根值，即

$$I_{K(t)} = \sqrt{\frac{1}{T}\int_{t-\frac{T}{2}}^{t+\frac{T}{2}} i_K^2 \mathrm{d}t} = \sqrt{\frac{1}{T}\int_{t-\frac{T}{2}}^{t+\frac{T}{2}} (i_p + i_{np})^2 \mathrm{d}t} \tag{5-10}$$

式中，i_K 为短路电流瞬时值，T 为短路电流周期。

为了简化上式计算，假设短路电流非周期分量 i_{np} 在所取周期内恒定不变，即其值等于在该周期中心的瞬时值 $i_{np(t)}$；在该周期内非周期分量的有效值即时刻 t 的瞬时值 $i_{np(t)}$；周期分量 i_p 的幅值也为常数，其有效值为 $I_{p(t)}$。

进行如上假设后，式（5-10）可变为

$$I_{K(t)} = \sqrt{I_{p(t)}^2 + i_{np(t)}^2} \tag{5-11}$$

4. 短路冲击电流和冲击电流有效值

短路冲击电流 i_{sh} 是短路电流的最大瞬时值，由图 5-3 可见，短路电流最大瞬时值出现在短路后的半个周期，即 $t=0.01\mathrm{s}$ 时，由式（5-7）得

$$i_{sh} = i_{p(0.01)} + i_{np(0.01)} = \sqrt{2}I_p\left(1 + \mathrm{e}^{-\frac{0.01}{\tau}}\right) = \sqrt{2}K_{sh}I_p = \sqrt{2}K_{sh}I'' \tag{5-12}$$

式中，$K_{sh} = 1 + \mathrm{e}^{-\frac{0.01}{\tau}}$ 为短路电流冲击系数，对纯电阻电路，$K_{sh}=1$；对纯电感电路，$K_{sh}=2$。因此，$1 \leq K_{sh} \leq 2$。

短路冲击电流有效值 I_{sh} 是短路后第一个周期的短路电流有效值。由式（5-11）可得

$$I_{sh} = \sqrt{i_{p(0.01)}^2 + i_{np(0.01)}^2}$$

或

$$I_{sh} = \sqrt{1 + 2(K_{sh} - 1)^2} I_p \tag{5-13}$$

为计算方便，高压系统发生三相短路时，一般可取 K_{sh}=1.8，因此有

$$i_{sh} = 2.55 I_p \tag{5-14}$$

$$I_{sh} = 1.51 I_p \tag{5-15}$$

低压系统发生三相短路时，可取 K_{sh}=1.3，因此有

$$i_{sh} = 1.84 I_p \tag{5-16}$$

$$I_{sh} = 1.09 I_p \tag{5-17}$$

5. 稳态短路电流有效值

稳态短路电流有效值是指短路电流非周期分量衰减完后的短路电流有效值，用 I_∞ 表示。在无限大等值系统中，由于电力系统电压维持不变，短路后任何时刻电流周期分量有效值（习惯上用 I_K 表示）始终不变，对供配电系统有

$$I'' = I_p = I_\infty = I_K = \frac{U_{av}}{\sqrt{3} Z_K} \tag{5-18}$$

6. 三相短路容量

三相短路容量意味电气设备既要承受正常情况下额定电压的作用，又要具备开断短路电流的能力。它由下式定义为

$$S_K = \sqrt{3} U_{av} I_K \tag{5-19}$$

式中，S_K 为三相短路容量（MVA）；U_{av} 为短路点所在级的线路平均额定电压（kV）；I_K 为短路电流（kA）。

综上所述，无限大等值系统发生三相短路时，只要求出短路电流周期分量有效值，即可求得有关短路的所有物理量。

5.3 无限大等值系统三相短路电流的计算

供配电系统回路中存在多个电压等级，在进行短路电流计算时，要将所有电压等级回路上的阻抗等效到短路点的电压等级，不同短路点的短路电流都要进行一次等效，计算烦琐。而标幺制的计算可以不进行等效，大大简化计算过程，因此本节主要介绍采用标幺制计算短路电流的方法。

5.3.1 标幺制

用标幺值表示回路中元件的物理量，称为标幺制。任意一个物理量的有名值与基准值的比值称为标幺值，标幺值没有单位，即

$$标幺值 = \frac{物理量的有名值（MVA、kV、kA、\Omega）}{物理量的基准值（MVA、kV、kA、\Omega）} \qquad (5-20)$$

则容量、电压、电流、阻抗的标幺值分别为

$$\begin{cases} S^* = \dfrac{S}{S_d} \\ U^* = \dfrac{U}{U_d} \\ I^* = \dfrac{I}{I_d} \\ Z^* = \dfrac{Z}{Z_d} \end{cases} \qquad (5-21)$$

在选取基准容量 S_d、基准电压 U_d、基准电流 I_d 和基准阻抗 Z_d 时，通常先选定基准容量和基准电压，再按欧姆定律和功率方程导出基准电流和基准阻抗，即

$$I_d = \frac{S_d}{\sqrt{3}U_d} \qquad (5-22)$$

$$Z_d = \frac{U_d^2}{S_d} \qquad (5-23)$$

在工程计算中，为了计算简便，通常取基准容量为 100MVA，取各级平均额定电压 U_{av} 为基准电压，即 $U_d = U_{av} \approx 1.05 U_N$（$U_N$ 为系统的额定电压），常用系统的额定电压和基准值见表 5-1。

表 5-1 常用系统的额定电压和基准值（S_d=100MVA）

系统的额定电压/kV	0.38	6	10	35	110	220	500
基准电压/kV	0.4	6.3	10.5	37	115	230	525
基准电流/kA	144.30	9.16	5.50	1.56	0.50	0.25	0.11

在供配电系统中，不同电压等级下的容量基准值相同，而不同电压等级线路的电压基准值需要选取不同的值。

以图 5-4 所示的多级电压供电系统来说明标幺制计算的简便性，图中短路故障发生在 3WL 处，选取基准容量为 S_d，各级线路基准电压分别为 $U_{d1}=U_{av1}$，$U_{d2}=U_{av2}$，$U_{d3}=U_{av3}$，则线路 1WL 的电抗 X_{1WL} 归算到短路点 3WL 所在电压等级的电抗 X'_{1WL} 为

$$X'_{1WL} = X_{1WL} \cdot \left(\frac{U_{av2}}{U_{av1}}\right)^2 \left(\frac{U_{av3}}{U_{av2}}\right)^2 = X_{1WL} \cdot \left(\frac{U_{av3}}{U_{av1}}\right)^2$$

则 1WL 在 3WL 短路点的等效电抗标幺值为

$$X_{1WL}^* = \frac{X'_{1WL}}{Z_d} = X'_{1WL} \cdot \frac{S_d}{U_{d3}^2} = X_{1WL} \cdot \left(\frac{U_{av2}}{U_{av1}}\right)^2 \left(\frac{U_{av3}}{U_{av2}}\right)^2 \cdot \frac{S_d}{U_{av3}^2} = X_{1WL} \cdot \frac{S_d}{U_{av1}^2}$$

1WL 电抗在 1WL 电压等级下的标幺值为

$$X_{1WL}^* = X_{1WL} \cdot \frac{S_d}{U_{d1}^2}$$

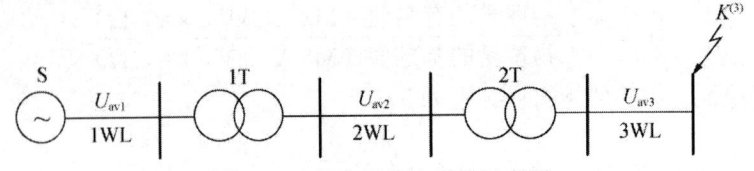

图 5-4 多级电压供电系统示意图

由于 $U_{av1}=U_{d1}$，因此 1WL 的电抗等效到 3WL 电压等级处的标幺值与其在 1WL 电压等级处的标幺值计算结果相同，同理，不论在系统回路中的哪个电压等级，1WL 的标幺值不变，从而避免了多级电压系统中阻抗的换算。短路回路总电抗的标幺值可直接由各元件的阻抗标幺值经简单运算得到。

5.3.2 短路回路元件的标幺值阻抗

计算短路电流需要知道短路回路中各电气元件（包括线路、变压器、电抗器、电源）的阻抗及短路回路的总阻抗，因此本节介绍短路回路中各种电气元件阻抗的计算方法。

1．线路的电阻标幺值和电抗标幺值

线路已知参数为长度 l（km），单位长度的电阻 R_0 和电抗 X_0（Ω/km），其电阻标幺值和电抗标幺值分别为

$$R_{WL}^* = \frac{R_{WL}}{Z_d} = R_0 l \frac{S_d}{U_d^2} \quad (5\text{-}24)$$

$$X_{WL}^* = \frac{X_{WL}}{Z_d} = X_0 l \frac{S_d}{U_d^2} \quad (5\text{-}25)$$

式中，S_d 为基准容量（MVA），U_d 为线路所在电压等级的基准电压（kV）。

线路的 R_0、X_0 可查阅表 A-15，X_0 也可采用表 5-2 所列的平均值。

表 5-2 电力线路单位长度电抗平均值

线路种类	线路额定电压 U_N/kV	电抗 X_0/(Ω/km)
架空线路	35～220	0.4
	3～10	0.38
	0.38	0.36
电缆线路	35	0.12
	3～10	0.08
	0.38	0.06

2．变压器的电抗标幺值

变压器铭牌参数是额定容量 S_N（MVA）和阻抗电压百分数 $U_k\%$，由于变压器绕组的电阻 R_T 较电抗 X_T 小得多，可忽略不计在变压器绕组电阻上的压降，从而，其电抗标幺值为

$$X_T^* = \frac{X_T}{Z_d} = \frac{U_k\%}{100} \cdot \frac{U_d^2}{S_N} \bigg/ \frac{U_d^2}{S_d} = \frac{U_k\%}{100} \cdot \frac{S_d}{S_N} \quad (5\text{-}26)$$

3．电抗器的电抗标幺值

电抗器铭牌参数是电抗器的额定电压 $U_{L.N}$、额定电流 $I_{L.N}$ 和电抗百分数 $X_L\%$，其电抗标幺值为

$$X_L^* = \frac{X_L}{Z_d} = \frac{X_L\%}{100} \cdot \frac{U_{N.L}}{\sqrt{3} I_{N.L}} \bigg/ \frac{U_d^2}{S_d} = \frac{X_L\%}{100} \cdot \frac{U_{N.L}}{\sqrt{3} I_{N.L}} \cdot \frac{S_d}{U_d^2} \quad (5\text{-}27)$$

4．电力系统电源电抗标幺值

通常电力系统电源的电抗相对很小，一般不予考虑，看作无限大等值系统。但若供电部门提供电力系统的电抗参数，则需要考虑电力系统电源的电抗，再看作无限大等值系统计算，短

路电流更精确。

若直接给出电抗有名值 X_S，电力系统电抗标幺值为

$$X_S^* = X_S \frac{S_d}{U_d^2} \tag{5-28}$$

一般给出电力系统电源出口处的短路容量 S_K 来计算；当 S_K 未知，也可用电力系统电源出口断路器的断流容量 S_{oc} 代替，即

$$X_S^* = X_S \frac{S_d}{U_d^2} = \frac{U_d^2}{S_{oc}} \cdot \frac{S_d}{U_d^2} = \frac{S_d}{S_{oc}} \tag{5-29}$$

$$X_S^* = \frac{S_d}{S_K} \tag{5-30}$$

5. 短路回路的总阻抗标幺值

短路回路的总阻抗标幺值 Z_K^* 由短路回路总电阻标幺值 R_K^* 和总电抗标幺值 X_K^* 决定，即

$$Z_K^* = \sqrt{R_K^{*2} + X_K^{*2}} \tag{5-31}$$

通常高压系统的短路计算中，由于总电抗远大于总电阻，故只计及电抗而忽略电阻，即 $Z_K^* \approx X_K^*$；若 $R_K^* > \frac{1}{3} X_K^*$，才计及电阻。

5.3.3 三相短路电流计算

无限大等值系统发生三相短路时，短路电流的周期分量保持不变，短路电流的有关物理量 I''、I_{sh}、i_{sh}、I_∞ 和 S_K 都与短路电流周期分量有关。因此，只要算出短路电流周期分量的有效值 I_K，按前述公式就可求出其他各量。

1. 三相短路电流周期分量有效值

$$I_K = \frac{U_{av}}{\sqrt{3} Z_K} = \frac{U_d}{\sqrt{3} Z_K^* \cdot Z_d} = \frac{U_d}{\sqrt{3} \cdot Z_K^*} \cdot \frac{S_d}{U_d^2} = \frac{S_d}{\sqrt{3} U_d} \cdot \frac{1}{Z_K^*} \tag{5-32}$$

由于 $I_d = S_d / \sqrt{3} U_d$，$I_K = I_K^* \cdot I_d$，则

$$I_K = I_d / Z_K^* = I_d \cdot I_K^* \tag{5-33}$$

$$I_K^* = \frac{1}{Z_K^*} \tag{5-34}$$

式（5-34）表示，短路回路总阻抗标幺值的倒数即短路电流周期分量有效值的标幺值。实际计算中，先算短路回路总阻抗标幺值，再求短路电流周期分量有效值的标幺值（简称短路电流标幺值），最终计算短路电流的有名值。

2. 短路冲击电流

由式（5-12）和式（5-13）可得短路冲击电流和短路冲击电流有效值分别为

$$i_{sh} = \sqrt{2} K_{sh} I_K \tag{5-35}$$

$$I_{sh} = \sqrt{1+2(K_{sh}-1)^2} I_K \tag{5-36}$$

或

$$i_{sh} = 2.55 I_K, \quad I_{sh} = 1.51 I_K \quad （高压系统） \tag{5-37}$$

$$i_{sh} = 1.84 I_K, \quad I_{sh} = 1.09 I_K \quad （低压系统） \tag{5-38}$$

3. 三相短路容量

由式（5-19），三相短路容量为

$$S_K = \sqrt{3} U_{av} I_K = \sqrt{3} U_d \cdot \frac{I_d}{Z_K^*} = S_d \cdot I_K^* = S_d \cdot S_K^* \tag{5-39}$$

或

$$S_K = \frac{S_d}{Z_K^*} \tag{5-40}$$

式（5-39）和式（5-40）表明，三相短路容量的有名值等于基准容量与三相短路电流标幺值或三相短路容量标幺值的乘积。

短路电流计算的具体步骤为：根据供配电系统图画出短路电流计算的等效电路图，标明短路计算有关的元件及参数，图中用阻抗表示元件，小圆圈表示电源，同时标出元件的序号和阻抗值，一般分子标序号、分母标阻抗值，标出短路点；然后选取基准容量和基准电压，计算所需基准电流，并计算各元件的阻抗标幺值，再将等效电路化简，求出短路回路总阻抗的标幺值。最后按前述公式，由短路回路总阻抗标幺值计算短路电流标幺值，再计算短路各量，即短路电流、短路冲击电流和三相短路容量。

【例 5-1】 试求图 5-5 中车间变电所变压器 3T 的 380V 母线上 K 点发生三相短路时的短路电流和短路容量，以及 K 点三相短路流经变压器 3T 一次绕组的短路电流。

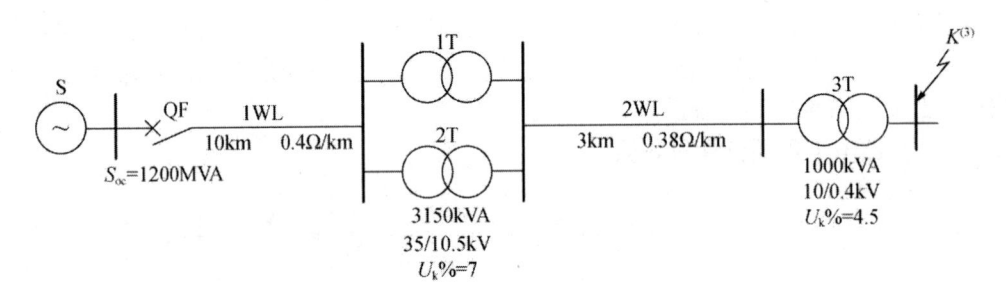

图 5-5 例 5-1 供电系统图

解 （1）图 5-5 所示供配电系统中短路回路需要计算阻抗的元件包括系统电源 S 电抗、1WL 线路电抗、变压器 1T 和 2T 电抗、2WL 电抗、变压器 3T 电抗，画出短路电流计算等效电路图，并在计算完各元件阻抗后按序号标出阻抗标幺值，如图 5-6 所示。

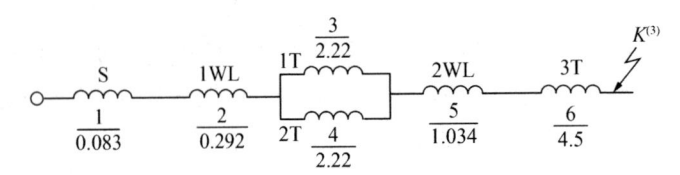

图 5-6 例 5-1 短路计算等效电路图

（2）取基准容量 S_d=100MVA，基准电压 $U_d=U_{av}$，三个电压的基准电压分别为 U_{d1}=37kV，U_{d2}=10.5kV，U_{d3}=0.4kV，相应的基准电流分别为 I_{d1}、I_{d2}、I_{d3} 分别为

$$I_{d1} = \frac{S_d}{\sqrt{3}U_{d1}} = \frac{100}{\sqrt{3} \times 37} = 1.56\text{kA}$$

$$I_{d2} = \frac{S_d}{\sqrt{3}U_{d2}} = \frac{100}{\sqrt{3} \times 10.5} = 5.5\text{kA}$$

$$I_{d3} = \frac{S_d}{\sqrt{3}U_{d3}} = \frac{100}{\sqrt{3} \times 0.4} = 144.3\text{kA}$$

则各元件电抗标幺值为

系统电源 S $\qquad X_1^* = \frac{S_d}{S_{oc}} = \frac{100}{1200} = 0.083$

线路 1WL $\qquad X_2^* = X_0 l_1 \cdot \frac{S_d}{U_d^2} = 0.4 \times 10 \times \frac{100}{37^2} = 0.292$

变压器 1T 和 2T $\qquad X_3^* = X_4^* = \frac{U_k\%}{100} \cdot \frac{S_d}{S_N} = \frac{7}{100} \times \frac{100}{3.15} = 2.22$

线路 2WL $\qquad X_5^* = X_0 l_2 \cdot \frac{S_d}{U_d^2} = 0.38 \times 3 \times \frac{100}{10.5^2} = 1.034$

变压器 3T $\qquad X_6^* = \frac{U_k\%}{100} \cdot \frac{S_d}{S_N} = \frac{4.5}{100} \times \frac{100}{1} = 4.5$

（3）K 点三相短路电流和容量的计算

计算短路回路总阻抗标幺值为

$$X_K^* = X_1^* + X_2^* + X_3^*//X_4^* + X_5^* + X_6^*$$
$$= 0.083 + 0.292 + 2.22/2 + 1.034 + 4.5 = 7.019$$

计算 K 点三相短路时短路各量分别为

$$I_K^* = \frac{1}{X_K^*} = \frac{1}{7.019} = 0.142$$

$$I_K = I_{d3}I_K^* = 144.3 \times 0.142 = 20.49\text{kA}$$

$$i_{sh.K} = 1.84 I_K = 1.84 \times 20.49 = 37.7\text{kA}$$

$$S_K = S_d I_K^* = 100 \times 0.142 = 14.2\text{MVA}$$

（4）计算 K 点三相短路流经变压器 3T 一次绕组的短路电流 I_K'

K 点短路时流经变压器 3T 一次绕组的三相短路电流标幺值与短路点 K 的短路电流标幺值相同，用变压器 3T 一次绕组所在电压级的基准电流便可求出流经变压器 3T 一次绕组的短路电流，即

$$I_K' = I_{d2}I_K^* = 5.5 \times 0.142 = 0.781\text{kA}$$

5.3.4 两相短路电流计算

实际应用中还需要计算不对称短路电流，用于继电保护灵敏度的校验。不对称短路电流计

算一般采用对称分量法，下面介绍无限大等值系统两相短路电流和单相短路电流的实用计算方法。

在图 5-7 所示无限大等值系统发生两相短路时，其短路电流可由下式求得：

$$I_K^{(2)} = \frac{U_{av}}{2Z_K} = \frac{U_d}{2Z_K} \tag{5-41}$$

式中，U_{av} 为短路点的平均额定电压；U_d 为短路点所在电压等级的基准电压；Z_K 为短路回路一相总阻抗。

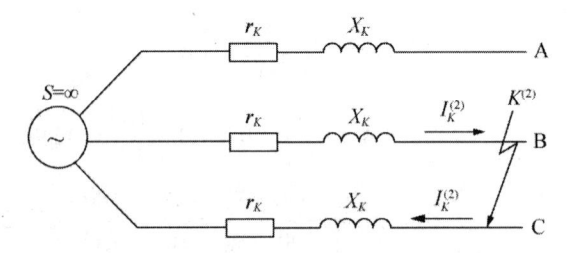

图 5-7 无限大等值系统发生两相短路

比较式（5-41）和式（5-8），可得两相短路电流与三相短路电流的关系，并同样适用于短路冲击电流，即

$$I_K^{(2)} = \frac{\sqrt{3}}{2} I_K^{(3)} \tag{5-42}$$

$$i_{sh}^{(2)} = \frac{\sqrt{3}}{2} i_{sh}^{(3)} \tag{5-43}$$

$$I_{sh}^{(2)} = \frac{\sqrt{3}}{2} I_{sh}^{(3)} \tag{5-44}$$

因此，无限大等值系统短路时，两相短路电流较三相短路电流小，通过三相短路电流就可求得两相短路电流。

5.3.5 单相短路电流计算

在工程计算中，大接地电流系统或低压三相四线制系统发生单相短路时，单相短路电流可用下式进行计算：

$$I_K^{(1)} = \frac{U_{av}}{\sqrt{3} Z_{\varphi\text{-}0}} = \frac{U_d}{\sqrt{3} Z_{\varphi\text{-}0}} \tag{5-45}$$

$$Z_{\varphi\text{-}0} = \sqrt{(R_\varphi + R_0)^2 + (X_\varphi + X_0)^2} \tag{5-46}$$

式中，U_{av} 为短路点的平均额定电压；U_d 为短路点所在电压等级的基准电压；$Z_{\varphi\text{-}0}$ 为单相短路回路相线与大地或中线的阻抗，$R_{\varphi\text{-}0}$、$X_{\varphi\text{-}0}$ 为单相短路回路的相电阻和相电抗；R_0、X_0 为变压器中性点与大地或中线回路的电阻和电抗。

在无限大等值系统中或远离发电机处短路时，单相短路电流比三相短路电流小，引起的危害也相对较小，因此在短时间内不会因为单相短路跳闸，只对该故障进行报警。

5.3.6 电动机对三相短路电流的影响

供配电系统发生三相短路时，电压下降，严重时短路点的电压可降为零。接在短路点附近运行的电动机的短路瞬间反电势（又称为次暂态电动势）可能大于电动机所在系统的残压，此时电动机将和发电机一样，向短路点馈送短路电流。同时电动机制动减速，它所提供的短路电流很快衰减，一般只考虑电动机对短路冲击电流的影响，如图 5-8 所示。

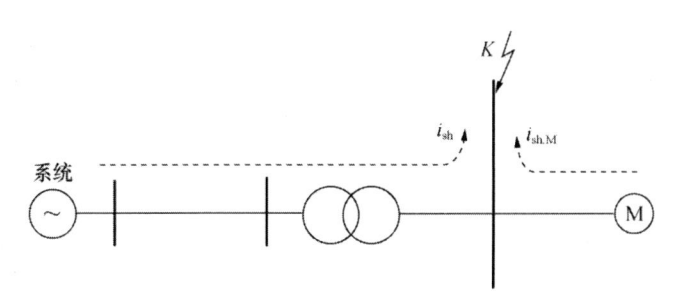

图 5-8 电动机对短路冲击电流的影响示意图

电动机三相短路属于"有限功率电源"供电系统三相短路，短路电流周期分量在短路过程中是变化的，因此，电动机提供的短路冲击电流可按式（5-12）计算，即

$$i_{\text{sh.M}} = \sqrt{2} K_{\text{sh.M}} \cdot I_{\text{M}}'' = \sqrt{2} K_{\text{sh.M}} \cdot \frac{E_{\text{M}}''^{*}}{X_{\text{M}}''^{*}} \cdot I_{\text{N.M}} \quad (5\text{-}47)$$

式中，$K_{\text{sh.M}}$ 为电动机的短路电流冲击系数，低压电动机取 1.0，高压电动机取 1.4～1.6；I_{M}'' 为电动机的次暂态三相短路电流；$E_{\text{M}}''^{*}$ 为电动机的次暂态电动势标幺值；$X_{\text{M}}''^{*}$ 为电动机的次暂态电抗标幺值；$E_{\text{M}}''^{*}/X_{\text{M}}''^{*}$ 为电动机的次暂态短路电流标幺值；$I_{\text{N.M}}$ 为电动机的额定电流。$E_{\text{M}}''^{*}$ 和 $X_{\text{M}}''^{*}$ 数值见表 5-3。

表 5-3 电动机有关参数

电动机种类	同步电动机	异步电动机	调相机	综合负载
$E_{\text{M}}''^{*}$	1.1	0.9	1.2	0.8
$X_{\text{M}}''^{*}$	0.2	0.2	0.16	0.35

一般当高压电动机单机或总容量大于 1000kW，低压电动机单机或总容量大于 100kW，在靠近电动机引出端附近发生三相短路时，才考虑电动机对短路冲击电流的影响。

因此，考虑电动机的影响，短路点的短路冲击电流为

$$i_{\text{sh.}\Sigma} = i_{\text{sh}} + i_{\text{sh.M}} \quad (5\text{-}48)$$

5.4 短路电流的效应

供配电系统发生短路时，短路电流通过导体或电气设备，会产生很大的电动力和很高的温度，称为短路的电动力效应和热效应。电气设备和导体应能承受这两种效应的作用。

5.4.1 短路电流的电动力效应

电动力指导体通过电流时相互间电磁作用产生的力。正常工作时电流较小,电动力很小;短路时,尤其是短路冲击电流流过,将产生很大的电动力,可能带来机械损伤。

1. 两平行载流导体间的电动力

两平行导体中若流过的电流分别为 i_1 和 i_2(A),i_1 产生的磁场在导体 2 处的磁感应强度为 B_1,i_2 产生的磁场在导体 1 处的磁感应强度为 B_2,如图 5-9 所示,两导体间由电磁作用产生的电动力大小相等、方向由左手定则决定,其值为

$$F = 2K_f i_1 i_2 \frac{l}{a} \times 10^{-7} \tag{5-49}$$

式中,F 为两平行载流导体间的电动力(N);l 为导体的两相邻支持点间的距离(cm);a 为两导体轴线间的距离(cm);K_f 为形状系数,圆形、管形导体 $K_f=1$,矩形导体根据 $\frac{a-b}{b+h}$ 和 $m = \frac{b}{h}$ 由图 5-10 所示曲线查得(b 和 h 分别为导体的宽和高)。

从图 5-10 中可看出,形状系数 K_f 在 0~1.4 之间变化。当矩形导体平放时,$m>1$,$K_f<1$;当矩形导体竖放时,$m<1$,$K_f>1$;当为正方形导体时,$m=1$,$K_f \approx 1$。当 $\frac{a-b}{h+b} \geq 2$,即两矩形导体之间距离大于或等于导体周长时,$K_f \approx 1$,说明此时可不进行导体形状的修正。

2. 三相平行载流导体间的电动力

三相平行的导体中流过对称电流 i_A、i_B、i_C,每两导体间由电磁作用产生电动力,A 相导体受到的电动力为 F_{AB}、F_{AC},B 相导体受到的电动力为 F_{BC}、F_{BA},C 相导体受到的电动力为 F_{CA}、F_{CB},如图 5-11 所示。经分析可知,B 导体受到的电动力最大,为

$$F = \sqrt{3} K_f I_m^2 \frac{l}{a} \times 10^{-7} \text{(N)} \tag{5-50}$$

式中,I_m 为线电流幅值;K_f 为形状系数。

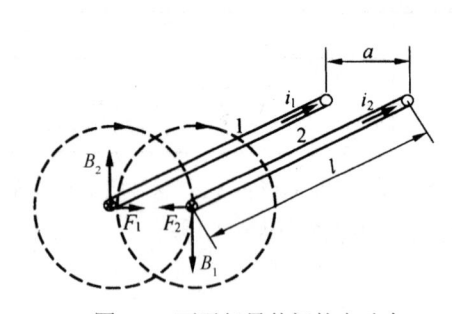

图 5-9 两平行导体间的电动力

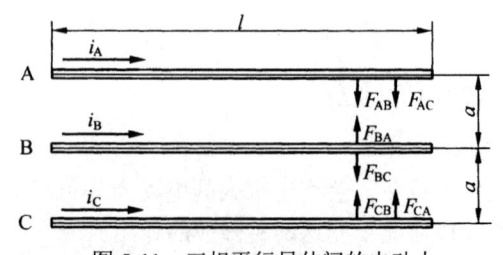

图 5-11 三相平行导体间的电动力

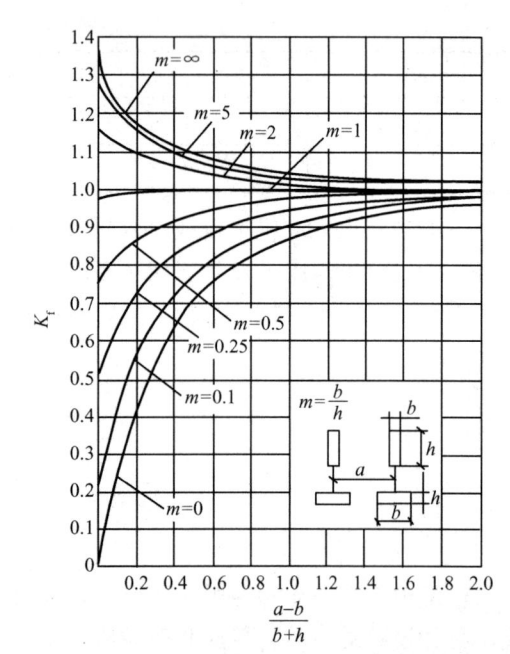

图 5-10 矩形导体的形状系数

3. 短路电流的电动力

由式（5-50）计算三相短路产生的最大电动力为

$$F^{(3)} = \sqrt{3}K_f i_{sh}^{(3)2} \frac{l}{a} \times 10^{-7} \tag{5-51}$$

由式（5-49）计算两相短路产生的最大电动力为

$$F^{(2)} = 2K_f i_{sh}^{(2)2} \frac{l}{a} \times 10^{-7} \tag{5-52}$$

由于两相短路冲击电流与三相短路冲击电流的关系为

$$i_{sh}^{(2)} = \frac{\sqrt{3}}{2} i_{sh}^{(3)}$$

因此，两相短路和三相短路产生的最大电动力也具有下列关系：

$$F^{(2)} = \frac{\sqrt{3}}{2} F^{(3)} \tag{5-53}$$

很明显，三相短路时导体受到的电动力比两相短路时大。因此，校验电气设备或导体的动稳定时，要采用三相短路冲击电流或冲击电流有效值。

5.4.2 短路电流的热效应

1. 短路发热的特点

图 5-12 表示短路时导体温度的变化情况。短路前导体正常运行时的温度为 θ_L，在 t_1 时发生短路，导体温度迅速上升，在 t_2 时保护装置动作，切除短路故障，这时导体温度已达到了 θ_K。短路切除后，导体无电流通过，不再产生热量，只向周围介质散热，导体温度不断下降，最终导体温度等于周围介质温度 θ_0。

短路时电气设备和导体的发热温度不超过短路最高允许温度，则满足短路热稳定要求。短路最高允许温度见表 5-4。

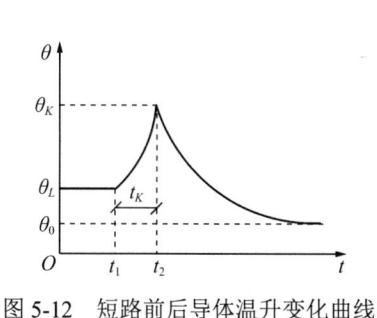

表 5-4 导体在短路时的最高允许温度

导体种类	短路最高允许温度/℃	
	铜	铝
母线	300	200
交联聚乙烯绝缘电缆	250	200
聚氯乙烯绝缘导线和电缆	160	160
橡胶绝缘导线和电缆	150	150
油浸纸绝缘电缆	≤10kV，250	≤10kV，200
	35kV，125	35kV，125

图 5-12 短路前后导体温升变化曲线

2. 短路热平衡方程

短路发热可近似为绝热过程，短路时导体内产生的能量等于导体温度升高吸收的能量，导体的电阻和比热容也随温度而变化，其热平衡方程为

$$0.24\int_{t_2}^{t_1} I_{K(t)}^2 R dt = \int_{\theta_L}^{\theta_K} cm d\theta \tag{5-54}$$

将 $R = \rho_0(1+\alpha\theta)\dfrac{1}{S}$, $c = c_0(1+\beta\theta)$, $m = \gamma l S$ 代入上式得

$$0.24\int_{t_1}^{t_2} I_{K(t)}^2 \rho_0(1+\alpha\theta)\frac{1}{S}\mathrm{d}t = \int_{\theta_L}^{\theta_K} c_0(1+\beta\theta)\gamma l S \mathrm{d}\theta \tag{5-55}$$

整理上式后，有

$$\frac{1}{S^2}\int_{t_1}^{t_2} I_{K(t)}^2 \mathrm{d}t = \frac{c_0 \gamma}{0.24\rho_0}\int_{\theta_L}^{\theta_K} \frac{1+\beta\theta}{1+\alpha\theta}\mathrm{d}\theta = \frac{c_0\gamma}{0.24\rho_0}\left[\frac{\alpha-\beta}{\alpha^2}\ln(1+\alpha\theta) + \frac{\beta}{\alpha}\theta\right]\bigg|_{\theta_L}^{\theta_K} = A_K - A_L \tag{5-56}$$

式中，ρ_0 是导体 0℃时的电阻率（$\Omega \cdot \mathrm{mm^2/km}$）；$\alpha$ 为 ρ_0 的温度系数；c_0 为导体 0℃时的比热容；β 为 c_0 的温度系数；γ 为导体材料的密度；S 为导体的截面（$\mathrm{mm^2}$）；l 为导体的长度（km）；$I_{K(t)}$ 为短路电流的有效值（A）；A_K 和 A_L 为短路和正常的发热系数，对某导体材料，A 值仅是温度的函数，即 $A=f(\theta)$。

3. 短路产生的热量

热平衡方程的计算因短路电流的幅值和有效值随时间变化而变得复杂，因此，用稳态短路电流计算实际短路电流产生的热量。由于稳态短路电流不同于短路电流，需要假定一个时间，称为假想时间 t_{ima}。在此时间内，稳态短路电流所产生的热量等于短路电流 $I_{K(t)}$ 在实际短路持续时间内所产生的热量，如图 5-13 所示，短路电流产生的热量可按下式计算：

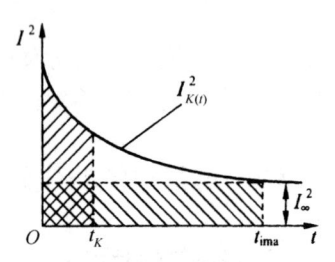

图 5-13 短路发热假想时间

$$\int_0^{t_K} I_{K(t)}^2 \mathrm{d}t = I_\infty^2 t_{\mathrm{ima}} \tag{5-57}$$

短路发热假想时间可按下式计算：

$$t_{\mathrm{ima}} = t_K + 0.05\left(\frac{I''}{I_\infty}\right)^2 \tag{5-58}$$

式中，t_K 为短路持续时间，它等于继电保护动作时间 t_{op} 和断路器断路时间 t_{oc} 之和，即

$$t_K = t_{\mathrm{op}} + t_{\mathrm{oc}} \tag{5-59}$$

断路器的断路时间可查有关产品手册，一般慢速断路器取 0.2s，快速和中速断路器可取 0.1s。

在无限大等值系统中发生短路，由于 $I''=I_\infty$，式（5-59）为

$$t_{\mathrm{ima}} = t_K + 0.05 \tag{5-60}$$

当 $t_K>1\mathrm{s}$ 时，可以近似认为 $t_{\mathrm{ima}}=t_K$。

4. 导体短路发热温度

为使导体短路发热温度计算简便，工程上一般利用导体发热系数 A 与导体温度 θ 的关系曲线 $A=f(\theta)$ 确定短路发热温度 θ_K。

图 5-14 是 $A=f(\theta)$ 关系曲线，横坐标表示导体发热系数 A（$\mathrm{A^2 \cdot s/mm^4}$），纵坐标表示导体温度 θ（℃）。

由 θ_L 求 θ_K 的步骤如下（参看图 5-15）：

① 由导体正常运行时的温度 θ_L 从 $A=f(\theta)$ 曲线查出导体正常发热系数 A_L。

② 计算导体短路发热系数 A_K，为

$$A_K = A_L + \frac{I_\infty^2}{S^2} t_{\text{ima}} \tag{5-61}$$

式中，S 为导体的截面（mm²），I_∞ 为稳态短路电流（A），t_{ima} 为短路发热假想时间（s）。

③ 由 A_K 从曲线查得短路发热温度 θ_K。

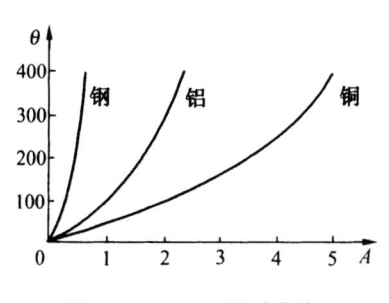

图 5-14 $A=f(\theta)$ 关系曲线

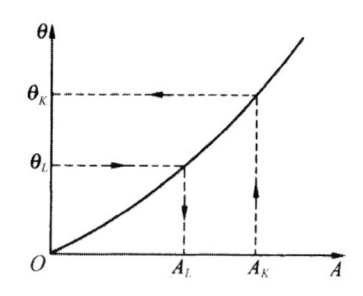

图 5-15 由 θ_L 求 θ_K 的步骤

5. 短路热稳定最小截面

导体的短路热稳定最小截面 $S_{\text{th.min}}$ 是指导体短路发热温度达到短路发热允许温度时的截面。

根据导体短路发热允许温度 $\theta_{K.\text{aL}}$，由曲线 $A=f(\theta)$ 计算导体短路热稳定的最小截面的方法如下：

① 由 θ_L 和 $\theta_{K.\text{aL}}$，从 $A=f(\theta)$ 曲线分别查出 A_L 和 A_K。

② 计算短路热稳定最小截面 $S_{\min}$，即

$$S > S_{\min} = I_\infty^{(3)} \frac{\sqrt{t_{\text{ima}}}}{\sqrt{A_K - A_L}} \tag{5-62}$$

5.5 工程设计实例

假设工厂有电源 A、电源 B 两路 35kV 电源进线，电源 A 最大运行方式下容量为 $S_{A\max}$=124.4MVA，最小运行方式下容量为 $S_{A\min}$=95.7MVA，电源 B 最大运行方式下容量为 $S_{B\max}$=129.4MVA，最小运行方式下容量为 $S_{B\min}$=91.89MVA，电源 A 距离工厂总降压变电所 25.5km，电源 B 距离工厂总降压变电所 24.3km，采用 35kV 电缆线路，总降压变电所采用的 2 台变压器根据第 2 章负荷计算选取参数为：5000kVA，35/10.5kV，U_k%=7。总降压变电所 10kV 侧采用单母线分段连接，且正常运行时母线联合开关为断开状态。该工厂总降压变电所供配电系统如图 5-16 所示。为了校核变压器短路电流参数、整定过电流保护参数，现对变压器 1T、2T 的高压侧（K_1、K_3 点）和低压侧（K_2、K_4 点）分别计算短路电流和短路容量。

图中标注:
$K_1^{(3)}$ $K_2^{(3)}$
1T 3WL
1WL
25.5km
0.12Ω/km
电源A
S_{Amax}=124.4MVA
S_{Amin}=95.7MVA

$K_3^{(3)}$ $K_4^{(3)}$
2T 4WL
2WL
24.3km
0.12Ω/km
电源B
S_{Bmax}=129.4MVA
S_{Bmin}=91.89MVA
5000kVA
35/10.5kV
U_k%=7

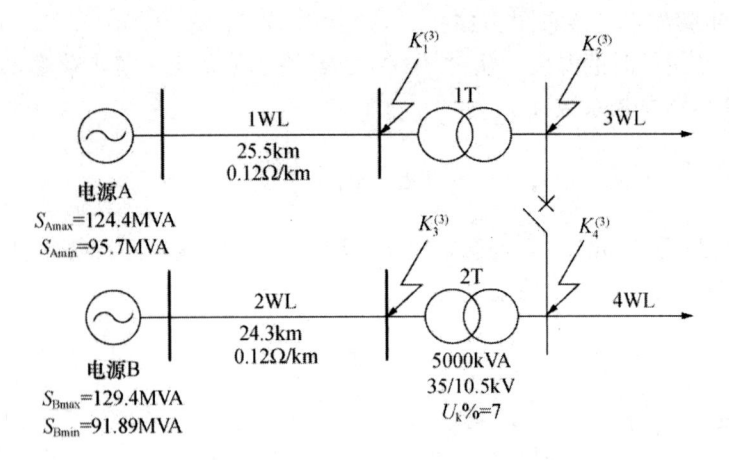

图 5-16 工程设计实例供配电系统图

解 （1）首先画出短路电流计算等效电路图，如图 5-17 所示。

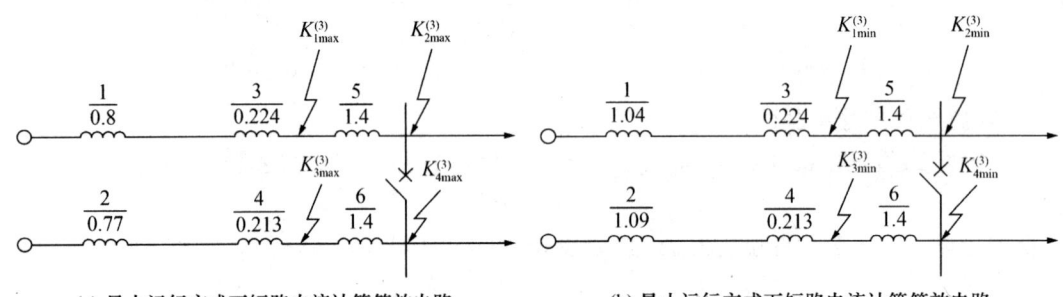

(a) 最大运行方式下短路电流计算等效电路

(b) 最小运行方式下短路电流计算等效电路

图 5-17 短路电流计算等效电路

（2）采用标幺制计算方法分别计算最大运行方式下和最小运行方式下的系统各元件电抗，取基准容量 S_d=100MVA，基准电压 U_{d1}=1.05×U_{1WL}=37kV，U_{d2}=1.05×U_{3WL}=10.5kV。

电源 A 阻抗标幺值：
$$X_{1min}^* = \frac{S_d}{S_{Amax}} = \frac{100}{124.4} = 0.80$$

$$X_{1max}^* = \frac{S_d}{S_{Amin}} = \frac{100}{95.7} = 1.04$$

电源 B 阻抗标幺值：
$$X_{2min}^* = \frac{S_d}{S_{Bmax}} = \frac{100}{129.4} = 0.77$$

$$X_{2max}^* = \frac{S_d}{S_{2min}} = \frac{100}{91.89} = 1.09$$

线路 1WL 阻抗标幺值：$X_3^* = X_0 l_1 \cdot \frac{S_d}{U_{d1}^2} = 0.12 \times 25.5 \times \frac{100}{37^2} = 0.224$

线路 2WL 阻抗标幺值：$X_4^* = X_0 l_2 \cdot \frac{S_d}{U_{d1}^2} = 0.12 \times 24.3 \times \frac{100}{37^2} = 0.213$

变压器 1T 和 2T 阻抗标幺值：$X_5^* = X_6^* = \frac{U_k\%}{100} \cdot \frac{S_d}{S_N} = \frac{7}{100} \times \frac{100}{5} = 1.4$

（3）最大运行方式下 K_1 点三相短路时短路电流和短路容量计算

① 计算短路回路总阻抗标幺值

$$X_{K1.\min}^* = X_1^* + X_3^* = 0.8 + 0.224 = 1.024$$

② 计算 K_1 点所在线路电压等级的基准电流

$$I_{d1} = \frac{S_d}{\sqrt{3}U_{d1}} = \frac{100}{\sqrt{3} \times 37} = 1.56\text{kA}$$

③ 计算最大运行方式下 K_1 点短路电流及短路容量

$$I_{K1.\max}^* = \frac{1}{X_{K1.\min}^*} = \frac{1}{1.024} = 0.977$$

$$I_{K1.\max} = I_{d1}I_{K1.\max}^* = 1.56 \times 0.977 = 1.524\text{kA}$$

$$i_{sh.K1.\max} = 2.55 I_{K1.\max} = 2.55 \times 1.524 = 3.886\text{kA}$$

$$S_{K1.\max} = \frac{S_d}{X_{K1.\min}^*} = 100 \times 0.977 = 97.7\text{MVA}$$

（4）最小运行方式下 K_1 点三相短路时短路电流和短路容量计算

① 计算短路回路总阻抗标幺值

$$X_{K1.\min}^* = X_1^* + X_3^* = 1.04 + 0.224 = 1.264$$

② 计算最小运行方式下 K_1 点短路电流及短路容量

$$I_{K1.\min}^* = \frac{1}{X_{K1.\max}^*} = \frac{1}{1.264} = 0.791$$

$$I_{K1.\min} = I_{d1}I_{K1.\min}^* = 1.56 \times 0.791 = 1.234\text{kA}$$

$$i_{sh.K1.\min} = 2.55 I_{K1.\min} = 2.55 \times 1.234 = 3.147\text{kA}$$

$$S_{K1.\min} = \frac{S_d}{X_{K1.\max}^*} = 100 \times 0.791 = 79.1\text{MVA}$$

（5）最大运行方式下 K_2 点三相短路时短路电流和短路容量计算

① 最大运行方式下短路回路总阻抗标幺值最小，由于实例中主接线采用单母线分段连接，正常工作时变压器二次侧的母线联合开关是断开的，则 K_2 点短路回路总阻抗标幺值为

$$X_{K2.\min}^* = X_{1\min}^* + X_3^* + X_5^* = 0.8 + 0.224 + 1.4 = 2.424$$

② 计算 K_2 点所在线路电压等级的基准电流

$$I_{d2} = \frac{S_d}{\sqrt{3}U_{d2}} = \frac{100}{\sqrt{3} \times 10.5} = 5.5\text{kA}$$

③ 计算最大运行方式下 K_2 点短路电流及短路容量

$$I_{K2.\max}^* = \frac{1}{X_{K2.\min}^*} = \frac{1}{2.424} = 0.413$$

$$I_{K2.\max} = I_{d2}I^*_{K2.\max} = 5.5 \times 0.413 = 2.272 \text{kA}$$

$$i_{\text{sh}.K2.\max} = 2.55 I_{K2.\max} = 2.55 \times 2.272 = 5.794 \text{kA}$$

$$S_{K2.\max} = \frac{S_d}{X^*_{K2.\min}} = 100 \times 0.413 = 41.3 \text{MVA}$$

（6）最小运行方式下 K_2 点三相短路时短路电流和短路容量计算

① 最小运行方式下 K_2 点短路回路总阻抗标幺值为

$$X^*_{K2.\max} = X^*_{1\max} + X^*_3 + X^*_5 = 1.04 + 0.224 + 1.4 = 2.664$$

② 计算最小运行方式下 K_2 点短路电流及短路容量

$$I^*_{K2.\min} = \frac{1}{X^*_{K2.\max}} = \frac{1}{2.664} = 0.375$$

$$I_{K2.\min} = I_{d2}I^*_{K2.\min} = 5.5 \times 0.375 = 2.063 \text{kA}$$

$$i_{\text{sh}.K2.\min} = 2.55 I_{K2.\min} = 2.55 \times 2.063 = 5.261 \text{kA}$$

$$S_{K2.\min} = \frac{S_d}{X^*_{K2.\max}} = 100 \times 0.375 = 37.5 \text{MVA}$$

同理，K_3、K_4 点的计算结果见表 5-5。

表 5-5　工程实例短路电流计算表

短路位置	最大运行方式		最小运行方式	
	短路电流参数	值	短路电流参数	值
K_3 点短路电流及短路容量计算	$X^*_{K3.\min}$	0.983	$X^*_{K3.\max}$	1.303
	$I^*_{K3.\max}$	1.017	$I^*_{K3.\min}$	0.767
	$I_{K3.\max}$	1.587kA	$I_{K3.\min}$	1.197kA
	$i_{\text{sh}.K3.\max}$	4.046kA	$i_{\text{sh}.K3.\min}$	3.052kA
	$S_{K3.\max}$	101.7MVA	$S_{K3.\min}$	76.7MVA
K_4 点短路电流及短路容量计算	$X^*_{K4.\min}$	2.383	$X^*_{K4.\max}$	2.703
	$I^*_{K4.\max}$	0.420	$I^*_{K4.\min}$	0.370
	$I_{K4.\max}$	2.31kA	$I_{K4.\min}$	2.035kA
	$i_{\text{sh}.K4.\max}$	5.891kA	$i_{\text{sh}.K4.\min}$	5.189kA
	$S_{K4.\max}$	42.0MVA	$S_{K4.\min}$	37.0MVA

小 组 讨 论

1. 为什么要计算短路电流？短路电流与其他章节之间的联系是什么？
2. 短路电流周期分量有效值、次暂态短路电流、短路冲击电流、稳态短路电流分别对应

图 5-3 中的哪部分？

3. 图 3-33 所示的 10/0.4kV 变电所中，变压器高、低压侧短路电流如何计算？

习　　题

5-1　什么叫短路？短路的类型有哪些？造成短路的原因是什么？短路有什么危害？

5-2　什么叫无限大等值系统？它有什么特征？为什么供配电系统短路时，可将电源看作无限大等值系统？

5-3　什么叫标幺制？如何选取基准值？

5-4　电动机对短路电流有什么影响？

5-5　在无限大等值系统中，两相短路电流与三相短路电流有什么关系？

5-6　什么叫短路电流的电动力效应？如何计算？

5-7　什么叫短路电流的热效应？如何计算？

5-8　试求图 5-18 所示供电系统中 K_1 和 K_2 点分别发生三相短路时的短路电流、短路冲击电流和短路容量。

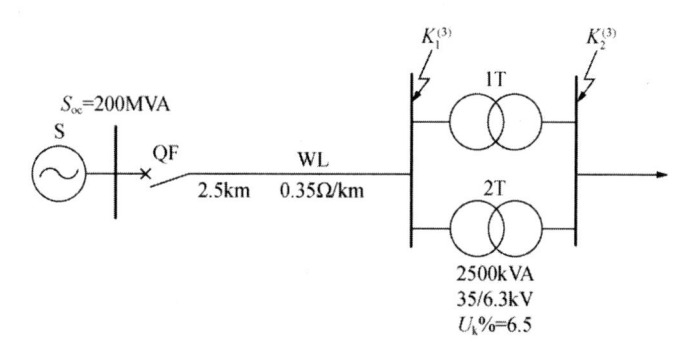

图 5-18　习题 5-8 图

5-9　试求图 5-19 所示无限大等值系统中 K 点发生三相短路时的短路电流、短路冲击电流和短路容量，以及变压器 2T 一次流过的短路电流。各元件参数如下。

变压器 1T：S_N=40MVA，U_k%=10.5，10.5/121kV。

变压器 2T、3T：S_N=16MVA，U_k%=10.5，110/6.6kV。

线路 1WL、2WL：L=50km，X_0=0.4Ω/km。

电抗器 L：$U_{N.L}$=6kV，$I_{N.L}$=1.5kA，X_L%=8。

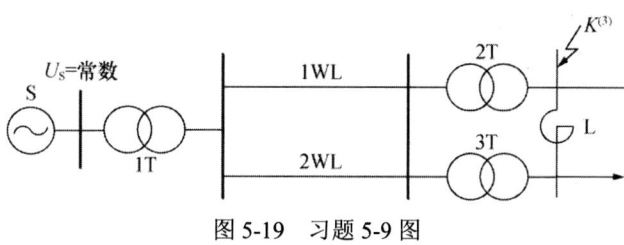

图 5-19　习题 5-9 图

5-10　试求如图 5-20 所示系统 K 点发生三相短路时的短路电流、短路冲击电流和短路容量。已知线路单位长度电抗 X_0=0.4Ω/km，其余参数见图。

5-11　试求图 5-21 所示供电系统中 K_2 点发生三相短路时的短路电流、短路冲击电流和短路容量；设 6kV

的母线端接有一台 400kW 的同步电动机，$\cos\varphi=0.95$，$\eta=0.94$，试求 K_2 点发生三相短路时的短路冲击电流。

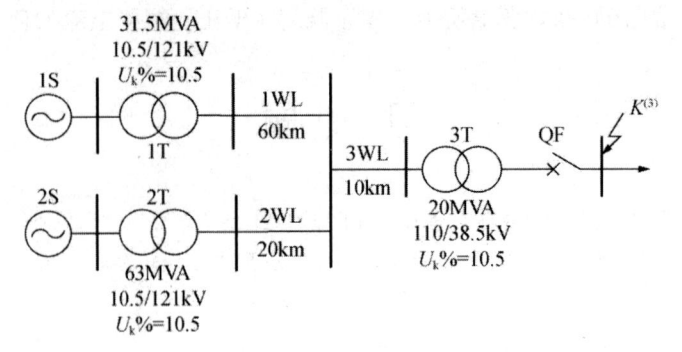

图 5-20 习题 5-10 图

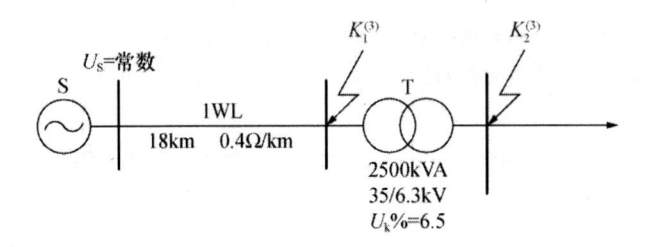

图 5-21 习题 5-11 图

第6章 电气设备的选择

学习目标：了解和掌握各类高低压电气设备、母线、支柱绝缘子和穿墙套管的选择方法；理解正确选择电气设备是电气主接线和配电装置达到安全、可靠、经济运行的重要条件，是供配电系统设计的重要内容。

6.1 电气设备选择的一般原则

在供配电系统中，各类电气设备的种类很多，但选择这些电气设备的基本要求是一致的。根据供配电系统的特点，本章主要讨论 3～110kV 高压电气设备和 0.38～1kV 低压电气设备的选择。

6.1.1 电气设备选择的一般步骤

为保证电气设备的可靠运行，一般按照正常工作方式选择设备型号，按照短路方式进行设备校验，具体步骤如下。

1. 按正常工作方式选择电气设备

① 按工作要求和环境条件选择电气设备的型号。

② 额定电压：电气设备的额定电压 U_N 应不低于设备所在的系统额定电压 $U_{N.S}$，即

$$U_N \geqslant U_{N.S} \tag{6-1}$$

高压电气设备的额定电压参照 GB/T 11022—2020《高压交流开关设备和控制设备标准的共用技术要求》规定，见表 6-1。

表 6-1 高压电气设备的额定电压　　（单位：kV）

系统额定电压	3	6	10	35	110
设备额定电压	3.6	7.2	12	40.5	126

低压电气设备的额定电压应与所在回路的额定电压相适应。额定冲击耐受电压（呈现于带电导体与 PE 导体之间）应与安装场所要求的过电压类别相适应，见表 6-2。

表 6-2 直接由低压电网供电的设备额定冲击耐受电压　　（单位：V）

电源系统额定电压		设备的额定冲击耐受电压（1.2/50）			
三相	单相（带中间点）	过电压（安装）类别			
^	^	Ⅰ	Ⅱ	Ⅲ	Ⅳ
—	120～240	800	1500	2500	4000
220/380 277/480	—	1500	2500	4000	6000

续表

电源系统额定电压	设备的额定冲击耐受电压（1.2/50）			
	过电压（安装）类别			
380/660	—	2500	4000	6000	8000
1000	—	4000	6000	8000	12000

注：

过电压类别Ⅰ——需要将瞬态过电压限制到特定低水平的设备，如电子计算机等具有过电压保护的电子电路或信息设备。Ⅰ类耐冲击设备不应与电网直接连接（电路设计时考虑了暂时过电压的情况除外）。

过电压类别Ⅱ——由末级配电装置供电的用电器具，如家用电器、可移动式工具等。

过电压类别Ⅲ——安装于低压配电装置中的设备，如配盘及安装于配电盘中的开关电器，包括电缆、母线等布线系统；永久连接至配电装置的工业用电设备，如电动机等。

过电压类别Ⅳ——使用在配电装置电源进线端或其附近的设备，Ⅳ类设备具有很高的耐冲击能力和高可靠性。如主配电盘中的电气测量仪表和一次过流保护电器以及滤波器、稳压设备等。

③ 额定电流：电气设备的额定电流应不小于实际通过它的最大负荷电流 I_{max} 或计算电流 I_c，即

$$I_N \geqslant I_{max}$$

或

$$I_N \geqslant I_c \tag{6-2}$$

2．按短路方式进行设备的校验

（1）动稳定校验

动稳定是指电气设备在短路冲击电流所产生的电动力作用下，电气设备不致损坏。高压电气设备和可能通过短路电流的低压电器（如开关、隔离器、隔离开关、熔断器组合电器及接触器、启动器），应满足在短路条件下短时耐受电流的要求，即电气设备的额定峰值耐受电流应不小于设备安装处的最大短路冲击电流 $i_{sh}^{(3)}$，即

$$i_{max} \geqslant i_{sh}^{(3)} \tag{6-3}$$

额定峰值耐受电流是指在规定的使用和性能条件下，开关设备在合闸位置能够承载的额定短时耐受电流第一个大半波的电流峰值。

（2）热稳定校验

热稳定是指电气设备的载流导体在稳态短路电流作用下，其发热温度不超过载流导体短时的允许发热温度。即电气设备允许的短时发热应不小于设备安装处的最大短路发热，即

$$I_{th}^2 t_{th} \geqslant I_{\infty}^{(3)^2} t_{ima} \tag{6-4}$$

式中，I_{th} 为电气设备在 t_{th} 内允许通过的额定短时耐受电流有效值；t_{th} 为电气设备的额定短路持续时间。额定短时耐受电流有效值是指在规定的使用和性能条件下，在规定的短时间内，开关设备在合闸位置能够承载的电流的有效值。额定短路持续时间是指开关设备在合闸位置能承载额定短时耐受电流的时间间隔。额定短路持续时间的标准值为2s，推荐值为0.5s、1s、3s和4s。

（3）断流能力校验

对具有断流能力的开关设备需校验其断流能力。其额定短路分断电流（有效值）I_{cs}应不小于安装处的最大三相短路电流$I_{K.max}^{(3)}$，即

$$I_{cs} \geqslant I_{K.max}^{(3)} \tag{6-5}$$

（4）保护选择性校验

保护选择性分为全选择性和局部选择性。全选择性指在两台串联的过电流保护装置的情况下，负荷侧（下一级）的保护装置实行保护时而不导致另一台（上一级）保护装置动作的过电流选择性保护。局部选择性指在两台串联的过电流保护装置的情况下，负荷侧（下一级）的保护装置在一个给定的过电流值及以下实行保护时而不导致另一台（上一级）保护装置动作的过电流选择性保护。一般用于低压电气设备的选择。

6.1.2 电气设备的选择与校验项目

由于各种电气设备有不同的性能特点，选择与校验条件不尽相同，表6-3列出了常用电气设备的选择与校验项目。

表6-3 常用电气设备的选择和校验项目

电气设备名称	额定电压/kV	额定电流/A	短路电流校验 动稳定度	短路电流校验 热稳定度	短路电流校验 断流能力/kA
金属封闭开关设备	√	√	√	√	√
断路器	√	√	√	√	√
负荷开关	√	√	√	√	√
隔离开关（接地开关）	√	√	√	√	—
熔断器	√	√	—	—	√
电流互感器	√	√	√	√	—
电压互感器	√	—	—	—	—
支柱绝缘子	√	—	√	—	—
套管绝缘子	√	√	√	√	—
母线	—	√	√	√	—
电缆	√	√	—	√	—

注：表中"√"表示必须校验，"—"表示不要校验。

6.2 高压电气设备的选择

6.2.1 高压开关柜的选择

一般选用成套高压开关柜，主要选择开关柜的型号和回路方案号。开关柜的回路方案号应按主接线方案选择，并保持一致。对柜内设备的选择，应按装设地点的电气条件来选择。开关柜生产商会提供开关柜型号、回路方案号、技术参数、柜内设备的配置。柜内设备的具体规格由用户向生产商提出订货要求。

1．选择高压开关柜的型号

高压开关柜型号主要依据负荷等级选择，一、二级负荷应选择金属封闭户内移开式开关柜，如 KYN-12、KYN-40.5 等系列开关柜，移开式开关柜中没有隔离开关，因为断路器在移动后能形成断开点，故不需要隔离开关。三级负荷可选用金属封闭户内固定式开关柜，如 KGN-12、XGN-12 等系列开关柜，也可选择移开式开关柜。例如，图 3-34 中 35kV 总降压变电所有二级负荷，因此 35kV 和 10kV 侧都选用 KYN 系列金属封闭户内移开式开关柜。

2．选择高压开关柜的回路方案号

每一种型号的开关柜，其回路方案号有几十种甚至上百种，可根据主接线方案选择相应的开关柜回路方案号。在选择二次接线方案时，应首先确定是交流还是直流控制，然后根据开关柜的用途以及计量、保护、自动装置、操动机构的要求，选择二次接线方案号。但要注意，成套高压开关柜中的一次设备，必须按上述高压设备的要求项目进行校验合格才行。

6.2.2 高压开关电器的选择

高压开关电器主要指高压断路器、高压隔离开关和高压熔断器。

1．高压断路器的选择

高压断路器是供配电系统中最重要的设备之一，主要有真空断路器和 SF_6 断路器等。真空断路器体积小、可靠性高、可连续多次操作、开断性能好、灭弧迅速、灭弧室不需检修、运行维护简单、无爆炸危险及噪声低。SF_6 断路器体积小、可靠性高、开断性能好、燃弧时间短、不重燃、可开断异相接地故障、可满足失步开断要求。目前这两种断路器被广泛使用。

35kV 及以下电压等级的高压交流断路器，宜选用真空断路器或 SF_6 断路器；66kV 和 110kV 电压等级的高压交流断路器宜选用 SF_6 断路器。在高寒地区，SF_6 断路器宜选用罐式断路器，并应考虑 SF_6 气体液化问题。若采用成套配电装置，断路器选择户内型；若是户外型变电所，断路器选择户外型。

【例 6-1】 试选择图 3-34 中低压次总柜 L11 中的高压断路器，已知变压器 35/10.5kV，5000kVA，根据 5.5 节工程实例短路计算的结果，安装处的三相最大短路电流为 2.31kA，短路冲击电流为 5.89kA，继电保护动作时间为 1.1s。

解 因为是户内型变电所，故选户内真空断路器。根据变压器二次侧的额定电流来选择断路器的额定电流为

$$I_{2N} = \frac{S_N}{\sqrt{3}U_N} = \frac{5000}{\sqrt{3}\times10.5} = 275A$$

查表 A-4，选择 ZN28-12/630 型真空断路器，有关技术参数及安装处的电气条件和计算选择结果列于表 6-4，从中可以看出断路器的参数均大于安装处的电气条件，故所选断路器合格。

表 6-4 例 6-1 高压断路器选择校验表

序号	ZN28-12/630 项目	数据	选择要求	装设地点电气条件 项目	数据	结论
1	U_N	12kV	≥	$U_{N.S}$	10kV	合格
2	I_N	630A	≥	I_c	275A	合格
3	i_{max}	63kA	≥	$i_{sh}^{(3)}$	5.89kA	合格
4	$I_{th}^2 t_{th}$	$25^2\times4=2500kA^2s$	≥	$I_{\infty}^{(3)2} t_{ima}$	$2.31^2\times(1.1+0.1)=6.4kA^2s$	合格
5	I_{cs}	25kA	≥	$I_{K\,max}^{(3)}$	2.31kA	合格

同理，图 3-34 中其他高压断路器的选择可按照上述方法依次进行，具体型号选择参照图中所示。

2. 高压隔离开关的选择

高压隔离开关没有开断或关合工作电流的能力，主要用于电气隔离，因此，只需要选择额定电压和额定电流，校验动稳定和热稳定，无须校验断流能力。图 3-34 中由于选择的是 KYN 系列金属封闭户内移开式开关柜，故不需要隔离开关。高压隔离开关的选择方法除表 6-4 中第 5 条校验断流能力不需要外，其他形式与表 6-4 中第 1~4 条校验方法一致，故不再举例说明。

3. 高压熔断器的选择

高压熔断器常用的有一般熔断器、限流熔断器、喷射式熔断器、隔离断口式熔断器、跌落式熔断器、后备熔断器、全范围熔断器等。熔断器没有触头，而且分断短路电流后熔体熔断，故不必校验动稳定和热稳定，仅需校验断流能力。

高压熔断器在选择时，要注意以下几点：

① 高压熔断器除了选择熔断器的额定电流，还要选择熔体的额定电流；

② 线路和变压器的短路保护选择户内型熔断器 XRNT、RN1 型，电压互感器的短路保护选择 XRNP、RN2 型；

③ 户外型跌落式熔断器需校验断流能力上、下限值，应使被保护线路的三相短路冲击电流小于其上限值，而两相短路电流大于其下限值；

④ 高压熔断器应能在满足可靠性和下一段保护的选择性前提下，在本段保护范围内发生短路时，应能在最短的时间内切断故障，以防止熔断时间过长而加剧被保护电气设备的损坏；

⑤ 选择高压熔断器的熔体时，应保证前后两级熔断器之间，熔断器与电源侧继电保护之间，以及熔断器与负荷侧继电保护之间动作的选择性。

下面对不同用途熔断器的选择分别进行说明。

（1）保护线路的熔断器的选择

① 熔断器的额定电压 $U_{N.FU}$ 应不低于其所在系统的额定电压 $U_{N.S}$，即

$$U_{N.FU} \geqslant U_{N.S} \qquad (6-6)$$

② 熔体额定电流 $I_{N.FE}$ 不小于线路计算电流 I_c，即

$$I_{N.FE} \geqslant I_c \qquad (6-7)$$

③ 熔断器额定电流 $I_{N.FU}$ 不小于熔体的额定电流 $I_{N.FE}$，即

$$I_{N.FU} \geqslant I_{N.FE} \qquad (6-8)$$

④ 熔断器断流能力校验：

a. 对限流式熔断器（如 RN1），断开的短路电流是 $I''^{(3)}$，其额定短路分断电流（有效值）I_{cs} 应满足

$$I_{cs} \geqslant I''^{(3)} \qquad (6-9)$$

式中，$I''^{(3)}$ 为熔断器安装地点的三相次暂态短路电流的有效值，无限大等值系统中，$I''^{(3)} \geqslant I_\infty^{(3)}$。

b. 对非限流式熔断器（如 RW 系列跌开式熔断器），可能断开的短路电流是短路冲击电流，其额定短路分断电流上限值 $I_{cs.max}$ 应不小于三相短路冲击电流有效值 $I_{sh}^{(3)}$，即

$$I_{cs.max} \geqslant I_{sh}^{(3)} \qquad (6-10)$$

熔断器额定短路分断电流下限值应不大于线路末端两相短路电流 $I_K^{(2)}$，即

$$I_{\text{cs.min}} \geq I_K^{(2)} \qquad (6\text{-}11)$$

（2）保护电力变压器（高压侧）的熔断器熔体额定电流的选择

考虑到变压器的正常过负荷能力（20%左右）、变压器低压侧尖峰电流及变压器空载合闸时的励磁涌流，熔断器熔体额定电流应满足

$$I_{\text{N.FE}} \geq (1.5 \sim 2.0)I_{\text{IN.T}} \qquad (6\text{-}12)$$

式中，$I_{\text{N.FE}}$ 为熔断器熔体额定电流；$I_{\text{IN.T}}$ 为变压器一次绕组额定电流。

（3）保护电压互感器的熔断器熔体额定电流的选择

用于电压互感器回路的高压熔断器，只需按额定电压和开断电流选择，熔体的选择只限能承受电压互感器的励磁冲击电流，不必校验额定电流。因为电压互感器二次侧电流很小，故选择 XRNP、RN2 型专用熔断器用于电压互感器的短路保护，其熔体额定电流为 0.5A 或 1A。例如，图 3-34 中低压侧 L14 柜中的高压熔断器用于电压互感器的短路保护，查表 A-6-2 可选择 XRNP2-12 型熔断器，其熔体的额定电流为 1A。

6.2.3 互感器的选择

1. 电流互感器选择

高压电流互感器二次侧线圈一般有一个或数个，分别用于测量、计量、差动保护和过流保护等。由于互感器作用不同，因此不仅要校验动稳定和热稳定，还要进行准确度的选择和校验。

（1）型号和参数选择

根据安装地点和工作要求选择电流互感器的型号，按照不低于装设处系统的额定电压确定电流互感器的额定电压。额定电流的选择分一次侧和二次侧，一次侧的额定电流有（单位：A）20、30、40、50、75、100、150、200、300、400、600、800、1000、1200、1500、2000 等多种规格，二次侧的额定电流为 5A 或 1A。一般情况下，计量或测量用电流互感器变比的选择应使其一次侧的额定电流 I_{1N} 不小于线路的计算电流 I_c。保护用电流互感器一般将变比选得大一些，以保证准确度要求。

（2）动稳定和热稳定校验

生产厂家的产品技术参数中都给出了电流互感器的额定峰值耐受电流 $i_{\max}$、额定短时耐受电流有效值 I_{th} 和额定短路持续时间 t_{th}，因此，按式（6-3）和式（6-4）可校验动稳定和热稳定。有关电流互感器的参数可查表 A-7 或其他有关产品手册。

（3）准确度的选择及校验

① 计量或测量用电流互感器准确度的选择与校验

计量用的电流互感器的准确度应选 0.2~0.5 级，测量用的电流互感器的准确度应选 0.5~1.0 级。为保证准确度误差不超过规定值，电流互感器二次负荷 S_2 应不大于二次额定负荷 S_{2N}。准确度校验公式为

$$S_2 \leq S_{2N} \qquad (6\text{-}13)$$

二次负荷 S_2 与二次回路的阻抗 Z_2 有关，即

$$S_2 = I_{2N}^2 |Z_2| \approx I_{2N}^2 \left(\sum |Z_i| + R_{WL} + R_{XC}\right)$$

或

$$S_2 \approx \sum S_i + I_{2N}^2 (R_{WL} + R_{XC}) \tag{6-14}$$

式中，S_i、Z_i 分别为二次回路中仪表、继电器线圈的额定负荷（VA）和阻抗（Ω）；R_{XC} 为二次回路中所有接头、触点的接触电阻，一般取 0.1Ω；R_{WL} 为二次回路的导线电阻，计算公式为

$$R_{WL} = \frac{L_c}{\gamma S} \tag{6-15}$$

式中，γ 为导线的电导率，铜导线 $\gamma = 53\text{m}/(\Omega\cdot\text{mm}^2)$，铝导线 $\gamma = 32\text{m}/(\Omega\cdot\text{mm}^2)$；$S$ 为导线截面（mm²）；L_c 为导线的计算长度（m）。设电流互感器到仪表的单向长度为 l_1，则导线的计算长度为

$$L_c = \begin{cases} l_1 & \text{星形接线} \\ \sqrt{3}l_1 & \text{两相V形接线} \\ 2l_1 & \text{一相式接线} \end{cases} \tag{6-16}$$

② 差动保护或过流保护用电流互感器准确度的选择与校验

保护用电流互感器的准确度应选 5P 级或 10P 级（P 表示保护），5P 级复合误差限值为 5%，10P 级复合误差限值为 10%。为保证在短路时电流互感器变比误差不超过 10%，一般生产厂家都提供 10%误差曲线[一次侧电流对其额定电流的倍数 K_1（$=I_1/I_{1N}$）与最大允许二次负荷阻抗 $Z_{2.al}$ 的关系曲线]，如图 6-1 所示。通常按电流互感器接入位置的最大三相短路电流来确定 K_1 值，从 10%误差曲线中找出横坐标上最大允许二次负荷阻抗 $Z_{2.al}$，满足二次侧的总阻抗 $Z_2 \leqslant Z_{2.al}$，则电流互感器的电流误差在 10%以内。因此电流互感器 10%误差曲线校验步骤如下：

● 计算一次侧电流倍数 $K_1 = I_{K.max}^{(3)} / I_{1N}$；
● 确定最大允许二次负荷阻抗 $Z_{2.al}$，根据电流互感器的型号、变比和一次侧电流倍数，在 10%误差曲线上确定；
● 计算实际二次负荷阻抗 Z_2；
● 校验二次负荷阻抗，若 $Z_2 \leqslant Z_{2.al}$，满足准确度要求，若 $Z_2 \geqslant Z_{2.al}$，则应增大连接导线截面或缩短连接导线长度或选择变比较大的电流互感器，使其满足 10%以内误差。

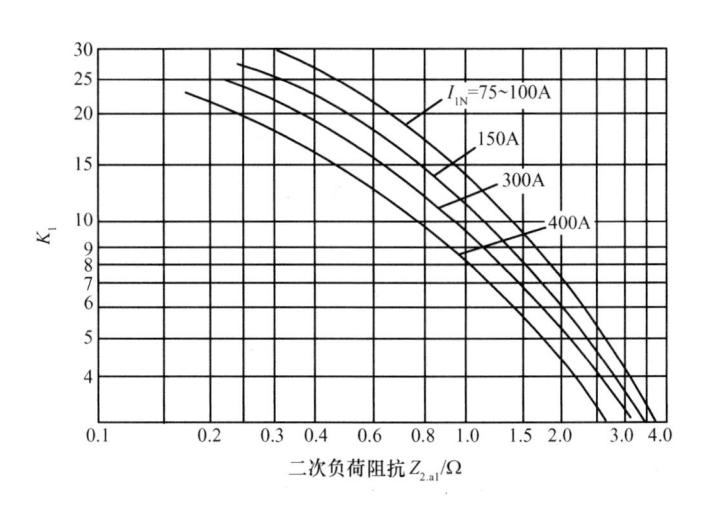

图 6-1 电流互感器 10%误差曲线

【例 6-2】 试选择图 3-34 中低压次总柜 L11 中的电流互感器,其中互感器二次侧线圈有 4 组,第一组用于差动保护,第二组用于过流保护,第三组用于测量,第四组用于计量。已知电流互感器采用星形接线,其中二次绕组作测量和过流保护用接电能表 PST692U,消耗功率 1VA/相;作计量用接电能表 DS864,消耗功率 0.9VA;作差动保护用接电能表 PST691U,消耗功率 0.5VA/相;电流互感器二次回路采用 BV-500-1×2.5mm² 的铜芯塑料线,电流互感器距仪表的单向长度为 2m。

解 根据变压器二次侧额定电压 10kV,额定电流 275A,查表 A-7,选额定电压为 12kV、变比为 600A/5A 的 LZZBJ9-12 型电流互感器,i_{max}=112.5kA,I_{th}=45kA,t_{th}=1s,S_{2N}=10VA。

(1) 准确度校验

① 计量用准确度校验

$$S_2 \approx \sum S_i + I_{2N}^2(R_{WL} + R_{XC}) = 0.9/3 + 5^2 \times [2/(53 \times 2.5) + 0.1]$$
$$= 3.18\text{VA} < S_{2N} = 10\text{VA}$$

满足计量用准确度要求。

② 测量用准确度校验

$$S_2 \approx \sum S_i + I_{2N}^2(R_{WL} + R_{XC}) = 1 + 5^2 \times [2/(53 \times 2.5) + 0.1]$$
$$= 3.88\text{VA} < S_{2N} = 10\text{VA}$$

满足测量用准确度要求。

③ 差动保护用准确度校验

根据第 5 章工程设计实例短路电流计算结果,最大三相短路电流为 2.31kA,计算电流互感器的一次侧电流倍数为

$$K_1 = I_{K.max}^{(3)} / I_{1N} = 2.31 \times 10^3 / 600 = 3.85$$

查表得电流互感器 10%误差曲线,I_{1N}=600A 时,倍数为 3.85 情况下,二次负荷阻抗 $Z_{2.al}$ 为 1.8,计算

$$S_2 \approx \sum S_i + I_{2N}^2(R_{WL} + R_{XC}) = 0.5 + 5^2 \times [2/(53 \times 2.5) + 0.1]$$
$$= 3.38\text{VA}$$

$$Z_2 = \frac{S_2}{I_{2N}^2} = \frac{3.38}{25} = 0.14 < Z_{2.al}$$

满足差动保护用准确度要求。

④ 过流保护用准确度校验

由于测量和过流保护用同一电能表,因此 $S_2 \approx 3.88\text{VA}$,则

$$Z_2 = \frac{S_2}{I_{2N}^2} = \frac{3.88}{25} = 0.16 < Z_{2.al}$$

满足过流保护用准确度要求。

(2) 动稳定校验

$$i_{max} = 112.5\text{kA} > i_{sh}^{(3)} = 5.89\text{kA}$$

满足动稳定要求。

(3) 热稳定校验

$$I_{th}^2 t_{th} = 45^2 \times 1 = 2025\text{kA}^2\text{s} > I_{\infty}^{(3)2} t_{ima} = 2.31^2 \times (1.1 + 0.1) = 6.4\text{kA}^2\text{s}$$

满足热稳定要求。

所以选择 LZZBJ9-12 600/5A 型电流互感器满足要求。

2. 电压互感器的选择

电压互感器的一、二次侧均有熔断器保护，所以不需要校验短路动稳定和热稳定。与电流互感器一样，电压互感器同样有计量和测量两种用途，因此，电压互感器也需要选择和校验准确度。电压互感器的选择如下：

① 按装设处环境及工作要求选择电压互感器型号。

② 按不低于装设地系统的额定电压确定电压互感器的额定电压。

③ 按测量、计量仪表对电压互感器准确度要求选择并校验准确度。计量用的准确度应选 0.2~0.5 级，测量用的准确度应选 0.5~1.0 级，保护用的准确度应选 3 级。

为保证准确度的误差在规定范围，二次负荷 S_2 不应大于电压互感器二次侧的额定容量 S_N。电压互感器在不同接线时，二次负荷可按第 2 章中单相负荷的计算将线电压负荷换算成相电压负荷。

$$S_2 \leq S_{2N} \tag{6-17}$$

$$S_2 = \sqrt{\left(\sum P_i\right)^2 + \left(\sum Q_i\right)^2} \tag{6-18}$$

式中，$\sum P_i = \sum (S_i \cos \varphi_i)$ 和 $\sum Q_i = \sum (S_i \sin \varphi_i)$ 分别为仪表、继电器电压线圈消耗的总有功功率和总无功功率。

【例 6-3】 试选择图 3-34 低压互感器柜 L14 中的电压互感器，图中采用 $Y_0/Y_0/\triangle$ 接法，用于母线电压、各回路有功电能和无功电能测量及母线绝缘监视。电压互感器和测量仪表的接线如图 6-2 所示。该母线共有 4 路出线，每路出线装设三相有功电能表和三相无功电能表及功率表各一只，每个电压线圈消耗的功率为 1.5VA；母线设 4 只电压表，其中 3 只分别接于各相，作绝缘监视，另一只电压表用于测量各线电压，电压线圈消耗的功率均为 4.5VA。电压互感器△侧电压继电器线圈消耗功率为 2.0VA。试选择电压互感器，校验其二次负荷是否满足准确度要求。

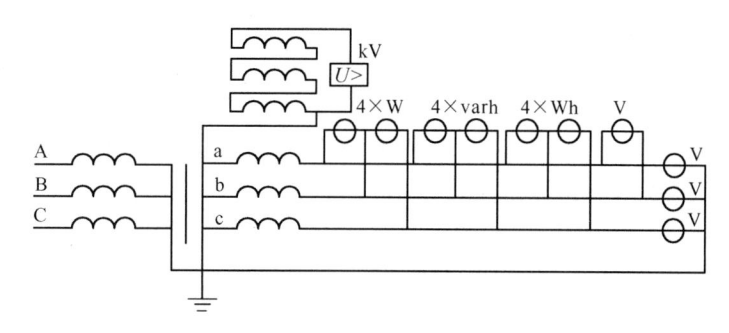

图 6-2 电压互感器和测量仪表的接线图

解 根据要求查表 A-8，选 3 只 JDZ9X-10Q 型电压互感器，电压比为 $10/\sqrt{3}:0.1/\sqrt{3}:0.1/3$ kV，0.5 级二次绕组（单相）额定负荷为 90VA。

3 只电压表分别接于相电压，1 只电压表接于开口三角形，电能表接于 ab 和 bc 线电压，应将线电压负荷换算成相电压负荷，显然 b 相的负荷最大。若不考虑电压线圈的功率因数，接于线电压的电能表负荷按式（2-24）换算成的 b 相负荷为

$$S_{b\varphi} = \frac{1}{\sqrt{3}}[S_{bc}\cos(\varphi_{bc}-30°)+S_{ab}\cos(\varphi_{ab}+30°)]$$

$$= \frac{1}{\sqrt{3}}[S_{ab}\cos(0°+30°)+S_{bc}\cos(-120°-30°)]=\frac{1}{2}S_{ab}+\frac{1}{2}S_{bc}$$

b 相的总负荷为

$$S_{b\Sigma} = S_V + S_{b\varphi} + \frac{S_{kV}}{3} = S_V + \frac{1}{2}S_{ab} + \frac{1}{2}S_{bc} + \frac{S_{kV}}{3}$$

$$= S_V + \frac{1}{2}[(S_W + S_{Wh} + S_{varh}) \times 4 + S_V] + \frac{1}{2}(S_W + S_{Wh} + S_{varh}) \times 4 + \frac{S_{kV}}{3}$$

$$= 4.5 + \frac{1}{2} \times [(1.5+1.5+1.5) \times 4 + 4.5] + \frac{1}{2} \times (1.5+1.5+1.5) \times 4 + \frac{2}{3}$$

$$= 25.42\text{VA} < S_{2N} = 90\text{VA}$$

故二次负荷满足准确度要求。

6.3 母线、支柱绝缘子和穿墙套管的选择

6.3.1 母线的选择

母线都用支柱绝缘子固定在开关柜上，因而无电压要求，其他选择条件如下。

1. 型号选择

母线的种类有矩形、槽形和管形。母线的材料有铜、铝、铝合金和复合导体，如铜包铝或钢铝复合材料。矩形母线常用于 35kV 以下、电流 4000A 以下的配电装置中，变电所高压开关柜上的高压母线，通常选用硬铝矩形母线（LMY）。槽形母线的机械强度好，载流量较大，集肤效应系数也较小，一般用于 4000～8000A 的配电装置中。管形母线的集肤效应系数小，机械强度高，管内还可以通风和通水冷却，因此，可用于 8000A 以上的配电装置中。

2. 截面选择

除配电装置的汇流母线及较短导体（20m 以下）按允许载流量选择截面外，其余导体的截面一般按照经济电流密度选择。

（1）按允许载流量选择母线截面

$$I_c \leqslant I_{al} \tag{6-19}$$

式中，I_{al} 为母线允许的载流量（A）；I_c 为汇集到母线上的计算电流（A）。

（2）按经济电流密度选择母线截面

$$S_{ec} = \frac{I_c}{j_{ec}} \tag{6-20}$$

式中，j_{ec} 为经济电流密度，S_{ec} 为母线经济截面。

3. 动稳定校验

各种形状的母线通常安装在支柱绝缘子上，当短路电流通过母线时，母线承受很大的电动力，因此，必须根据母线的机械强度校验其动稳定，满足母线材料最大允许应力 σ_{al} 应不小于母线短路冲击电流 $i_{sh}^{(3)}$ 产生的最大计算应力 σ_c 的要求，即

$$\sigma_{al} \geqslant \sigma_c \tag{6-21}$$

式中，σ_{al} 为母线材料最大允许应力（Pa），硬铝母线为 70MPa，硬铜母线为 140MPa；σ_c 为母线短路冲击电流 $i_{sh}^{(3)}$ 产生的最大计算应力。计算公式为

$$\sigma_c = \frac{M}{W} \tag{6-22}$$

式中，M 为母线通过 $i_{sh}^{(3)}$ 时受到的弯曲力矩；W 为母线截面系数，为

$$M = \frac{F_c^{(3)} l}{K} \qquad (6\text{-}23)$$

式中，$F_c^{(3)}$ 为三相短路时，中间相（水平放置或垂直放置，如图 6-3 所示）受到的最大计算电动力（N）；l 为挡距（m）；K 为系数，当母线挡数为 1～2 时，$K=8$，当母线挡数大于 2 时，$K=10$。

$$W = \frac{b^2 h}{6} \qquad (6\text{-}24)$$

式中，b 为母线截面的水平宽度（m）；h 为母线截面的垂直高度（m）。

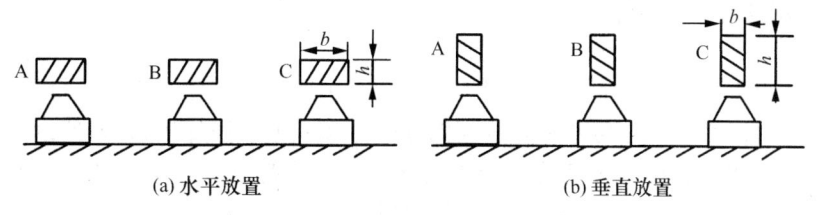

(a) 水平放置　　　　　(b) 垂直放置

图 6-3　水平放置和垂直放置的母线

4．热稳定校验

根据热稳定要求，母线截面应不小于热稳定最小允许截面 S_{min}，即

$$S > S_{min} = I_\infty^{(3)} \frac{\sqrt{t_{ima}}}{C} \qquad (6\text{-}25)$$

式中，$I_\infty^{(3)}$ 为三相短路稳态电流（A）；t_{ima} 为短路假想时间（s）；C 为导体的热稳定系数（$A \cdot s^{\frac{1}{2}}/mm^2$），铜母线 $C=171 A \cdot s^{\frac{1}{2}}/mm^2$，铝母线 $C=87 A \cdot s^{\frac{1}{2}}/mm^2$。

6.3.2　支柱绝缘子的选择

支柱绝缘子主要用来固定导线或母线，并使导线或母线与设备或基础绝缘。支柱绝缘子有户内和户外两大类。户外型支柱绝缘子主要用于户外环境，具有较高的机械强度和耐候性，其额定电压等级包括 6kV、10kV、35kV、60kV、110kV 等。户内型支柱绝缘子适用于室内环境，额定电压等级有 6kV、10kV、20kV、35kV。户内型支柱绝缘子有 3 种形状的底座，分别用 T、Y、F 字母表示椭圆形、圆形、方形底座；有 3 种胶装方式，分别用 W、N、L 表示外胶装（经常不表示）、内胶装、联合胶装；用 A、B、C、D 表示机械破坏负荷等级。表 6-5 列出了部分 10kV 户内型支柱绝缘子的有关参数。

表 6-5　部分 10kV 户内型支柱绝缘子的有关参数

产品型号	额定电压/kV	机械破坏负荷/kN（不小于）		总高度/mm	瓷件最大公称直径/mm
		弯曲	拉伸		
ZN-10/8	10	3.75	3.75	120	82
ZA-10Y	10	3.75	3.75	190	90
ZB-10T	10	3.75	3.75	190	90
ZC-10F	10	3.75	3.75	190	90
ZL-10/16	10	16	16	185	120

支柱绝缘子的选择有以下几个步骤：
① 按使用场所（户内、户外）选择型号；
② 按工作电压选择额定电压；
③ 校验动稳定

$$F_c^{(3)} \leqslant KF_{al} \tag{6-26}$$

式中，F_{al} 为支柱绝缘子的最大允许机械破坏负荷（见表 6-5）；按弯曲破坏负荷计算时，K=0.6，按拉伸破坏负荷计算时，K=1；$F_c^{(3)}$ 为短路冲击电流作用在支柱绝缘子上的计算电动力，母线水平放置时，按 $F_c^{(3)} = F^{(3)}$ 计算，当母线垂直放置时，则按 $F_c^{(3)} = 1.4F^{(3)}$ 计算。

6.3.3 穿墙套管的选择

穿墙套管又叫穿墙管、防水套管、墙体预埋管，主要用于导线或母线穿过墙壁、楼板及封闭配电装置时，用作绝缘支持与外部导线间的连接。按其所使用导体材料分为铜导体、铝导体和不带导体（母线式）套管。按其使用场所划分为户内普通型、户外-户内普通型、户外-户内耐污型、户外-户内高原型及户外-户内高原耐污型 5 类，户内普通型一般适用于安装地点海拔不超过 1000m 户内地区；户外-户内普通型一般适用于安装地点海拔不超过 1000m，但安装地点应是无明显污秽地区；户外-户内耐污型适用于安装地点海拔不超过 1000m，对于严重和特重污秽地区，可选用 63kV 油纸电容式穿墙套管；户外-户内高原型适用于安装地点海拔 3000m 以下地区；户外-户内高原耐污型适用于安装地点海拔 3000m 以下污秽地区。

表 6-6 列出部分穿墙套管的型号及有关参数。

表 6-6 部分穿墙套管的型号及有关参数

产品型号	额定电压/kV	额定电流/A	抗弯破坏负荷/kN	总长 L /mm	安装处直径 D/mm	5s 额定短时耐受电流有效值/kA	说明
CA-6/200	6	200	3.75	375	70	3.8	C 表示瓷套管；A、B、C、D 表示抗弯破坏负荷等级；L 表示铝导体，铜导体不表示；第 1 个 W 表示户外-户内型，第 2 个 W 表示耐污型
CB-10/600	10	600	7.5	450	100	12	
CWL-10/600	10	600	7.5	560	114	12	
CWWL-10/400	10	400	7.5	520	115	7.2	
CWB-35/400	35	400	7.5	980	220	7.2	

穿墙套管的选择有以下几个步骤：
① 按使用场所选择型号。根据装设地点可选户内型和户外型，根据用途可选择带导体的穿墙套管和不带导体的母线型穿墙套管。户内配电装置一般选用铝导体穿墙套管。
② 按工作电压选择额定电压。按穿墙套管的额定电压不得低于其所在电网额定电压的条件来选择。当有冰雪时，3～20kV 户外穿墙套管应选用高一级电压的产品。对 3～6kV，也可采用提高两级电压的产品。
③ 按计算电流选择额定电流。带导体的穿墙套管，其额定电流不得小于所在回路的最大持续工作电流。母线型穿墙套管本身不带导体，没有额定电流选择问题，但应校核窗口允许穿

过的母线尺寸。

④ 热稳定校验，按式（6-4）校验。

⑤ 动稳定校验

$$F_c^{(3)} \leq 0.6 F_{al} \tag{6-27}$$

$$F_c = \frac{K(l_1+l_2)}{a} \cdot i_{sh}^{(3)2} \times 10^{-7} \tag{6-28}$$

式中，$F_c^{(3)}$ 为三相短路冲击电流作用于穿墙套管上的计算电动力（N）；F_{al} 为穿墙套管允许的最大抗弯破坏负荷（N）；l_1 为穿墙套管与最近一个支柱绝缘子间的距离（m）；l_2 为套管本身的长度（m）；a 为相间距离；$K=0.866$。

【例 6-4】选择图 3-34 中总降压变电所 10kV 室内母线，已知铝母线的经济电流密度为 1.15A/mm²，假想时间为 1.2s，母线水平放置在支柱绝缘子上，型号为 ZA-10Y，跨距为 1.1m，母线中心距为 0.3m，变压器 10kV 套管引入配电室，穿墙套管型号为 CWL-10/600，相间距离为 0.22m，与最近一个支柱绝缘子间的距离为 1.8m，试选择母线，校验母线、支柱绝缘子、穿墙套管的动稳定和热稳定。

解 （1）按经济截面选择 LMY 硬铝母线，即

$$S_{ec} = \frac{I_{2N}}{j_{ec}} = \frac{275}{1.15} = 239 \text{mm}^2$$

查表 A-11-2，选择 LMY-50×5。

（2）母线动稳定和热稳定校验

① 母线动稳定校验。三相短路电动力为

$$F_c^{(3)} = \sqrt{3} K_f i_{sh}^{(3)2} \frac{l}{a} \times 10^{-7} = 1.732 \times 1 \times (8.54 \times 10^3)^2 \times \frac{1.1}{0.3} \times 10^{-7} = 46.4 \text{N}$$

弯曲力矩按大于 2 挡计算，即

$$M = \frac{F_c^{(3)} l}{10} = \frac{46.4 \times 1.1}{10} = 5.1 \text{N} \cdot \text{m}$$

$$W = \frac{b^2 h}{6} = \frac{0.05^2 \times 0.005}{6} = 2.08 \times 10^{-6} \text{m}^3$$

计算应力为

$$\sigma_c = \frac{M}{W} = \frac{5.1}{2.08 \times 10^{-6}} = 2.45 \times 10^6 \text{Pa} = 2.45 \text{MPa}$$

$$\sigma_{al} = 70 \text{MPa} > \sigma_c$$

故母线满足动稳定要求。

② 母线热稳定校验。按式（6-25），有

$$S_{min} = I_\infty^{(3)} \frac{\sqrt{t_{ima}}}{C} = 3.35 \times 10^3 \times \frac{\sqrt{1.2}}{87} = 42.2 \text{mm}^2$$

母线实际截面为

$$S = 50 \times 5 = 250 \text{mm}^2 > S_{min} = 42.2 \text{mm}^2$$

故母线也满足热稳定要求。

（3）支柱绝缘子动稳定校验

查表 6-5，支柱绝缘子最大允许的机械破坏负荷（弯曲）为 3.75kN，则

$$KF_{al} = 0.6 \times 3.75 \times 10^3 = 2250\text{N} > F_c^{(3)} = 46.4\text{N}$$

故支柱绝缘子满足动稳定要求。

（4）穿墙套管动稳定和热稳定校验

① 动稳定度校验。查表 6-6 得 F_{al}=7.5kN，l_2=0.56m，l_1=1.8m，a=0.22m，按式（6-28）有

$$F_c^{(3)} = \frac{K(l_1+l_2)}{a} i_{sh}^{(3)2} \times 10^{-7} = \frac{0.866 \times (1.8+0.56)}{0.22} \times (8.54 \times 10^3)^2 \times 10^{-7} = 67.8\text{N}$$

$$0.6F_{al} = 0.6 \times 7.5 \times 10^3 = 4500\text{N} > F_c^{(3)} = 67.8\text{N}$$

故穿墙套管满足动稳定要求。

② 热稳定校验。查表 6-6，CWL-10/600 穿墙套管 5s 额定短时耐受电流有效值为 12kA，根据式（6-4），有

$$I_{th}^2 t_{th} = 12^2 \times 5 = 720\text{kA}^2\text{s} > I_\infty^{(3)2} t_{ima} = 3.35^2 \times (1.1+0.1) = 13.5\text{kA}^2\text{s}$$

故穿墙套管满足热稳定要求。

6.4 低压电气设备的选择

6.4 节视频

本节主要讨论低压熔断器、低压断路器和低压开关柜的选择。

6.4.1 低压熔断器的选择

1. 低压熔断器的选择原则

① 根据工作环境条件要求选择型号。低压熔断器按结构分为开启式、半封闭式和封闭式三大类，按限流形式分为限流式熔断器和非限流式熔断器。

② 按照不低于保护线路的额定电压确定熔断器（熔管或熔座）的额定电压。

③ 熔断器（熔管或熔座）的额定电流应不小于其熔体的额定电流，即

$$I_{N.FU} \geqslant I_{N.FE} \tag{6-29}$$

2. 熔体额定电流的选择

熔体额定电流的选择应同时满足以下 3 个条件。

① 保证熔体在线路正常工作时不熔断，熔体额定电流 $I_{N.FE}$ 应不小于线路的计算电流 I_c，即

$$I_{N.FE} \geqslant I_c \tag{6-30}$$

② 保证熔体在线路上产生短时的尖峰电流时不熔断，熔体额定电流应躲过线路的尖峰电流 I_{pk}，即

$$I_{\text{N.FE}} \geqslant K I_{\text{pk}} \tag{6-31}$$

式中，K 为小于 1 的计算系数，当熔断器用于单台电动机保护时，K 的取值与熔断器特性及电动机启动情况有关，K 的取值范围见表 6-7。

表 6-7 系数 K 的取值范围

线路情况	启动时间	K 值
单台电动机	3s 以下	0.25～0.35
	3～8s（重载启动）	0.35～0.5
	8s 以上及频繁启动、反接制动	0.5～0.6
多台电动机	按最大一台电动机启动情况	0.5～1
	I_c 与 I_{pk} 较接近时	1

③ 保证线路过负荷或短路时能可靠熔断，应考虑与被保护线路配合，即

$$I_{\text{N.FE}} \leqslant K_{\text{OL}} \cdot I_{\text{al}} \tag{6-32}$$

式中，I_{al} 为绝缘导线和电缆允许载流量；K_{OL} 为绝缘导线和电缆允许短时过负荷系数。当熔断器作短路保护时，绝缘导线和电缆的过负荷系数取 2.5，明敷导线取 1.5；当熔断器作过负荷保护时，各类导线的过负荷系数取 0.8～1，有爆炸危险场所的导线过负荷系数取下限值 0.8。

3．断流能力校验

保证熔断器在线路上产生最大短路电流时有分断电路的能力，熔断器的额定短路分断电流 I_{cs} 应不小于线路的最大短路电流。

① 对限流式熔断器，其额定短路分断电流 I_{cs} 应不小于三相次暂态短路电流的有效值 $I''^{(3)}$，即

$$I_{\text{cs}} \geqslant I''^{(3)} \tag{6-33}$$

② 对非限流式熔断器，其额定短路分断电流 I_{cs} 应不小于三相短路冲击电流有效值 $I_{\text{sh}}^{(3)}$，即

$$I_{\text{cs}} \geqslant I_{\text{sh}}^{(3)} \tag{6-34}$$

4．与选择性的配合

在低压供配电线路中，熔断器是常用的保护电器，往往会设置较多的熔断器，因此前后级间的熔断器必须通过配合使靠近故障点的熔断器最先熔断，以保证选择性要求。

如图 6-4（a）所示的 1FU（前级）与 2FU（后级），当 K 点发生短路时，2FU 应先熔断，但由于熔断器的特性误差较大，一般为 ±30%～±50%，当 1FU 为负误差（提前动作）、2FU 为正误差（滞后动作）时，如图 6-4（b）所示，则 1FU 可能先动作，从而失去选择性。为保证选择性配合，要求

$$t_1' \geqslant 3 t_2' \tag{6-35}$$

式中，t_1' 为 1FU 的实际熔断时间，t_2' 为 2FU 的实际熔断时间。

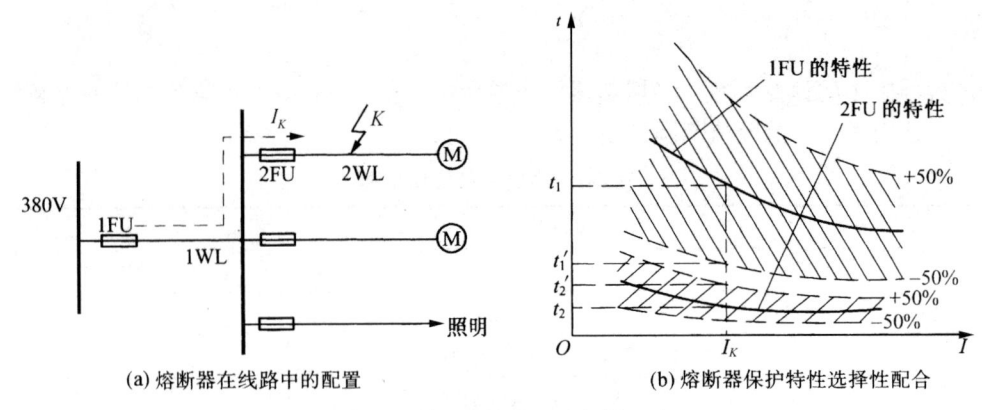

(a) 熔断器在线路中的配置　　　　(b) 熔断器保护特性选择性配合

图 6-4　前后级熔断器选择性配合

6.4.2　低压断路器的选择

1. 低压断路器选择的一般原则

在选择低压断路器时，应满足下列条件：

① 型号及操动机构形式应符合工作环境、保护性能等方面的要求。按设计形式，低压断路器主要分为开启式或万能式（ACB）和塑料外壳式（MCCB）。万能式适用于大电流场合，具有较高的分断能力和保护功能；塑料外壳式适用于中小电流场合，具有过载保护和短路保护功能。按操动机构的控制方法，低压断路器分为有关人力操作、无关人力操作，有关动力操作、无关动力操作，储能操作。

② 额定电压应不低于装设地点线路的额定电压。

③ 脱扣器的选择和整定应满足保护要求。

④ 壳架等级额定电流应不小于脱扣器的额定电流，即

$$I_{N.QF} \geqslant I_{N.OR} \tag{6-36}$$

壳架等级额定电流 $I_{N.QF}$ 是指框架或塑料外壳中所能装的最大脱扣器额定电流，是表明断路器的框架或塑料外壳通流能力的参数，主要由主触头的通流能力决定。

⑤ 额定短路分断电流 I_{cs} 应不小于其安装处的最大短路电流。

对万能式低压断路器，其分断时间在 0.02s 以上时，按下式校验：

$$I_{cs} \geqslant I_{K.max}^{(3)} \tag{6-37}$$

对塑料外壳式低压断路器，其分断时间在 0.02s 以下时，按下式校验：

$$I_{cs} \geqslant I_{sh}^{(3)} \tag{6-38}$$

2. 低压断路器脱扣器的选择和整定

低压断路器额定电流又称过电流脱扣器额定电流。低压断路器脱扣器主要有过电流（电磁）脱扣器、热脱扣器、欠电压脱扣器、分励脱扣器等。过电流脱扣器又分长延时过电流脱扣器（又称反时限脱扣器）、短延时过电流脱扣器（又称定时限脱扣器）和瞬时过电流脱扣器。脱扣器动作电流整定有的可调，有的不可调，如过电流脱扣器可级差调整，智能型断路器的控制器可连续调整，热脱扣器有不可调整和可级差调整。在进行脱扣器的选择时，一般先选择脱扣器

的形式，再选择其额定电流（或额定电压），最后整定脱扣器的动作电流和动作时间。

（1）过电流脱扣器的选择和整定

① 额定电流的确定。过电流脱扣器额定电流 $I_{N.OR}$ 应不小于线路的计算电流 I_c，即

$$I_{N.OR} \geqslant I_c \tag{6-39}$$

② 动作电流的整定，分瞬时过电流脱扣器动作电流、短延时过电流脱扣器动作电流、长延时过电流脱扣器动作电流的整定。

● 瞬时过电流脱扣器动作电流的整定。

瞬时过电流脱扣器动作电流 $I_{op(i)}$ 应躲过线路的尖峰电流 I_{pk}，即

$$I_{op(i)} \geqslant K_{rel} I_{pk} \tag{6-40}$$

式中，K_{rel} 为可靠系数。对动作时间在 0.02s 以上的万能式断路器，$K_{rel}=1.35$；对动作时间在 0.02s 以下的塑料外壳式断路器，$K_{rel}=2\sim2.5$。

● 短延时过电流脱扣器动作电流的整定。

短延时过电流脱扣器动作电流 $I_{op(s)}$ 也应躲过线路的尖峰电流 I_{pk}，即

$$I_{op(s)} \geqslant K_{rel} I_{pk} \tag{6-41}$$

式中，K_{rel} 为可靠系数，可取 1.2。

● 长延时过电流脱扣器动作电流的整定。

长延时过电流脱扣器动作电流 $I_{op(l)}$ 只需躲过线路的计算电流 I_c，即

$$I_{op(l)} \geqslant K_{rel} I_c \tag{6-42}$$

式中，K_{rel} 取 1.1。

过电流脱扣器的动作电流，按照其额定电流的倍数来整定，即过电流脱扣器动作电流应不大于整定倍数 K 与过电流脱扣器的额定电流的乘积，即 $KI_{N.OR} \geqslant I_{op}$。断路器型号不同、脱扣器不同，则动作电流整定倍数也不一样，有的分挡设定，也有的可连续调节，详见产品技术参数。

③ 动作时间的整定。短延时过电流脱扣器的动作时间一般不超过 1s，通常分为 0.2s、0.4s、0.6s 这 3 级。但是，目前的一些新产品中，短延时的时间也有所不同，如 CW2 型断路器，其定时限特性为 0.1s、0.2s、0.3s、0.4s 这 4 级。ME 系列断路器采用半导体过电流脱扣器时，其短延时范围为 30~270ms，采用分级式，每级 30ms 或 60ms，可根据保护要求确定动作时间。长延时过电流脱扣器用于过负荷保护，动作时间为反时限特性，一般动作时间为 1~2h。

④ 与配电线路的配合。低压断路器还需考虑与配电线路的配合，防止被保护线路因过负荷或短路故障引起导线或电缆过热，其配合条件为

$$I_{op} \leqslant K_{OL} I_{al} \tag{6-43}$$

式中，I_{al} 为绝缘导线或电缆的允许载流量；K_{OL} 为导线或电缆允许的短时过负荷系数。对瞬时和短延时过电流脱扣器，$K_{OL}=4.5$；对长延时过电流脱扣器，$K_{OL}=1$；对有爆炸气体区域内的配电线路的过电流脱扣器，$K_{OL}=0.8$。

当上述配合要求得不到满足时，可改选脱扣器的动作电流，或增大配电线路的导线截面。

（2）热脱扣器的选择和整定

热脱扣器的额定电流应不小于线路最大计算负荷电流 I_c，即

$$I_{\text{N.TR}} \geqslant I_{\text{c}} \tag{6-44}$$

可调热脱扣器的动作电流应按线路的计算电流来整定,即

$$I_{\text{op(TR)}} = KI_{\text{N.TR}} \geqslant K_{\text{rel}} I_{\text{c}} \tag{6-45}$$

式中,K_{rel} 为可靠系数,取 1.1;K 为热脱扣器的整定倍数。

(3) 欠电压脱扣器和分励脱扣器的选择

欠电压脱扣器主要用于欠压或失压(零压)保护,当电压下降低于(0.35~0.7)U_N 时动作。分励脱扣器主要用于断路器的分闸操作,在(0.85~1.1)U_N 时能可靠动作。

欠电压和分励脱扣器的额定电压应等于线路的额定电压,并按直流或交流的类型及操作要求进行选择。

3. 与选择性的配合

为了保证前后级断路器选择性要求,一般按照动作电流或动作时间来保证动作的可靠性。

① 动作电流选择性配合。通过前一级(靠近电源)动作电流大于后一级(靠近负荷)动作电流来实现,根据前一级的动作电流大于后一级动作电流的 1.2 倍计算,即

$$I_{\text{op}(1)} \geqslant 1.2 I_{\text{op}(2)} \tag{6-46}$$

② 动作时间选择性配合。通过前一级(靠近电源)动作时间大于后一级(靠近负荷)动作时间来实现,如果后一级采用瞬时过电流脱扣器,则前一级采用短延时过电流脱扣器,如果前后级都采用短延时过电流脱扣器,则前一级短延时时间应至少比后一级短延时时间大一级。

4. 灵敏度校验

低压断路器短路保护灵敏度应满足

$$K_{\text{s}} = \frac{I_{K.\min}}{I_{\text{op}}} \geqslant 1.3 \tag{6-47}$$

式中,K_s 为灵敏度;I_{op} 为瞬时或短延时过电流脱扣器的动作电流整定值;$I_{K.\min}$ 为保护线路末端在最小运行方式下的短路电流,TN 和 TT 系统 $I_{K.\min}$ 应为单相短路电流,IT 系统则为两相短路电流。

6.4.3 低压开关柜的选择

1. 低压开关柜的选型原则

在进行低压开关柜的选择时,应当遵循:
① 明确各主流低压开关柜的性能参数及区别;
② 根据低压开关的具体需求选择现有的低压配电技术;
③ 重点关注开关柜中关键元件的技术参数是否达到实际要求;
④ 同等条件下,优先选用国产开关柜,避免一味追求高的技术参数,避免设备资源的浪费。

2. 具体选型方法

在进行低压开关柜的选型时,应充分了解用户的设备安装需求,做出最符合实际的选择。首先,从设备稳定、安全运行的角度,应当依据配电网参数,核对设备的额定功率、绝缘电压、

工作电压、电流、工作频率、主母线最大承载电流额定值、额定短时耐受电流值、峰值短时耐受电流值、通断能力、功能单元的分段能力、设备内部分隔方式等基本参数是否达到设计要求，是否符合相关电气安装规范。对可能占用的空间体积进行估算。同时，应当核实设备的极限参数，如垂直及水平母线的额定电流极限值、瞬时电流极限值、外设外壳防护等级等。其次，要对设备的主要功能模块、关键操作部件的关键参数，如断路器的通流、耐高温性能等进行分析、对比、审核；对配电柜的各种联锁、三级保护、警告等功能进行分析，其中联锁功能涉及开关与开关、开关与柜门的机械联锁，前级及后备保护逐级联锁，时序联锁脱扣等方面。最后，为保障设备后期的使用，用户在选用时，可以向厂商提供设备关键元件（如断路器、电流互感器等）的具体型号、功能的技术要求等。

在实际的设备选用过程中，应当充分了解工程需求及各低压配电设备各自的硬件、功能特点，例如，柜体结构紧凑、维护便捷是抽屉柜的主要特点，在使用时可以配置更多的出线回路，其代价就是设备成本较高；对应地，固定式配电柜的出线回路受到限制，设备占用空间较大。比如，在企业配电系统中，维护更换便捷、布局紧凑、具有外部通信接口的低压配电柜更受青睐；对于医院、机场等场合，应重点关注设备的安全防护等级。

小 组 讨 论

1. 环境对电气设备的选择有没有影响？阐述至少两种不同环境时如何选择电气设备。
2. 当前开关灭弧技术的研究课题有哪些？试分析比较这些技术的灭弧原理。
3. 图 3-33 所示的 10/0.4kV 变电所中，高、低压开关柜及柜内设备如何选型？

习　　题

6-1　电气设备选择的一般原则是什么？

6-2　试比较高压断路器、高压隔离开关和高压熔断器的选择有何不同？

6-3　试列出哪些设备需要校验动稳定、哪些设备需要校验热稳定、哪些设备需要同时校验动稳定和热稳定、哪些设备需要校验断流能力。

6-4　室内母线有哪两种型号？如何选择母线的截面？

6-5　为什么移开式开关柜内没有隔离开关，而固定式开关柜内有隔离开关？

6-6　在低压线路中，前后级熔断器间在选择性方面如何进行配合？

6-7　某 10kV 线路的计算电流为 150A，三相短路电流为 9kA，短路冲击电流为 23kA，假想时间为 1.4s，试选择隔离开关、断路器。

6-8　某 10kV 车间变电所的变压器容量为 630kVA，高压侧短路容量为 100MVA，若用 XRNT1 型高压熔断器作高压侧短路保护，试选择 XRNT1 型熔断器的规格并校验其断流能力。

6-9　在习题 6-7 的条件下，若在该线路的出线开关柜配置两只 LZZBJ9-12 型电流互感器，分别装在 A、C 相，采用两相式接线，电流互感器 0.5 级二次绕组用于电能测量，装三相有功电能表及无功电能表各一只，每个电流线圈消耗负荷 0.5VA，有功功率表一只，每个电流线圈负荷为 1.5VA，中性线上装一只电流表，电流线圈负荷为 3VA（A、C 相各分担 3VA 的一半）。电流互感器至仪表、继电器的单向长度为 2.5m，导线采用 BV-500-1×2.5mm² 的铜芯塑料线。试选择电流互感器的变比，并校验其动稳定、热稳定和各二次绕组的负荷是否符合准确度的要求。

6-10 某35kV总降压变电所10kV母线上配置3只单相三绕组电压互感器，采用$Y_0/Y_0/\triangle$接法，用于母线电压、各回路有功电能和无功电能测量及母线绝缘监视。电压互感器和测量仪器的接线如图6-2所示。该母线共有5路出线，每路出线装设三相有功电能表和三相无功电能表以及有功功率表各一只，每个电压线圈消耗的功率为1.5VA；母线装设4只电压表，其中三只分别接于各相，用于相电压监视，另一只电压表用于测量各线电压，电压线圈的负荷均为4.5VA。电压互感器△侧电压继电器的线圈消耗功率为2.0VA。试选择电压互感器，校验其二次负荷是否满足准确度要求（提示：单相电压互感器所给的二次负荷为单相负荷，将接于相电压、线电压的负荷换算成等效三相负荷）。

6-11 变压器室内有一台容量为1000kVA（10/0.4kV）的变压器，最大负荷利用小时为5600h，低压侧母线采用TMY型，水平安放，试选择低压母线的截面（提示：按经济电流密度选择）。

6-12 某高压配电室采用TMY-80×10硬铜母线，平放在ZA-10Y支柱绝缘子上，母线中心距为0.3m，支柱绝缘子间跨距为1.1m，与CWL-10/600型穿墙套管间的跨距为1.5m，穿墙套管间距为0.25m。最大短路冲击电流为30kA，试对母线、支柱绝缘子和穿墙套管的动稳定进行校验。

6-13 某380V低压干线上，计算电流为250A，尖峰电流为400A，安装处的三相短路冲击电流有效值为30kA，末端最小两相短路电流为5.28kA，线路允许载流量为372A（环境温度按35℃计），试选择CM2型低压塑料外壳式断路器的规格（带瞬时过电流脱扣器和热脱扣器），并校验断路器的断流能力。

第 7 章　供配电系统的继电保护

学习目标：了解和掌握继电保护的基本概念；掌握供配电系统中线路和变压器继电保护的基本原理及整定方法；了解电容器、电动机等其他设备的继电保护的基本知识；理解供配电系统继电保护的作用和功能。

7.1　继电保护的基本知识

7.1 节视频

7.1.1　继电保护的任务和要求

供配电系统在运行中，电气设备可能会产生故障或异常，甚至会发生短路，从而烧毁或损坏电气设备，造成大面积停电等严重后果。因此必须采取各种有效措施消除或减少故障，如发生故障时迅速切除故障设备、发生异常运行状态时及时处理等。继电保护装置就是能反映供配电系统中电气设备发生故障或异常运行状态，并能使断路器跳闸或启动信号装置发出报警信号的一种自动控制装置。

1. 继电保护的任务

① 快速正确地将故障设备从系统中切除，保证其他无故障设备正常供电。

② 针对处于异常运行状态的电气设备，发出声光报警信号，提示操作人员进行相关操作，恢复设备正常运行。

③ 与供配电系统的自动控制装置配合，保证供电可靠性。

供配电系统的任何电气设备，一般均专门配置各自的继电保护装置，例如每条线路有对应的线路保护，每台变压器配置有对应的变压器继电保护。

2. 继电保护的要求

根据继电保护的任务，继电保护应满足可靠性、灵敏性、选择性和速动性的要求。

（1）可靠性

继电保护在其所规定的保护范围内发生故障或异常运行状态时应可靠动作，不应发生拒动。发生任何该继电保护不应该动作的外部故障或异常运行状态时应可靠不动作，不应发生误动。

如图 7-1 所示，当系统中 3WL 的 K 点发生故障，应由离短路点较近的线路 3WL 对应的保护 3 动作，而离短路点较远的保护 1 和保护 2 不应该动作。为了保证可靠性，保护方案应尽量简单，从而减少误动的可能性，也可采用可靠性更高的硬件和软件一起构成继电保护装置，并配备必要的自动检测、闭锁、报警等措施。

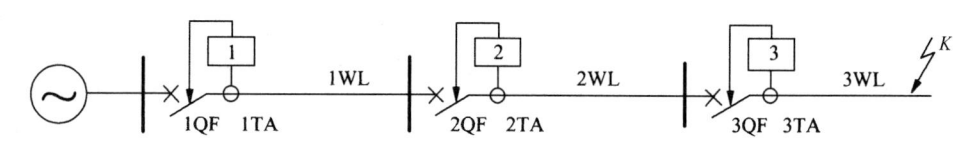

图 7-1　继电保护选择性示意图

（2）灵敏性

继电保护装置的被保护范围内发生故障时，不论系统的运行方式、故障的性质和故障的位置如何，继电保护装置都应正确动作，这种正确动作能力即灵敏性，也是对各种严重程度的故障的反应能力。在保护范围内，灵敏性通常以灵敏系数 K_s 来衡量，灵敏系数为

$$K_s = \frac{保护范围内的最小短路电流}{保护装置一次侧动作电流} = \frac{I_{K.\min}}{I_{op1}} \tag{7-1}$$

根据 GB/T 14285—2023《继电保护和安全自动装置技术规程》，各类保护的灵敏系数一般在 1.2～2 之间，灵敏系数越大，表明继电保护反应故障的能力越强。

灵敏性与可靠性存在一定的矛盾关系，如果要满足灵敏性，保护动作定值就不能定得太高，但是保护定值如果太低，保护可能就不可靠。在实际应用中，需要根据供配电系统的具体情况来平衡，如强化主保护，简化后备保护：通过优化保护配置，确保主保护的高可靠性，同时简化后备保护的复杂性，减少误动的可能性等。

（3）选择性

当电气设备发生故障时，应首先由该设备的继电保护装置动作，将故障设备切除，从而保证系统中其他无故障部分正常运行。只有当该故障设备的继电保护或对应断路器拒动时，才允许由相邻设备的继电保护或断路器失灵保护切除故障。为了保证选择性，对相邻设备有配合要求的保护及同一设备的保护内有配合要求的不同原理的保护，相关的动作电流或动作时间必须相互配合。

以图 7-1 所示系统的线路保护为例，若线路 3WL 在 K 点发生短路故障，首先应由 3WL 对应的线路保护 3 动作，使断路器 3QF 跳闸，将故障线路 3WL 切除，同时线路 1WL 和 2WL 仍继续保持运行。只有当保护装置 3 或断路器 3QF 拒动，保护装置 2 才能动作。

（4）速动性

电气设备发生故障时，保护装置应能尽快地识别出故障并发出跳闸命令和报警信号，即速动性。

速动性与选择性存在一定的矛盾关系，在实际应用中，需要根据供配电系统的具体情况来平衡。当需要加速切除短路故障时，可允许保护装置无选择性快速动作，但应利用自动重合闸装置或备用电源的自动投入装置缩小停电范围。其目的是提高系统的稳定性，减小故障设备的损坏程度，同时缩小故障波及范围，提高自动重合闸装置或备用电源自动投入装置的正确率等。

7.1.2 继电保护的基本原理和分类

1. 继电保护的基本原理

继电保护的功能是正确判断与甄别电气设备的正常运行、故障和异常运行状态，为了实现这个功能，保护装置必须判断各状态参量的变化和差别，从而构成各种不同保护原理。当供配电系统的电气设备发生故障时，与正常运行时相比，系统会出现电流增大、电压降低、电压和电流间相位角改变等现象，利用电流、电压和相角等状态量在故障时与正常时的差别，可分别构成电流保护、电压保护、方向保护等不同保护原理，利用线路始端测量阻抗降低和两侧电流之差还可构成距离保护和差动保护等。

从功能逻辑看，无论早期的电磁式继电器还是当前广泛运用的微机式继电保护装置，继电保护由测量比较模块、逻辑判断模块和执行输出模块三部分组成，如图 7-2 所示。

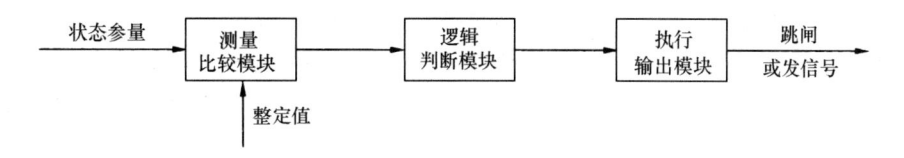

图 7-2 继电保护的原理框图

（1）测量比较模块

测量比较模块测量被保护电气设备的某些状态参量，和保护的整定值进行比较，根据比较结果，判断该电气设备是否处于正常状态、异常状态或故障状态，如果检测到异常或故障，发出相应信号到逻辑判断模块。常用测量比较元件有过电流继电器、低电压继电器、差动继电器和阻抗继电器等。

（2）逻辑判断模块

逻辑判断模块根据测量比较模块输出信号（速断保护、过电流保护等）的大小、顺序和持续时间等，按一定逻辑关系判断故障量，决定是否触发保护装置动作，输出相应信号到执行输出模块。

（3）执行输出模块

执行输出模块根据逻辑判断模块的输出信号驱动保护装置动作，发出跳闸信号至断路器使断路器跳闸、发出报警信号或保持不动作。

2．继电保护的分类

供配电系统应装设短路故障和异常运行的保护装置，一般应有主保护和后备保护，用以保护电气设备和电力线路，必要时可增设辅助保护和异常运行保护。

（1）主保护

以最快速度有选择地切除被保护电气设备和电力线路，保证系统的稳定运行。

（2）后备保护

主保护或断路器拒动时，用以切除故障的保护，分为近后备保护和远后备保护。

① 近后备保护是当主保护拒动时，由该电气设备或电力线路的另一套保护实现后备的保护；当断路器拒动时，由断路器失灵保护来实现后备的保护。

② 远后备保护是当主保护或断路器拒动时，由相邻电气设备或电力线路的保护实现的保护。

（3）辅助保护

为补充主保护和后备保护的性能，或需要加速切除严重故障，或当主保护和后备保护退出运行而增设的简单保护。

（4）异常运行保护

反映被保护电气设备过负荷、过电压、振荡等异常运行状态的保护。

7.1.3 继电保护技术发展简史

随着电子信息技术和计算机技术的发展，继电保护也从以电磁式或感应式继电器构成的模拟式保护发展到以微机测控系统构成的数字式保护。模拟式保护结构简单、价格低廉，但动作速度慢、准确度不高，同时难以实现新的保护原理和算法，无法满足现代供配电系统可靠性对保护的要求。数字式保护充分利用和发挥微机测控系统的存储记忆、逻辑判断和数值运算等功能，克服了模拟式保护的不足。数字式保护由初期的微机继电器发展到以保护为核心的具有测量、重合闸、事件记录、通信和自检等多种功能的微机保护和测控装置。20世纪60年代末，美国、澳大利亚等国学者开始研究微机保护，我国于20世纪70年代末也开始研究微机保护。从20世纪90年代我国开始大量使用微机保护并逐步实现继电保护的国产化，目前我国电力系统已基本全部实现微机保护。新建用户的供配电系统也一般选用微机保护。

总体而言，供配电系统中微机保护的保护原理与传统继电器保护的原理基本相同或相似，只是实现的方法不同，因此本章内容仍以讲述继电器保护为主、微机保护为辅。

7.1.4 常用保护继电器

构成供配电系统继电保护装置的保护继电器较多。按结构原理分为电磁式、感应式、数字式等继电器；按所反映的状态参量可分为电流继电器、电压继电器、气体继电器等；按反映的状态参量变化类型可分为过量继电器和欠量继电器，如过电流继电器、欠电压继电器；按在保护装置中所承担的功能可分为启动继电器、时间继电器、信号继电器和中间继电器等。

1. 电磁式继电器

（1）电磁式电流继电器

电流继电器的文字符号为KA，常见的电磁式电流继电器有DL-10、DL-20、DL-30等型号。图7-3为DL型电磁式电流继电器的内部结构图，图7-4为其内部接线图和图形符号。

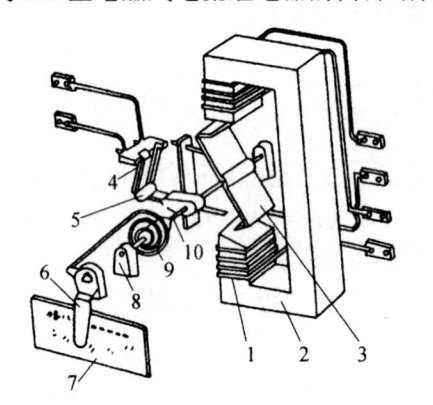

1—线圈；2—电磁铁；3—Z形铁片；4—静触头；
5—动触头；6—动作电流调整杆；7—标度盘；
8—轴承；9—反作用弹簧；10—轴

图7-3 DL型电磁式电流继电器的内部结构图

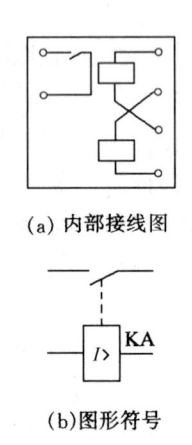

(a) 内部接线图

(b) 图形符号

图7-4 DL-11型电磁式电流继电器的内部接线图和图形符号

DL型电磁式电流继电器的工作原理是，当电流通过线圈1时，电磁铁2中产生磁通，从而对Z形铁片3产生电磁吸力。若电磁吸力大于反作用弹簧9的反作用力，则Z形铁片3开始转动并带动同轴的动触头5进行转动，从而使常开触头闭合，继电器动作。使电流继电器动作的最小电流称为继电器的动作电流，可用$I_{op.KA}$表示。

继电器动作后，如果逐渐减小流入继电器的电流，当电流低到某一电流值时，Z形铁片3会因电磁力小于弹簧的反作用力而返回到起始位置，从而使得常开触头断开。这个使继电器返回到起始位置的最大电流，称为电流继电器的返回电流，用$I_{re.KA}$表示。

返回电流与动作电流的比值称为电流继电器的返回系数 K_{re}，即

$$K_{re} = \frac{I_{op.KA}}{I_{re.KA}} \quad (7\text{-}2)$$

由上式可知，返回系数越大，继电器越灵敏，电磁式电流继电器的返回系数通常为 0.85。

有两种方法可以调节电磁式电流继电器的动作电流 $I_{op.KA}$：①改变动作电流调整杆 6 的位置来改变弹簧的反作用力，则可以对 $I_{op.KA}$ 进行平滑式调节；②改变继电器线圈的连接方式，例如将线圈由串联改为并联，那么继电器的动作电流 $I_{op.KA}$ 增大一倍，这样就对 $I_{op.KA}$ 进行了级进式调节。

电磁式电流继电器的动作时间一般为百分之几秒，因此可认为是瞬时动作的继电器。

（2）电磁式电压继电器

电压继电器的文字符号为 KV。电磁式电压继电器分过电压继电器和欠电压继电器两种，常见型号的有 DY-10、DY-20、DY-30 型，其结构和工作原理与电磁式电流继电器基本相同。电压继电器的线圈为电压线圈，匝数多并且其导线细，与电压互感器的二次绕组并联。欠电压继电器的返回系数大于 1，通常为 1.25；过电压继电器的返回系数小于 1，通常为 0.8。

（3）电磁式时间继电器

时间继电器的文字符号为 KT。电磁式时间继电器可使继电保护获得需要的时限，以满足继电保护的选择性要求。常用的有 DS 型电磁式时间继电器、DS110 型直流时间继电器和 DS120 型交流时间继电器。图 7-5 为 DS 型电磁式时间继电器的内部接线图和图形符号。电磁式时间继电器由电磁系统、传动系统、延时机构、触头系统和时间调整系统等组成，其所需时限通过时间调整系统获得。

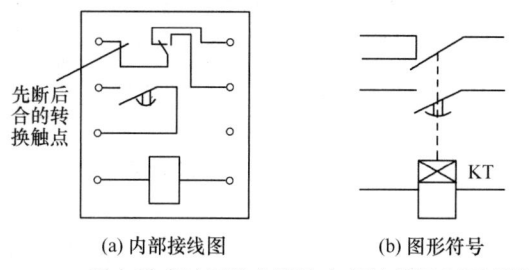

图 7-5　DS 型电磁式时间继电器的内部接线图和图形符号

（4）电磁式信号继电器

信号继电器的文字符号为 KS。电磁式信号继电器常用的型号有 DX-10 型和 DX-30 型。图 7-6 是 DX-11 型电磁式信号继电器的内部接线图和图形符号。电磁式信号继电器在继电保护装置中的作用是发出指示信号，表示保护已动作，同时接通信号回路并发出灯光或音响信号。电磁式信号继电器动作后，如果要解除信号，需要进行手动复位。

电磁式信号继电器分为电流型和电压型两种。电流型信号继电器通过串联方式接入二次电路，电压型信号继电器通过并联方式接入二次电路。

（5）电磁式中间继电器

中间继电器的文字符号为 KM。常见的型号有 DZ-10 型，其内部接线图和图形符号如图 7-7 所示，电磁式中间继电器的触头数量多，用于弥补主继电器触头容量或触头数量的不足，实际使用中可根据触头类型和数量进行选择。

(a)内部接线图　(b)图形符号

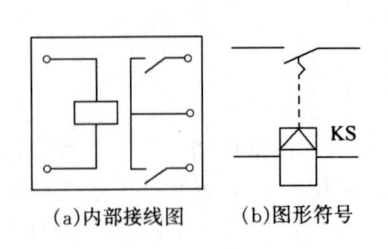

图7-6　DX-11型电磁式信号继电器的
内部接线图和图形符号

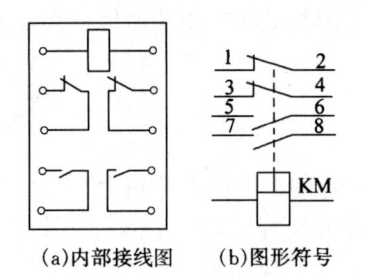

(a)内部接线图　(b)图形符号

图7-7　DZ-10型电磁式中间继电器的
内部接线图和图形符号

2. 感应式电流继电器

感应式电流继电器主要由感应系统和电磁系统构成，常见型号有GL-10型和GL-20型，图7-8为GL-10、GL-20型感应式电流继电器的内部结构图，其内部接线图和图形符号如图7-9所示。

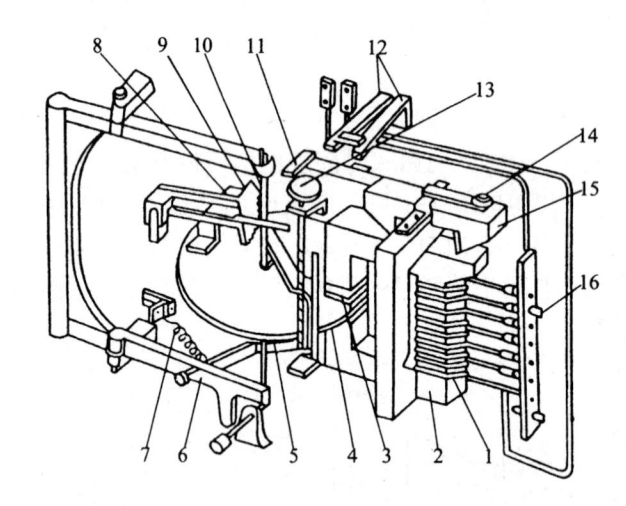

1—线圈；2—电磁铁；3—短路环；4—铝盘；5—钢片；6—铝框架；7—调节弹簧；
8—永久磁铁；9—扇形齿轮；10—蜗杆；11—扁杆；12—触头；13—时限调节螺杆；
14—速断电流调节螺钉；15—衔铁；16—动作电流调节插销

图7-8　GL-10、GL-20型感应式电流继电器的内部结构

如图7-8所示，感应系统主要由线圈1、带短路环3的电磁铁2和装设在可偏转的铝框架6上的铝盘4组成。电磁系统由电磁铁2和衔铁15组成。

如图7-10所示，当继电器的线圈中通过电流，电磁铁在无短路环的磁极内产生磁通Φ_1，在带短路环的磁极内产生磁通Φ_2，这两个磁通作用于铝盘从而产生转矩M_1，铝盘开始转动。铝盘转动切割永久磁铁8产生的磁通，在铝盘上产生涡流，涡流与永久磁铁的磁通作用又产生一个与转矩方向相反的制动力矩M_2。当通过继电器线圈中的电流增大到继电器的动作电流时，在M_1和M_2的作用下，铝盘受力增大，克服弹簧阻力，框架顺时针偏转，铝盘前移，使蜗杆10与扇形齿轮9啮合，继电器的感应系统动作。铝盘转动后，扇形齿轮沿着蜗杆上升，使继电器触头12闭合，同时信号牌掉下，从观察孔中可以看到红色的信号指示，表示继电器已动作。从继电器感应系统动作到触头闭合的时间就是继电器的动作时限。

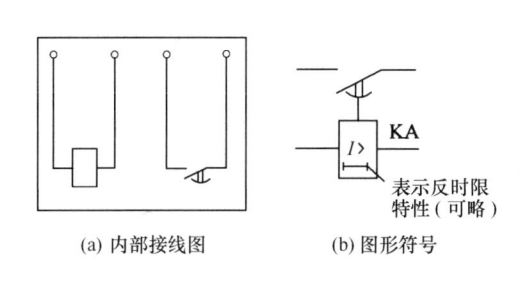

图 7-9 GL-10、GL-20 型感应式电流
继电器的内部接线图和图形符号

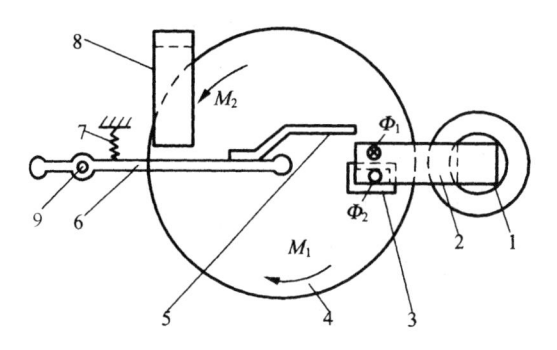

(a) 内部接线图　(b) 图形符号

1—线圈；2—电磁铁；3—短路环；4—铝盘；5—钢片；
6—铝框架；7—调节弹簧；8—制动永久磁铁；9—轴

图 7-10　GL 型感应式电流继电器铝盘受力示意图

当继电器线圈中的电流越大，铝盘转速越快，同时扇形齿轮上升速度也越快，因此动作时限越短。这就是感应式电流继电器的"反时限"特性，如图 7-11 曲线中的 ab 段所示。

当继电器线圈中的电流继续增大时，电磁铁中的磁通逐渐达到饱和。作用于铝盘的转矩不再增大，这样继电器的动作时限基本不变。这一阶段的动作特性称为定时限特性，如图 7-11 曲线中的 bc 段所示。

当继电器线圈中的电流进一步增大并达到速断电流整定值时，电磁铁 2 瞬时将衔铁 15 吸下，触头闭合并使信号牌掉下。这是感应式电流继电器的速断特性，如图 7-11 曲线中的 c'd 段所示。继电器电磁系统的速断动作电流与感应系统动作电流之比称为速断电流倍数，用 n_{ioc} 表示。

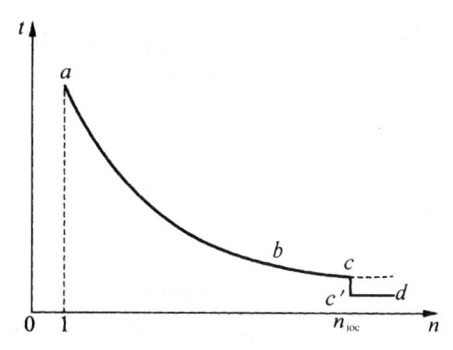

图 7-11　GL 型电流继电器的动作特性曲线

继电器的动作电流可用动作电流调节插销 16 改变线圈抽头（匝数）进行级进调节，也可以用调节弹簧 7 的拉力进行平滑调节。继电器的动作时限可用时限调节螺杆 13 改变扇形齿轮顶杆行程的起点来进行调节。继电器速断电流倍数可用速断电流调节螺钉 14 改变衔铁与电磁铁之间的气隙来进行调节。

综上所述，感应式电流继电器相当于将前述电磁式电流继电器、时间继电器、信号继电器和中间继电器的功能集中在一起，这样使得继电保护装置使用的元件更少，接线更简单，因此在供配电系统中得到广泛应用。

7.1.5　微机保护概述

供配电系统通常指 110kV 及以下电压等级向用户和设备配电的供电系统。现代供配电系统的容量日趋增大、结构日趋复杂，对供电可靠性的要求也相应提高，因而对继电保护的要求也相应提高。由于微机保护具有自动检测、闭锁、报警等功能，整定、调试、运行和维护方便，保护性能好，因此在现代供配电系统中得到了广泛应用。

微机保护装置主要由硬件和软件构成。硬件由模拟和数字电子电路及集成电路组成，为软件提供运行的平台。软件根据保护要求对硬件进行控制，完成数据采集、数字运算和逻辑判断、动作指令执行和外部信息交换等任务。

1. 微机保护的功能

供配电系统微机保护装置除了保护功能，还有测量、自动重合闸、事件记录、自检和通信等功能。

① 保护功能。微机保护可采用定时限过电流保护、反时限过电流保护、带时限电流速断保护、瞬时电流速断保护。反时限过电流保护还有标准反时限、强反时限和极强反时限保护等多种继电保护。

② 测量功能。供配电系统正常运行时，微机保护装置可实时测量并显示相关状态变量。

③ 人机对话功能。通过显示器和键盘，提供良好的人机对话界面，可实现保护功能和保护定值的选择及设定。

④ 自动重合闸功能。当断路器跳闸后，微机保护装置能自动发出合闸信号，即实现自动重合闸功能，以提高供电可靠性。同时微机保护装置能提供自动重合闸的重合次数、延时时间及自动重合闸是否投入运行的选择和设定。

⑤ 自检功能。为了保证装置可靠工作，微机保护装置可对有关硬件和软件进行开机自检和运行中的动态自检。

⑥ 事件记录功能。可对运行中发生事件的所有数据（如日期、时间、电流有效值、保护动作类型等）进行存储，事件包括事故跳闸事件、自动重合闸事件、保护定值设定事件等。

⑦ 报警功能。包括自检报警、故障报警等。

⑧ 断路器控制功能。各种保护动作和自动重合闸的开关量输出，控制断路器的跳闸和合闸。

⑨ 通信功能。微机保护装置能与中央控制室的控制系统进行通信。

2. 微机保护硬件结构

微机保护装置的硬件结构框图如图 7-12 所示，包括数据采集系统、微控制器、存储器、显示器、键盘等部分。

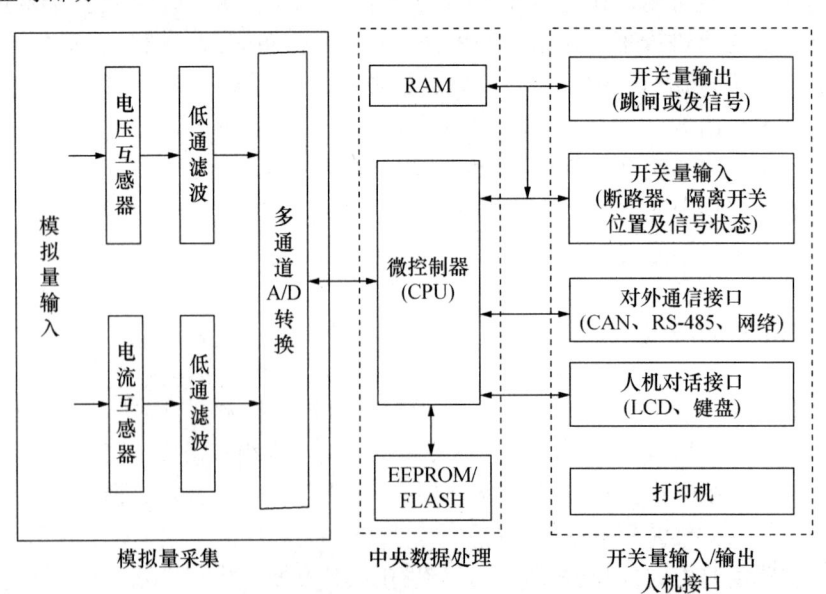

图 7-12 微机保护装置的硬件结构框图

① 微控制器。微控制器是硬件结构的核心部件，也是微机保护装置的指挥中枢。因此，微控制器在很大程度上决定了微机保护装置的技术水平。微控制器的主要技术指标有字长、指令和运行速度。微控制器主要有：单片微处理器，通常采用 16 位的，如 80C196 系列；通用微处理器，如 80X86 系列、MC863XX 系列，通常采用 32 位的；数字信号处理器（DSP），具有运行速度快、功能强、功耗低等优点，目前已广泛用于微机保护装置，特别是高性能的微机保护装置。

② 存储器。存储器包括 RAM、EPROM、EEPROM、FLASH。RAM 存放采样数据、中间计算数据等；EPROM 存放程序、表格、常数；EEPROM 存放定值、事件数据等；FLASH 结合 ROM 和 RAM 的长处，可擦除可编程，还不会断电丢失数据。

③ 数据采集系统。数据采集系统主要对模拟量和开关量进行采样。模拟量有交流电量、直流电量和各种非电量。开关量有断路器、隔离开关位置和状态信号。模拟量经滤波、A/D 转换器送入微控制器。开关量经光电隔离、I/O 口送入微控制器。

④ 显示器。显示器可采用点阵字符型和点阵图形型 LCD 显示器，目前常采用后者，它可显示文字和图形，用于设定显示、正常显示、故障显示等。

⑤ 键盘。键盘已由早期的矩阵式键盘改为独立式紧凑键盘，通常设左移、右移、增加、减小、进入等键来实现菜单和图标操作。

⑥ 开关量输出。开关量输出主要包括控制信号、指示信号和报警信号的输出，开关量也经光电隔离输出至继电器、指示灯等。

⑦ 通信接口。通信接口用以提供与计算机通信网络及远程通信网的信息通道，接收命令和发送有关数据。

3. 微机保护软件系统与算法概述

微机保护的软件系统一般包括设定程序、运行程序和微机保护程序 3 部分。程序原理框图如图 7-13 所示。

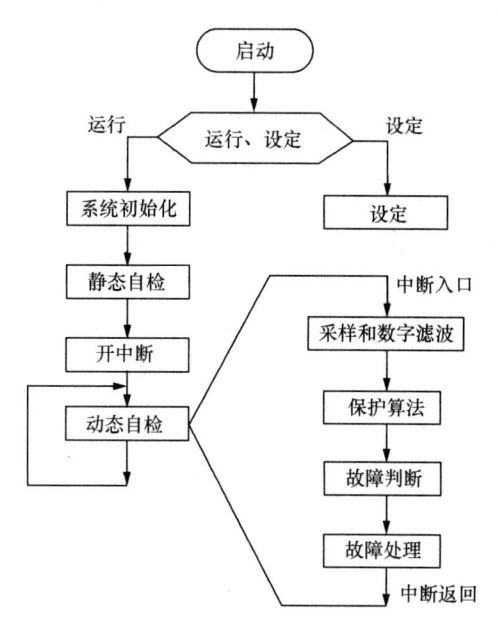

图 7-13 微机保护装置的程序原理框图

设定程序主要用于功能选择和保护定值设定。运行程序对系统进行初始化，静态自检，打开中断，不断重复动态自检，若自检出错，转向有关程序处理。自检包括存储器自检、数据采集系统自检、显示器自检等。中断打开后，每当采样周期到，向微控制器申请中断，响应中断后，转入微机保护程序。微机保护程序主要由采样和数字滤波、保护算法、故障判断和故障处理等子程序组成。

微机保护的保护算法是微机保护的核心，不仅可采用常规保护的动作原理，也可实现新的保护原理。同一种保护原理也可基于不同的保护算法实现。

7.2 电力线路的继电保护

7.2 节视频

7.2.1 电力线路的常见故障和保护配置

供配电系统中电力线路的电压等级一般为 6～35kV，线路长度较短且通常为单端供电。线路常见故障和异常运行状态有相间短路、单相接地和过负荷。按 GB 50062—2008《电力装置的继电保护和自动装置设计规范》规定，供配电系统线路保护应采用电流保护，装设相间短路保护、单相接地保护和过负荷保护。

3～66kV 线路的继电保护配置见表 7-1。3～20kV 中性点非有效接地的单侧电源线路的相间短路保护装置可装设两段电流保护，其中第Ⅰ段为瞬时电流速断保护，第Ⅱ段为带时限的过电流保护，后备保护一般应采用远后备方式，但是当瞬时电流速断保护不能满足选择性要求时可装设带时限电流速断保护。35kV 中性点非有效接地单侧电源线路的相间短路保护装置可采用Ⅰ段或Ⅱ段电流速断或电压闭锁过电流保护做主保护，并以带时限的过电流保护做后备保护。

表 7-1　3～66kV 线路的继电保护配置

被保护线路	保护装置名称					
	无时限或带时限电流电压速断保护	无时限电流速断保护	带时限速断保护	过电流保护	单相接地保护	过负荷保护
单侧电源放射式单回线路	35～66kV 线路装设	自重要配电站引出的线路装设	当无时限电流速断不能满足选择性动作时装设	装设	根据需要装设	装设

7.2.2 电流保护的接线方式

电流保护的接线方式是指电流继电器与电流互感器二次绕组的连接方式。为了便于保护的分析和整定计算，常引入接线系数 K_w，它是流入电流继电器的电流 I_{KA} 与电流互感器二次绕组的电流 I_2 的比值，即

$$K_w = \frac{I_{KA}}{I_2} \tag{7-3}$$

1. 三相三继电器接线方式

这种接线方式又称完全星形接线，即将 3 只电流继电器分别与 3 只电流互感器相连接，具体接线如图 7-14 所示。三相三继电器接线方式能反映各种短路故障，流入继电器的电流与电流互感器二次绕组的电流相等，其接线系数在任何短路情况下均等于 1。主要用于高压大接地电流系统的相间短路保护和单相短路保护。

2．两相两继电器接线方式

这种接线方式是将两只电流继电器分别与设在 A 相和 C 相的电流互感器连接，如图 7-15 所示，这种接线方式又称为不完全星形接线。由于 B 相没有装设电流互感器和电流继电器，因此这种接线方式不能反映单相短路，只能反映相间短路，其接线系数在各种相间短路时均为 1。主要用于小接地电流系统的相间短路保护。

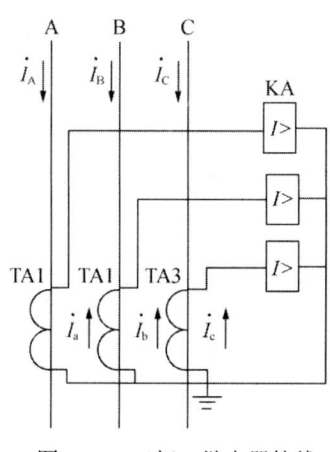

图 7-14　三相三继电器接线　　　　图 7-15　两相两继电器接线

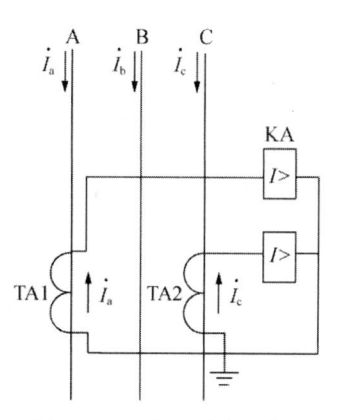

3．两相一继电器接线方式

如图 7-16（a）所示，流入电流继电器的电流为两电流互感器二次侧电流之差，即 $\dot{I}_{KA} = \dot{I}_a - \dot{I}_c$，因此这种接线方式又被称为两相电流差接线。

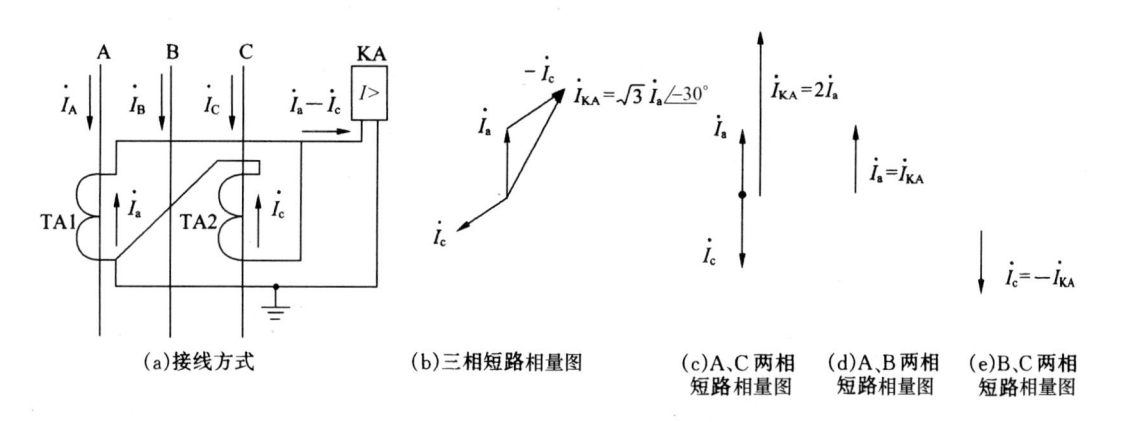

(a)接线方式　　(b)三相短路相量图　　(c)A、C两相短路相量图　　(d)A、B两相短路相量图　　(e)B、C两相短路相量图

图 7-16　两相一继电器接线及相量图

如图 7-16（b）所示，当正常工作或三相短路时，由于三相对称，流入继电器的电流为电流互感器二次侧电流的 $\sqrt{3}$ 倍，即 $K_w = \sqrt{3}$。如图 7-16（c）所示，当 A、C 两相短路时，A 相和 C 相电流大小相等且方向相反，因此 $K_w = 2$。如图 7-16（d）和（e）所示，当发生 A、B 或 B、C 两相短路时，由于 B 相没有装设电流互感器，流入继电器的电流与电流互感器的二次侧电流相等，即 $K_w = 1$。由上分析，这种接线可反映各种不同类型的相间短路，但其接线系数随短路类型的不同而不同，因此保护灵敏度也不同。这种接线方式主要用于高压电动机的保护。

7.2.3 阶段式电流保护

阶段式电流保护主要包括过电流保护、电流速断保护。

1. 过电流保护

过电流保护的原理是当通过线路的电流大于继电器的动作电流时，保护启动，并用时限保证动作的选择性。实际中，继电保护装置可基于电磁式电流继电器和时间继电器构成具有定时限特性的过电流保护；也可基于感应式电流继电器构成具有反时限特性的过电流保护。

（1）过电流保护的接线和工作原理

① 定时限过电流保护装置的接线和工作原理

图 7-17 为定时限过电流保护装置的接线图，保护采用两相两继电器接线。接线图包括原理图和展开图。原理图如图 7-17（a）所示，其中包括保护装置的所有元件，各元件的组成部分都集中表示，并标注文字代号。原理图概念直观，容易理解。展开图如图 7-17（b）所示，其中将所有元件的组成部分按所属回路分开表示，每个元件的组成部分都标注相同的文字代号。展开图简明清晰，便于查对，广泛应用于二次回路图。

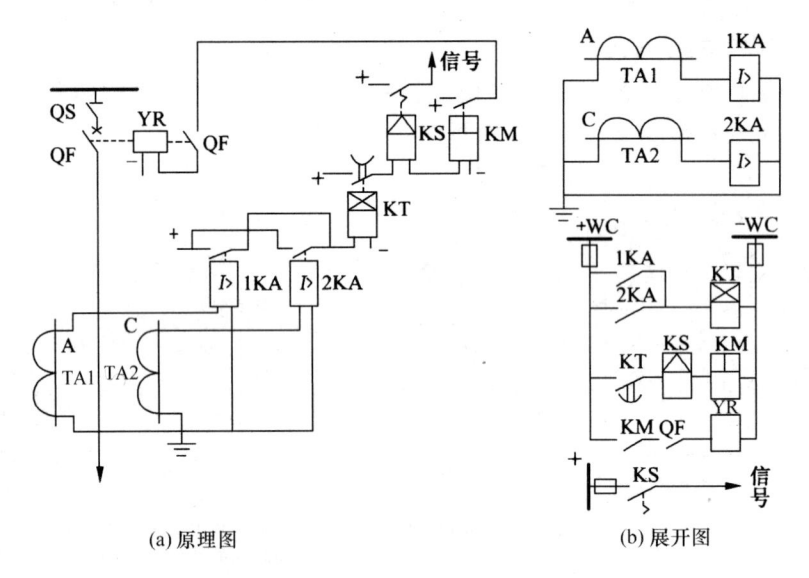

图 7-17 定时限过电流保护接线图

定时限过电流保护的工作原理是当线路发生短路时，通过线路的电流使流经继电器的电流大于继电器的动作电流，电流继电器 KA 瞬时动作，其常开触点闭合，时间继电器 KT 线圈得电，其触点经一定延时后闭合，使中间继电器 KM 和信号继电器 KS 动作。KM 的常开触点闭合，接通断路器跳闸线圈 YR 回路，断路器 QF 跳闸，切除短路故障线路。KS 动作，其指示牌掉下，同时其常开触点闭合，启动信号回路，发出灯光和音响信号。

② 反时限过电流保护装置的接线和工作原理

反时限过电流保护装置的接线图如图 7-18 所示。它由 GL 型感应式电流继电器组成。反时限过电流保护的动作时限与短路电流大小有关，短路电流越大，动作时限越短。

(a) 原理图　　　　　　　　　　　(b) 展开图

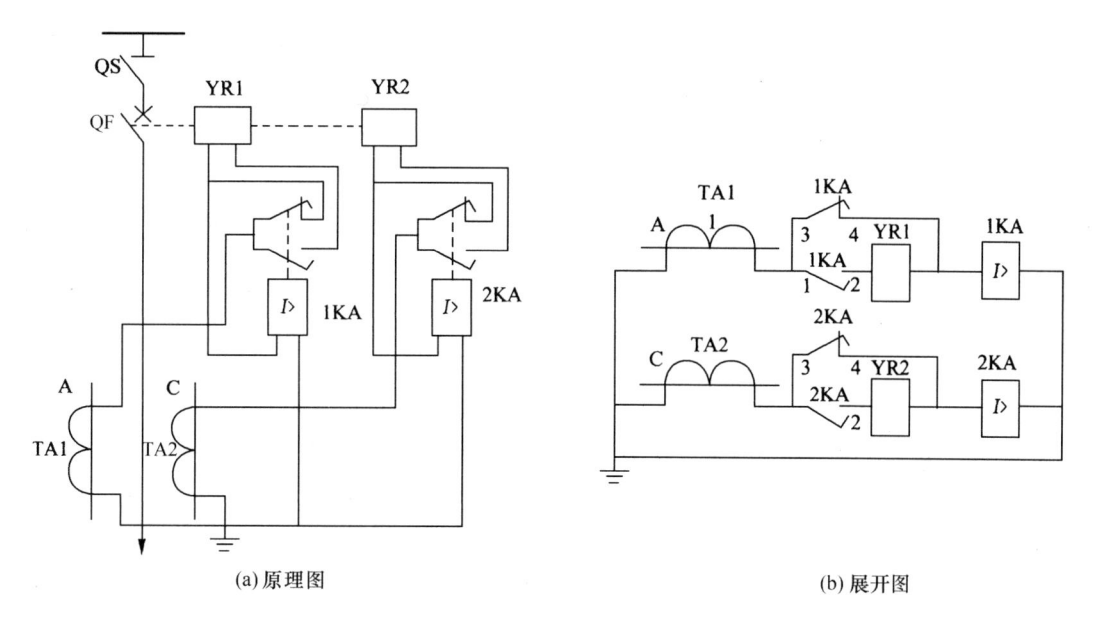

图 7-18　反时限过电流保护的接线图

图 7-18 所示的反时限过电流保护常采用交流操作的"去分流跳闸"原理。正常运行时，跳闸线圈被继电器的常闭触点短路，电流互感器二次侧电流经继电器线圈及常闭触点构成回路，保护不动作。当线路发生短路时，继电器动作，常开触点闭合，常闭触点打开，电流互感器二次侧电流流经跳闸线圈，断路器 QF 跳闸，切除故障线路。

（2）保护整定计算

过电流保护的整定计算包括动作电流整定、动作时限整定和保护灵敏度校验 3 项内容。

① 动作电流整定

过电流保护动作电流的整定必须满足以下两个条件。

a. 正常运行时，过电流保护应不动作，即保护一次侧的动作电流 I_{op1} 应大于线路可能出现的最大负荷电流 $I_{L.max}$，即 $I_{op1}>I_{L.max}$。

b. 外部故障切除后，过电流继电器应可靠返回，即保护一次侧的返回电流 I_{re} 应大于线路的最大负荷电流 $I_{L.max}$，即 $I_{re}>I_{L.max}$。考虑到 $I_{op1}>I_{re}$，因此以 $I_{re}>I_{L.max}$ 作为动作电流整定依据。引入可靠系数 K_{rel}，再考虑保护一次侧的返回电流与动作电流之间的换算，可得继电器的动作电流 $I_{op.KA}$，即

$$I_{op.KA} = \frac{K_{rel} \cdot K_w}{K_{re} \cdot K_i} I_{L.max} \tag{7-4}$$

式中，K_{rel} 为可靠系数，一般 DL 型继电器取 1.2，GL 型继电器取 1.3；K_w 为接线系数，由保护的接线方式决定；K_{re} 为继电器的返回系数，一般 DL 型继电器取 0.85，GL 型继电器取 0.8；K_i 为电流互感器的变比。线路最大负荷电流一般可取线路计算电流 I_c 的 1.5～3.0 倍，即 $I_{L.max}=(1.5～3.0)I_c$。

由式（7-4）可求得继电器动作电流计算值并确定其动作电流整定值，对应的一次侧的动作电流为

$$I_{op1} = \frac{K_i}{K_w} I_{op.KA} \tag{7-5}$$

② 动作时限整定

● 定时限过电流保护的动作时限整定

定时限过电流保护装置的启动由电流继电器完成，动作时限的实现由时间继电器完成。动作时限必须满足继电保护对选择性的要求。

以图 7-19（a）所示系统为例，线路 1WL、2WL 均装有定时限过电流保护，当 K 点发生短路故障时，短路电流远大于保护 1 和保护 2 的动作电流，因此两个保护都要启动。为了满足继电保护选择性要求，自电源侧向负载侧看，前一级线路的过电流保护的动作时限 t_1 应比后一级线路保护的动作时限 t_2 大一个时限级差Δt，因此如图 7-17（b）所示，动作时限应按阶梯原则整定。

$$t_1 = t_2 + \Delta t \tag{7-6}$$

式中，Δt 为时限级差，一般定时限过电流保护对应的Δt 取 0.5s。

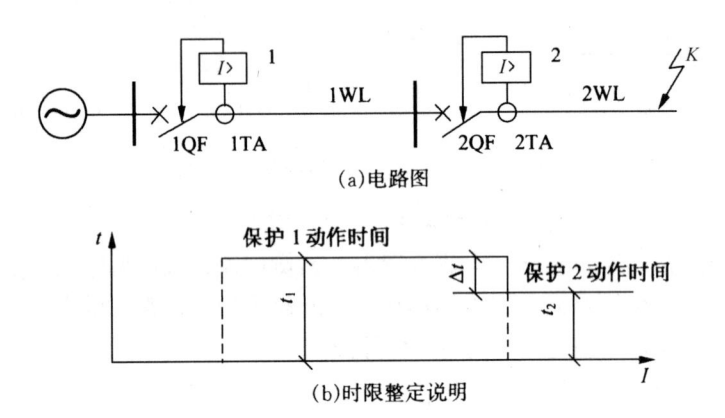

图 7-19 定时限过电流保护时限整定说明图

● 反时限过电流保护的动作时限整定

GL 型感应式电流继电器可实现反时限动作特性的过电流保护。在整定反时限过电流保护的动作时限时，应指出某一动作电流倍数（通常为 10 倍）时对应的动作时限。为保证选择性要求，反时限过电流保护的动作时限整定也应按阶梯原则来确定。如图 7-20（a）所示，在上下级线路的反时限过电流保护配合点 K 发生短路时，1WL 和 2WL 的反时限过电流保护的动作时限存在级差Δt，一般Δt 为 0.7s。

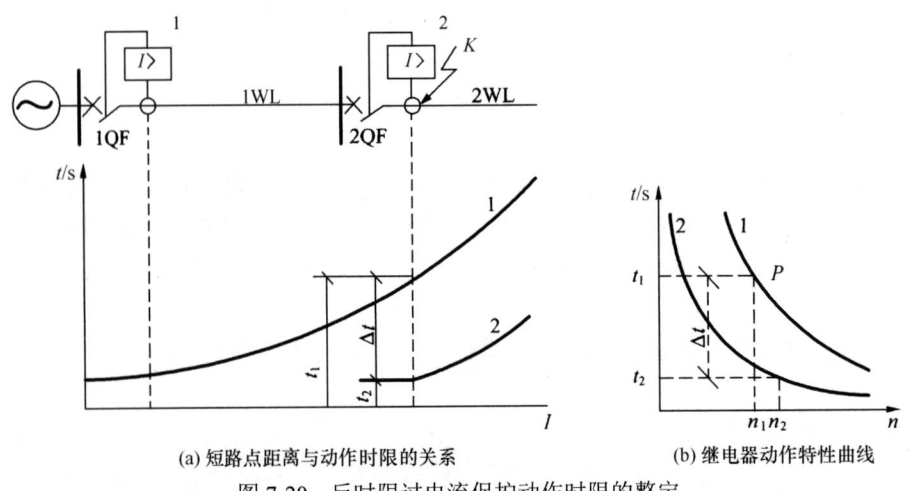

图 7-20 反时限过电流保护动作时限的整定

如图 7-20（b）中曲线 2 所示，若已知线路 2WL 保护 2 的继电器特性曲线，保护 2 的动作电流为 $I_{\text{op.KA2}}$，线路 1WL 保护 1 的动作电流为 $I_{\text{op.KA1}}$。确定线路 1WL 保护动作时间 t_1 的具体步骤如下：

第一步，计算线路 2WL 首端 K 点三相短路时保护 2 的动作电流倍数 n_2，即

$$n_2 = \frac{I_{K.\text{KA2}}}{I_{\text{op.KA2}}} \tag{7-7}$$

式中，$I_{K.\text{KA2}}$ 为 K 点三相短路时流经保护 2 继电器的电流，$I_{K.\text{KA2}} = K_{\text{w.2}} \cdot I_K / K_{\text{i.2}}$，$K_{\text{w.2}}$ 和 $K_{\text{i.2}}$ 分别为保护 2 的接线系数和电流互感器变比。

第二步，由 n_2 从特性曲线 2 可得到 K 点三相短路时保护 2 的动作时限 t_2。

第三步，计算 K 点三相短路时保护 1 的实际动作时限 t_1，t_1 应较 t_2 大一个时限级差 Δt，以保证动作的选择性，即

$$t_1 = t_2 + \Delta t = t_2 + 0.7 \tag{7-8}$$

第四步，计算 K 点三相短路时保护 1 的实际动作电流倍数 n_1，即

$$n_1 = \frac{I_{K.\text{KA1}}}{I_{\text{op.KA1}}} \tag{7-9}$$

式中，$I_{K.\text{KA1}}$ 为 K 点三相短路时流过保护 1 继电器的电流，$I_{K.\text{KA1}} = K_{\text{w.1}} \cdot I_K / K_{\text{i.1}}$，$K_{\text{w.1}}$ 和 $K_{\text{i.1}}$ 分别为保护 1 的接线系数和电流互感器变比。

第五步，由 t_1 和 n_1 可以确定保护 1 继电器的特性曲线上的一个 P 点，由 P 点找出保护 1 的特性曲线 1，如图 7-20（b）所示，同时确定 10 倍动作电流倍数下的动作时限。

由图 7-20（a），K 点是线路 2WL 的首端和线路 1WL 的末端，也是上下级反时限过电流保护的时限配合点，若在该点的时限配合满足要求，在其他各点短路时，都能满足选择性要求。

③ 保护灵敏度校验

过电流保护的灵敏度用系统最小运行方式下线路末端的两相短路电流 $I_{K.\min}^{(2)}$ 进行校验。

$$K_{\text{s}} = \frac{I_{K.\min}^{(2)}}{I_{\text{op1}}} \geq \begin{cases} 1.5 & \text{（本级线路）} \\ 1.2 & \text{（下级线路）} \end{cases} \tag{7-10}$$

式中，I_{op1} 为过电流保护一次侧动作电流。

若过电流保护的灵敏系数达不到要求，可采用带低电压闭锁的过电流保护，此时电流继电器动作电流按线路的计算电流整定，以提高保护的灵敏系数。

综上所述，过电流保护的选择性由动作时限实现，动作电流按线路可能出现的最大负荷电流整定，保护范围是本级线路和下级线路，但动作时限应基于阶梯原则进行整定，靠近电源的保护动作有时可达几秒，保护的速动性较差。定时限过电流保护整定简单，动作准确，动作时限固定，但使用继电器较多，接线较复杂，需直流操作电源。反时限过电流保护使用继电器少，可采用交流操作，但动作准确度不高，动作时间与短路电流有关，呈反时限特性，同时动作时限整定复杂。

【例 7-1】试整定图 7-21 所示 10kV 线路 1WL 定时限过电流保护装置，并画出保护接线原

理图和展开图。已知最大运行方式时 $I_{K1.max}=5.12\text{kA}$，$I_{K2.max}=1.61\text{kA}$，最小运行方式时 $I_{K1.min}=4.66\text{kA}$，$I_{K2.min}=1.46\text{kA}$，线路最大负荷电流为120A（含自启动电流），保护装置采用两相两继电器接线，电流互感器的变比为200A/5A，下级保护动作时限为0.5s。

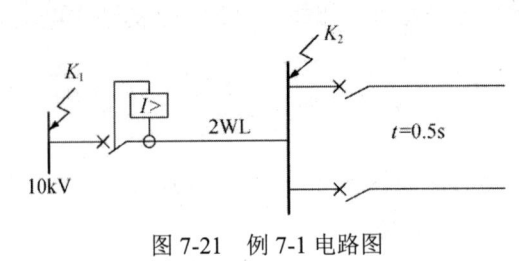

图 7-21 例 7-1 电路图

解（1）整定动作电流

$$I_{op.KA} = \frac{K_{rel}K_w}{K_{re}K_i}I_{L.max} = \frac{1.2 \times 1}{0.85 \times 40} \times 120 = 4.2\text{A}$$

选 DL-31/10 电流继电器，线圈串联，整定动作电流为 4.5A。

过电流保护一次侧动作电流为

$$I_{op1} = \frac{K_i}{K_w}I_{op.KA} = \frac{40}{1.0} \times 4.5 = 180\text{A} = 0.18\text{kA}$$

（2）整定动作时限

$$t_1 = t_2 + \Delta t = 0.5 + 0.5 = 1\text{s}$$

（3）校验保护灵敏度

保护线路 1WL 的灵敏度按线路 1WL 末端最小两相短路电流校验，即

$$K_s = \frac{I_{K2.min}^{(2)}}{I_{op1}} = \frac{0.87 \times 1.46}{0.18} = 7.06 > 1.2$$

由此可见保护整定满足灵敏度要求。

2．电流速断保护

电流速断保护分为瞬时电流速断保护和时限电流速断保护两种，一般通称为两段式电流速断保护。

线路的短路故障越靠近电源，短路电流就越大，危害也越大，但过电流保护的动作时限反而越长，难以满足速动性要求。GB 50062—2008 规定，当过电流保护动作时限超 0.5～0.7s 时，应装设瞬时电流速断保护。

（1）电流速断保护的接线和工作原理

瞬时电流速断保护不带时限，时限电流速断保护带时限，且两者均基于短路电流整定。

图 7-22 为两段式电流保护接线图。值得注意的是，该图既适用于两段式电流速断保护，也适用于瞬时电流速断保护和过电流保护的两段式电流保护，但两者的整定完全不同。瞬时电流速断保护和时限电流速断保护公用一套电流互感器 TA1、TA2 和中间继电器 KM，瞬时电流速断保护单独使用电流继电器 1KA 和电流继电器 2KA、信号继电器 1KS，时限电流速断保护单独使用电流继电器 3KA、电流继电器 4KA 和信号继电器 2KS。

(a) 原理图　　　　　　　　　　(b) 展开图

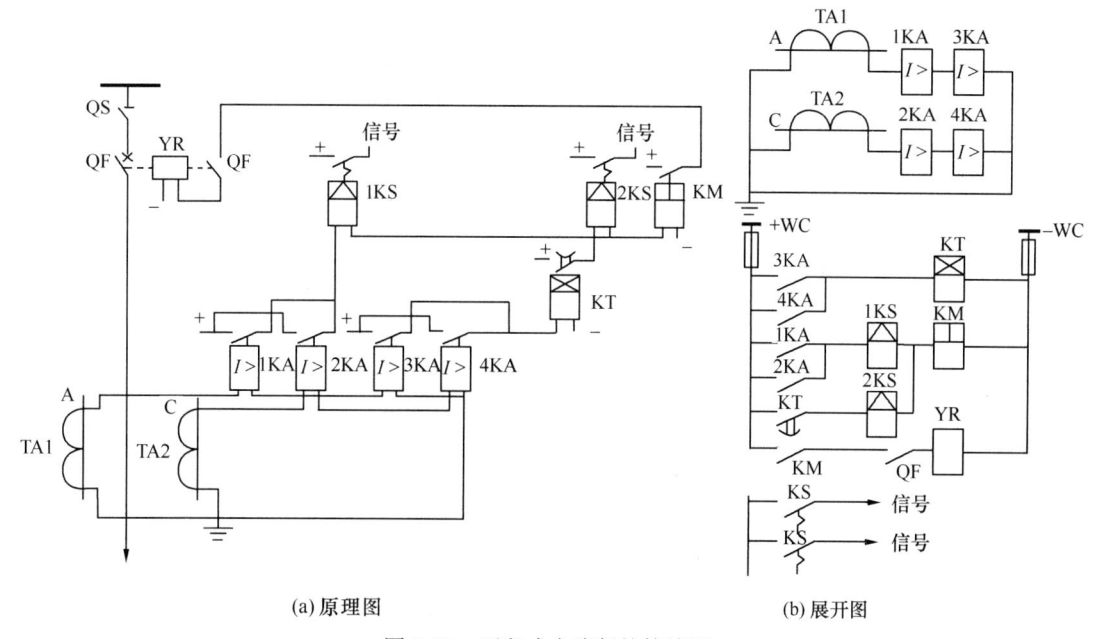

图 7-22　两段式电流保护接线图

当线路发生短路，流经继电器的电流大于瞬时电流速断保护的动作电流时，电流继电器 1KA 和 2KA 动作，常开触点闭合，接通信号继电器 1KS 和中间继电器 KM 回路，KM 动作使断路器跳闸。1KS 动作表示瞬时电流速断保护动作，并启动信号回路发出灯光和音响信号。

时限电流速断保护的工作原理和过电流保护相似，只是二者的动作电流和时限大小不同而已，其工作原理不再多述。

（2）瞬时电流速断保护的整定计算

瞬时电流速断保护不需要整定动作时限，因此只需要进行动作电流整定和灵敏度校验。

① 动作电流整定

由于电流速断保护动作无动作时限，为了保证速断保护动作的选择性，在下一级线路首端发生最严重短路即短路电流最大时，瞬时电流速断保护不应动作，即速断保护动作电流 $I_{op1} > I_{K.max}$，因此瞬时速断保护继电器的动作电流整定值为

$$I_{op.KA} = \frac{K_{rel} \cdot K_w}{K_i} I_{K.max} \tag{7-11}$$

式中，$I_{K.max}$ 为线路末端最大三相短路电流；K_{rel} 为可靠系数，DL 型继电器取 1.2，GL 型继电器取 1.5；K_w 为接线系数；K_i 为电流互感器的变比。

由式（7-11）可求得动作电流整定计算值，从而整定继电器的动作电流。对 GL 型电流继电器，还要整定瞬时速断动作电流倍数，即

$$n_{qb} = \frac{I_{op.KA(qb)}}{I_{op.KA(oc)}} \tag{7-12}$$

式中，$I_{op.KA(qb)}$ 为瞬时电流速断保护继电器动作电流整定值；$I_{op.KA(oc)}$ 为过电流保护继电器动作电流整定值。

瞬时电流速断保护的动作电流大于线路末端的最大三相短路电流，因此无法保护线路全长，一般只能保护线路首端的一部分。线路不能被保护的那部分被称为保护死区，线路能被保护的

部分称为保护区，如图 7-23 所示。当系统为最大运行方式时，保护区最大，当系统为最小运行方式下的两相短路时，保护区最小。

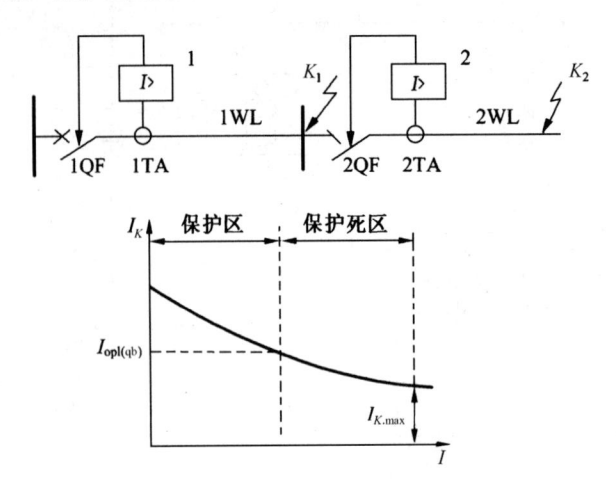

$I_{K.\max}$—1WL 线路末端的最大三相短路电流；
$I_{\text{op1(qb)}}$—电流速断保护的一次侧动作电流

图 7-23 瞬时电流速断保护区说明

② 灵敏度校验

由于瞬时电流速断保护有保护死区，因此灵敏度校验只能用线路首端最小两相短路电流 $I_{K.\min}^{(2)}$ 校验，即

$$K_s = \frac{I_{K.\min}^{(2)}}{I_{\text{op1}}} \geqslant 2 \tag{7-13}$$

综上所述，瞬时电流速断保护的选择性由动作电流实现。由于没有动作时限，只有继电器固有动作时间，因此瞬时电流速断保护动作迅速，速动性好。但由于动作电流按线路末端的最大三相短路电流整定，瞬时电流速断保护只能保护线路首端的一部分，存在保护死区。

【例 7-2】试整定例 7-1 中线路 2WL 的瞬时电流速断保护。

解 瞬时电流速断保护和过电流保护公用电流互感器和出口中间继电器，采用两相两继电器接线。

（1）整定动作电流

$$I_{\text{op.KA}} = \frac{K_{\text{rel}} K_{\text{w}}}{K_{\text{i}}} I_{K2.\max} = \frac{1.2 \times 1}{40} \times 1610 = 48.3 \text{A}$$

选 DL-31/50 电流继电器，线圈并联，整定动作电流为 50A。

过电流保护一次侧动作电流为

$$I_{\text{op1}} = \frac{K_{\text{i}}}{K_{\text{w}}} I_{\text{op.KA}} = \frac{40}{1.0} \times 50 = 2000\text{A} = 2\text{kA}$$

（2）灵敏度校验

以线路 1WL 的首端最小两相短路电流校验，即

$$K_s = \frac{I_{K1.\min}^{(2)}}{I_{\text{op1}}} = \frac{0.87 \times 4.66}{2} = 2.03 \geqslant 2$$

电流速断保护整定满足要求。

【例 7-3】 图 7-24 所示的 10kV 线路 1WL 和 2WL 都采用 GL-15/10 电流继电器构成两相两继电器接线的过电流保护。已知 1TA 的变比为 100A/5A，2TA 的变比为 75A/5A，1WL 的过电流保护动作电流整定为 9A，10 倍动作电流的动作时间为 1s，2WL 的计算电流为 36A，2WL 首端三相短路电流为 1160A，末端三相短路电流为 320A。试整定线路 2WL 的保护。

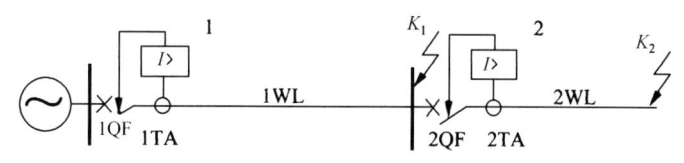

图 7-24 例 7-3 的电力线路

解 线路 2WL 由 GL-15/10 感应式电流继电器构成两段式过电流保护和瞬时电流速断保护。

（1）过电流保护

① 动作电流的整定

$$I_{op.KA} = \frac{K_{rel} \cdot K_w}{K_{re} \cdot K_i} I_{L.max} = \frac{1.3 \times 1}{0.8 \times 15} \times 2 \times 36 = 7.8A$$

整定继电器动作电流为 8A，过电流保护一次侧动作电流为

$$I_{op1} = \frac{K_i}{K_w} I_{op.KA} = \frac{15}{1} \times 8 = 120A$$

② 动作时限整定

由线路 1WL 和 2WL 保护配合点 K_1，整定 2WL 的电流继电器动作时限曲线。

a. 计算 K_1 点短路 1WL 保护的动作电流倍数 n_1 和动作时限 t_1。

$$n_1 = \frac{I_{K_1}^{(3)}}{I_{op1(1)}} = \frac{1160}{\frac{20}{1} \times 9} = 6.4$$

由 n_1 查图 A-16-1 的 GL-15 电流继电器 $t|_{n=10}=1s$ 的特性曲线，得 $t_1=1.2s$。

b. 计算 K_1 点短路 2WL 保护的动作电流倍数 n_2 和动作时限 t_2。

$$n_2 = \frac{I_{K_1}^{(3)}}{I_{op1(2)}} = \frac{1160}{120} = 9.7$$

$$t_2 = t_1 - \Delta t = 1.2 - 0.7 = 0.5s$$

c. 由 n_2 和 t_2 从图 A-16-1 的 GL-15 电流继电器动作特性曲线，查得 10 倍动作电流时限为 0.6s。

③ 灵敏度校验

$$K_s = \frac{I_{K.min}^{(2)}}{I_{op1}} = \frac{0.87 \times 320}{120} = 2.3 > 1.5$$

2WL 过电流保护整定满足要求。

（2）瞬时电流速断保护的整定

① 动作电流整定

$$I_{op.KA} = \frac{K_{rel} \cdot K_w}{K_i} I_{K_2}^{(3)} = \frac{1.5 \times 1}{15} \times 320 = 32A$$

$$n_{\mathrm{qb}} = \frac{I_{\mathrm{op.KA(qb)}}}{I_{\mathrm{op.KA(oc)}}} = \frac{32}{8} = 4$$

当整定瞬时电流速断保护动作倍数为 4 时，有

$$I_{\mathrm{op1(qb)}} = n_{\mathrm{ioc}} I_{\mathrm{op1(oc)}} = 4 \times 120 = 480\mathrm{A}$$

② 灵敏度校验

$$K_{\mathrm{s}} = \frac{I_{K.\mathrm{min}}^{(2)}}{I_{\mathrm{op1}}} = \frac{0.87 \times 1160}{480} = 2.1 > 2$$

2WL 瞬时电流速断保护整定满足要求。

（3）时限电流速断保护的整定计算

由于瞬时电流速断保护不能保护线路全长，线路未被保护的部分即保护死区需由过电流保护来保护。如果线路末端发生短路故障，保护装置的动作时限由过电流保护的动作时限决定，仍然可能太长，因此可考虑增设时限电流速断保护。时限电流速断保护既能保护线路全长，切除故障时间又较短。时限电流速断保护的整定与过电流保护相同，需要考虑动作电流、动作时限和灵敏度校验 3 个方面。

① 动作电流整定

由于时限电流速断保护必须保护线路全长，其保护范围必然会延伸到下级线路，但下级线路发生短路时又不应动作。因此该保护装置的动作电流须满足下列两个条件：

第一，应躲过下级线路末端短路时的最大短路电流。

第二，应与下级线路瞬时电流速断保护的动作电流相配合。而下级线路瞬时电流速断保护的动作电流是按该线路末端最大短路电流整定，因此时限电流速断保护的动作电流应大于下级线路瞬时电流速断保护的动作电流 $I_{\mathrm{op1(ioc)}}$，则时限速断保护继电器的动作电流可整定为

$$I_{\mathrm{op.KA}} = \frac{K_{\mathrm{rel}} \cdot K_{\mathrm{w}}}{K_{\mathrm{i}}} I_{\mathrm{op1(ioc)}} \tag{7-14}$$

式中，K_{rel} 为可靠系数，取 1.2；K_{w} 为接线系数；K_{i} 为电流互感器变比。

② 动作时限整定

为了满足选择性要求，时限电流速断保护的动作时限应比下级线路瞬时电流速断保护的动作时限大一个时限级差 Δt。由于瞬时电流速断保护动作时限很短，可以忽略，因此时限电流速断保护的动作时限就是级差 Δt，一般可整定为 0.5~0.6s。

③ 灵敏度校验

时限电流速断保护的灵敏度校验用系统最小运行方式下线路末端的两相短路电流 $I_{K.\mathrm{min}}^{(2)}$ 进行校验，即

$$K_{\mathrm{s}} = \frac{I_{K.\mathrm{min}}^{(2)}}{I_{\mathrm{op1}}} \geqslant 1.2 \tag{7-15}$$

综上所述，时限电流速断保护的选择性是由动作电流和动作时限共同实现的，动作电流按下一级线路瞬时电流速断保护的动作电流整定，保护范围除本级线路外，还包括下级线路瞬时电流速断保护范围首端的一部分，动作时限为 0.5~0.6s，保护动作较快。

3. 阶段式过电流保护的配合

瞬时电流速断保护、时限电流速断保护和过电流保护均是基于电流增大的过电流保护。三者之间的区别在于动作电流和动作时限的整定原则不同，所以三者之间的保护范围也不同。

瞬时电流速断保护按照躲开本级线路末端最大短路电流整定，瞬时动作无延时，但只能保护线路首端的一部分，所以保护线路末端存在保护死区。

时限电流速断保护按照基于下级线路瞬时电流速断保护的动作电流整定，动作较快，动作时限为 0.5~0.6s，可以保护本级线路和下级线路的一部分。

过电流保护基于本级线路最大负荷电流整定，动作时限较下级线路过电流保护动作时限大一个级差 Δt，可保护本级线路和下级线路全长。

为了保证快速而有选择性地可靠切除故障，可将瞬时电流速断保护、时限电流速断保护和过电流保护组合构成阶段式电流保护。具体应用时，3~10kV 线路可采用瞬时电流速断保护加过电流保护，瞬时电流速断保护灵敏度不满足要求时，可采用时限电流速断保护配合过电流保护；35kV 线路可采用Ⅰ段或Ⅱ段式电流速断加过电流保护，分别称为Ⅱ段式电流保护和Ⅲ段式电流保护。

Ⅲ段式电流保护的接线图如图 7-25 所示，其中瞬时电流速断保护、时限电流速断保护和过电流保护公用一套电流互感器和中间继电器，保护采用两相两继电器接线。瞬时电流速断保护由电流继电器 1KA、2KA 和信号继电器 1KS 构成；时限速断保护由电流继电器 3KA、4KA 及时间继电器 1KT、信号继电器 2KS 构成；过电流保护由电流继电器 5KA、6KA 及时间继电器 2KT、信号继电器 3KS 构成。

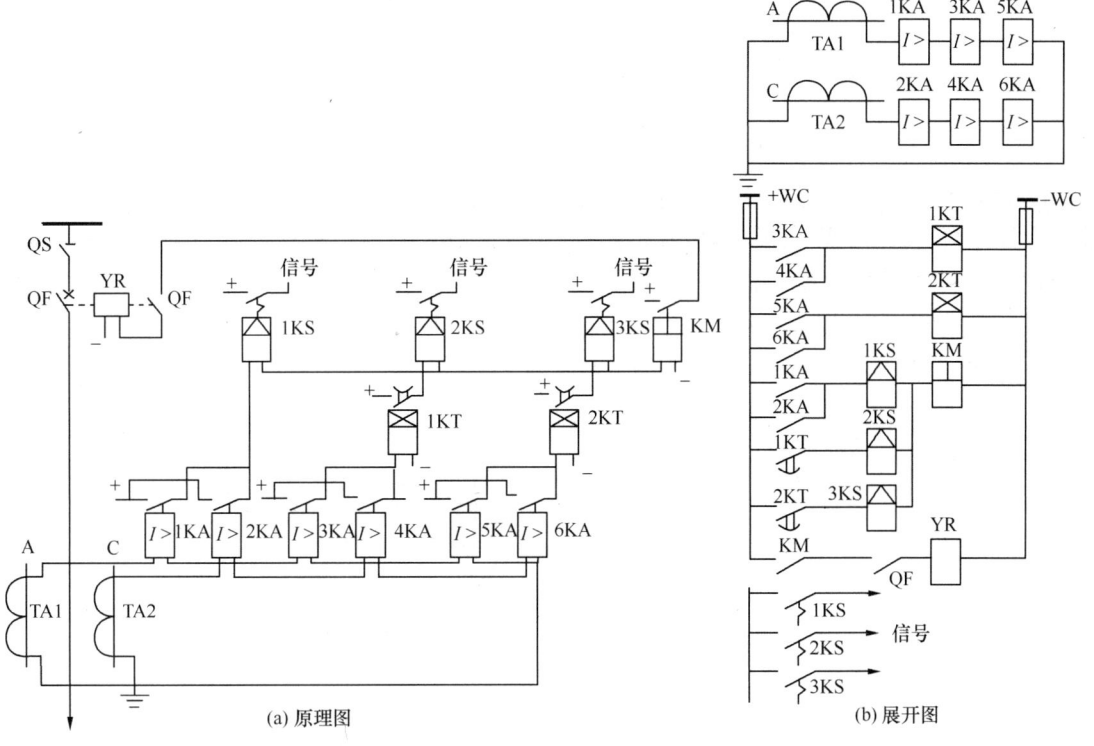

图 7-25 Ⅲ段式电流保护的接线图

现以图 7-26 所示的系统为例加以说明。线路 3WL 末端电动机 M 因与线路其他元件的保护无配合要求，其保护 4 可采用瞬时电流速断保护，动作电流按电动机最大启动电流整定，电动机发生短路故障，保护瞬时动作。线路 3WL 的保护 3 采用瞬时电流速断和过电流保护构成的Ⅱ段式保护，过电流保护动作时限整定为 0.5s，若线路 3WL 发生短路故障无瞬时切除的要求，也允许只装设过电流保护。线路 1WL 和 2WL 的保护 1 和保护 2，因过电流保护动作时限长（分别为 1.5s 和 1.0s），可装设瞬时电流速断、时限电流速断和过电流保护的Ⅲ段式保护，时限电流速断保护动作时限整定为 0.5s；瞬时电流速断保护为主保护，时限电流速断保护为辅助保护，过电流保护为近后备保护；在瞬时电流速断保护死区内，时限电流速断保护为主保护。在同一网络的所有线路上，电流继电器应接于相同两相的电流互感器上。图 7-26 为Ⅲ段式电流保护的配合和动作时限的示意图，当系统中任意点发生短路时，都可以在 0.5s 以内切除故障。

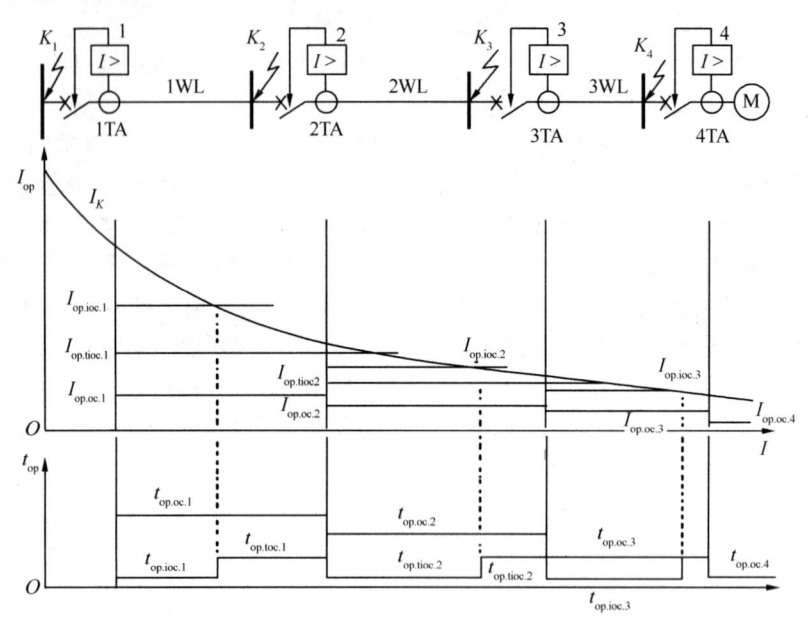

图 7-26 Ⅲ段式电流保护的配合和动作时限的示意图

【例 7-4】 试整定 35kV 线路 1WL 瞬时电流速断保护、时限电流速断保护和过电流保护装置。已知最大运行方式时三相短路电流为 $I_{K1.max}^{(3)}$ = 7.82kA、$I_{K2.max}^{(3)}$ = 2.49kA、$I_{K3.max}^{(3)}$ = 0.97kA，最小运行方式时三相短路电流为 $I_{K1.min}^{(3)}$ = 6.95kA、$I_{K2.min}^{(3)}$ = 2.01kA、$I_{K3.min}^{(3)}$ = 0.74kA，线路最大负荷电流（含自启动电流）为 275A，保护装置采用不完全星形接线，电流互感器的变比为 300A/5A，下级线路 2WL 保护动作时间为 0.7s，如图 7-27 所示。

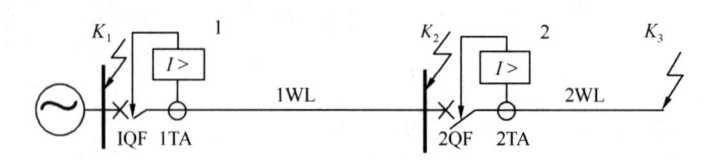

图 7-27 例 7-4 系统图

解 （1）瞬时电流速断保护

① 动作电流整定

$$I_{op.KA} = \frac{K_{rel} \cdot K_w}{K_i} I_{K.max}^{(3)} = \frac{1.2 \times 1}{300/5} \times 2490 = 49.8A$$

选 DL-31/50 电流继电器，线圈并联，整定动作电流为 50A。

瞬时电流速断保护一次侧动作电流为

$$I_{op1} = \frac{K_i}{K_w} I_{op.KA} = \frac{300/5}{1} \times 50 = 3000A$$

② 灵敏度校验

以线路 1WL 首端最小两相短路电流校验。

$$K_\mathrm{s} = \frac{I_{K.\min}^{(2)}}{I_\mathrm{op1}} = \frac{0.87 \times 6.95 \times 10^3}{3000} = 2.02 > 2.0$$

瞬时电流速断保护整定满足要求。

（2）时限电流速断保护

① 整定动作电流

线路 2WL 时限电流速断保护动作电流为

$$I_\mathrm{op1.2} = K_\mathrm{rel} I_{K.\max}^{(3)} = 1.2 \times 0.97 \times 10^3 = 1164\mathrm{A}$$

$$I_\mathrm{op.KA} = \frac{K_\mathrm{rel} \cdot K_\mathrm{w}}{K_\mathrm{i}} I_\mathrm{op1.2} = \frac{1.2 \times 1}{300/5} \times 1164 = 23.3\mathrm{A}$$

选 DL-31/50 电流继电器，线圈串联，整定动作电流为 24A。

时限电流速断保护一次侧动作电流为

$$I_\mathrm{op1} = \frac{K_\mathrm{i}}{K_\mathrm{w}} I_\mathrm{op.KA} = \frac{300/5}{1.0} \times 24 = 1440\mathrm{A}$$

② 整定动作时限

动作时限整定 $t = 0.5\mathrm{s}$。

③ 校验保护灵敏度

保护线路 1WL 的灵敏度按线路 1WL 末端最小两相短路电流校验。

$$K_\mathrm{s} = \frac{I_{K.\min}^{(2)}}{I_\mathrm{op1}} = \frac{0.87 \times 2.01 \times 10^3}{1440} = 1.21 > 1.2$$

时限电流速断保护整定满足要求。

（3）定时限过电流保护

① 整定动作电流

$$I_\mathrm{op.KA} = \frac{K_\mathrm{rel} \cdot K_\mathrm{w}}{K_\mathrm{re} \cdot K_\mathrm{i}} I_\mathrm{L.max} = \frac{1.2 \times 1.0}{0.85 \times 300/5} \times 275 = 6.47\mathrm{A}$$

选 DL-31/10 电流继电器，线圈并联，整定动作电流为 7A。

过电流保护一次侧动作电流为

$$I_\mathrm{op1} = \frac{K_\mathrm{i}}{K_\mathrm{w}} I_\mathrm{op.KA} = \frac{300/5}{1.0} \times 7 = 420\mathrm{A}$$

② 整定动作时限

线路 1WL 过电流保护的动作时限应较线路 2WL 过电流保护动作时限大一个时限级差 Δt，得

$$t_1 = t_2 + \Delta t = 0.7 + 0.5 = 1.2\mathrm{s}$$

③ 校验保护灵敏度

保护线路 1WL 的灵敏度按线路 1WL 末端最小两相短路电流校验。

$$K_\mathrm{s} = \frac{I_{K.\min}^{(2)}}{I_\mathrm{op1}} = \frac{0.87 \times 2.01 \times 10^3}{420} = 4.16 > 1.5$$

线路 2WL 后备保护灵敏度用线路 2WL 末端最小两相短路电流校验。

$$K_s = \frac{I_{K.\min}^{(2)}}{I_{op1}} = \frac{0.87 \times 0.74 \times 10^3}{420} = 1.53 > 1.2$$

由此可见，过电流保护整定满足要求。

所以，线路 1WL Ⅲ段式电流保护整定满足要求。

4．微机保护中的过电流保护实现

3~35kV 线路电流保护主要有瞬时电流速断保护、时限电流速断保护和过电流保护。过电流保护又分定时限过电流保护和反时限过电流保护。上面有关电流保护的整定计算在微机保护中均适用，其保护算法比较简单，但反时限过电流保护时限整定复杂，感应式电流继电器误差大。因此，主要问题是如何实现反时限过电流保护的算法和建立数学模型，目前有多种反时限过电流保护模型可供选择，如 IECS1、IEEEM1、USC08、UKLT1 及其他反时限保护特性曲线等。式（7-16）是 3 种反时限过电流保护的数学模型：标准反时限过电流保护、强反时限过电流保护和超强反时限过电流保护。

$$t = \begin{cases} \dfrac{0.5D}{K-1} + 0.5D + 0.02 \\ \dfrac{0.5D}{K^2-1} + 0.5D + 0.02 \\ \dfrac{8D}{K^2-1} + 0.02 \end{cases} \quad (7\text{-}16)$$

式中，K 为动作电流倍数，$K=I_K/I_{op1}$，其中 I_K 为流经保护装置一次侧短路电流，I_{op1} 为保护装置一次侧动作电流；D 为时间整定常数，设定范围为 0.1~9.9s，步长为 0.1s。

图 7-28 给出了时间整定常数 D=1s 时的 3 种反时限保护特性曲线。标准反时限特性适用于短路电流大小主要取决于短路时刻系统容量的场合；强反时限特性适用于短路电流大小主要取决于短路点与保护装置相对距离的场合；超强反时限特性适用于和熔断器配合的场合。图 7-29 至图 7-31 分别为标准反时限、强反时限和超强反时限过电流保护在不同 D 值下的特性曲线。

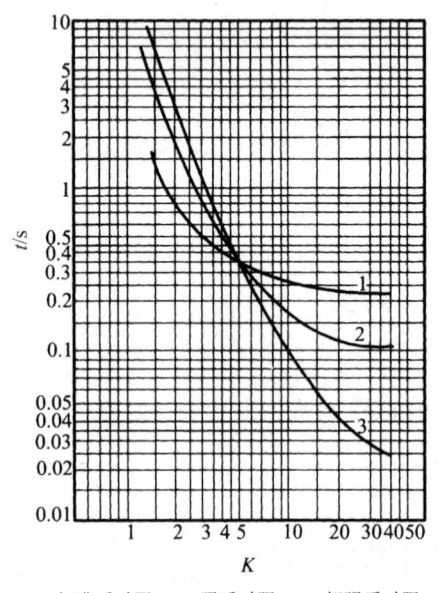

1—标准反时限；2—强反时限；3—超强反时限

图 7-28　3 种反时限过电流保护特性曲线

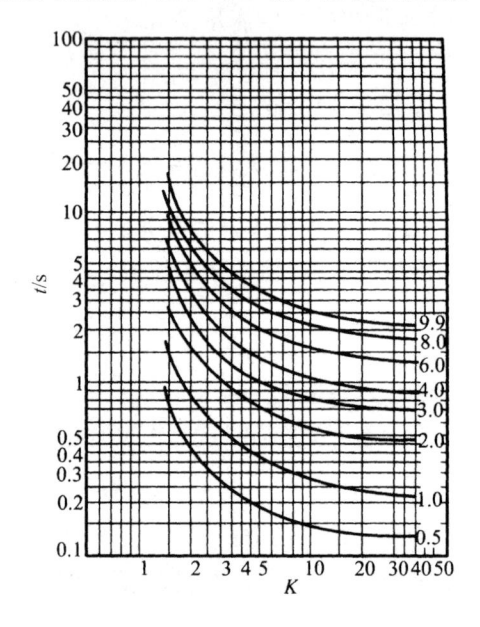

图 7-29　标准反时限过电流保护曲线

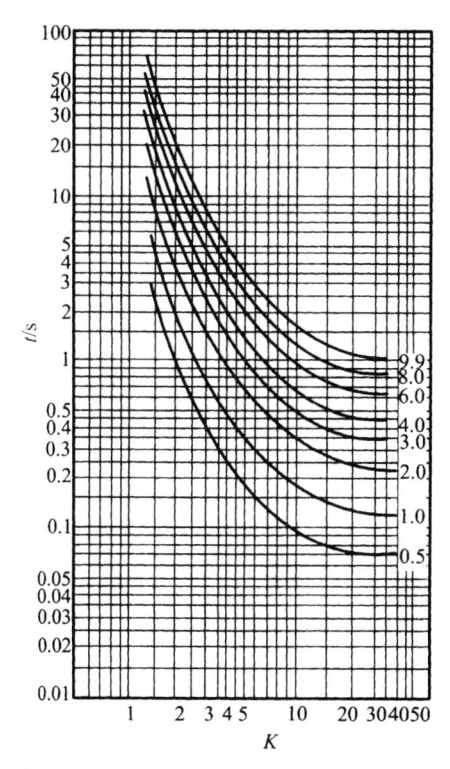

图 7-30 强反时限过电路保护特性曲线 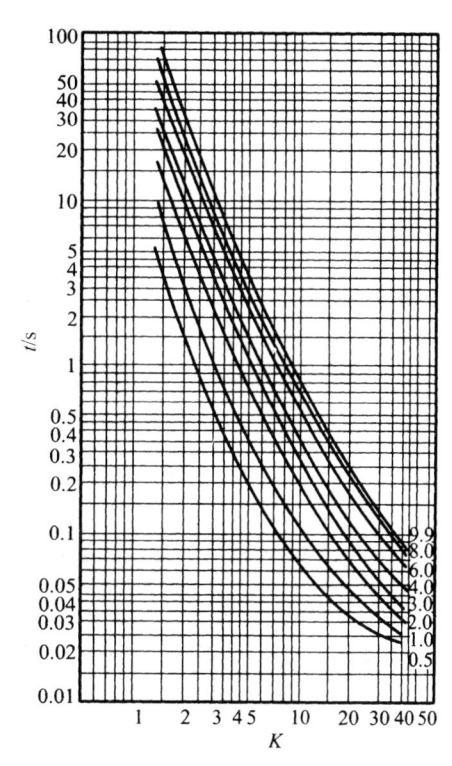　　图 7-31 超强反时限过电流保护特性曲线

7.2.4 单相接地保护

由第 1 章分析可知，中性点不接地系统发生单相接地时，流经接地点的电流为系统电容电流（很小）。同时，尽管相对地电压不对称，但线电压仍对称，系统仍可继续运行一段时间，其间应消除接地故障，以免非接地相对地电压升高，击穿对地绝缘，从而引发两相接地短路，造成更严重事故。线路可装设有选择性的单相接地保护或无选择性的绝缘监视装置，当系统发生单相接地时发出报警信号，提示工作人员及时发现和处理。

1. 多线路系统单相接地分析

如图 7-32 所示，具有 3 条回路出线的系统在线路 3WL 的 C 相发生单相接地。正常运行时，线路 1WL、2WL 和 3WL 的相对地电容电流分别为 I_{C01}、I_{C02} 和 I_{C03}。若 3WL 的 C 相发生接地故障，所有线路的 C 相对地电容电流均为零，仅 A 相和 B 相有对地电容电流，分别为 I'_{C01}、I'_{C02} 和 I'_{C03}，且较正常运行时增大 $\sqrt{3}$ 倍。

由于三相对地电容电流不对称，线路 1WL~3WL 的接地电流分别为

$$\begin{aligned} I_{C1} &= \sqrt{3}I'_{C01} = 3I_{C01} \\ I_{C2} &= \sqrt{3}I'_{C02} = 3I_{C02} \\ I_{C3} &= \sqrt{3}I'_{C03} = 3I_{C03} \end{aligned} \tag{7-17}$$

所有线路的接地电容电流均流向接地点，因此，流过接地点的电流为

$$I_{C\Sigma} = I_{C1} + I_{C2} + I_{C3} \tag{7-18}$$

因此，多回路供配电系统接地电容电流分布的特点为：

① 流过接地线路的总接地电流 I_E 等于所有在电气上有直接联系的线路的接地电容电流之和 $I_{C\Sigma}$ 减去接地线路的接地电容电流 I_C。I_E 的流通方向由线路流向母线。

② 流过非接地线路的接地电容电流就是该非接地故障线路的接地电容电流 I_{Ci}，I_{Ci} 的流通方向由母线流向线路。

综上所述，检测发生单相接地时流过线路的接地电容电流即零序电流，可构成不同方式的单相接地保护。

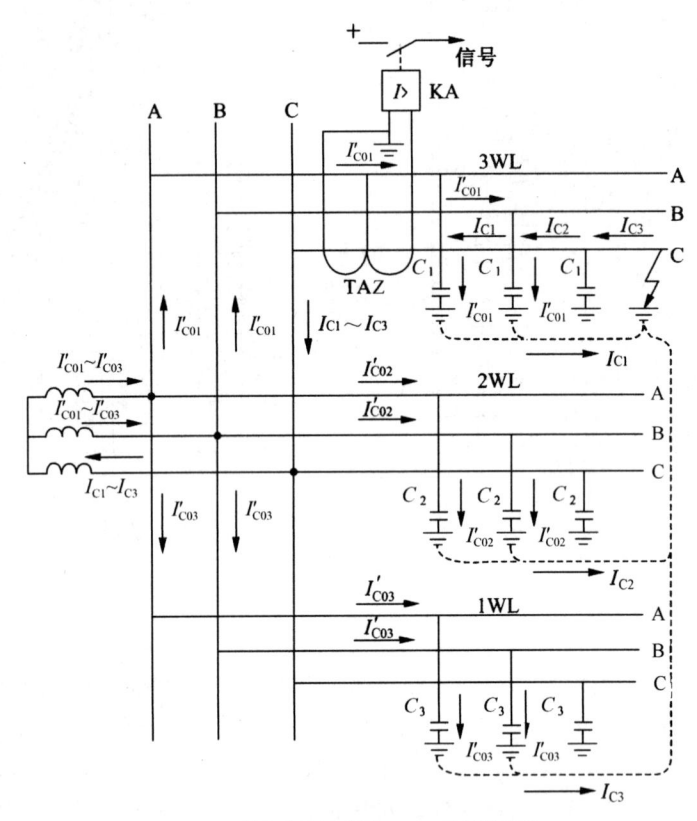

TAZ—零序电流互感器；KA—电流继电器

图 7-32 多线路系统单相接地时电容电流分布

2. 单相接地保护

（1）工作原理

如图 7-33 所示。架空线路采用 3 台电流互感器构成零序电流互感器（TAZ），电缆线路用一台零序电流互感器。单相接地保护利用该线路单相接地时的零序电流较系统其他线路单相接地时零序电流大的特点，实现有选择性的单相接地保护，又称零序电流保护。该保护一般用于变电所出线较多或不允许停电的系统中。当线路发生单相接地故障时，该线路单相接地保护的电流继电器（KA）动作，发出信号，以便工作人员及时处理。

值得注意的是，当电缆线路在安装单相接地保护时，必须使电缆头与支架绝缘，并将电缆头的接地线穿过零序电流互感器后再接地，以保证接地保护可靠地动作。

（2）动作电流整定

其他线路发生单相接地，被保护线路流过接地电容电流 I_C 时，单相接地保护不应动作，即

(a)架空线路　　　　　(b)电缆线路

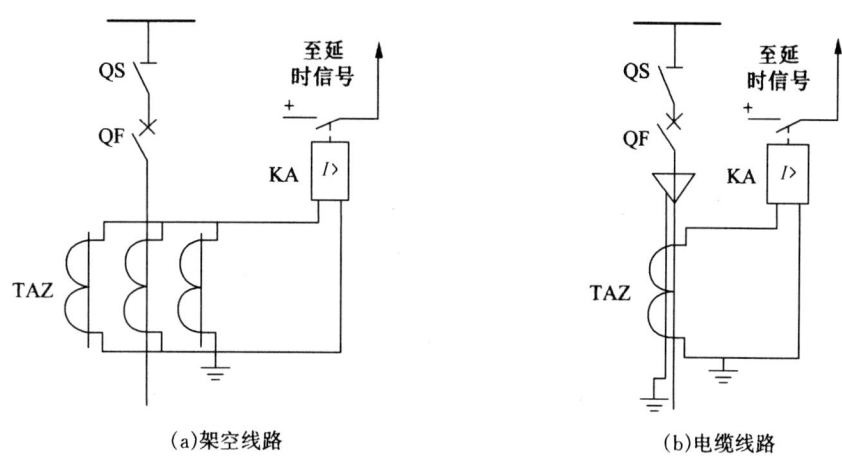

图 7-33　单相接地保护原理接线图

$$I_{op.KA} = \frac{K_{rel}}{K_i} I_C \tag{7-19}$$

式中，K_{rel} 为可靠系数，保护装置不带时限时，取 $K_{rel}=4\sim5$，保护装置带时限时，取 $K_{rel}=1.5\sim2$；K_i 为零序电流互感器的变比。

保护装置一次侧动作电流为

$$I_{op1} = K_i \cdot I_{op.KA}$$

（3）灵敏度校验

被保护线路发生单相接地，流过的总接地电流 $I_E = I_{C\Sigma} - I_C$，单相接地保护应可靠动作，用此电流计算保护的灵敏度。

$$K_s = \frac{I_{C\Sigma} - I_C}{I_{op1}} \geq \begin{cases} 1.5 & （架空线路）\\ 1.25 & （电缆线路） \end{cases} \tag{7-20}$$

单相接地保护又称单相接地选线，除了零序电流法，还有零序导纳法、暂态电流法、谐波电流法、注入信号法、智能复合法等，可参见有关书籍。

3．绝缘监视装置

当变电所出线回路较少或线路允许短时停电时，可在母线上采用无选择性的绝缘监视装置作为单相接地的保护装置。图 7-34 为绝缘监视装置的原理接线图，在变电所的每段母线上，装设一台三相五芯柱式电压互感器或 3 台单相三绕组电压互感器。在接成星形的二次绕组上接 3 只相电压表，在接成开口三角形的二次绕组上接一台电压继电器。

当系统发生单相接地故障时，在同一电压等级的所有变电所的母线上都会出现零序电压，没有选择性，所有线路故障相的电压表读数近似为零，非故障相的两只电压表读数升高为线电压，同时开口三角形绕组两端电压也升高，近似为 100V，电压继电器（KV）动作并发出单相接地信号，以便工作人员及时处理。因此绝缘监视装置又称为零序电压保护。

由于绝缘监视装置是无选择性的，工作人员根据接地信号和相电压表读数，可以判断在哪一段母线以及在哪一相发生了单相接地，但无法判断哪一条线路发生单相接地。因此，采用依次拉合的方法来判断接地故障线路，即依次先断开，再合上各条线路，当断开某条线路时 3 只电压表读数恢复且近似相等，那么该线路便是接地故障线路，再消除接地故障，恢复线路正常运行。电压继电器的动作电压整定应躲过系统正常运行时开口三角形绕组两端出现的最大不平衡电压。

7.2.5 过负荷保护

可能发生过负荷的电缆线路可装设过负荷保护并延时动作于信号。过负荷保护的原理接线图如图 7-35 所示。由于过负荷时三相电流对称，因此过负荷保护一般采用单相式接线，并和相间保护公用电流互感器。

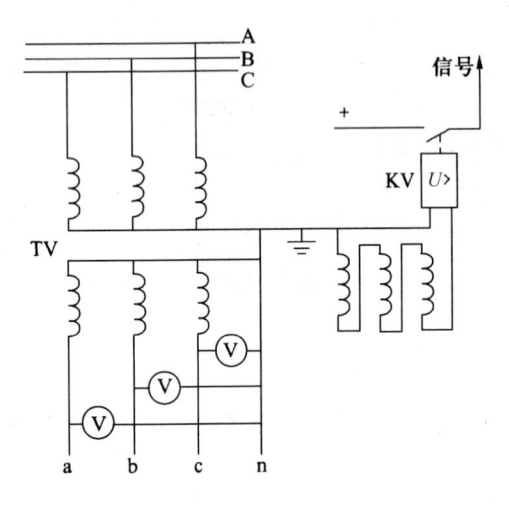

图 7-34　绝缘监视装置的原理接线图

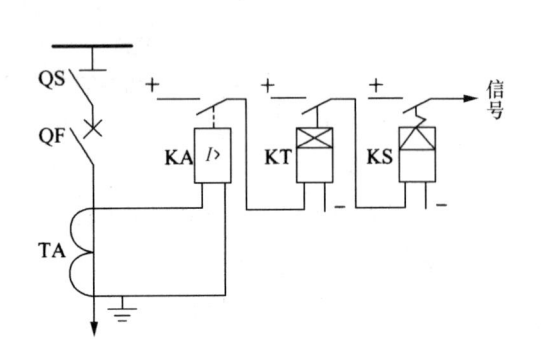

图 7-35　线路过负荷保护原理接线图

TA—电流互感器；KA—电流继电器；KT—时间继电器；KS—信号继电器

过负荷保护的动作电流按线路的计算电流 I_c 整定，即

$$I_{\text{op.KA}} = \frac{K_{\text{rel}}}{K_{\text{i}}} I_{\text{c}} \tag{7-21}$$

式中，K_{rel} 为可靠系数，取 1.2～1.3；K_{i} 为电流互感器的变比。

动作时间一般整定为 10～15s。

7.3　电力变压器的继电保护

7.3.1　电力变压器的常见故障和保护配置

供配电系统的电力变压器的常见故障包括短路故障和异常运行状态两类。

变压器的短路故障根据是否发生在变压器油箱的内外可分为内部短路故障和外部短路故障。内部短路故障有绕组的匝间短路和相间短路。外部短路故障有出线的相间短路、外部相间短路引起的过电流、中性点直接接地或经小电阻接地侧的接地短路引起的过电流及中性点过电压。

变压器的异常运行状态包括过负荷，油面降低，变压器油温、绕组温度过高及油箱压力过高和冷却系统故障。

1. 35(20、10、6)/0.4kV 配电变压器的继电保护配置原则（具体见表 7-2）

① 当带时限的过电流保护不能满足灵敏度要求时，应采用低电压闭锁的带时限过电流保护，或复合电压启动的过电流保护。

② 当利用高压侧过电流保护不能满足灵敏度要求时，应装设变压器中性导体上的零序过电流保护。

③ 低压侧电压为 230/400V 的变压器，当低压侧出线断路器带有过负荷保护时，可不装设专用的过负荷保护。

④ 密闭油浸式变压器应装设压力保护。

⑤ 干式变压器均应装设温度保护。

表 7-2　35(20、10、6)/0.4kV 配电变压器的继电保护配置

变压器容量 /kVA	带时限的过电流保护	电流速断保护	纵差动保护	低压侧单相接地保护	过负荷保护	瓦斯保护	温度保护	备注
<400	—	—	—	—	—	—	—	一般用高压熔断器与负荷开关的组合电器保护
400~630	高压侧采用断路器时装设	高压侧采用断路器时装设	—	—	并联运行的变压器装设，作为其他备用电源的变压器根据过负荷的可能性装设	车间内变压器装设	—	1250kVA 及以下的变压器可以用高压熔断器与负荷开关的组合电器保护
800			—	—		装设	—	
1000~1600			—	—		装设	—	
2000~2500	装设	装设	当电流速断保护不能满足灵敏度要求时装设	—		—	装设	

2. 110(66、35、20、10)/6(10)kV 电力变压器的继电保护配置原则（具体见表 7-3）

① 当带时限的过电流保护不能满足灵敏度要求时，应采用低电压闭锁的带时限过电流保护，或复合电压启动的过电流保护。

② 过负荷保护仅在高压侧或低压侧一侧装设。

③ 干式变压器（最大 35/10.5kV，31500kVA 变压器）仅装设温度保护。

表 7-3　110(66、35、20、10)/6(10)kV 电力变压器的继电保护配置

变压器容量/kVA	带时限的过电流保护	电流速断保护	纵差动保护	高压侧单相接地保护	过负荷保护	瓦斯保护	温度保护	压力保护	备注
2000~4000	装设	装设	当电流速断保护不能满足灵敏度要求时装设	装设	并联运行的变压器装设，作为其他备用电源的变压器根据过负荷的可能性装设	装设	装设	装设	≥5000kVA 的单相变压器宜装设远距离测温装置；>8000kVA 的三相变压器宜装设远距离测温装置
5600									
6300~8000		单独运行的变压器或负荷不太重要的变压器装设	当电流速断保护不能满足灵敏度要求时装设，6.3MVA 及以上并列运行的变压器应采用纵差动保护	装设		装设	装设	装设	
≥10000		—	装设	装设		装设	装设	装设	

167

7.3.2 电力变压器过电流保护和过负荷保护

电压为 10kV 及以下、容量为 10000kVA 以下单独运行的变压器应采用电流速断保护；降压变压器宜采用过电流保护，作为变压器外部短路的后备保护；装设过负荷保护和温度保护分别用于保护变压器的过负荷和温度升高。

1. 变压器二次侧短路时流经一次侧的穿越电流和电流保护的接线方式

变压器过电流保护的基本原理与电力线路保护相似，考虑到变压器的连接组别和保护的接线方式，变压器二次侧短路时流经一次侧的穿越电流与二次侧短路分布不同，对变压器保护的灵敏度有影响。

（1）Yyn0 连接组变压器二次侧单相短路时流经一次侧的穿越电流

若变压器二次侧 b 相发生单相短路，短路电流 $I_K^{(1)} = I_b$。由对称分量法可将 $\dot{I}_b = \dot{I}_K^{(1)}$、$\dot{I}_a = \dot{I}_c = 0$ 分解为正序分量 $\dot{I}_{a1}$、$\dot{I}_{b1}$、$\dot{I}_{c1}$，负序分量 $\dot{I}_{a2}$、$\dot{I}_{b2}$、$\dot{I}_{c2}$ 和零序分量 $\dot{I}_{a0}$、$\dot{I}_{b0}$、$\dot{I}_{c0}$，且 $\dot{I}_{b1} = \dot{I}_{b2} = \dot{I}_{b0} = \dot{I}_K^{(1)}/3$。变压器二次侧的正序分量和负序分量分别在变压器铁芯中产生相应的三相磁通，从而在一次侧分别感应出相应的正序电流 $\dot{I}_{A1}$、$\dot{I}_{B1}$、$\dot{I}_{C1}$ 和负序电流 $\dot{I}_{A2}$、$\dot{I}_{B2}$、$\dot{I}_{C2}$。由于三相三柱变压器铁芯中没有零序磁通的通道，变压器一次侧没有零序电流，$\dot{I}_{A0} = \dot{I}_{B0} = \dot{I}_{C0} = 0$。变压器一次侧的正序电流和负序电流合成为一次侧的穿越电流。电流分布和电流相量图如图 7-36（a）、（b）所示。由图可知，Yyn0 连接组变压器二次侧发生单相短路时，一次侧的电流分布不对称，B 相为 $\dfrac{2}{3K}I_K^{(1)}$，A 相和 C 相为 $\dfrac{1}{3K}I_K^{(1)}$（K 为变压器的变比，下同）。

综上所述，Yyn0 连接组变压器二次侧发生单相短路时，一次侧穿越电流分布不对称，两相为 $\dfrac{1}{3K}I_K^{(1)}$，一相为 $\dfrac{2}{3K}I_K^{(1)}$。

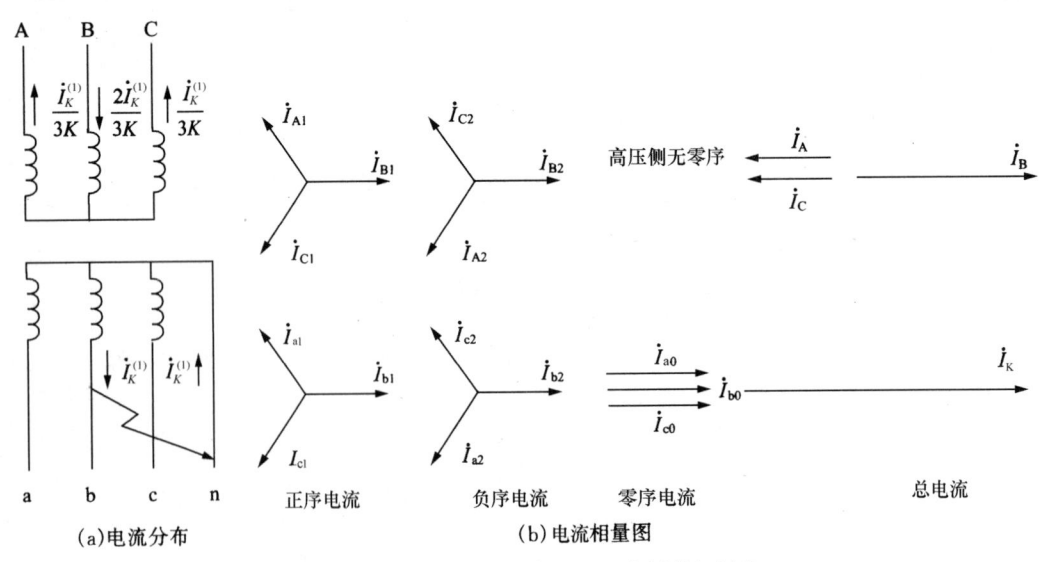

图 7-36 Yyn0 连接组变压器二次侧单相短路

（2）Yd11 连接组变压器二次侧两相短路时一次侧的穿越电流

若 Yd11 连接组变压器二次侧 a、b 相发生两相短路，短路电流为 $I_K^{(2)} = I_{K.a} = I_{K.b}$。用对称分量法将变压器二次侧电流分解为正序分量、负序分量和零序分量，$\dot{I}_{b1} = \dot{I}_{b2} = \dot{I}_K^{(2)}/3$，$\dot{I}_{b0} = 0$。变压器一次侧感应产生相应的正序电流和负序电流，将各序电流合成即得一次侧各相穿越电流，图7-37（a）、（b）为电流分布和电流相量图。由图可见，变压器二次侧a、b相发生两相短路，一次侧的穿越电流B相为$\dfrac{2}{\sqrt{3}K}I_K^{(2)}$，A、C相为$\dfrac{1}{\sqrt{3}K}I_K^{(2)}$。

综上所述，当Yd11连接组变压器二次侧发生两相短路时，一次侧的穿越电流分布也不对称，其中两相为$\dfrac{1}{\sqrt{3}K}I_K^{(1)}$，一相为$\dfrac{2}{\sqrt{3}K}I_K^{(1)}$。

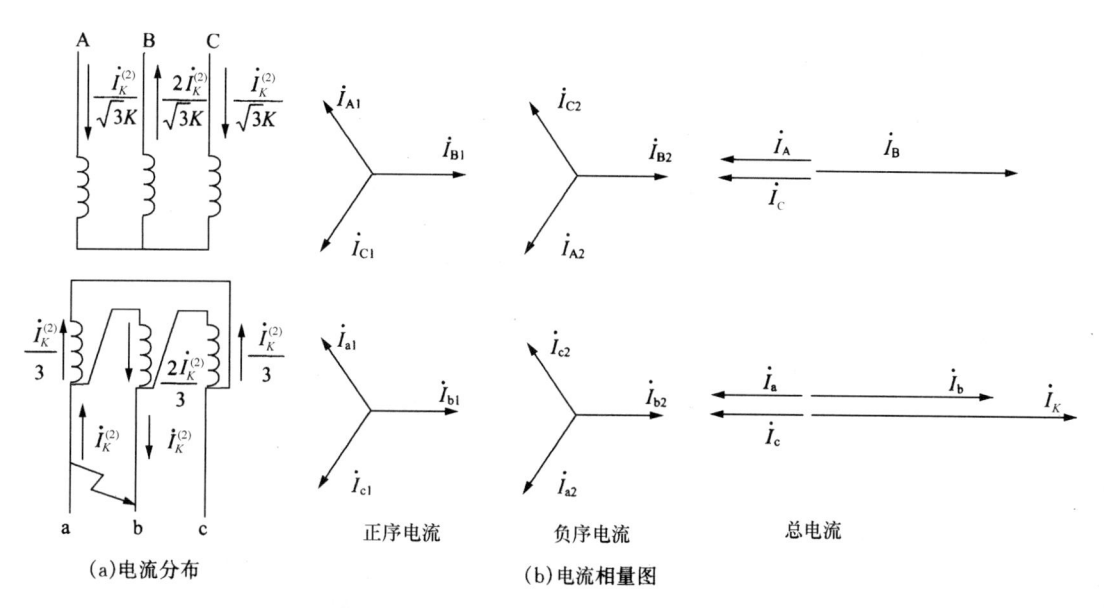

图7-37 Yd11连接组变压器二次侧两相短路

（3）Dyn11连接组变压器二次侧单相短路时一次侧的穿越电流

若变压器二次侧b相发生单相短路，其短路电流$I_K^{(1)} = I_b$。用对称分量法将$\dot{I}_b = \dot{I}_K^{(1)}$、$\dot{I}_a = \dot{I}_c = 0$分解为正序分量$\dot{I}_{a1}$、$\dot{I}_{b1}$、$\dot{I}_{c1}$，负序分量$\dot{I}_{a2}$、$\dot{I}_{b2}$、$\dot{I}_{c2}$和零序分量$\dot{I}_{a0}$、$\dot{I}_{b0}$、$\dot{I}_{c0}$，且$\dot{I}_{b1} = \dot{I}_{b2} = \dot{I}_{b0} = \dot{I}_K^{(1)}/3$。变压器二次侧的正序分量和负序分量分别在变压器铁芯中产生相应的三相磁通，从而在一次侧分别感应出相应的正序相电流$\dot{I}_{AB1}$、$\dot{I}_{BC1}$、$\dot{I}_{CA1}$和负序相电流$\dot{I}_{AB2}$、$\dot{I}_{BC2}$、$\dot{I}_{CA2}$。由于三相三柱式铁芯结构的变压器中没有零序磁通的通道，变压器一次侧没有零序电流，$\dot{I}_{AB0} = \dot{I}_{BC0} = \dot{I}_{CA0} = 0$。将变压器一次侧正序相电流和负序相电流合成可获得变压器一次侧相电流，进而获得变压器一次侧线电流即变压器一次侧的穿越电流，电流分布和电流相量图如图7-38（a）、（b）所示。由图可知，当变压器二次侧b相发生单相短路时，一次侧穿越电流B相和C相为$\dfrac{1}{\sqrt{3}K}I_K^{(1)}$，A相为0。

综上所述，当Dyn11连接组变压器二次侧发生单相短路时，一次侧穿越电流分布不对称，其中两相为$\dfrac{1}{\sqrt{3}K}I_K^{(1)}$，一相为0。

Dyn11连接组变压器二次侧两相短路时一次侧的穿越电流分布和Yd11连接组变压器相同，

其二次侧两相短路时一次侧的穿越电流两相为 $\frac{1}{\sqrt{3}K}I_K^{(2)}$，一相为 $\frac{2}{\sqrt{3}K}I_K^{(2)}$。

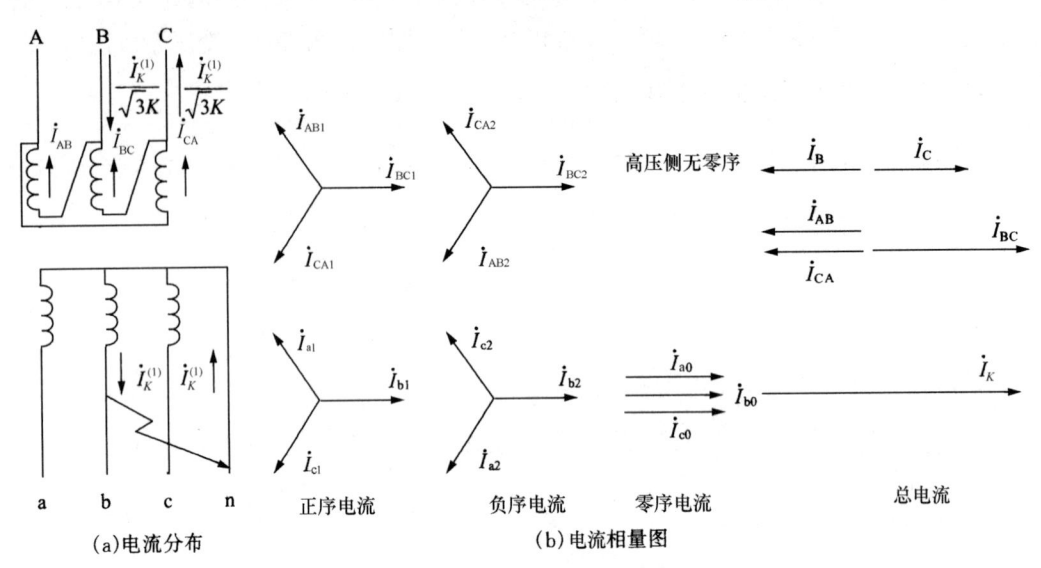

图 7-38　Dy11 连接组变压器二次侧单相短路

变压器二次侧短路时一次侧短路电流分布详见表 7-4。

表 7-4　变压器二次侧短路时一次侧短路电流分布

短路种类		Yd11 连接组变压器			Yyn0 连接组变压器			Dyn11 连接组变压器		
		I_A	I_B	I_C	I_A	I_B	I_C	I_A	I_B	I_C
三相短路		$\frac{1}{K}I_K^{(3)}$	$\frac{1}{K}I_K^{(3)}$	$\frac{1}{K}I_K^{(3)}$	$\frac{1}{K}I_K^{(3)}$	$\frac{1}{K}I_K^{(3)}$	$\frac{1}{K}I_K^{(3)}$	$\frac{1}{K}I_K^{(3)}$	$\frac{1}{K}I_K^{(3)}$	$\frac{1}{K}I_K^{(3)}$
两相短路	AB 相	$\frac{I_K^{(2)}}{\sqrt{3}K}$	$\frac{2I_K^{(2)}}{\sqrt{3}K}$	$\frac{I_K^{(2)}}{\sqrt{3}K}$	$\frac{I_K^{(2)}}{K}$	$\frac{I_K^{(2)}}{K}$	0	$\frac{I_K^{(2)}}{\sqrt{3}K}$	$\frac{2I_K^{(2)}}{\sqrt{3}K}$	$\frac{I_K^{(2)}}{\sqrt{3}K}$
	BC 相	$\frac{2I_K^{(2)}}{\sqrt{3}K}$	$\frac{I_K^{(2)}}{\sqrt{3}K}$	$\frac{I_K^{(2)}}{\sqrt{3}K}$	0	$\frac{I_K^{(2)}}{K}$	$\frac{I_K^{(2)}}{K}$	$\frac{2I_K^{(2)}}{\sqrt{3}K}$	$\frac{I_K^{(2)}}{\sqrt{3}K}$	$\frac{I_K^{(2)}}{\sqrt{3}K}$
	CA 相	$\frac{I_K^{(2)}}{\sqrt{3}K}$	$\frac{I_K^{(2)}}{\sqrt{3}K}$	$\frac{2I_K^{(2)}}{\sqrt{3}K}$	$\frac{I_K^{(2)}}{K}$	0	$\frac{I_K^{(2)}}{K}$	$\frac{I_K^{(2)}}{\sqrt{3}K}$	$\frac{I_K^{(2)}}{\sqrt{3}K}$	$\frac{2I_K^{(2)}}{\sqrt{3}K}$
单相短路	A 相	—	—	—	$\frac{2I_K^{(1)}}{3K}$	$\frac{I_K^{(1)}}{3K}$	$\frac{I_K^{(1)}}{3K}$	$\frac{I_K^{(1)}}{3K}$	$\frac{I_K^{(1)}}{3K}$	0
	B 相	—	—	—	$\frac{I_K^{(1)}}{3K}$	$\frac{2I_K^{(1)}}{3K}$	$\frac{I_K^{(1)}}{3K}$	0	$\frac{I_K^{(1)}}{3K}$	$\frac{I_K^{(1)}}{3K}$
	C 相	—	—	—	$\frac{I_K^{(1)}}{3K}$	$\frac{2I_K^{(1)}}{3K}$	$\frac{2I_K^{(1)}}{3K}$	$\frac{I_K^{(1)}}{3K}$	0	$\frac{I_K^{(1)}}{3K}$

（4）变压器电流保护的接线方式

变压器二次侧发生短路时一次侧的穿越电流分布会发生变化，使得保护接线方式对保护的灵敏系数和应用可能产生影响。

两相两继电器式接线适用于相间短路保护。但 Yyn0 连接组变压器，二次侧发生单相短路时，流经保护的穿越电流仅为二次侧的 1/3（设变压器的变比为 1，下同）；Dyn11 连接组变压器二次侧发生单相短路和 a、b 两相短路，流经保护的穿越电流仅为二次侧的 $1/\sqrt{3}$，保护的灵敏系数将降低；Yd11 连接组变压器二次侧 a、b 两相短路，流经保护装置的穿越电流也仅为二次侧的 $1/\sqrt{3}$，保护的灵敏系数也将降低，为提高保护的灵敏系数，可采用三相三继电器式接线。

两相一继电器式接线保护的灵敏系数随短路种类而异。但 Yd11、Yyn0 和 Dyn11 连接组变压器二次侧发生两相短路，保护装置可能不动作；Yyn0 和 Dyn11 连接组变压器二次侧发生单相短路，保护装置可能也不动作。因此该接线方式不能用于 Yd11、Yyn0 和 Dyn11 连接组变压器的电流保护。

综上所述，Yd11、Yyn0 和 Dyn11 连接组变压器的电流保护的接线方式宜采用三相或两相三继电器式接线，以提高保护的灵敏系数和防止保护装置不动作。

2．变压器的电流保护

（1）过电流保护

变压器过电流保护装置的接线、工作原理与线路过电流保护完全相同。过电流保护的整定和线路过电流保护的整定类似。

① 动作电流整定。变压器过电流保护继电器的动作电流为

$$I_{\text{op.KA}} = \frac{K_{\text{rel}} \cdot K_{\text{w}}}{K_{\text{re}} \cdot K_{\text{i}}} \cdot (1.5 \sim 3) I_{1\text{N}} \qquad (7-22)$$

式中，$I_{1\text{N}}$ 为变压器一次侧的额定电流；可靠系数 K_{rel}、接线系数 K_{w}、返回系数 K_{re} 同线路过电流保护；K_{i} 为电流互感器的变比。

② 动作时限整定。变压器过电流保护动作时限按级差原则整定。变压器过电流保护动作时限应比二次侧出线过电流保护的最大动作时限大一个级差 Δt，一般 Δt 取 0.5～0.7s。

③ 灵敏度校验。变压器过电流保护的灵敏系数按下式校验：

$$K_{\text{s}} = \frac{I_{K.\min}^{(2)'}}{I_{\text{op1}}} \geqslant 1.5 \qquad (7-23)$$

式中，$I_{K.\min}^{(2)'}$ 为变压器二次侧在系统最小运行方式下发生两相短路时一次侧的穿越电流。

（2）电流速断保护

变压器的电流速断保护的接线、工作原理也与线路的电流速断保护相同。图 7-39 是变压器的定时限过电流保护和电流速断保护接线图。定时限过电流保护和电流速断保护均为两相两继电器式接线。

① 动作电流整定。变压器电流速断保护的动作电流，应躲过变压器二次侧母线三相短路时一次侧的最大穿越电流，即

$$I_{\text{op.KA}} = \frac{K_{\text{rel}} \cdot K_{\text{w}}}{K_{\text{i}}} I_{K.\max}^{(3)'} \qquad (7-24)$$

式中，$I_{K.\max}^{(3)'}$ 为变压器二次侧母线在系统最大运行方式下发生三相短路时一次侧的穿越电流；K_{rel} 为可靠系数，与线路的电流速断保护相同。

(a) 原理图　　　　　　　　　　　　(b) 展开图

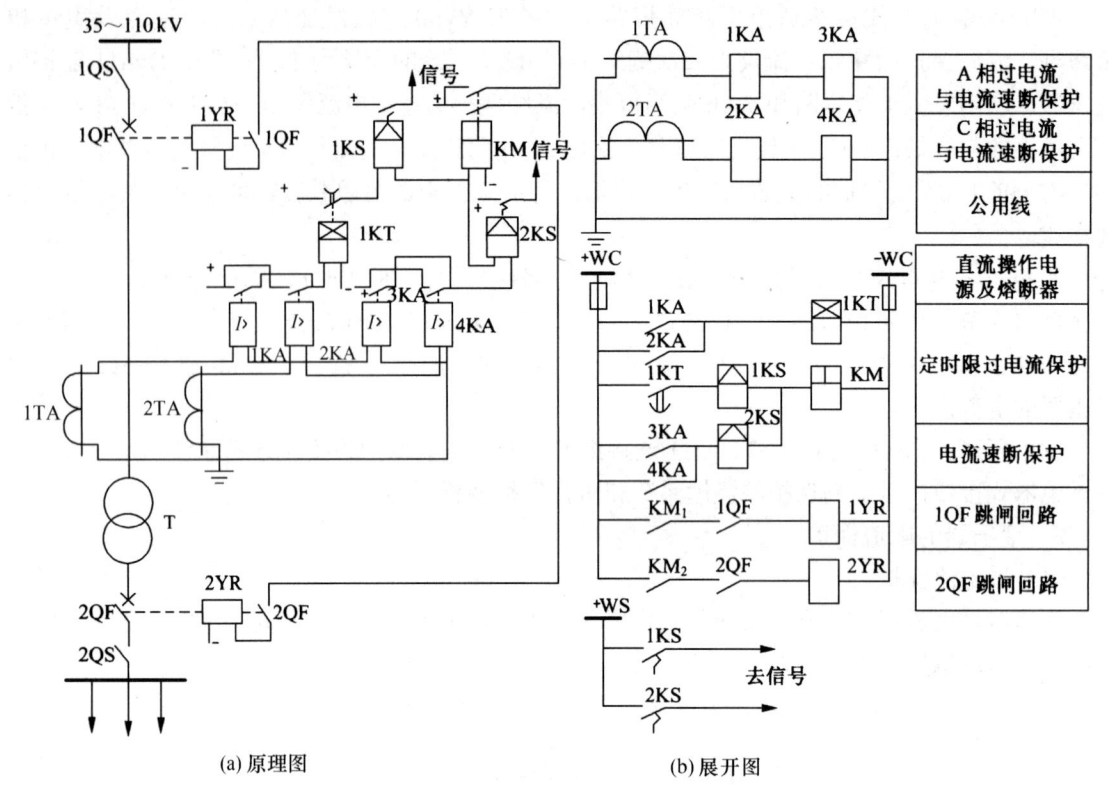

图 7-39　变压器的定时限过电流保护和电流速断保护接线图

变压器的电流速断保护与线路的电流速断保护一样，也存在保护死区，只能保护变压器的一次绕组和部分二次绕组，甚至只能保护部分一次绕组。

② 灵敏度校验。变压器电流速断保护的灵敏度校验以变压器一次侧最小两相短路电流 $I_{K.\min}^{(2)}$ 进行校验，即

$$K_s = \frac{I_{K.\min}^{(2)}}{I_{\mathrm{op1}}} \geqslant 2 \qquad (7\text{-}25)$$

若电流速断保护的灵敏度不满足要求，应装设差动保护。

3．变压器的过负荷保护

并联运行的变压器和运行中可能出现过负荷的变压器应装设过负荷保护。过负荷保护的接线、工作原理与线路过负荷保护相同，动作电流整定按变压器一次侧的额定电流整定，动作时间一般整定为 10～15s。

【例 7-5】某总降压变电所有一台 35/10.5kV、2500kVA、Yd11 连接组变压器，如图 7-40 所示。已知变压器 10kV 母线的最大三相短路电流为 1.4kA，最小三相短路电流为 1.3kA，35kV 母线的最小三相短路电流为 1.25kA，保护采用两相两继电器式接线，电流互感器的变比为 75A/5A，变电所 10kV 出线过电流保护的动作时间为 0.7s，试整定变压器的电流保护。

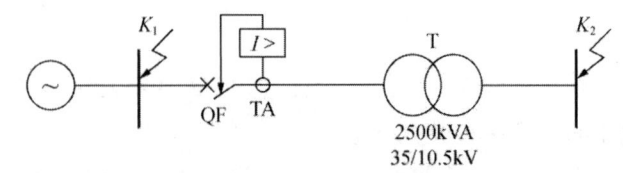

图 7-40　例 7-5 电路图

解 因无过负荷可能，变压器装设定时限过电流保护和电流速断保护，保护采用两相两继电器式接线。

（1）定时限过电流保护

① 动作电流整定：

$$I_{\text{op.KA}} = \frac{K_{\text{rel}} \cdot K_{\text{w}}}{K_{\text{re}} \cdot K_{\text{i}}} \cdot (1.5 \sim 3) I_{1N} = \frac{1.2 \times 1.0}{0.85 \times 15} \times 2 \times \frac{2500}{\sqrt{3} \times 35} = 7.76\text{A}$$

查表 A-16-1 选 DL-11/10 电流继电器，线圈并联，动作电流整定为 $I_{\text{op.KA}} = 8\text{A}$。

保护一次侧动作电流为

$$I_{\text{op1}} = \frac{K_{\text{i}}}{K_{\text{w}}} I_{\text{op.KA}} = \frac{15}{1.0} \times 8 = 120\text{A}$$

② 动作时间整定：

$$t_1 = t_2 = \Delta t = 0.7 + 0.5 = 1.2\text{s}$$

③ 灵敏度校验：

$$K_{\text{s}} = \frac{I_{K2.\min}^{(2)'}}{I_{\text{op1}}} \frac{\frac{1}{\sqrt{3}} \times \frac{10.5}{37} \times \frac{\sqrt{3}}{2} \times 1300}{120} = 1.54 > 1.5$$

（2）电流速断保护

① 动作电流整定：

$$I_{\text{op.KA}} = \frac{K_{\text{rel}} \cdot K_{\text{w}}}{K_{\text{i}}} \cdot I_{K.\max}^{(3)'} = \frac{1.2 \times 1.0}{15} \times 1400 \times \frac{10.5}{37} = 31.8\text{A}$$

查表 A-16-1 选 DL-11/50 电流继电器，线圈并联，动作电流整定为 $I_{\text{op.KA}} = 32\text{A}$。

保护一次侧动作电流为

$$I_{\text{op1}} = \frac{K_{\text{i}}}{K_{\text{w}}} I_{\text{op.KA}} = \frac{15}{1.0} \times 32 = 480\text{A}$$

② 灵敏度校验：

$$K_{\text{s}} = \frac{I_{K.\min}^{(2)'}}{I_{\text{op1}}} \frac{\frac{\sqrt{3}}{2} \times 1250}{480} = 2.27 > 2.0$$

变压器电流保护灵敏度满足要求，其接线图如图 7-39 所示。

7.3.3 电力变压器的气体保护

气体保护是油浸式变压器内部故障的主保护之一。当变压器油箱内部出现故障时，故障电流和电弧产生的高温使得变压器内部绝缘油和绝缘材料分解，产生大量气体，气体保护就是利用该现象构成保护。气体保护装置主要由气体继电器构成。GB 50062—2008 规定，400kVA 及以上车间内油浸式变压器和 800kVA 以上油浸式变压器均应装设气体保护，用于保护变压器内部故障产生的大量瓦斯、轻微瓦斯和油面降低。

1. 气体继电器的结构和工作原理

气体继电器主要有浮筒挡板式和开口杯挡板式两种类型。图 7-41 为 FJ3-80 型开口杯挡板式气体继电器的结构示意图，图 7-42 为其工作原理示意图。

如图 7-42（a）所示，当变压器正常运行时，气体继电器的容器内充满了油，上、下开口油杯产生的力矩小于平衡锤产生的力矩而上升，上、下两对触点处于断开位置。

如图 7-42（b）所示，当变压器油箱内部发生轻微故障时，故障产生的少量气体较缓慢上升并聚集在气体继电器的容器上部，使继电器内油面下降，上开口油杯因其中有残余油而使其力矩大于平衡锤的力矩而降落，上触点闭合，此时发出报警信号，称为轻瓦斯动作。

如图 7-42（c）所示，当变压器油箱内部发生严重故障时，由故障产生大量气体，带动油气混合物迅速由油箱通过连通管进入油枕。在油气混合物冲击下，气体继电器的挡板 14 被掀起，从而使下开口油杯下降，下触点闭合，此时发出跳闸信号，使断路器跳闸，称为重瓦斯动作。

如图 7-42（d）所示，若变压器油箱严重漏油，随着气体继电器内的油面逐渐下降，首先上开口油杯下降，上触点闭合，发出轻瓦斯报警信号；随后下开口油杯下降，下触点闭合，使断路器跳闸，发出重瓦斯动作信号。

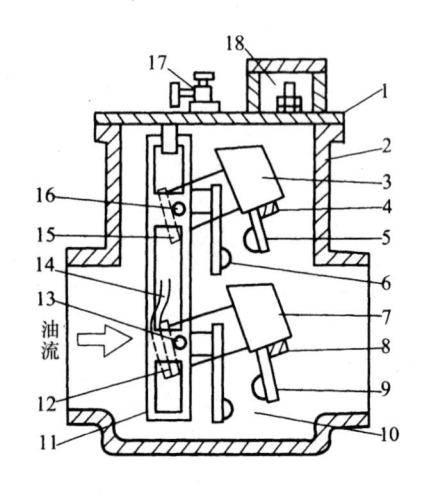

1—盖；2—容器；3—上开口油杯；4，8—永久磁铁；
5，6—上触点；7—下开口油杯；9，10—下触点；
11—支架；12，15—平衡锤；13，16—转轴；
14—挡板；17—放气阀；18—接线盒

图 7-41　FJ3-80 型开口杯挡板式气体继电器结构示意图

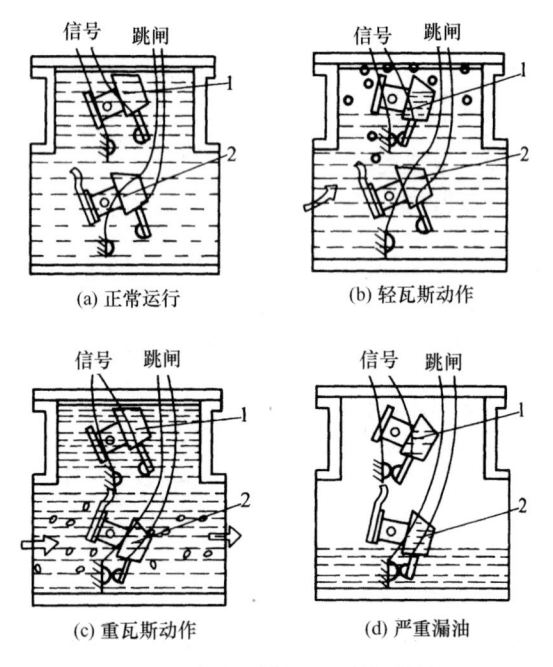

(a) 正常运行　　(b) 轻瓦斯动作
(c) 重瓦斯动作　　(d) 严重漏油

1—上开口油杯；2—下开口油杯
图 7-42　气体继电器工作原理示意图

2. 气体保护的接线

图 7-43 为变压器气体保护原理图，其中包括轻瓦斯保护和重瓦斯保护。

当变压器内部发生轻微故障时，气体继电器 KG 动作，上触点闭合，发出轻瓦斯报警信号。

当变压器内部发生严重故障时，气体继电器 KG 下触点闭合，经中间继电器 KM 动作于断路器 QF 的跳闸线圈 YR，同时通过信号继电器 KS 发出重瓦斯跳闸信号。为了避免重瓦斯动作时，气体继电器因油气混合物冲击引起下触点"抖动"，可利用中间继电器 KM 的触点 1-2 进行"自保持"，以保证断路器可靠跳闸。

变压器在运行中进行滤油、加油、换硅胶时，必须将重瓦斯信号经切换片 XB 改接为信号灯 HL，以防止重瓦斯误动作使断路器误跳闸。

3. 气体保护的安装和运行

如图 7-44 所示，气体继电器通常安装在变压器的油箱与油枕之间的连通管上。为了使变压器内部发生故障时气体能通畅地通过气体继电器排向油枕，制造变压器时连通管对油箱上盖应有 2%～4%的倾斜度，同时安装变压器时一般也应有 1%～1.5%的倾斜度。

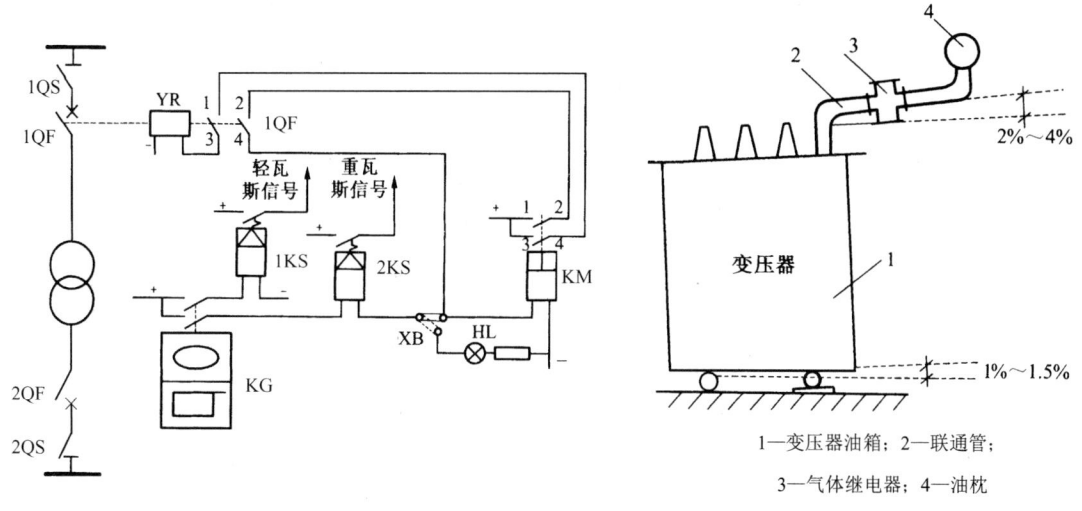

图 7-43 变压器气体保护原理图　　图 7-44 气体继电器在变压器上的安装

气体保护动作后，可通过分析蓄积在气体继电器内的气体性质判断发生故障的原因，并进行处理，如表 7-5 所示。

表 7-5　气体继电器动作后的处理要求

气体性质	故障原因	处理要求
无色、无臭、不可燃	变压器含有空气	允许继续运行
灰白色、有剧臭、可燃	纸质绝缘物烧毁	应立即停电检修
黄色、难燃	木质绝缘部分烧毁	应停电检修
深灰色或黑色、易燃	油内闪络、油质炭化	分析油样，必要时停电检修

7.3.4　电力变压器的差动保护

电压为 10kV 以上、容量为 10000kVA 及以上单独运行的变压器，容量为 6300kVA 及以上并列运行的变压器应装设差动保护；容量为 10000kVA 以下单独运行的重要变压器也可装设差动保护；额定电压为 10kV 的重要变压器或容量为 2000kVA 及以上的变压器当电流速断保护的灵敏系数不满足要求时宜采用差动保护，作为变压器出线和内部短路故障的主保护。

1. 差动保护的工作原理

图 7-45 为变压器差动保护的原理图。在变压器两侧安装有电流互感器并将二次绕组串联成环路，电流继电器 KA（或差动继电器 KD）并接在环路上，流入继电器的电流等于变压

器两侧电流互感器的二次电流之差,即 $I_{KA}=|\dot{I}'_1-\dot{I}'_2|=I_{ub}$,$I_{ub}$ 为变压器一、二次侧不平衡电流。

当变压器正常运行或差动保护的保护区域之外发生短路时,流入差动继电器的不平衡电流小于继电器的动作电流,差动保护不动作。当发生保护区内短路时,对单端电源供电的变压器,$I''_2=0$,$I_{KA}=I''_1$,此时 I_{KA} 远大于继电器的动作电流,继电器瞬时动作并启动中间继电器 KM,使变压器两侧的断路器跳闸,切除故障变压器。

变压器差动保护的保护范围是变压器两侧电流互感器安装地点之间的区域,如图 7-45 中 1TA 和 2TA 之间,因此可以保护变压器内部和两侧绝缘套管以及出线上的相间短路,保护反应灵敏。

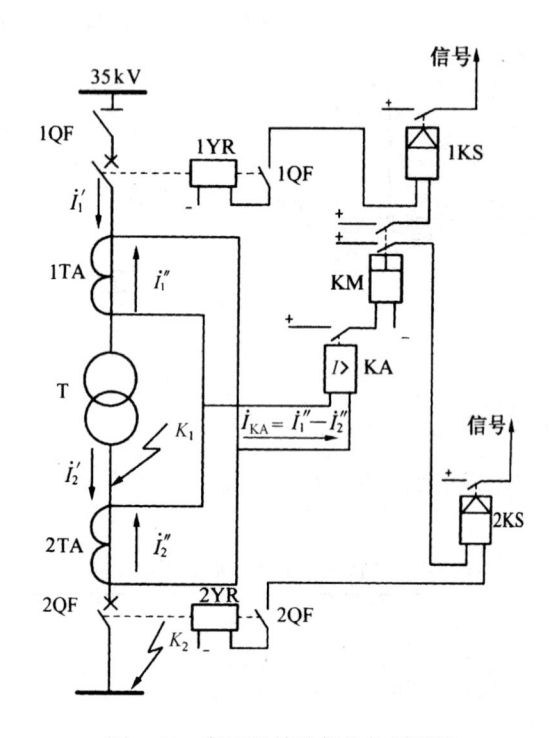

图 7-45 变压器差动保护的原理图

2. 变压器差动保护中不平衡电流产生的原因和减小措施

在变压器正常运行或保护区外部发生短路时,理论上流入继电器的不平衡电流很小,近似为零,但由于变压器的连接组和电流互感器变比等因素,不平衡电流不可能为零。因此必须分析不平衡电流产生的原因并采取措施。

(1) 变压器连接组引起的不平衡电流

变压器通常有一侧绕组采用三角形接线,例如常见的 Yd11 连接组,这样变压器两侧线电流之间就有 30°的相位差。因此即使变压器两侧电流互感器二次电流的大小相等,保护的差动回路中仍会出现由相位差引起的不平衡电流。

如图 7-46 所示,为了消除不平衡电流,可将变压器星形接线侧的电流互感器接成三角形接线,同时变压器三角形接线侧的电流互感器接成星形,这样变压器两侧电流互感器的二次电流相位相同,消除了由变压器连接组引起的不平衡电流。

在微机保护中,变压器两侧电流互感器均可接成星形,而在软件算法中对电流相量进行转角处理,以消除连接组引起的不平衡电流。

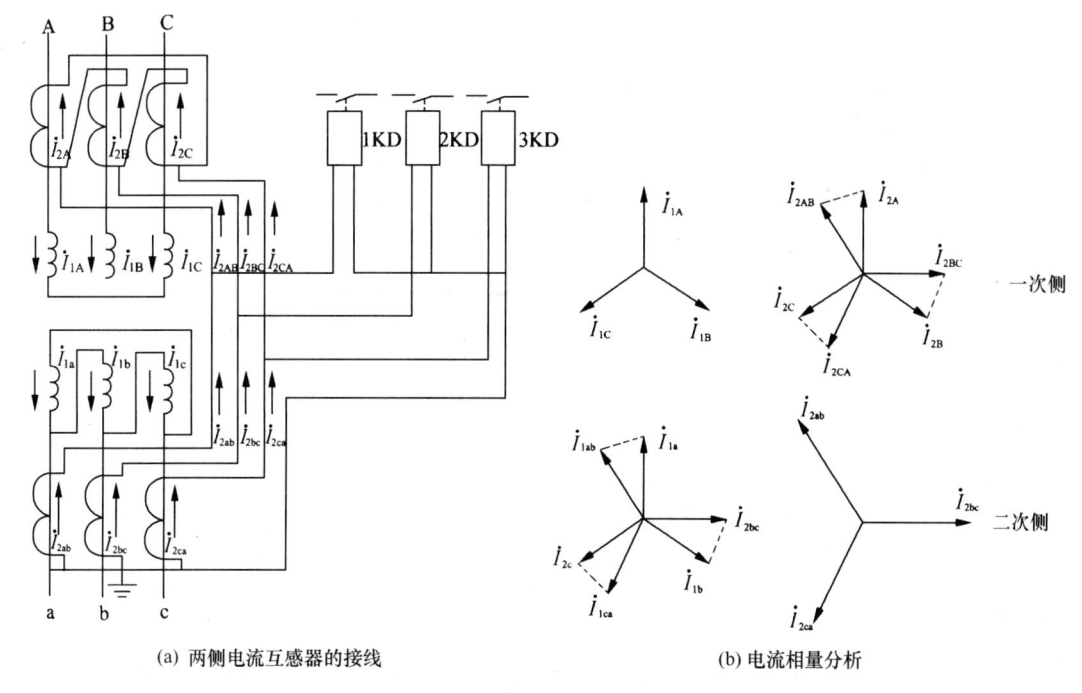

(a) 两侧电流互感器的接线　　　　　　　(b) 电流相量分析

图 7-46　Yd11 连接组变压器的差动保护原理连接图

（2）电流互感器变比引起的不平衡电流

为了使变压器两侧电流互感器的二次电流相等，必须选择合适的电流互感器变比，但电流互感器变比一般按标准分成若干等级，而需要的变比与实际产品的标准变比往往不同，差动保护两侧的电流不可能相等，这样也会产生不平衡电流。这种不平衡电流可利用差动继电器中的平衡线圈或自耦电流互感器消除。

（3）变压器励磁涌流引起的不平衡电流

在变压器空载合闸操作或外部故障切除后电压恢复的过程中，由于变压器铁芯磁链不能突变，可能使得铁芯饱和，从而在变压器某一侧的绕组中可能会产生很大的励磁电流（数值可达变压器额定电流的 8～10 倍），这个电流称为励磁涌流。以变压器从某一侧进行空载合闸为例，这个数值很大的励磁涌流只存在合闸操作的这一侧，而另一侧的电流为零，因此在差动回路中会产生很大的不平衡电流。模拟式保护中可利用速饱和电流互感器或差动继电器的速饱和铁芯减小励磁涌流引起的不平衡电流。在微机保护中一般常采用专门的励磁涌流识别方法来防止差动保护误动作，例如基于二次谐波含量的识别原理、基于励磁涌流波形间断角识别原理等。

3．变压器差动继电器

变压器差动保护需要解决的主要问题，就是采取各种有效措施消除不平衡电流的影响。在满足选择性条件下，要保证在变压器内部发生故障时有足够的灵敏度和速动性。

变压器常采用不同类型的差动继电器，例如带短路线圈的 BCH-2 型差动继电器、带磁制动特性的 BCH-1 型差动继电器等。限于篇幅，本书仅介绍 BCH-2 型差动继电器。

BCH-2 型差动继电器由一个带短路线圈、平衡线圈、差动线圈和工作线圈的速饱和变压器以及一个执行元件 DL-11/0.2 电流继电器组成，如图 7-47 所示。

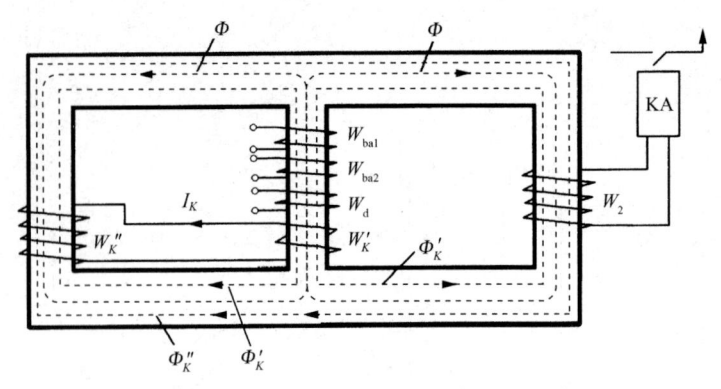

图 7-47 BCH-2 型差动继电器结构原理图

（1）工作原理

在速饱和变压器铁芯的中间芯柱上绕有一个差动线圈 W_d、两个平衡线圈 W_{ba1} 和 W_{ba2} 以及一个短路线圈 W_K'。左侧芯柱上绕有一个短路线圈 W_K''，W_K' 和 W_K'' 接成闭合回路，它们产生的磁通 Φ_K'、Φ_K'' 在左侧芯柱上是同相的。Φ 是差动线圈 W_d 产生的磁通。右侧芯柱上绕有一个二次线圈 W_2，与执行元件相接。平衡线圈用于平衡由于变压器差动保护两侧电流互感器的二次电流不等所引起的不平衡电流。短路线圈的作用是消除励磁涌流的影响。当变压器外部短路或空载投入，在差动回路出现不平衡电流或励磁涌流存在较大的非周期分量时，速饱和变压器迅速饱和，从而差动继电器不动作。

（2）保护接线

BCH-2 型变压器差动保护接线图如图 7-48 所示。图 7-48（a）为 BCH-2 型双绕组变压器差动保护单相原理图，若保护三绕组变压器，则变压器第三侧的电流互感器的二次线圈应接 BCH-2 型差动继电器的端子④；图 7-48（b）为差动保护展开图，采用三相三继电器式接线。

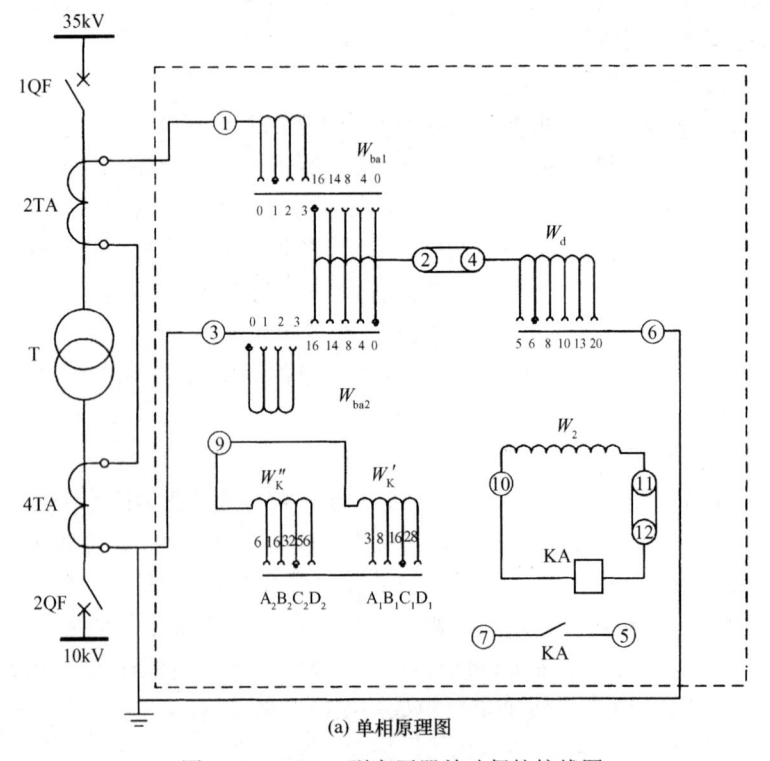

(a) 单相原理图

图 7-48 BCH-2 型变压器差动保护接线图

(b) 差动保护展开图

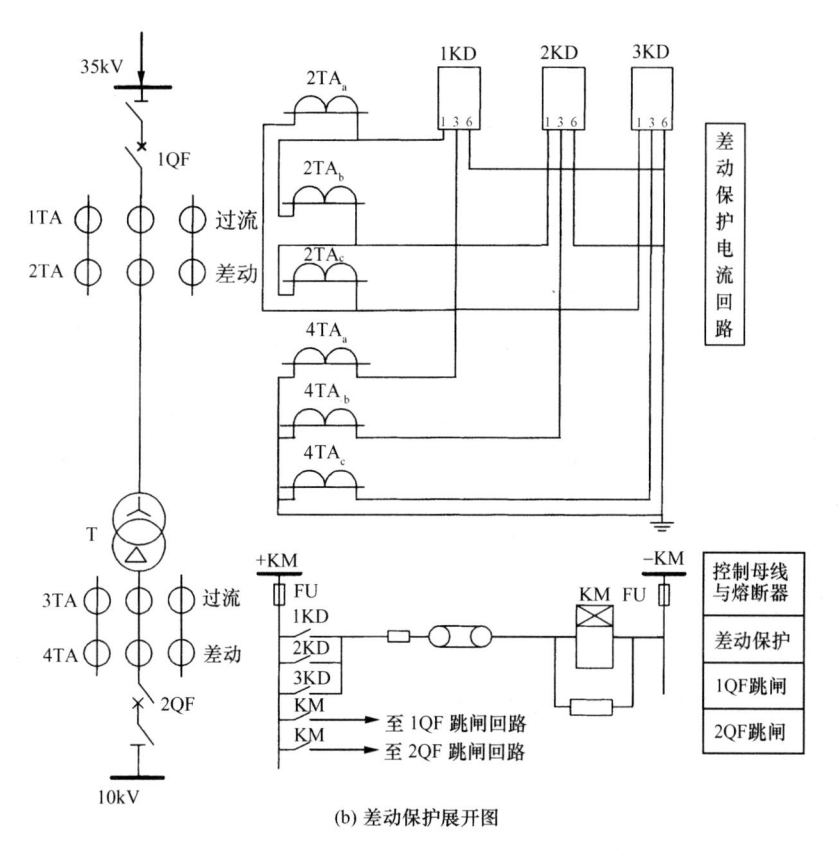

图 7-48 BCH-2 型变压器差动保护接线图（续）

（3）整定计算

① 由平均电压及变压器最大容量计算变压器各侧的额定电流 I_{NT}，按 I_{NT} 选择各侧电流互感器一次额定电流。按下式计算出电流互感器二次回路额定电流 I_{N2}，即

$$I_{N2} = \frac{K_w I_{NT}}{K_i} \tag{7-26}$$

式中，K_w 为三相对称情况下电流互感器的接线系数，星形接线时为 1，三角形接线时为 $\sqrt{3}$；K_i 为电流互感器变比。

取二次额定电流 I_{N2} 最大的一侧为基本侧。

② 差动保护基本侧的一次侧动作电流 I_{op1} 整定。I_{op1} 应满足下面 3 个条件。

a. 躲过变压器空载投入或外部故障切除后电压恢复时的励磁涌流，即

$$I_{op1} = K_{rel} \cdot I_{1N} \tag{7-27}$$

式中，K_{rel} 为可靠系数，取 1.3；I_{1N} 为变压器保护基本侧的一次额定电流。

b. 躲过变压器外部短路时的最大不平衡电流 $I_{dsq.max}$，即

$$I_{op1} = K_{rel} \cdot I_{dsq.max} \tag{7-28}$$

式中，K_{rel} 为可靠系数，取 1.3；$I_{dsq.max}$ 为

$$I_{dsq.max} = \left(0.1 K_{eq} + \frac{\Delta U\%}{100} + \Delta f_c\right) I_{K.max}^{(3)} \tag{7-29}$$

式中，0.1 为电流互感器允许的最大相对误差；K_{eq} 为电流互感器的同型系数，型号相同时取 0.5，型号不同时取 1；$\Delta U\%$ 为由变压器调压所引起的误差百分数，一般取调压范围的一半；Δf_c 为采用的电流互感器变比或平衡线圈匝数与计算值不同时所引起的相对计算误差，在计算之初不能确定时可取 0.05；$I_{K.\max}^{(3)}$ 为保护范围外部短路时的最大三相短路电流。

c. 电流互感器二次回路断线时不应误动作，即躲过变压器正常运行时的最大负荷电流 $I_{L.\max}$。无法确定时，可采用变压器的额定电流 I_{1N}，即

$$I_{op1} = K_{rel} \cdot I_{L.\max} = K_{rel} \cdot I_{1N} \tag{7-30}$$

式中，K_{rel} 为可靠系数，取 1.3。

按以上 3 个条件计算的一次侧动作电流最大值进行整定。在以上的计算中，所有短路电流值都是归算到基本侧的值，所求出的动作电流也是基本侧的动作电流计算值。

③ 继电器差动线圈匝数的确定。

a. 三绕组变压器：基本侧直接接差动线圈，其余两侧接相应的平衡线圈。基本侧继电器的动作电流为

$$I_{op.KD} = \frac{K_w}{K_i} I_{op1} \tag{7-31}$$

基本侧继电器差动线圈计算匝数 $W_{d.c}$ 为

$$W_{d.c} = \frac{AW_0}{I_{op.KD}} \tag{7-32}$$

式中，AW_0 为继电器动作安匝，无实测值时，可采用额定值 60 安匝。

按继电器线圈实有抽头选择较小而相近的匝数作为差动线圈的整定匝数 $W_{d.op}$，再计算基本侧实际的继电器动作电流 $I_{op.KD}$ 为

$$I_{op.KD} = \frac{AW_0}{W_{d.op}} \tag{7-33}$$

b. 双绕组变压器：两侧电流互感器分别接于继电器的两个平衡线圈上。确定基本侧的继电器动作电流及线圈匝数的计算与三绕组变压器的方法相同。

根据继电器线圈的实有抽头，选用差动线圈的匝数 W_d 和一组平衡线圈匝数 W_{ba1} 之和，较差动线圈计算匝数 $W_{d.c}$ 小而近似的数值。基本侧的整定匝数 $W_{d.op}$ 为

$$W_{d.op} = W_{ba1} + W_d \leqslant W_{d.c} \tag{7-34}$$

④ 非基本侧平衡线圈匝数的确定。

a. 三绕组变压器平衡线圈计算匝数分别为

$$W_{ba1.c} = \frac{I_{N2} - I_{N2.1}}{I_{N2.1}} W_{d.op}$$

和

$$W_{ba2.c} = \frac{I_{N2} - I_{N2.2}}{I_{N2.2}} W_{d.op} \tag{7-35}$$

式中，I_{N2} 为基本侧电流互感器的二次额定电流，$I_{N2.1}$、$I_{N2.2}$ 分别为接有平衡线圈 W_{ba1}、W_{ba2} 的电流互感器的二次额定电流。

选用接近 $W_{ba2.c}$ 的匝数作为整定匝数 $W_{ba2.op}$。

b. 双绕组变压器平衡线圈的计算匝数 $W_{ba2.c}$ 根据磁势平衡原理确定，即

$$W_{ba2.c} = W_{d.op} \frac{I_{N2.1}}{I_{N2.2}} - W_d \tag{7-36}$$

式中，$I_{N2.1}$、$I_{N2.2}$ 分别为接有平衡线圈 W_{ba1}、W_{ba2} 的电流互感器的二次额定电流。

选用接近 $W_{ba2.c}$ 的匝数作为整定匝数 $W_{ba.op}$。

⑤ 计算 Δf_c

$$\Delta f_c = \frac{W_{ba2.c} - W_{ba2.op}}{W_{ba2.c} + W_{d.op}} \tag{7-37}$$

式中，$W_{ba2.c}$ 和 $W_{ba2.op}$ 分别为平衡线圈 W_{ba2} 的计算匝数和整定匝数；$W_{d.op}$ 为差动线圈的整定匝数。

若 $|\Delta f_c| > 0.05$，则需将其代入式（7-37）重新计算，确定一次侧的动作电流。

⑥ 短路线圈抽头的确定

短路线圈有 4 组抽头可供选择，短路线圈的匝数越多，躲过励磁涌流的性能越好，但继电器的动作时间越长。对于中、小容量的变压器，可试选抽头端子 C_1-C_2 或 D_1-D_2；对于大容量变压器，由于励磁涌流倍数较小，而内部发生故障时，电流中的非周期分量衰减较慢，又要求迅速切除故障，因此短路线圈应采用较小匝数，可取抽头端子 B_1-B_2 或 C_1-C_2。所选抽头匝数是否合适，应在保护装置投入运行时，通过变压器空载试验确定。

⑦ 灵敏度校验：

$$K_s = \frac{I_{I.K} W_{I.w} + I_{II.K} W_{II.w} + I_{III.K} W_{III.w}}{AW_0} \geqslant 2 \tag{7-38}$$

式中，$I_{I.K}$、$I_{II.K}$、$I_{III.K}$ 为变压器出口处最小短路时Ⅰ、Ⅱ、Ⅲ侧流进继电器线圈的电流，双绕组变压器灵敏度计算时，Ⅲ侧数字为零；$W_{I.w}$、$W_{II.w}$、$W_{III.w}$ 为Ⅰ、Ⅱ、Ⅲ侧电流在继电器的实际工作匝数（工作匝数为各侧平衡线圈匝数与差动匝数之和）。

有时也用如下简化公式：

$$K_s = \frac{I_{KD}}{I_{op.KD}} \geqslant 2 \tag{7-39}$$

式中，I_{KD} 为最小运行方式故障时流入继电器的总电流；$I_{op.KD}$ 为继电器的整定电流。

4．变压器微机差动保护

供配电变压器微机保护常采用纵差动保护来区分变压器内外部故障，采用二次谐波制动法区别变压器励磁涌流和内部故障电流。

（1）变压器纵差动保护

变压器纵差动保护首先应注意变压器连接组引起的不平衡电流，一般微机保护采用软件进行相位校正。以图 7-46 所示的 Yd11 连接组变压器为例，$\dot{I}_{1ab}$ 领先 $\dot{I}_{1A}$ 30°。相位校正方法有两种：一种是以 Y 侧为基准，将 d 侧电流进行移相，使得 d 侧电流相位与 Y 侧电流相位相同；另一种以 d 侧为基准，使得 Y 侧电流相位与 d 侧一致。

现以后一种方法为例，此时 Y 侧用于进行差动计算的三相电流为

$$\begin{cases} \dot{I}_{AY} = \dot{I}_{1A} - \dot{I}_{1B} \\ \dot{I}_{BY} = \dot{I}_{1B} - \dot{I}_{1C} \\ \dot{I}_{CY} = \dot{I}_{1C} - \dot{I}_{1A} \end{cases} \quad (7\text{-}40)$$

d 侧用于进行差动计算的三相电流为

$$\begin{cases} \dot{I}_{ad} = \dot{I}_{1ab} \\ \dot{I}_{bd} = \dot{I}_{1bc} \\ \dot{I}_{cd} = \dot{I}_{1ca} \end{cases} \quad (7\text{-}41)$$

假设所有电流相量都考虑将变压器变比折算到同一侧，以 A 相为例，那么应用于纵差动保护的差动电流 I_{Acd} 为

$$I_{Acd} = \left| \dot{I}_{AY} - \dot{I}_{Ad} \right| \quad (7\text{-}42)$$

在正常情况下或者外部发生故障时，I_{Acd} 为 0；当变压器纵差动保护范围内部发生故障时，I_{Acd} 将不为 0，由此构成保护。制动电流 I_{Azd} 一般取为

$$I_{Azd} = \left| \dot{I}_{AY} + \dot{I}_{Ad} \right| \quad (7\text{-}43)$$

微机保护中常基于折线原理的比率制动差动元件实现纵差动保护，常用的折线原理有一段式折线、两段式折线和三段式折线原理。下面以两段式折线为例其动作特性如图 7-49 所示。

图 7-49 中的动作特性方程为

$$\begin{cases} I_{Acd} \geqslant I_{cd0} & I_{Azd} \leqslant I_{zd0} \\ I_{Acd} \geqslant K_z^* (I_{Azd} - I_{zd0}) I_{Azd} + I_{cd0} & I_{Azd} > I_{zd0} \end{cases} \quad (7\text{-}44)$$

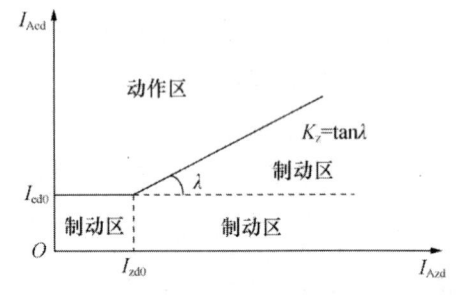

图 7-49 两段式比率制动差动元件的动作特性

其中，I_{cd0} 为差动元件的最小动作电流，也叫启动电流，工程上一般取为 0.4 倍变压器额定电流；I_{zd0} 为差动元件的拐点电流，即最小的制动电流，工程上一般取为 0.5～1.0 倍变压器额定电流；K_z 为比率制动系数，一般为 0.5 左右，各继电保护厂家有所不同。

（2）励磁涌流识别

微机保护常采用二次谐波制动法区别励磁涌流和内部故障电流，基于励磁涌流和内部故障电流二次谐波分量和基波分量比例大小不同加以鉴别，并利用全波离散傅里叶变换法求差动电流的基波分量和谐波分量。

以 A 相为例，基波和二次谐波的幅值分别为

$$I_{1M} = \sqrt{I_{1C}^2 + I_{1S}^2} \quad (7\text{-}45)$$

$$I_{2M} = \sqrt{I_{2C}^2 + I_{2S}^2} \quad (7\text{-}46)$$

式中，I_{1M}、I_{2M} 分别为 $\dot{I}_{AY} - \dot{I}_{Ad}$ 的基波和二次谐波幅值，I_{1C}、I_{1S} 分别为基波余弦和正弦分量，I_{2C}、I_{2S} 分别为 $\dot{I}_{AY} - \dot{I}_{Ad}$ 的二次谐波的余弦和正弦分量。

励磁涌流识别的判据如式（7-47）所示，当判别为励磁涌流时，闭锁纵差动保护。

$$\frac{I_{2M}}{I_{1M}} > \varepsilon_0 \tag{7-47}$$

式中，ε_0 为励磁涌流判据门槛值，一般取 15%～20%。

（3）差动电流速断元件

在变压器进行空载合闸、变压器外部故障切除时可能会产生很大的励磁涌流，前述纵差动保护一般使用二次谐波原理等专门的励磁涌流识别判据进行区分，但这样会使得变压器保护范围内发生严重故障时差动保护不能迅速切除。为了克服此缺点，微机保护中设置了差动速断保护元件，其动作电流整定很大，大于励磁涌流的幅值，满足动作判据后，不经励磁涌流闭锁直接判别为内部故障。差动电流速断元件保护的动作判据为

$$I_{Acd} \geqslant K_{sd} \cdot I_N \tag{7-48}$$

式中，I_N 为变压器的额定电流，K_{sd} 为整定倍数，对容量为 6300kVA 以下的变压器，取 9～12；6300～31500kVA 变压器取 4.5～7.0。

（4）复合电压启动的过电流保护

复合电压启动的过电流保护广泛用作变压器的后备保护。对于容量较大的降压变压器，过电流保护的灵敏度往往不能满足要求，可以采用低电压启动或者负序电压启动的过电流保护。

低电压启动元件的判据为

$$\min(U_{ab}, U_{bc}, U_{ca}) < 0.7 U_N \tag{7-49}$$

式中，U_{ab}、U_{bc}、U_{ca} 分别为 3 个相间电压幅值；U_N 为线电压额定值。

负序电压启动元件的判据为

$$U_2 > (0.06 \sim 0.12) U_N \tag{7-50}$$

式中，U_2 为负序电压幅值。

当式（7-49）和式（7-50）任一个电压启动判据启动后，则启动过电流保护，过电流保护的动作电流 I_{op} 可整定为

$$I_{op} = \frac{K_{rel} K_w}{K_{re} K_i} I_{1N} \tag{7-51}$$

式中，K_{rel} 为可靠系数，取 1.15～1.25；K_{re} 为返回系数，取 0.85；K_w 为接线系数；K_i 为电流互感器变比；I_{1N} 为变压器的额定电流。式（7-51）的保护灵敏度整定与式（7-23）相同，一般灵敏度不低于 1.2。

（5）电流互感器 TA 二次回路断线实现闭锁

为了防止由于电流互感器二次回路断线可能引起的误动作，常规差动保护常采用提高保护动作电流值的方法。微机保护则利用正常工作时的负序电流和电流互感器二次回路断线时的负序电流不同来判断。若变压器的最大实时电流不大，但负序电流大于正常工作时的负序电流，则判断为电流互感器二次回路断线。

7.4 其他设备的继电保护

7.4.1 高压电动机的继电保护

1. 常见故障和保护配置

高压电动机常见短路故障和异常工作状态主要有定子绕组相间短路，单相接地，电动机过负荷，电动机低电压，同步电动机失磁、失步等。

GB 50062—2008 中规定，对于相间短路故障，2MW 以下的电动机宜采用电流速断保护，2MW 及以上的电动机或电流速断保护灵敏度不满足要求的 2MW 以下电动机，应装设纵差动保护，其后装设过电流保护作为后备保护；对电动机单相接地故障，当接地电流大于 5A 时，应装设有选择性的单相接地保护，单相接地电流为 10A 及以上时，应动作于跳闸；对易发生过负荷的电动机，应装设过负荷保护；对母线电压短时降低或中断，应装设电动机低电压保护；同步电动机应装设失步保护、失磁保护。

2. 过负荷保护和电流速断保护

高压电动机的过负荷保护和电流速断保护一般采用 GL 型感应式电流继电器来实现。风机、水泵的电动机不易过负荷，可采用 DL 型电磁式继电器构成电流速断保护。

如图 7-50（a）所示，采用两相一继电器式接线。如果灵敏度不符合要求或 2MW 及以上电动机，应采用两相两继电器式接线，如图 7-50（b）所示。感应式电流继电器反时限部分用于过负荷保护，速断部分用于相间短路保护。

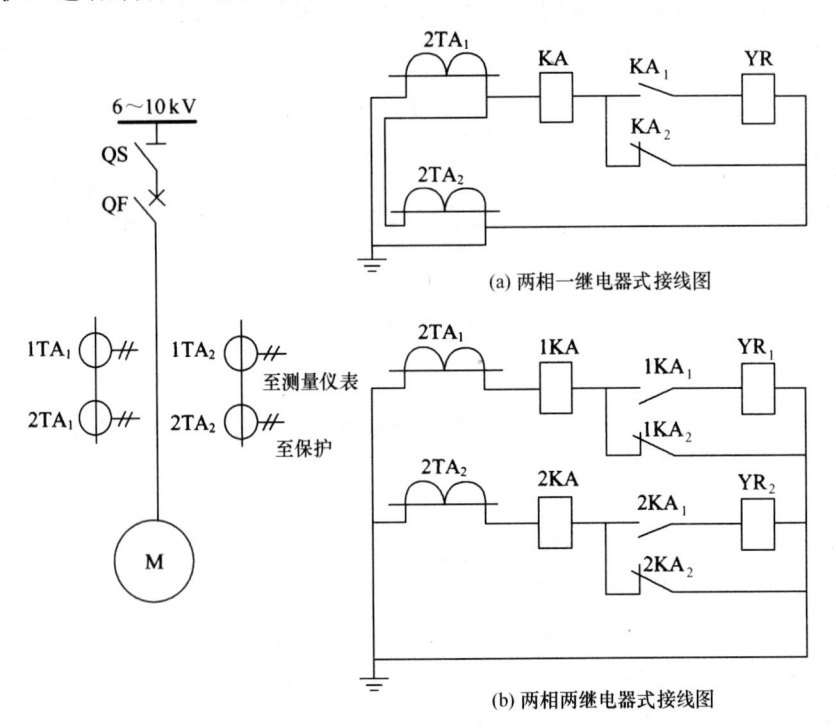

图 7-50 高压电动机的过负荷保护和电流速断保护的接线图

高压电动机过负荷保护的动作电流按躲过电动机的额定电流整定，即

$$I_{op.KA} = \frac{K_{rel} \cdot K_w}{K_{re} \cdot K_i} I_{N.M} \quad (7-52)$$

式中，K_{rel} 为可靠系数，取 1.3；K_{re} 为继电器的返回系数，$I_{N.M}$ 为电动机的额定电流。

过负荷保护的动作时限应大于电动机的启动时间。

高压电动机的电流速断保护动作电流按躲过电动机的最大启动电流 $I_{st.max}$ 整定，即

$$I_{op.KA} = \frac{K_{rel} \cdot K_w}{K_i} I_{st.max} \quad (7-53)$$

式中，K_{rel} 为可靠系数，对 DL 型继电器取 1.4～1.6，对 GL 型继电器取 1.8～2.0。

高压电动机电流速断保护灵敏度校验与变压器电流速断保护灵敏度校验相同，即

$$K_s = \frac{I_{K.min}^{(2)}}{I_{op1}} \geqslant 2 \quad (7-54)$$

式中，$I_{K.min}^{(2)}$ 为电动机端子处最小两相短路电流；I_{op1} 为电流速断保护一次侧动作电流，为

$$I_{op1} = (K_i / K_w) \cdot I_{op.KA} \quad (7-55)$$

3．单相接地保护

高压电动机的单相接地保护原理图如图 7-51 所示，由零序电流互感器 TAZ、接地继电器 KE 等构成。

单相接地保护动作电流按躲过其接地电容电流 $I_{C.M}$ 整定，即

$$I_{op.KA} = \frac{K_{rel}}{K_i} \cdot I_{C.M} \quad (7-56)$$

式中，K_{rel} 为可靠系数，保护瞬时动作取 4～5。

单相接地保护灵敏度按电动机发生单相接地时的接地电容电流校验，即

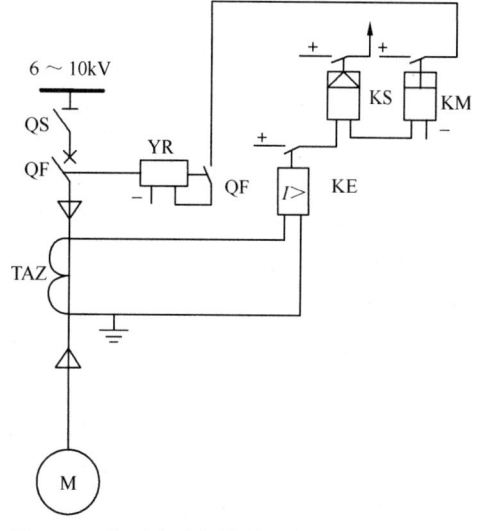

$$K_s = \frac{I_{C\Sigma} - I_{C.M}}{I_{op1}} \geqslant 1.25 \quad (7-57)$$

图 7-51 高压电动机的单相接地保护原理图

高压电动机的低电压保护、差动保护和同步电动机的失磁保护、失步保护这里不再叙述。

【例 7-6】某给水泵高压电动机参数为：U_N=10kV，P_N=2000kW，I_N=138A，K_{st}=6，电动机端子处三相短路电流为 4.14kA。试确定该电动机的保护配置，并进行整定。

解 （1）保护装置的设置

因为给水泵电动机在工作过程中没有过负荷的可能，不装设过负荷保护；电动机很重要，且装在经常有人值班的机房内，需要自启动运行，不装设低电压保护；仅装设电流速断保护，采用两相继电器式接线，电流互感器变比为 200A/5A。

（2）电流速断保护整定

① 动作电流整定：

$$I_{op.KA} = \frac{K_{rel}K_w}{K_i}I_{st.max} = \frac{1.5 \times 1}{200/5} \times 6 \times 138 = 31.5A$$

选 DL-31/50 电流继电器，线圈并联，动作电流整定为 $I_{op.KA} = 35A$。

$$I_{op1} = \frac{K_i}{K_w}I_{op.KA} = \frac{40}{1.0} \times 35 = 1400A$$

② 灵敏度校验：

$$K_s = \frac{I_{K.min}^{(2)}}{I_{op1}} = \frac{0.87 \times 4.14 \times 10^3}{1400} = 2.57 > 2.0$$

所以，电动机电流速断保护整定满足要求。

7.4.2　6～10kV 电力电容器的继电保护

1. 常见故障和保护设置

6～10kV 电力电容器的常见故障和异常运行状态主要有电容器内部故障及引出线短路；电容器组和断路器之间连接短路；电容器组的单相接地故障；电容器组过电压；电容器组中某一故障电容器切除后引起剩余电容器的过电压；电容器组所连接的母线失压；中性点不接地的电容器组各相对中性点的单相短路等。

GB 50062—2008中规定，电容器内部故障及其引出线的短路，宜对每个电容器装设专用的保护熔断器，熔体的额定电流可为电容器额定电流的1.5～2.0倍；电容器组和断路器之间连接线的短路，可装设短时限电流速断保护和过电流保护，并应动作于跳闸；单相接地故障，可利用电容器组所连母线上的绝缘监视装置检出，当电容器组所连母线有引出线时，可装设有选择性的接地保护；当电容器组中的故障电容器被切除到一定数量后，引起剩余电容器端电压超过110%额定电压时，根据电容器组的接线方式可装设中性点电压不平衡保护或中性点电流不平衡保护或电压差动保护，将整组电容器断开；电容器组应装设过电压保护；电容器组应装设失压保护，当母线失压时，带时限切除所有接在母线上的电容器；电网中出现的高次谐波可能导致电容器过负荷时，宜装设过负荷保护，带时限动作于信号或跳闸。

2. 电容器组的电流速断保护

短时限电流速断保护的动作电流按最小运行方式下，电容器组端部引线发生两相短路时灵敏度应符合要求整定，即

$$I_{op.KA} \leqslant \frac{K_w}{2K_i} \cdot I_{K.min}^{(2)} \tag{7-58}$$

式中，$I_{K.min}^{(2)}$ 为电容器组端部最小两相短路电流；K_w 为接线系数；K_i 为电流互感器变比。

短时限电流速断保护的动作时限应防止电容器组充电涌流时误动作，即应大于电容器组合闸涌流时间，$t > 0.2s$。

3. 电容器组的过电流保护

过电流保护的动作电流按躲过电容器组长期允许的最大工作电流整定，即

$$I_{\text{op.KA}} = \frac{K_{\text{rel}} \cdot K_{\text{w}}}{K_{\text{re}} \cdot K_{\text{i}}} I_{\text{N.C}} \tag{7-59}$$

式中，K_{rel} 为可靠系数，取 1.5～2.0；K_{w} 为接线系数；K_{re} 为继电器的返回系数；K_{i} 为电流互感器变比；$I_{\text{N.C}}$ 为电容器组的额定电流。

过电流保护的动作时限比短时限电流速断保护的动作时限大一个时限级差 Δt（0.5s）。

灵敏度按电容器组端子上最小两相短路电流 $I_{K.\min}^{(2)}$ 进行校验，即

$$K_{\text{s}} = \frac{I_{K.\min}^{(2)}}{I_{\text{op1}}} \geqslant 1.5 \tag{7-60}$$

4．电容器组的过负荷保护

过负荷保护的动作电流按电容器组的负荷电流整定，即

$$I_{\text{op.KA}} = \frac{K_{\text{rel}} \cdot K_{\text{w}}}{K_{\text{re}} \cdot K_{\text{i}}} I_{\text{N.C}} \tag{7-61}$$

式中，K_{rel} 为可靠系数，取 1.2；K_{w} 为接线系数；K_{re} 为继电器的返回系数；K_{i} 为电流互感器变比；$I_{\text{N.C}}$ 为电容器组的额定电流。

过负荷保护的动作电流时限应较过电流保护大一个时限级差，一般大 0.5s。

5．电容器组的过电压保护

电容器组只能容许在不大于 1.1 倍额定电压下长期运行，因此，当系统稳态电压升高时，为保护电容器组不致损坏，应装设过电压保护，其动作电压按母线电压不超过 110%额定电压整定，即

$$I_{\text{op.KU}} = 1.1 I_{\text{N}} \tag{7-62}$$

过电压保护带时限动作于信号或跳闸。

中性点电压不平衡保护或中性点电流不平衡保护或电压差动保护因篇幅限制，可参见相关书籍，这里不再叙述。

7.5　工程设计实例

本实例整定图 3-34 中的 35kV 总降压变压器的继电保护。该变压器的容量为 5000kVA，所选用的电流互感器变比为 150A/5A。

1．过电流保护和电流速断保护整定

（1）过电流保护

① 动作电流整定：

$$I_{\text{op.KA}} = \frac{K_{\text{rel}} \cdot K_{\text{w}}}{K_{\text{re}} \cdot K_{\text{i}}} \cdot 1.5 I_{\text{1N}} = \frac{1.2 \times 1.0}{0.85 \times 30} \times 1.5 \times \frac{5000}{\sqrt{3} \times 35} = 5.82 \text{A}$$

查表 A-16-1，选 DL-11/10 电流继电器，线圈并联，动作电流整定为 $I_{\text{op.KA}} = 6\text{A}$。

保护一次侧动作电流为

$$I_{\text{op1}} = \frac{K_{\text{i}}}{K_{\text{w}}} I_{\text{op.KA}} = \frac{30}{1.0} \times 6 = 180 \text{A}$$

② 动作时间整定：

$$t_1 = t_2 + \Delta t = 1.0 + 0.5 = 1.5\text{s}$$

③ 灵敏度校验：

$$K_s = \frac{I_{K.\min}^{(2)'}}{I_{op1}} = \frac{\frac{1}{\sqrt{3}} \cdot \frac{\sqrt{3}}{2} \times 2035 \times \frac{10.5}{37}}{180} = 1.60 > 1.5$$

（2）电流速断保护
① 动作电流整定：

$$I_{op.KA} = \frac{K_{rel} \cdot K_w}{K_i} \cdot I_{K.\max}^{(3)'} = \frac{1.2 \times 1.0}{30} \times 2310 \times \frac{10.5}{37} = 26.22\text{A}$$

查表 A-16-1，选 DL-11/50 电流继电器，线圈串联，动作电流整定为 $I_{op.KA}$=27A。
保护一次侧动作电流为

$$I_{op1} = \frac{K_i}{K_w} I_{op.KA} = \frac{30}{1.0} \times 27 = 810\text{A}$$

② 灵敏度校验：

$$K_s = \frac{I_{K.\min}^{(2)}}{I_{op1}} = \frac{0.87 \times 1197}{810} = 1.28 < 2.0$$

变压器电流速断保护的灵敏度不满足要求，因此该变压器将配置微机保护。

2．微机保护选择与整定
（1）纵差动保护
选择两段式折线比率制动差动元件，折算到电流互感器二次侧的最小动作电流 I_{cd0} 和拐点电流 I_{zd0} 分别取为

$$I_{cd0} = \frac{0.4 I_{1N}}{K_i} = \frac{0.4}{30} \times \frac{5000}{\sqrt{3} \times 35} = 1.1\text{A}$$

$$I_{zd0} = \frac{0.8 I_{1N}}{K_i} = \frac{0.8}{30} \times \frac{5000}{\sqrt{3} \times 35} = 2.2\text{A}$$

（2）差动电流速断保护
差动电流速断保护动作电流考虑电流互感器变比，K_{sd} 取 10，按照式（7-48）整定为

$$I_{op} = \frac{10 I_{1N}}{K_i} = 10 \times \frac{5000}{\sqrt{3} \times 35 \times 30} = 27.49\text{A}$$

（3）复合电压启动的过电流保护按照式（7-51）整定为

$$I_{op} = \frac{K_{rel} K_w}{K_{re} K_i} I_{1N} = \frac{1.15 \times 1}{0.85 \times 30} \times \frac{5000}{\sqrt{3} \times 35} = 3.72\text{A}$$

（4）二次谐波制动比取 15%。

3．微机保护原理展开图
微机保护原理展开图如图 7-52 所示。

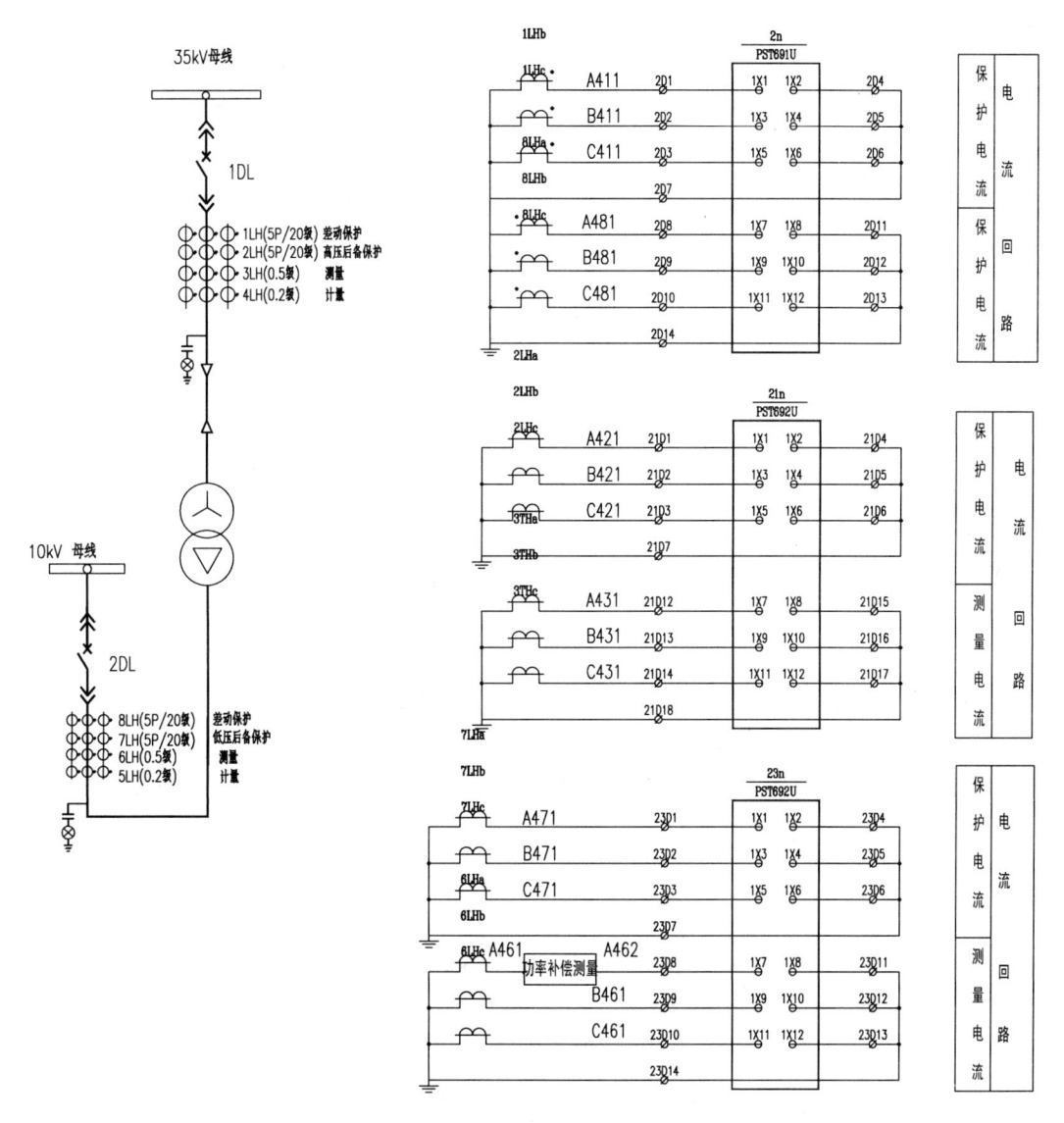

图 7-52 微机保护原理展开图

小 组 讨 论

1. 试比较模拟式和微机式两种保护的不同。
2. 针对图 3-33 中 10kV 变电所的变压器，完成其继电保护选择、整定及选型。

习 题

7-1 继电保护装置的任务和要求是什么？
7-2 电流保护的常用接线方式有哪几种？各有什么特点？
7-3 电磁式电流继电器和感应式电流继电器的工作原理有何不同？如何调节其动作电流？

7-4 电磁式时间继电器、信号继电器和中间继电器的作用是什么？

7-5 瞬时速断保护、时限电流速断保护和过电流保护的选择性如何实现？其各自的保护范围如何？

7-6 电力线路的单相接地保护如何实现？绝缘监视装置怎样发现接地故障？如何查出接地故障线路？

7-7 简述变压器气体保护的工作原理。

7-8 电力变压器差动保护的工作原理是什么？差动保护中不平衡电流产生的原因是什么？如何减小不平衡电流？

7-9 供配电系统微机保护有什么功能？试说明其硬件结构和软件系统。

7-10 试整定如图7-53所示的供电网络各段的定时限过电流保护的动作时限，已知保护1和保护4的动作时限均为0.5s。

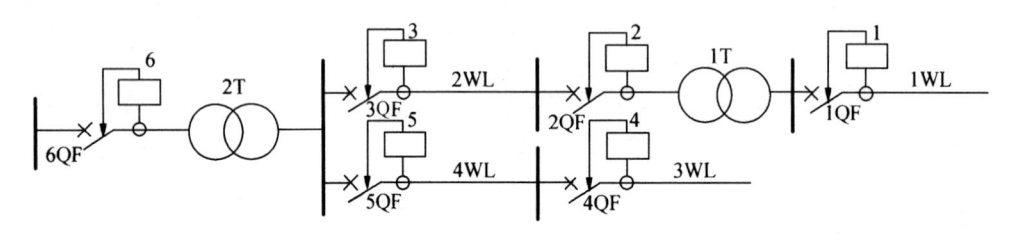

图7-53 题7-10电路图

7-11 试整定图7-54所示线路1WL的定时限过电流保护。已知1TA的变比为750A/5A，线路的最大负荷电流（含自启动电流）为670A，保护采用两相两继电器式接线，线路2WL的定时限过电流保护的动作时限为0.7s，最大运行方式时K_1和K_2点三相短路电流分别为3.2kA和2.2kA，最小运行方式时K_1和K_2点三相短路电流分别为2.6kA和1.8kA。

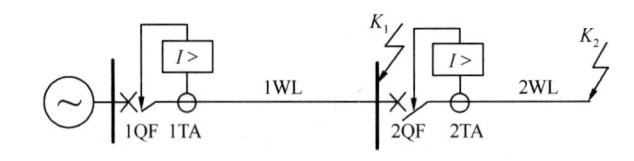

图7-54 题7-11的电力线路图

7-12 某10kV电力线路，采用两相两继电器式接线的去分流跳闸原理的反时限过电流保护，电流互感器变比为150A/5A，线路最大负荷电流（含自启动电流）为85A，线路末端三相短路电流$I_{K2}^{(3)}=1.2$kA，试整定GL-15型感应式电流继电器的动作电流和速断电流倍数。

7-13 某上下级反时限过电流保护都采用两相两继电器式接线和GL-15型电流继电器。下级继电器的动作电流为5A，10倍动作电流的动作时限为0.5s，电流互感器变比为50A/5A。上级继电器的动作电流也为5A，电流互感器变比为75A/5A，末端三相短路电流$I_{K3}^{(3)}=450$A，试整定上级过电流保护10倍动作电流的动作时限。

7-14 试整定图7-55所示35kV线路1WL的瞬时电流速断保护、时限速断保护和定时限过电流保护构成的三段式电流保护。已知1TA的变比为400A/5A，线路最大负荷电流（含自启动电流）为350A，保护采用两相两继电器式接线；线路2WL定时限过电流保护的动作时限为0.7s；最大运行方式时K_2点三相短路电流为2.66kA，K_3点三相短路电流为1kA，最小运行方式时K_1、K_2和K_3点三相短路电流分别为7.5kA、2.34kA和0.86kA。

7-15 试整定习题5-11中变压器的定时限过电流和电流速断保护，其接线方式为三相三继电器式，电流互感器变比为75/5，下级保护动作时间为0.7s，变压器连接组为Yd11。

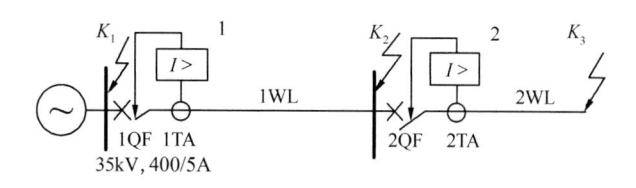

图 7-55 题 7-14 的电力线路图

7-16 试校验如图 7-56 所示的 10/0.4kV，1000kVA，Yyn0 接线的车间变电所二次侧干线末端发生单相短路时，两相两继电器式接线过电流保护的灵敏度。已知过电流保护动作电流为 10A，电流互感器变比为 75A/5A，0.4kV 干线末端单相短路电流 $I_K^{(1)}=3500A$，若不满足要求，试整定零序电流保护。

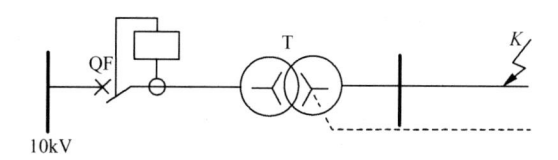

图 7-56 题 7-16 电路图

7-17 某给水泵高压电动机参数为 U_N=10kV，P_N=2000kW，I_N=138A，K_{st}=6，电动机端子处三相短路电流为 4.14kA。试确定该电动机的保护配置，并进行整定。

7-18 试整定 10kV、720kvar 并联电容器组的保护。已知电容器型号 BFM11-30-1W，共 24 台，星形连接，电容器组的额定电流为 37.8A，电流互感器变比为 75A/5A，最小运行方式下，电容器组端部三相短路电流为 2.74kA，10kV 电网的总单相接地电流为 12A。

第8章 变电所二次回路和自动装置

学习目标：了解和掌握变电所二次回路和自动装置的基本知识；掌握变电所直流电源、中央信号回路、断路器控制回路、备用电源投入等自动装置的功能和实现方式；理解变电站综合自动化系统的功能和组成；了解变电所二次回路图的基本知识。

8.1 变电站综合自动化系统概述

变电站综合自动化系统是将变电站的二次设备经过功能组合和优化设计，利用先进的计算机技术、现代电子技术、通信技术和数字信号处理技术，对变电站实现自动监视、测量、保护、控制和协调的综合性自动化系统。我国变电站自动化技术的发展，经历了电磁式远动与保护装置、电子式远动与保护装置、微机式远动与保护装置、微机自动化、数字化和智能化几个阶段。变电站综合自动化是提高变电站安全稳定运行水平、降低运维成本、提高经济效益、提供高质量电能的一项重要技术措施，对实现智能电网高效经济运行将起到积极作用。

1. 变电站自动化系统的基本功能

变电站自动化系统具有很多功能，从运行要求的角度来看，可以从以下几个子系统来阐述其基本功能。

（1）监控子系统

该系统采用计算机和通信技术，通过后台屏幕在线监视变电站的运行参数与设备运行状态，自检、自诊断设备本身的异常运行。它取代了常规的测量系统、控制屏、中央信号屏和远动装置。

主要功能为：数据采集和处理、安全监视、事件顺序记录、操作控制、画面生成及显示、时钟同步、人机联系、数据统计与处理、系统自诊断和自恢复、运行管理。

（2）微机继电保护子系统

该系统是变电站综合自动化系统最基本、最重要的部分，包括变电站的主设备和线路的全套保护。它具有逻辑判断清楚正确、保护性能优良、运行可靠性高、调试维护方便等优点。

（3）安全自动装置子系统

该系统主要是为了保障电网的安全可靠运行，提高电能质量和供电可靠性。主要功能有：电压无功综合控制、低频减负荷控制、备用电源自动投入、自动重合闸、小电流接地选线、故障录波和测距、同期操作、"五防"操作和闭锁。

（4）通信管理子系统

该系统能确保各个单一功能的子系统之间或子系统与后台监控主机之间建立数据通信和相互操作。主要功能包括：综合自动化系统的现场级通信、对其他公司产品的通信管理、综合自动化系统与上级调度的远动通信。

2. 变电站自动化系统的硬件结构

变电站综合自动化系统是随着调度自动化技术的发展而发展起来的，为了实现对变电站的遥测、遥控和遥调远动功能，在变电站设置远程终端单元（RTU）与调度主站通信。在此基础上，随着微机继电保护装置的应用，以及各种微机装置和系统的应用，变电站综合自动化系统最终实现协同设计。目前，我国变电站自动化系统的硬件结构主要分为集中式和分布式两种形式。

（1）集中式变电站自动化系统的硬件结构

集中式结构指采用多台计算机集中采集变电站的模拟量、开关量和数字量等信息，并集中进行计算与处理，分别完成微机监控、微机保护、自动控制和调度通信的功能，如图8-1所示。通常根据变电站的规模，配置相应数量的保护装置、数据采集装置和监控主机等，分类集中组屏安装在主控室内。

集中式结构的优点是集保护功能、人机接口、控制功能、自检功能等于一体，结构紧凑，实用性好，造价较低，适用于35kV或者规模较小的变电站。但其缺点也很明显，首先所有待监控的设备都需要通过二次控制电缆接入主控室或继电保护室，耗费了大量二次电缆，安装成本高、周期长、不经济；其次，每台计算机的功能较集中，引线多，容易产生数据传输瓶颈问题，影响系统可靠性；最后，集中式结构软件复杂，组态不灵活，修改工作量大，系统调试麻烦。

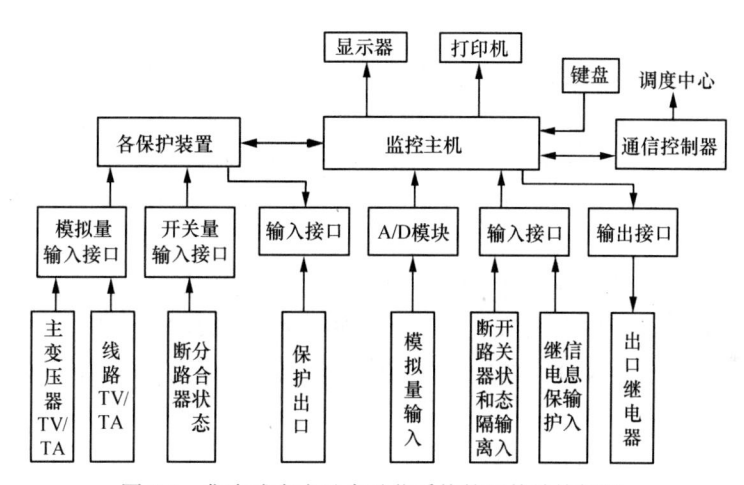

图8-1 集中式变电站自动化系统的硬件结构框图

（2）分布式变电站自动化系统的硬件结构

分布式结构是指系统按变电站的控制层次和对象设置全站控制（站控层，又称变电站层）和就地单元控制（间隔层）的两层式分布控制系统结构。在逻辑功能上，站控层计算机与间隔层计算机按主从方式工作，如图8-2所示。

分布式结构的优点是压缩二次设备及繁杂的二次电缆，节省土建投资，系统配置灵活，扩展容易，检修维护方便，适用于各种电压等级的变电站。

3．变电站自动化系统的软件系统

变电站自动化系统的软件系统采用模块化结构，各模块具有独立的子程序，各子程序互不干扰，提高了系统的可靠性。

变电站自动化系统的软件系统包括主机软件系统和从机软件系统。主机软件主要完成图像显示、打印记录、断路器操作、远程通信以及与从机之间的数据传送等功能。从机软件主要完成模拟量、开关量和数字量的采集，开关量的输出控制（断路器跳、合闸操作与信号输出等），向主机传送数据等功能。

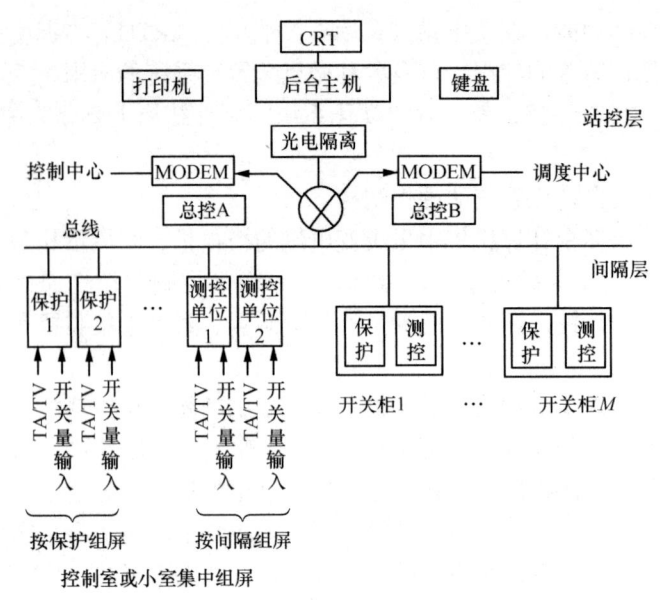

图 8-2 分布式变电站自动化系统的硬件结构框图

4．智能化变电站

智能变电站（Smart Substation）是采用先进、可靠、集成、低碳、环保的智能设备，以全站信息数字化、通信平台网络化、信息共享标准化为基本要求，自动完成信息采集、测量、控制、保护、计量和监测等基本功能，并可根据需要支持电网实时自动控制、智能调节、在线分析决策、协同互动等高级功能，实现与相邻变电站、电网调度等互动的变电站。

（1）智能变电站的功能

智能变电站除了具有数据采集和处理、事件顺序记录和报警、故障记录、故障录波和测距、操作闭锁与控制、人机联系、系统自诊断、微机保护和通信等变电站自动化的基本功能，还可实现更多、更复杂的自动化和智能化高级应用功能。目前主要高级应用功能有：顺序控制功能、设备状态可视化、设备状态在线监测、设备状态检修、智能报警及分析决策、故障信息综合分析决策、经济运行与优化控制、站域控制、站域保护等。对于现阶段不具备条件实现的高级应用功能，智能变电站将预留其远景功能接口。

（2）智能变电站的体系结构

智能变电站采用三层设备两层网络构成的分层、分布、开放式网络结构，简称"三层两网"。"三层"是指站控层、间隔层、过程层三层设备，"两网"是指站控层网络、过程层网络。其结构如图 8-3 所示。

过程层设备包括变压器、高压开关设备、电流/电压互感器等一次设备及其所属的智能组件以及独立的智能电子装置等，支持或实现电测量信息和设备状态信息的实时采集与传送，实现所有与一次设备接口相关的功能。

间隔层设备包括继电保护装置、测控装置、安全自动装置、一次设备的主智能电子装置等，实现或支持测量、控制、保护、计量、监测等功能。

站控层设备一般包括监控主机、综合应用服务器、数据通信网关等，完成数据采集、数据处理、状态监视、设备控制和运行管理等功能。

变电站网络由站控层网络和过程层网络组成。站控层网络是间隔层设备和站控层设备之间的网络，实现站控层内部以及站控层与间隔层之间的数据传输。过程层网络是间隔层设备和过程层设备之间的网络，实现间隔层设备与过程层设备之间的数据传输。间隔层设备之间的通信，物理上可以映射到站控层网络，也可以映射到过程层网络。全站的通信网络应采用高速工业以太网。

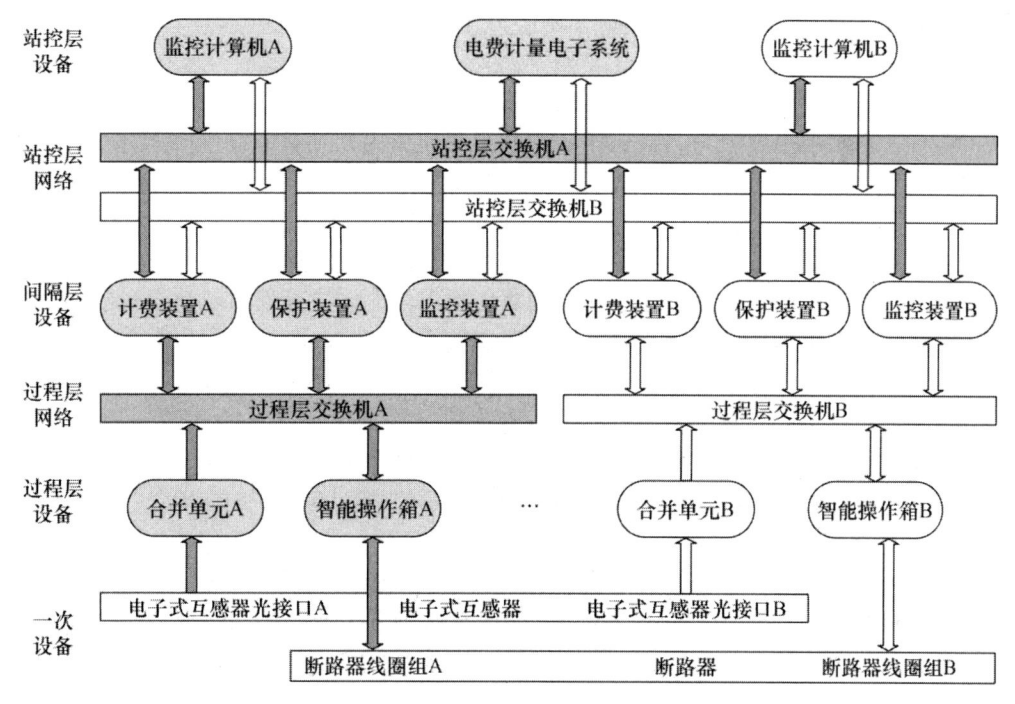

图 8-3 智能变电站的体系结构

8.2 变电所二次回路

8.2.1 二次回路与操作电源

供配电系统的二次回路（也称二次系统）是用来控制、监视、测量和保护一次回路运行的电路，包括断路器控制回路、信号回路、保护回路、监视和测量回路、自动装置回路、操作电源回路等。二次回路按电源性质可分为直流回路和交流回路。直流回路是由直流电源供电的控制、保护和信号回路；交流回路又分为交流电流回路（由电流互感器供电）和交流电压回路（由电压互感器或所用变压器供电）。二次回路用来反映一次回路的工作状态和控制、调整一次设备，是实现供配电系统安全、经济、稳定运行的重要保障。

二次回路的操作电源是供断路器控制回路、保护回路、自动装置回路、信号回路等二次回路所需的电源，主要分为直流操作电源和交流操作电源两类。直流操作电源有蓄电池组供电和硅整流直流装置供电两种；交流操作电源有所用变压器和仪用互感器供电两种。

对操作电源的基本要求是：在正常情况下能提供断路器跳、合闸以及其他设备保护和操作控制的电源，在事故状态下，电网电压下降甚至消失时，能提供继电保护跳闸及事故照明电源，避免事故扩大。

1. 直流操作电源

（1）蓄电池组供电的直流操作电源

变电所采用的蓄电池主要为镉镍蓄电池。镉镍蓄电池是指氢氧化镍[Ni(OH)$_3$]作正极板，金属镉（Cd）作负极板，氢氧化钾（KOH）或氢氧化钠（NaOH）为电解液的碱性蓄电池。单个镉镍蓄电池的标称电压为 1.2V，充电后可达 1.75V。其优点是不受供电系统影响，工作可靠，大电流放电性能好，腐蚀性小，功率大，机械强度高，使用寿命长，不需专门的蓄电池室，可安装于控制室。

蓄电池组的运行方式有两种：充电放电运行方式和浮充电运行方式。充电放电运行方式是指正常工作时，蓄电池组放电给负荷供电，当蓄电池组放电到容量的 60%～70%时，蓄电池组停止放电，充电设备向蓄电池组进行充电，并向经常性的直流负荷供电。蓄电池组一般每隔 1～2 昼夜充电一次，容易老化，使用寿命短，运行和维护也较复杂，目前已较少采用。浮充电运行方式是指将蓄电池组和充电设备并列运行，正常运行时，由充电设备供电给恒定负荷，蓄电池组平时不供电，充电设备以很小电流向蓄电池组浮充电来补偿蓄电池组自放电，以及由于负载在短路时突然增大所引起的少量放电，当交流系统发生故障或充电设备断开时，蓄电池组则进行放电，承担部分或全部直流负荷，蓄电池组起到稳压作用，提高了直流系统供电的可靠性，并处于备用状态，提高了蓄电池组的使用寿命。

（2）硅整流装置供电的直流操作电源（硅整流直流操作电源）

硅整流直流操作电源一般采用两路电源和两台硅整流器，以保证可靠性。硅整流直流操作电源的优点是投资少，维护工作量小，其缺点是电源独立性差，电源的可靠性受交流电源影响，需加装补偿电容器和交流电源自动投切装置，二次回路复杂。图 8-4 所示为带储能电容器的硅整流直流操作电源原理图，硅整流器 1U 的容量较大，主要用作断路器合闸电源，并可向控制、保护、信号等回路供电；硅整流器 2U 的容量较小，仅向控制、保护、信号回路供电；

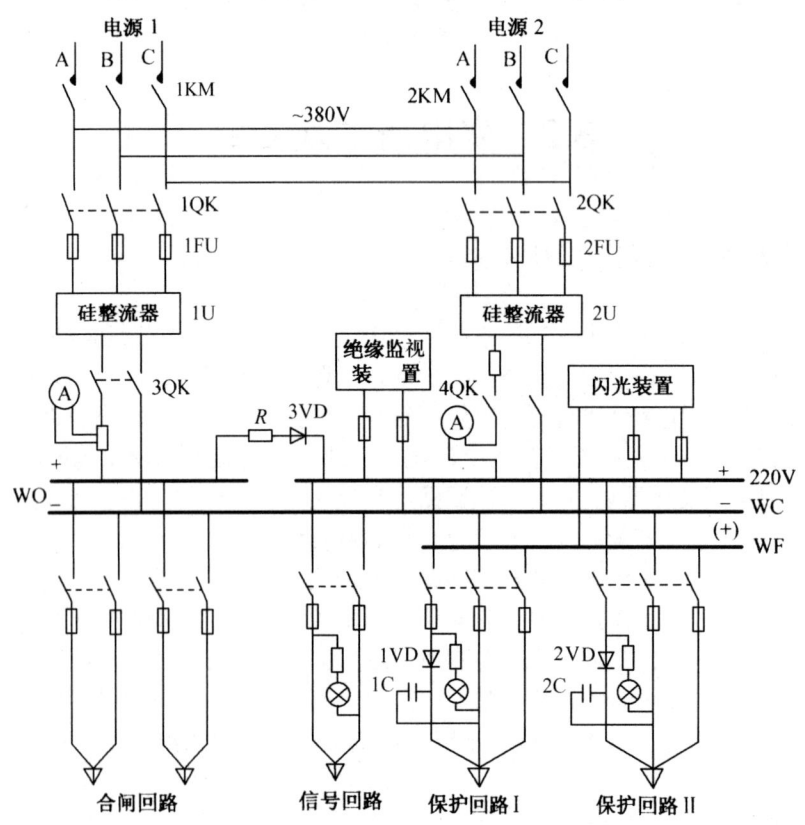

WO—合闸小母线；WC—控制小母线；WF—闪光小母线；1C，2C—储能电容器

图 8-4　硅整流直流操作电源原理图

逆止元件3VD和R接在两组硅整流器之间，使直流合闸小母线只能向控制小母线WC供电，3VD起到逆止阀的作用，R用于限制在控制小母线侧发生短路时流过硅整流器1U的电流，起保护3VD的作用；逆止元件1VD和2VD的作用是在事故情况下，交流电源电压降低引起操作母线电压降低时，禁止向操作母线供电，而只向保护回路放电。储能电容器1C用于对高压线路的继电保护和跳闸回路供电；2C用于对其他元件的继电保护和跳闸回路供电。

在直流母线上还接有直流绝缘监视装置和闪光装置。绝缘监视装置采用电桥结构，监测正负母线或直流回路对地的绝缘电阻，当某一母线对地的绝缘电阻降低时，电桥平衡破坏，检测继电器中因有较大的电流流过而动作，发出信号。闪光装置在系统或二次回路发生故障时提供闪光电源，正常工作时，闪光小母线(+)WF悬空不带电而不发出闪光。

2．交流操作电源

交流操作电源普遍取自所用变压器；当保护、控制、信号回路的容量不大时，可取自电流互感器、电压互感器的二次侧。

交流操作电源接线简单，投资低廉，维修方便。但其性能没有直流操作电源完善，不能构成复杂的保护。因此，交流操作电源主要用于小型变配电所，而对保护要求较高的中大型变配电所，采用直流操作电源。

3．所用变压器及其设计要求

变电所的用电一般应设置专门的变压器供电，称所用变压器，简称所用变。所用变供电系统及所用变接线图如图8-5所示。所用变一般都接在电源的进线处，可靠性高，如图8-5（b）所示。一般设置一台所用变，重要的变电所应设置两台互为备用的所用变，一台所用变应接至电源进线断路器的外侧，另一台则应接至与本变电所无直接联系的备用电源上，所用变低压侧应采用备用电源自动投入装置，以确保变电所用电的可靠性。所用变的作用是正常情况下能保证操作电源的供电，另外在全所停电或所用电源发生故障时，实现对电源进线断路器的操作和事故照明的用电。注意由于两台所用变所接电源的相位关系，有时两台所用变是不能并联运行的。所用变一般置于高压开关柜中，高压侧一般接在6～35kV Ⅰ、Ⅱ段母线上，低压侧用单母线分段接线或单母线不分段接线。所用变作为变电所的核心设备，主要向操作电源、室外照明、室内照明、事故照明、生活用电等用电负荷供电，以保证变电所内部各设备的正常运行，如图8-5（a）所示。

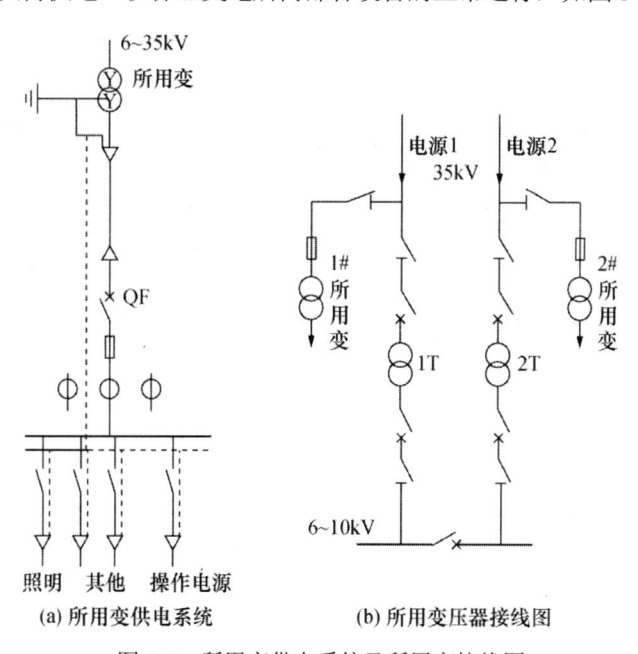

图8-5 所用变供电系统及所用变接线图

8.2.2 高压断路器控制回路

高压断路器控制回路的主要功能是控制断路器的分、合闸，由控制元件、中间环节和操动机构组成。控制元件发出合、跳闸命令，包括控制开关或控制按钮等；中间环节传送命令到执行机构，如继电器、接触器；操动机构执行操作命令，主要有电磁操动机构（CD）、弹簧操动机构（CT）、液压操动机构（CY）和手动操动机构（CS）。

断路器的控制方式分为就地控制和集中控制（又称为远方控制）。就地控制是在各个断路器安装地点手动对断路器进行分、合闸控制；集中控制是在主控室或单元控制室内用控制开关（或按钮）通过控制回路对断路器进行分、合闸控制。

1．对高压断路器控制回路的设计要求

高压断路器控制回路的直接控制对象为断路器的操动机构。对高压断路器控制回路的基本要求如下：

① 能手动和自动合闸与跳闸；

② 应有电源监视，并能监视控制回路操作电源及合、跳闸回路的完好性（在合闸线圈及合闸接触器线圈上不允许并接电阻）；

③ 断路器操动机构中的合、跳闸线圈是按短时通电设计的，在合闸或跳闸完成后应使命令脉冲自动解除；

④ 应能指示断路器的跳闸与合闸的位置状态，自动跳闸或合闸时应有明显信号；

⑤ 应有防止断路器跳跃（简称"防跳"）的电气闭锁装置；

⑥ 断路器的事故跳闸回路应按不对应原理接线；

⑦ 接线应简单可靠，使用电缆最少。

2．电磁操动机构的断路器控制回路

（1）控制开关

变电所中常用的是 LW2 型系列自动复位控制开关。其正面为操作手柄，安装于屏前，与手柄固定连接的转轴上有数节（层）触点盒，安装于屏后。触点盒的节数（每节内部触点形式不同）和形式可以根据控制回路的要求进行组合。每个触点盒内有 4 个静触点和 1 个旋转式动触点，静触点分布在盒的四角，盒外有供接线用的 4 个出线端子，动触点处于盒的中心。表 8-1 为 LW2-Z-1a·4·6a·40·20·20/F8 型控制开关的触点图表。

表 8-1　LW2-Z-1a·4·6a·40·20·20/F8 型控制开关的触点图表

操作手柄和触点盒形式		F-8	1a		4		6a		40		20		20	
触点号			1-3	2-4	5-8	6-7	9-10	9-12	10-11	13-14	14-15	13-16	17-19	17-18	18-20	21-23	21-22	22-24
位置	跳闸后(TD)	←	—	•	—	—	—	—	•	—	•	—	—	—	•	—	—	•
	预备合闸(PC)	↑	—	•	—	—	—	•	—	—	—	—	—	•	—	—	•	—
	合闸(C)	↗	•	—	•	—	—	•	—	—	•	—	—	•	—	•	—	—
	合闸后(CD)	↑	•	—	—	—	—	•	—	—	•	—	—	•	—	•	—	—
	预备跳闸(PT)	←	•	—	—	—	—	•	—	—	—	—	—	•	—	—	•	—
	跳闸(T)	↙	—	•	—	•	—	—	•	•	—	—	•	—	—	—	—	•

注："•"表示接通，"—"表示断开，箭头所指方向为操作手柄位置。

如图8-6所示，控制开关有6个操作手柄位置：两个预备操作位置（"预备合闸"和"预备跳闸"）、两个操作位置（"合闸"和"跳闸"）和两个固定位置（"跳闸后"和"合闸后"），松开操作手柄后，自动复位到"合闸后""跳闸后"位置，其他为操作时的过渡位置。有时用字母表示6个操作手柄位置，"C"表示合闸中，"T"表示跳闸中，"P"表示"预备"，"D"表示"后"。

（2）断路器控制回路工作原理

如图8-7所示为电磁操动机构的断路器控制回路，图中虚线对应控制开关的6个操作手柄位置，"•"表示控制开关在此位置时触点接通。

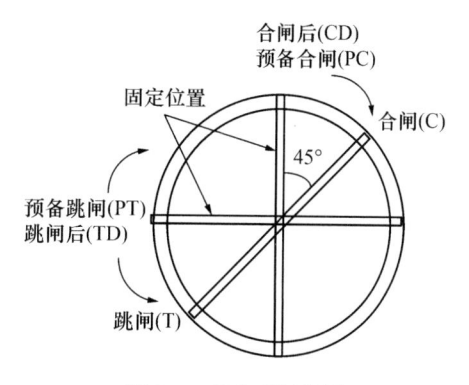

图8-6 操作手柄位置

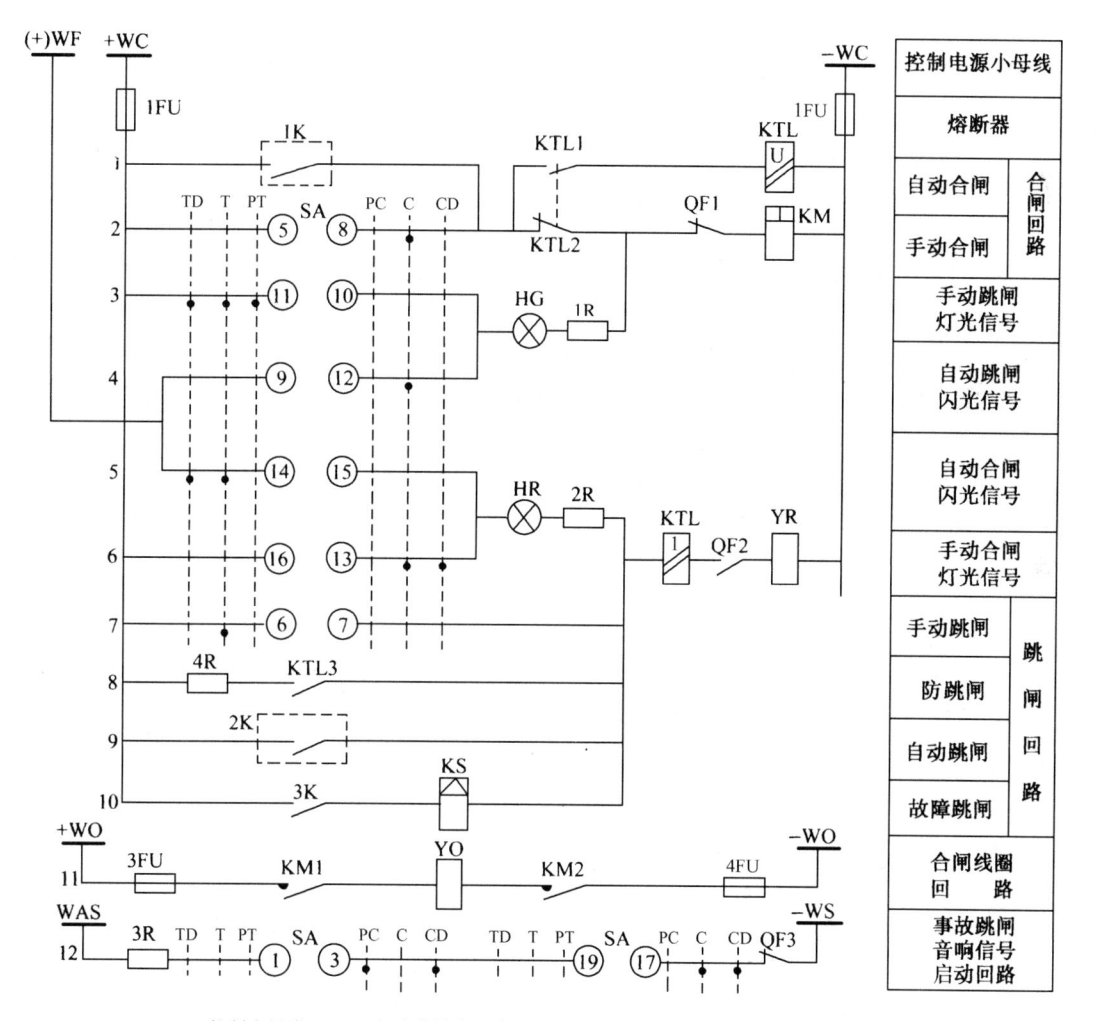

WC—控制小母线；WF—闪光信号小母线；WO—合闸小母线；WAS—事故音响小母线；

KTL—防跳继电器；HG—绿色信号灯；HR—红色信号灯；KS—信号继电器；KM—合闸接触器；

YO—合闸线圈；YR—跳闸线圈；SA—控制开关

图8-7 电磁操动机构的断路器控制回路

图 8-7 中出现了(+)WF，会使信号灯发出闪光信号，其工作原理如图 8-8 所示，正常工作时，触点 1K 断开；当发生故障时，继电器 1K 动作（其线圈在其他回路中），信号灯 HL 与(+)WF 接通，闪光装置工作，其继电器 K 与电容 C 并联充放电而交替动作与释放，(+)WF 的电压交替升高和降低，HL 发出闪光信号。

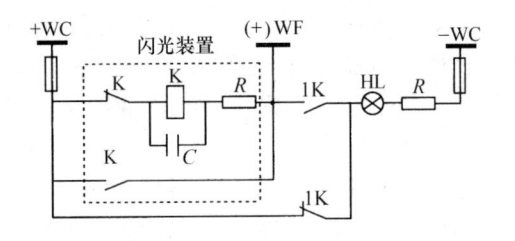

图 8-8 闪光装置工作原理图

断路器常见的控制方式包括手动控制和自动控制，手动控制通过人工操作来实现断路器的开合，自动控制通过自动装置和动力设备来控制断路器的开合。下面分别阐述其工作原理。

① 断路器的手动控制

● 手动合闸。合闸前断路器处于跳闸状态，此时控制开关 SA 处于"TD（跳闸后）"位置，其触点⑩-⑪通，QF1 闭合，绿灯 HG 亮，发平光，表示断路器为断开状态，合闸回路完好，熔断器 1FU 和 2FU 完好。合闸接触器线圈 KM 因电阻 1R 而使其电流很小，不会动作。

首先将控制开关 SA 顺时针旋转 90°，至"PC（预备合闸）"位置，⑨-⑩通，绿灯 HG 接于闪光小母线(+)WF 上而发出闪光，表明控制开关的位置与"CD（合闸后）"位置相同，但断路器仍处于跳闸后状态，这是利用了不对应原理接线，提醒工作人员核对操作对象是否有误，无误则继续操作。

然后，将 SA 继续顺时针旋转 45°，置于"C（合闸）"位置，⑤-⑧通，合闸接触器 KM 直接接通于+WC 和-WC 之间而动作，常开触点 KM1 和 KM2 闭合，合闸线圈 YO 通电，断路器合闸，同时断路器辅助触点 QF1 断开使绿灯 HG 熄灭，QF2 闭合，由于⑬-⑯通，红灯 HR 亮。

最后，松开 SA 手柄，SA 自动回到"CD"位置，⑬-⑯通，使红灯 HR 发平光，表明断路器手动合闸，同时表明跳闸回路完好及控制回路的熔断器 1FU 和 2FU 完好。跳闸线圈 YR 因电阻 2R 而使其电流很小，不会动作。

● 手动跳闸。将控制开关 SA 逆时针旋转 90°到"PT（预备跳闸）"位置，⑬-⑯断开，⑬-⑭接通(+)WF，红灯 HR 发出闪光，表明 SA 的位置与跳闸后的位置相同，但断路器仍处于合闸状态。继续旋转 45°到"T（跳闸）"位置，⑥-⑦通，跳闸线圈 YR 经防跳继电器 KTL 的电流线圈接通而跳闸，QF1 合上，QF2 断开，红灯 HR 熄灭，绿灯 HG 亮。松开手柄，SA 自动回到"TD（跳闸后）"位置，⑩-⑪通，绿灯 HG 发平光，表明断路器手动跳闸，合闸回路完好。

② 断路器的自动控制

断路器通过自动装置的继电器触点 1K 和 2K（分别与⑤-⑧和⑥-⑦并联）的闭合分别实现合、跳闸的自动控制。红灯 HR 或绿灯 HG 会发闪光，表示断路器自动合闸或跳闸，又表示跳闸回路或合闸回路完好，工作人员需将 SA 旋转到相应的位置上，相应的信号灯发平光。

当断路器因故障跳闸时，继电保护会动作，其出口继电器触点 3K 闭合，SA 的⑥-⑦触点被短接，YR 通电，断路器跳闸，绿灯 HG 发闪光，表明断路器因故障跳闸。与 3K 串联的信号继电器 KS 为电流型线圈，电阻很小，KS 通电后将发出信号。此时断路器在跳闸状态，QF3 闭合，按不对应原理接线，SA 在"CD"位置，①-③、⑰-⑲通，事故音响小母线 WAS 与信号回路负电源-WS 接通，启动事故音响装置，由蜂鸣器（或电笛）发出事故音响信号。

③ 断路器的防跳控制

断路器的"跳跃"指合闸后，若控制开关的⑤-⑧触点或者触点 1K 卡死，当合到永久故障时，继电保护会跳闸，QF1 闭合，则会使合闸回路接通，断路器重新合闸，出现多次"跳闸-合闸"现象。

根据要求，设置防跳继电器 KTL，其电流启动线圈串联于跳闸回路，电压自保持线圈经自身的常开触点 KTL1 与合闸回路并联，常闭触点 KTL2 与合闸回路串联。当继电保护动作使触点 3K 闭合，YR 得电断路器跳闸，同时 KTL 的电流启动线圈也得电启动，常开触点 KTL1 闭合（自锁），常闭触点 KTL2 打开，KTL 电压自保持线圈得电，两个触点的状态不变。此时，虽然控制开关 SA 的⑤-⑧触点或触点 1K 被卡死，但 KTL2 已断开，使 KM 线圈无法接通而不能合闸。当⑤-⑧触点或触点 1K 断开后，KTL 电压自保持线圈失电后，KTL2 才闭合，防止了跳跃现象。

8.2.3 中央信号回路

中央信号回路是指示一次系统设备运行状态的二次回路。变电所的进出线、变压器和母线等的保护装置或监视装置动作后，都通过中央信号回路发出相应的信号来提示工作人员。

8.2.3 节、8.2.4 节和 8.3.1 节视频

信号按形式分为灯光信号和音响信号。灯光信号通过信号灯和光字牌表示电气设备的运行状态，音响信号通过蜂鸣器（或电笛）或警铃（电铃）的声响来实现。

信号按用途分为事故信号、预告信号、位置信号、指挥和联系信号。事故信号在断路器发生事故跳闸时，启动蜂鸣器（或电笛）发出声响，同时指示灯发闪光，事故类型光字牌点亮。预告信号在系统出现非正常运行状态时，如变压器过负荷、轻瓦斯保护动作，启动警铃（电铃）发出声响信号，同时标有异常状态的光字牌点亮。

位置信号（又称状态信号）包括断路器位置信号（如灯光指示或操动机构分合闸位置指示器）和隔离开关位置信号等，用来指示断路器正常工作的位置状态，红灯亮表示合闸位置，绿灯亮表示跳闸位置。

指挥和联系信号用于主控制室向其他控制室发出操作命令以及与控制室之间的联系。

1. 中央信号回路的设计要求

为保证可靠性，对中央信号回路的设计有如下要求：

① 事故信号装置应保证在任何断路器事故跳闸后，能瞬时发出事故音响信号，在控制屏或配电装置上还应有表示该回路事故跳闸的灯光或其他指示信号；

② 预告信号装置应保证在任何回路发生故障时，能瞬时发出预告音响信号，并由显示故障性质和地点的指示信号（灯光或信号继电器）；

③ 事故音响信号与预告音响信号应有区别，一般事故音响信号用电笛，预告音响信号用电铃；

④ 中央信号装置在发出音响信号后，应能手动或自动复归（解除）音响，而灯光或指示信号仍应保持，直到消除故障为止；

⑤ 中央信号装置应能进行事故信号、预告信号及其光字牌完好性的试验；

⑥ 接线应简单、可靠，对其电源熔断器是否熔断应有监视。

2. 中央信号回路的工作原理

（1）中央事故信号回路

中央事故信号回路按复归方法分为就地复归和中央复归回路，按能否重复动作分为不重复动作和重复动作回路。下面介绍常用的中央事故信号回路工作原理。

① 中央复归不重复动作的事故信号回路

图 8-9 为中央复归不重复动作的事故信号回路，正常工作时，断路器合闸，控制开关 SA 的①-③和⑲-⑰触点接通，1QF 和 2QF 常闭辅助触点断开。若断路器（如 1QF）事故跳闸，则

1QF 闭合，回路+WS→HB→KM1-2 触点→①-③→⑲-⑰→1QF→-WS 接通，蜂鸣器 HB 发出声响。2SB 为复归按钮，按下则 KM 线圈通电，KM1-2 触点断开，HB 断电解除音响，KM3-4 触点闭合，继电器 KM 自锁。若此时 2QF 又发生了事故跳闸，蜂鸣器将不会发出声响，这就称为不重复动作。能在控制室手动复归称为中央复归。1SB 为试验按钮，按下后蜂鸣器 HB 发出声响，用于检查事故音响信号的完好性。

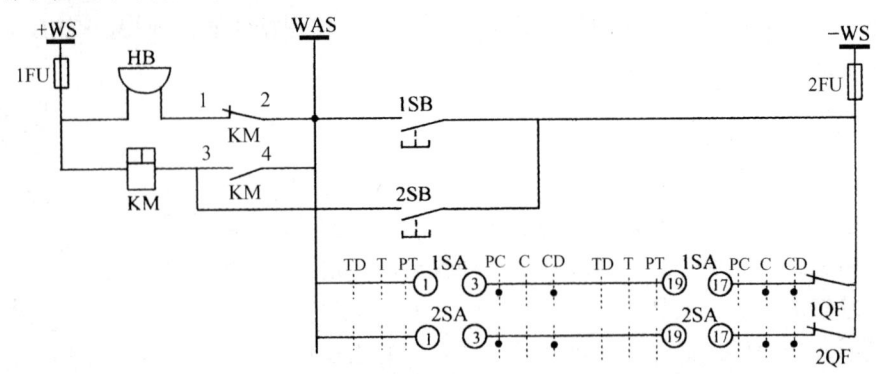

WS—信号小母线；WAS—事故音响信号小母线；1SA、2SA—控制开关；
1SB—试验按钮；2SB—音响解除按钮；KM—中间继电器；HB—蜂鸣器

图 8-9　中央复归不重复动作的事故信号回路

② 中央复归重复动作的事故信号回路

图 8-10 为中央复归重复动作的事故信号回路，事故信号装置中增加了冲击继电器（或脉冲继电器）KI，如图中虚线框所示。TA 为脉冲变流器，二极管 2VD 和电容 C 用于抗干扰，二极管 1VD 起单向旁路作用，单触点干簧继电器 KR 为执行元件，多触点干簧继电器 KM 为出口中间元件。当 TA 的一次电流突然减小时，其二次侧感应的反向电流经 1VD 旁路，不会流过 KR 的线圈。

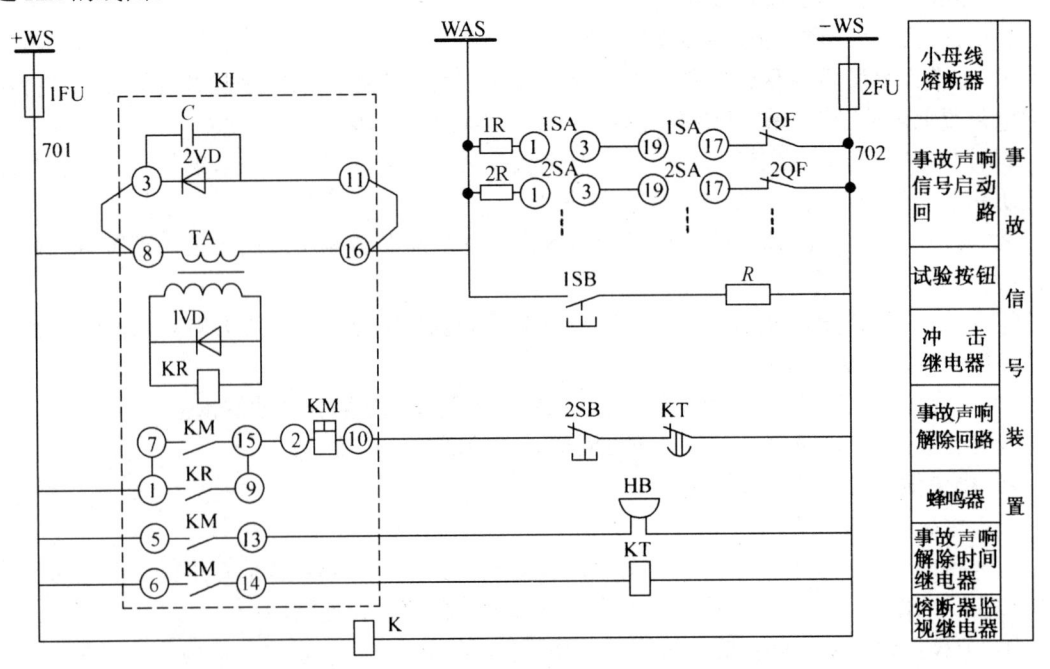

KI—冲击继电器；KR—干簧继电器；KM—中间继电器；KT—自动解除时间继电器；HB—蜂鸣器

图 8-10　中央复归重复动作的事故信号回路

正常工作时，断路器合闸，辅助触点 1QF、2QF 均打开，1SA、2SA 的①-③、⑲-⑰均接通，KI 不会动作。若断路器 1QF 事故跳闸，1QF 闭合，TA 的一次绕组电流突增，二次绕组中的感应电动势使 KR 线圈动作，KR 的常开触点①-⑨闭合，使 KM 线圈动作，KM 的常开触点⑦-⑮闭合自锁，⑤-⑬闭合使蜂鸣器 HB 通电发出声响，⑥-⑭闭合使自动解除时间继电器 KT 动作，KT 常闭触点延时打开使 KM 失电，声响自动解除。此时若断路器 2QF 事故跳闸，KI 的电流又增大，使 HB 又发出声响，因此称为重复动作的事故信号回路。2SB 为声响解除按钮，1SB 为试验按钮。

（2）中央预告信号回路

① 中央复归不重复动作的预告信号回路

图 8-11 为中央复归不重复动作的预告信号回路。当系统发生异常状态时，经一定延时后，KS 触点闭合，回路+WS→KS→HL→WFS→KM1-2→HA→-WS 接通，警铃 HA 发出声响信号，光字牌 HL 亮，表明系统异常。1SB 为试验按钮，2SB 为声响解除按钮。按下 2SB，KM 动作使 KM1-2 打开，HA 声响被解除，KM3-4 闭合自锁，在系统异常状态未消除之前，KS、HL、KM 线圈一直接通，当系统其他地方发生异常工作状态时，不会发出声响信号，即不重复动作。

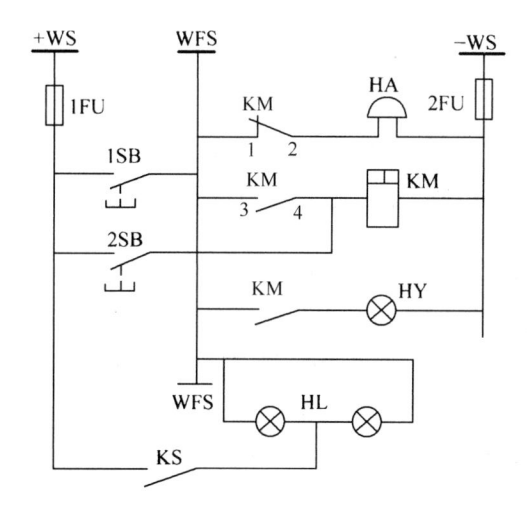

WFS—预告音响信号小母线；1SB—试验按钮；2SB—音响解除按钮；HA—警铃；

KM—中间继电器；HY—黄色信号灯；HL—光字牌指示灯；KS—（跳闸保护回路）信号继电器

图 8-11 中央复归不重复动作的预告信号回路

② 中央复归重复动作的预告信号回路

图 8-12 为中央复归重复动作的预告信号回路，与中央复归重复动作的事故信号回路一样，装设了冲击继电器 KI。转换开关 SA 有工作"O"位置、两个试验"T"位置。正常工作时，SA 在"O"位置，触点⑬-⑭、⑮-⑯接通，其他触点断开。

若系统发生异常，1K 闭合，+WS 经 1K、1HL（两灯并联）、SA 的⑬-⑭、KI 到-WS。TA 一次绕组通电，HA 发出声响信号，同时 1K 接通信号源 703 至+WS，光字牌信号灯 1HL 亮。

向左或右旋转 SA 手柄至"T"位置，可检查光字牌信号灯的完好性。SA 的触点⑬-⑭、⑮-⑯断开，其他触点接通，试验回路+WS→⑫-⑪→⑨-⑩→⑧-⑦→2WFS→HL 光字牌（两灯串联）→1WFS→①-②→④-③→⑤-⑥→-WS 接通，使所有光字牌亮，表明光字牌信号灯完好，否则表明光字牌信号灯有损坏。

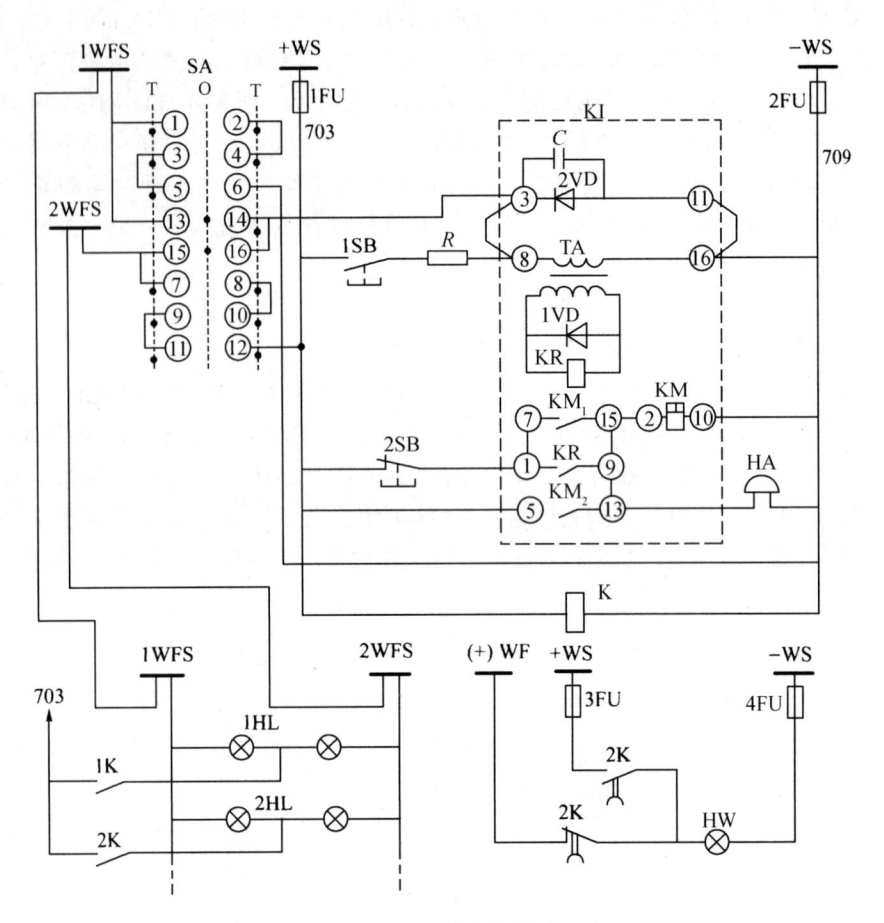

SA—转换开关；1WFS、2WFS—预告信号小母线；1SB—试验按钮；
2SB—解除按钮；1K—信号继电器；2K—监视继电器（中间）；
KI—冲击继电器；1HL、2HL—光字牌指示灯；HW—白色信号灯

图 8-12　中央复归重复动作的预告信号回路

8.2.4　测量和绝缘监视回路

供配电系统的测量和绝缘监视回路是二次回路的重要组成部分，应按 GB/T 50063—2017《电力装置电测量仪表装置设计规范》设计。

1．电测量仪表的配置

电测量仪表是指对电力装置回路的电气运行参数作经常测量、选择测量、记录用的仪表和作计费、技术经济分析、考核、管理用的计量仪表的总称。

在供配电系统中，进行电测量的目的有 3 个：一是计费测量，如有功电能、无功电能；二是对供配电系统运行状态、技术经济分析所进行的测量，如电压、电流、有功功率、无功功率、有功电能、无功电能等；三是对交、直流系统的安全状况如绝缘电阻、三相电压是否平衡等进行监测。

110kV 及以下变电站电气测量与电能计量的装设见表 8-2。

表 8-2 110kV 及以下变电站电气测量与电能计量的装设

线路名称		计算机监控系统				电能计量		说明
		电流	电压	有功功率	无功功率	有功电能	无功电能	
110kV								
110kV 进线		3		1	1	1	1	应测三相电流
110kV 母线			3*					*测量 3 个线电压
110kV 联络线		3		1	1	2*	2*	*电能表只装在线路的一端，感应式电能表应带有逆止机构
110kV 出线		3		1	1*	1	2	应装设双向三相无功功率表和正向、反向三相无功电能表
110kV/10～35kV 变压器		3*		1	1	1	1	*如电源侧测量有困难或需要时，可在低压侧测量；低压侧测量时，装设单相电流表
35～66kV								
35～66kV/ 6～10kV 双绕组变压器	高压侧	1		1	1	1	1	按具体情况确定仪表装在变压器高压侧或低压侧
	低压侧							
3～20kV								
3～20kV 进线		1		1	1	1	1	
3～20kV 母线（每段母线）			4 或 1*					*中性点有效接地系统的主母线可只测 1 个线电压；中性点非有效接地系统的主母线，宜测量母线的一个线电压和监测绝缘的 3 个相电压；除计算机监控系统外，配电装置也需测线电压
消弧线圈		1						需要时装设记录型电流表
3～20kV 联络线		1		1	1	2*	2*	*电能表只装在线路的一端，感应式电能表应带有逆止机构
3～20kV 出线		1		1	1*	1	2*	*应装设双向三相无功功率表和正向、反向三相无功电能表
6～20kV/3～6kV 变压器	高压侧	1		1	1	1	1	按具体情况确定仪表装在变压器高压侧或低压侧
	低压侧							
6～20kV/0.4kV 变压器	高压侧	1		1	1	1	1	
整流变压器		1				1		如为冲击负荷，按需要可再装设记录型有功、无功功率表各 1 只。当冲击负荷由数台整流变压器成组供电时，可只计量总的有功、无功功率，例如将表装在进线上或上级变电站的出线上
电炉变压器		1				1		当为了掌握电炉的运行情况而必须监视三相电流时，可装设 3 只电流表
同步电动机		1		1	1	1		当成套控制屏上已装有有功、无功电能表时，配电装置上可不再装设。功率因数表比装无功功率表好，可直接指示功率因数的超前或滞后
异步电动机		1*				1		配电屏（箱）处还需测三相有功电能
静电电容器		3					1	

· 205 ·

续表

线路名称	计算机监控系统				电能计量		说明
	电流	电压	有功功率	无功功率	有功电能	无功电能	
0.38kV							
进线或变压器低压侧	3						当变压器高压侧未装电能表时，还应装设有功电能表1只
母线（每段）		1					计算机监控系统和配电装置均需测线电压
出线（>100A）	1						小于100A的线路，根据生产过程的要求，需进行电流监视时，可装设1只电流表；三相长期不平衡运行的线路如动力和照明混合的线路，在照明负荷占总负荷的15%~20%以上时，应装设3只电流表；送往单独的经济核算单位的线路，应加装有功电能表1只
低压电动机	1*						*55kW及以上的低压电动机在计算机监控系统和配电屏（箱）均测单相电流表

2．仪表的准确度要求

电测量装置的准确度要求不应低于表8-3的规定。仪表用电流、电压互感器及配件、附件的准确度要求不低于表8-4的规定。

表8-3 电测量装置的准确度要求

电测量装置类型名称		准确度
计算机监控系统的测量部分（交流采样）		误差不大于0.5%，其中电网频率测量误差不大于0.01Hz
常用电测量仪表、综合装置中的测量部分	指针式交流仪表	1.5级
	指针式直流仪表	1.0（经变压器二次测量）
	指针式直流仪表	1.5级
	数字式仪表	0.5级
	记录型仪表	应满足测量对象的准确度要求

表8-4 仪表用电流、电压互感器及附件、配件的准确度要求

电测量装置准确度/级	附件、配件准确度/级			
	电流、电压互感器	变送器	分流器	中间互感器
0.5级	0.5	0.5	0.5	0.2
1.0级	0.5	0.5	0.5	0.2
1.5级	1.0	0.5	0.5	0.2
2.5级	1.0	0.5	0.5	0.5

需要注意的是，交流回路指示仪表的综合准确度不应低于2.5级，直流回路指示仪表的综合准确度不应低于1.5级，接于变送器二次侧仪表的准确度不应低于1.0级。

指针式测量仪表测量范围的选择，宜保证电力设备额定值指示在标度尺的2/3处。有可能过负荷运行的电力设备和回路，测量仪表宜选择过负荷仪表。多个同类型电力设备和回路的电测量可采用选择测量方式。双向电流的直流回路和双向功率的交流回路，应采用具有双向标度的电流表和功率表。具有极性的直流电流和电压回路，应采用具有极性的仪表。重载启动的电

动机和可能出现短时冲击电流的电力设备及回路，宜采用具有过负荷标度尺的电流表。

电能计量装置应按其计量对象的重要程度和计量电能的多少分类，并应符合下列规定。

① 月平均用电量 5000MWh 及以上或变压器容量为 10MVA 及以上的高压计费用户、200MW 及以上发电机或发电/电动机、发电企业上网电量、电网经营企业之间的电量交换点，以及省级电网经营企业与其供电企业的供电关口计量点的电能计量装置，应为Ⅰ类电能计量装置。

② 月平均用电量 1000MWh 及以上或变压器容量为 2MVA 及以上的高压计费用户、100MW 及以上发电机或发电/电动机、供电企业之间的电量交换点的电能计量装置，应为Ⅱ类电能计量装置。

③ 月平均用电量 100MWh 及以上或负荷容量为 315kVA 及以上的计费用户、100MW 及以下发电机、发电企业厂（站）用电量、供电企业内部用于承包考核的计量点、考核有功电量平衡的 110kV 及以上电压等级的送电线路，以及无功功率补偿装置的电能计量装置，应为Ⅲ类电能计量装置。

④ 负荷容量为 315kVA 及以下的计费用户，发供电企业内部技术经济指标分析、考核用的电能计量装置，应为Ⅳ类电能计量装置。

⑤ 单相电能用户计费用的电能计量装置，应为Ⅴ类电能计量装置。

电能计量装置的准确度不应低于表 8-5 的规定。

表 8-5　电能计量装置的准确度要求

电能计量装置类别	准确度最低要求/级			
	有功电能表	无功电能表	电压互感器	电流互感器
Ⅰ	0.2S	2.0	0.2	0.2S 或 0.2
Ⅱ	0.5S	2.0	0.2	0.2S 或 0.2
Ⅲ	1.0	2.0	0.5	0.5S
Ⅳ	2.0	2.0	0.5	0.5S
Ⅴ	2.0	—	—	0.5S

注：0.2S 级电流互感器仅用于发电机计量回路。

3．直流绝缘监视回路

直流绝缘监视装置用来监视直流系统的绝缘状况。

直流系统发生一点接地时，没有短路电流流过，熔断器不会熔断，能继续运行，但必须及时发现，否则当另一点接地时，会引起信号回路、控制回路、继电保护回路和自动装置回路发生误动作，如图 8-13 所示，A、B 两点接地会造成误跳闸情况。因此，发电厂和变电所的直流系统必须安装能连续工作且足够灵敏的直流绝缘监视装置。

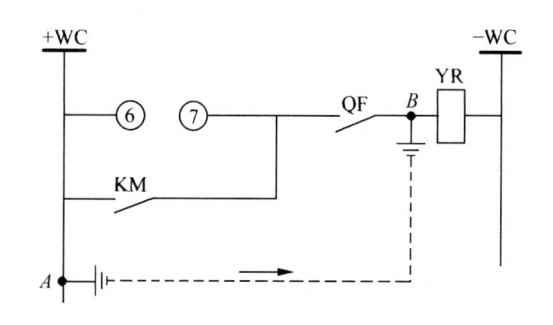

图 8-13　两点接地引起误跳闸的情况

直流绝缘监视装置利用电桥原理进行监测，其原理接线图及等效电路如图8-14所示，正常状态下，直流母线正极和负极的对地绝缘良好，正极和负极等效对地绝缘电阻R+和R-相等，接地信号继电器KE线圈中的不平衡电流很小，不会动作。当某一极的对地绝缘电阻（R+和R-）下降，电桥失去平衡，流过继电器KE线圈中的电流增大，直至KE动作，其常开触点闭合，发出预告信号。如图8-14（b）所示，实际装置包括信号和测量两部分，绝缘监视转换开关1SA和母线电压表转换开关2SA完成工作状态的切换，电压表1V和2V均为高内阻直流电压表，1V电压表的量程是150～0～150V、0～∞～0kΩ，2V电压表的量程为0～250V，1R、2R、3R的阻值为1000Ω。

母线电压表转换开关2SA有母线"M"、正对地"+"和负对地"-" 3个位置。正常时，手柄在竖直的"M"位置，触点⑨-⑪、②-①和⑤-⑧接通，2V电压表接至正、负母线间来测量母线电压。若将2SA手柄向左旋转45°置"+"位置，触点①-②和⑤-⑥接通，2V电压表接于正极与地之间，测量正极对地电压。若将2SA手柄向右旋转45°置"-"位置，触点⑤-⑧、①-④接通，2V电压表接于负极与地之间，测量负极对地电压。利用转换开关2SA和电压表2V，可判别哪一极接地。若两极绝缘良好，2V电压表的线圈没有形成回路，正极对地和负极对地时，均指示为0V。若正极接地，正极对地电压为0V，负极对地为220V。反之，若负极接地，负极对地电压为0V，正极对地为220V。

绝缘监视转换开关1SA也有信号"X"、测量"Ⅰ"和测量"Ⅱ" 3个位置。其手柄置于竖直的"X"位置，触点⑤-⑦和⑨-⑪接通，电阻3R被短接（2SA应置于"M"位置，触点⑨-⑪接通）。当两极绝缘正常时，两极对地的绝缘电阻基本相等，电桥平衡，接地信号继电器KE不动作；当某极绝缘电阻下降使电桥不平衡时，KE动作，其常开触点闭合，光字牌亮，同时发出声响信号。工作人员利用转换开关2SA和2V电压表，可判别哪一极接地或绝缘电阻下降。

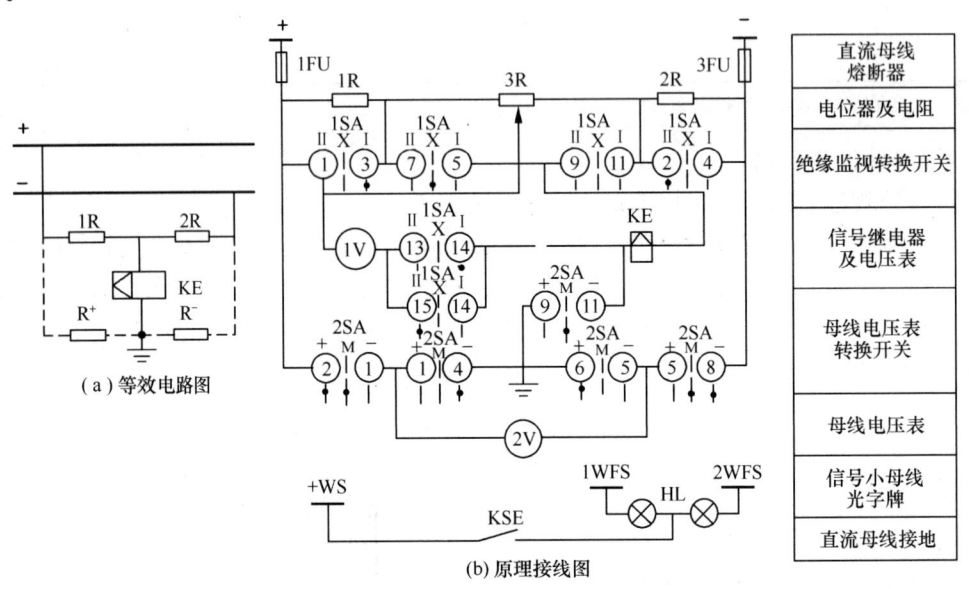

KSE—接地信号继电器；1SA—绝缘监视转换开关；2SA—母线电压表转换开关；
R+、R-—母线绝缘电阻；1R、2R—平衡电阻；3R—电位器

图8-14 直流绝缘监视装置原理接线图及等效电路

8.3 自 动 装 置

8.3.1 自动重合闸装置（ARD）

电力系统的故障大多数是输电线路（特别是架空线路）的故障。运行经验表明，架空线路上的故障大多是"瞬时性"的，如雷电引起绝缘子表面闪络、大风引起的碰线、鸟类或树枝的跨接等，在线路被继电保护跳闸后，若断路器再合闸，可能恢复供电，从而提高了供电的可靠性。为此在电力系统中广泛采用了断路器跳闸后能够自动将断路器重新合闸的自动重合闸装置（ARD），运行资料表明，重合闸成功率为60%～90%。

自动重合闸装置按动作方法可分为机械式和电气式；按重合次数分有一次重合闸装置、二次或三次重合闸装置，用户变电所一般采用一次重合闸装置。

1. 自动重合闸的设计要求

① 在3～110kV电网中，下列情况应装设自动重合闸装置：3kV及以上的架空线和电缆与架空线的混合线路，当用电设备允许且无备用电源自动投入时；旁路断路器和兼作旁路的分段断路器。

② 35MVA及以下容量且低压侧无电源接于供电线路的变压器，可装设自动重合闸装置。

③ 单侧电源线路的自动重合闸方式应采用一次重合闸，当几段线路串联时，宜采用重合闸前加速保护动作或顺序自动重合。

④ 双侧电源线路应考虑合闸时两侧电源间的同步问题。

自动重合闸装置还应符合下列规定：

① 自动重合闸装置可由保护装置或断路器控制状态与位置不对应启动；

② 手动或遥控操作将断路器断开或断路器投入故障线路上而随即由保护装置将其断开时，自动重合闸装置不应动作；

③ 任何情况下，自动重合闸装置的动作次数应符合预先规定；

④ 应有可能在重合闸前或重合闸后加速继电保护的动作，以便更好地和继电保护相配合，加速故障的切除；

⑤ 当断路器处于不正常状态而不允许自动重合闸时，应将自动重合闸装置闭锁。

2. 电气一次自动重合闸装置的接线

如图8-15所示为采用DH-2型重合闸继电器的自动重合闸原理图，1SA为断路器控制开关，2SA为自动重合闸装置选择开关。下面分析其工作原理。

（1）自动重合闸

当1SA和2SA合上时，线路正常运行和自动重合闸装置投入运行，①-③、㉑-㉓接通，QF1-2断开。回路+WC→2SA→4R→C→-WC通电，使重合闸继电器KAR中电容C经4R充电，同时指示灯HL亮，表示母线电压正常和C充电中。

当线路发生故障时，继电保护动作跳闸，防跳继电器KTL的电流线圈启动，KTL1-2闭合，因1SA的⑤-⑧不通，KTL的电压线圈不能自保持，跳闸后，KTL的电流线圈断电。

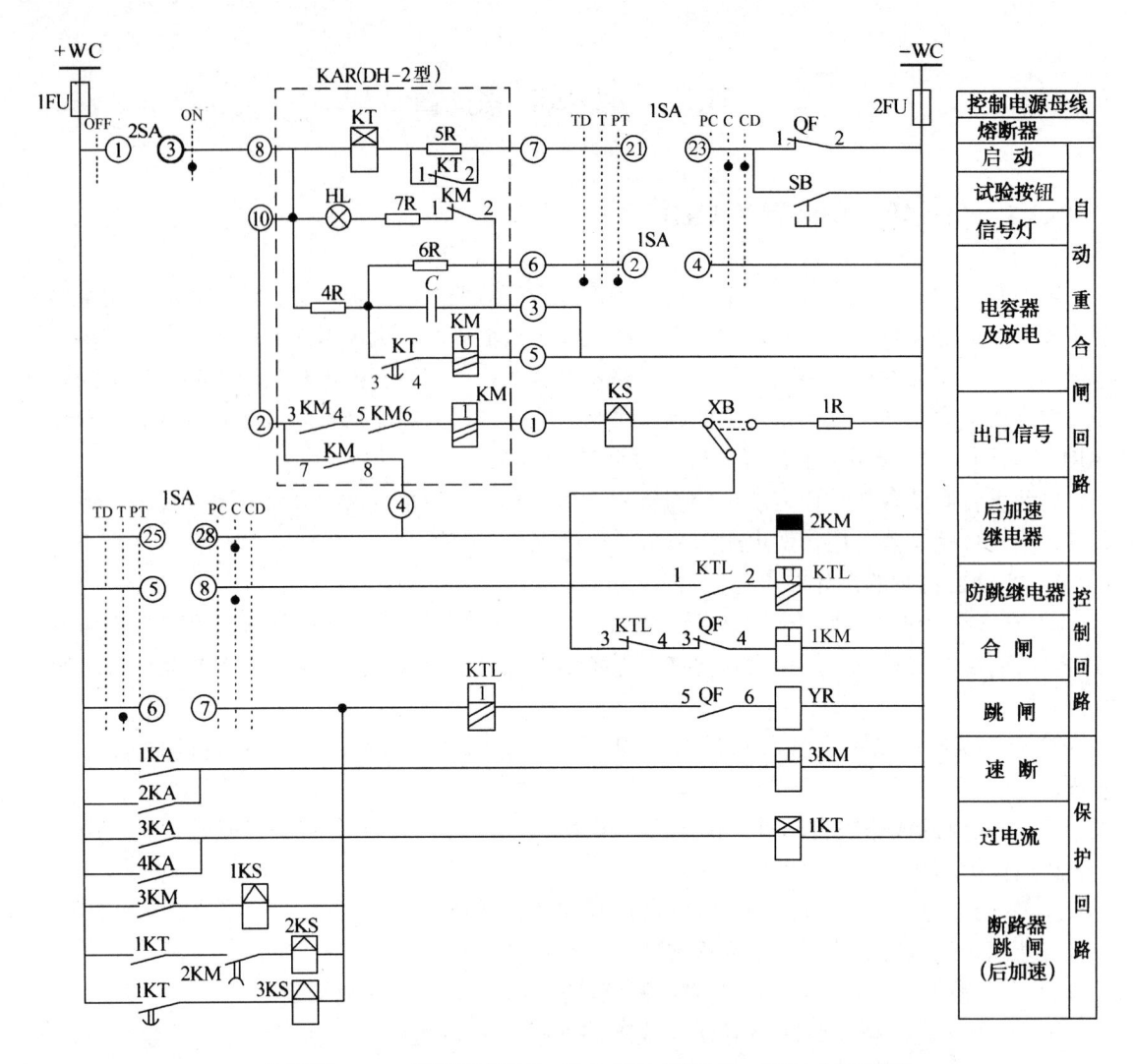

2SA—选择开关；1SA—断路器控制开关；KAR—重合闸继电器；1KM—合闸继电器；

YR—跳闸线圈；QF—断路器辅助触点；KTL—防跳继电器（DZB-115型中间继电器）；

2KM—后加速继电器（DZS-145型中间继电器）；1KS～3KS—信号继电器

图 8-15　DH-2 型重合闸继电器的自动重合闸原理图

跳闸后，QF1-2 闭合，KAR 中的 KT 得电动作，KT1-2 打开，5R 与 KT 线圈串联限制电流，KT 保持动作状态，KT3-4 经延时后闭合，使电容 C 对 KM 线圈放电，KM 动作，KM1-2 打开使 HL 熄灭，表示 KAR 动作。KM3-4、KM5-6、KM7-8 闭合，回路+WC→2SA→KM3-4→KM5-6→KM 的电流线圈→KS→XB→KTL3-4→QF3-4→1KM 线圈→-WC 接通，合闸继电器 1KM 得电，使断路器重新合闸。若故障为瞬时性的，此时故障应已消失，继电器保护不会再动作，则重合闸成功。

重合闸后，QF1-2 断开，KAR 复位，若故障为永久性的，则继电保护动作，1KT 常开闭合，经 2KM 的延时打开触点，接通跳闸回路跳闸，QF1-2 闭合，KT 重新动作。但电容 C 容量不足，KM 不会动作，且电容 C 与 KM 线圈已经并联，经过较长时间电容 C 也不会充电至电源电压值。所以，自动重合闸只重合一次。

（2）不重合闸控制

手动操作断路器跳闸是运行的需要，不能重合闸。操作控制开关 1SA 跳闸时，1SA 的 ㉑-㉓ 在"PT""T""TD"均不通，断开了重合闸装置的正电源，重合闸装置不动作。同时，在"PT"和"TD"时，1SA 的 ②-④ 接通，使 C 与 6R 并联，C 不能充电到电源电压而不能重合闸。

（3）防跳控制

当重合于永久性故障时，断路器将再一次跳闸，若 KAR 中 KM3-4、KM5-6 触点锁死，KTL 的电流线圈因跳闸而被启动，KTL1-2 闭合并能自锁，KTL 电压线圈通电保持，KTL3-4 断开，合闸回路断电，从而防止跳跃。

（4）重合闸后加速

自动重合闸装置与继电保护配合来实现重合闸后的加速保护。重合闸后加速保护指当线路第一次发生故障时，按有选择性的方式动作跳闸，若重合于永久性故障，则加速保护动作，切除故障。

当自动重合闸装置动作，将使断路器重新合闸于永久性故障，且过电流保护装置动作，使断路器再次跳闸，因带有时限，将使故障时间延长。为了加快切除故障，如图 8-15 所示，在自动重合闸装置动作后，KM 的常开触点 KM7-8 闭合，后加速继电器 2KM 启动，其常开触点 2KM 闭合，过电流保护装置动作后，1KT 常开闭合，经 2KM 的延时打开触点，接通跳闸回路快速跳闸。

另外，在图 8-15 中，控制开关 1SA 手柄在"C（合闸）"位置时，其触点 ㉕-㉘ 接通。若 1SA 合闸于故障线路，则直接接通后加速继电器 2KM，加速切除故障电路。

8.3.2 备用电源自动投入装置（APD）

在采用两路及以上的电源进线的变电所中，两电源或互为备用，或一为主电源，另一为备用电源时，应安装备用电源自动投入装置以提高供电可靠性。备用电源自动投入装置就是当工作电源线路发生故障而断电时，能自动且迅速将备用电源投入运行，以确保供电可靠性的装置，简称 APD。

8.3.2 节和 8.4 节视频

1．备用电源自动投入装置的设计要求

① 除备用电源快速切换外，应保证在工作电源断开后投入备用电源。

② 工作电源或设备上的电压，不论何种原因消失，除有闭锁信号外，APD 应延时动作。

③ 在手动断开工作电源、电压互感器回路断线和备用电源无电压情况下，不应启动 APD。

④ 应保证 APD 只动作一次。

⑤ APD 动作后，如备用电源或设备投到故障上，应使保护加速动作并跳闸。

⑥ APD 投入运行中，可设置工作电源的电流闭锁回路。

⑦ 一个备用电源或设备同时作为几个电源或设备的备用时，APD 应保证在同一时间备用电源或设备只能作为一个电源或设备的备用。

2．备用电源自动投入装置的工作原理

图 8-16 所示为 APD 的原理图。正常工作时，电源 1WL 工作供电，2WL 为备用电源，2QF 断开。

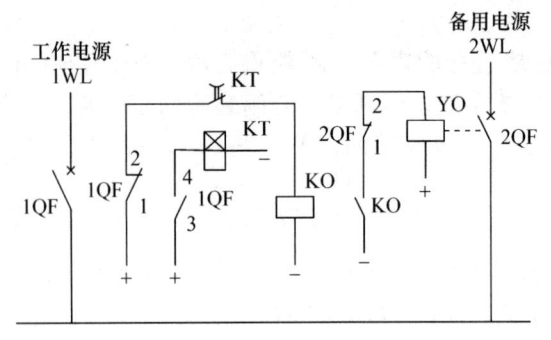

图 8-16 APD 的原理图

若 1WL 因故障而断电，1QF 断开，1QF3-4 断开，使原来通电的时间继电器 KT 断电。KT 延时断开触点尚未断开前，因 1QF1-2 闭合，合闸接触器 KO 通电动作，断路器 2QF 的合闸线圈 YO 通电，使 2QF 合闸，备用电源 2WL 投入运行。2WL 投入运行后，KT 延时断开触点断开，切断 KO 回路，同时 2QF 的联锁触点 2QF1-2 断开，防止 YO 长期通电。所以，双电源进线配 APD 时，可以提高供电可靠性。

8.4 二次回路安装接线图

二次回路图按用途分为二次回路原理图、二次回路原理展开图和二次回路安装接线图。二次回路原理图和二次回路原理展开图主要用来表示测量和监视、继电保护、断路器控制、信号和自动装置等二次回路的工作原理。二次回路安装接线图是按设备（如开关柜、继电器屏、信号屏灯）为对象绘制的，包括屏面布置图、端子排图和屏后接线图。

1. 二次回路安装接线图设计的基本知识

（1）绘制二次回路安装接线图的要求

绘制二次回路安装接线图，应遵循 GB/T 6988《电气技术用文件的编制》、GB/T 4728《电气简图用图形符号》、GB/T 5465.2—2023《电气设备用图形符号 第 2 部分：图形符号》、GB/18135—2008《电气工程 CAD 制图规则》等标准中的有关规定。

（2）二次回路原理展开图的编号

在二次回路原理展开图中对二次回路要编号，以便二次回路安装接线图的绘制、安装施工和投入运行后的维护检修。回路编号通常由 3 个及以下数字组成，我国目前采用的回路编号范围见表 8-6 和表 8-7。

表 8-6 直流回路编号范围

回路类别	保护回路	控制回路	励磁回路	信号及其他回路
编号范围	01～099 或 J1～J99	1～599	601～699	701～999

表 8-7 交流回路编号范围

回路类别	控制、保护及信号回路	电流回路	电压回路
编号范围	(A, B, C, N)1～399	(A, B, C, N, L)401～599	(A, B, C, L, N)601～799

连接在回路中同一点的所有导线，应根据等电位原则，用同一个编号表示。当回路经过仪表和继电器的线圈或开关和继电器的触点之后，电位发生变化，应给予不同的编号。

直流回路编号从正电源出发，以奇数顺序编号，直到最后一个有压降的元件为止。若最后一个有压降的元件不是直接连接在负极上，而是通过连接片、开关或继电器的触点接在负极上，则再从负极开始以偶数顺序编号至上述已有编号的回路为止，如图8-17所示。

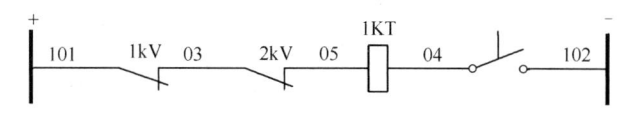

图 8-17 直流回路编号图

二次回路原理展开图中小母线用粗线条表示，并标以文字符号。控制和信号回路中的一些辅助小母线和交流电压小母线，除文字符号外，还应给予固定数字编号。

（3）二次设备的表示方法

二次回路中的设备（二次设备）都从属于某些一次设备或一次线路，而一次设备或一次线路又属于某一成套设备，为区别不同回路的二次设备，必须标以规定的项目种类代号。

项目代号：用来识别项目种类及其层次关系与位置的一种代号。它包括高层代号、位置代号、种类代号（又称设备文字符号）和端子代号共4个代号段，每个代号段之前有一个前缀符号作为特征标记，高层代号、位置代号、种类代号、端子代号的前缀分别为"="" + "" - "" : "。

安装单位和屏内设备：安装单位是指一个屏上属于某一次回路或同类型回路的全部二次设备的总称。为了区分同一屏中属于不同安装单位的二次设备，设备上必须标以安装单位的编号，用罗马字母Ⅰ、Ⅱ、Ⅲ等表示。当屏中只有一个安装单位时，直接用数字表示设备编号。

设备的顺序号：对同一安装单位内的设备按从右到左（从屏背面看）、从上到下的顺序编号，如I1、I2、I3等。当屏中只有一个安装单位时，直接用数字编号，如1、2、3等。

二次设备的表示：通常在二次回路安装接线图中，每个二次设备的左上角画一个圆圈，用一横线分成两半部分。安装单位的编号和设备的顺序号应放在圆圈的上半部，设备的种类代号及同型设备的顺序号放在圆圈的下半部。

（4）二次回路的接线要求

二次回路的接线应符合GB 50171—2012《电气装置安装工程盘、柜及二次回路接线施工及验收规范》的规定。

2．屏面布置图设计

屏面布置图是生产、安装过程的参考依据，是按照一定的比例尺将屏面上各个元件和仪表的排列位置及其相互间距离尺寸表示在图样上。屏面布置图主要有控制屏、信号屏和继电器屏的屏面布置图。屏面布置图的设计要求如下：

① 屏面布置应整齐美观，模拟接线应清晰，同类安装单位的屏面布置应一致，各屏间相同设备的安装高度应一致；

② 在设备安装处画其外形图（不按比例），标设备文字符号，并标定屏面安装设备的中心位置尺寸及屏的外形尺寸；

③ 屏面布置应满足监视、操作、试验、调节和检修方便，适当紧凑；

④ 仪表和信号指示元件（信号灯、光字牌等）一般布置在屏正面的上半部，操作设备（控制开关、按钮等）布置在它们的下方，操作设备（中心线）离地面一般不得低于600mm，经常操作的设备宜布置在离地面800～1500mm处；

⑤ 调整、检查工作较少的继电器布置在屏的上部，调整、检查工作较多的继电器布置在中部，继电器屏下面离地250mm处宜设有孔洞，供试验时穿线用。

图8-18所示为某35kV变电所主变控制屏、信号屏和继电保护屏的屏面布置图。

· 213 ·

(a) 35kV 主变控制屏　　(b) 信号屏　　(c) 继电保护屏

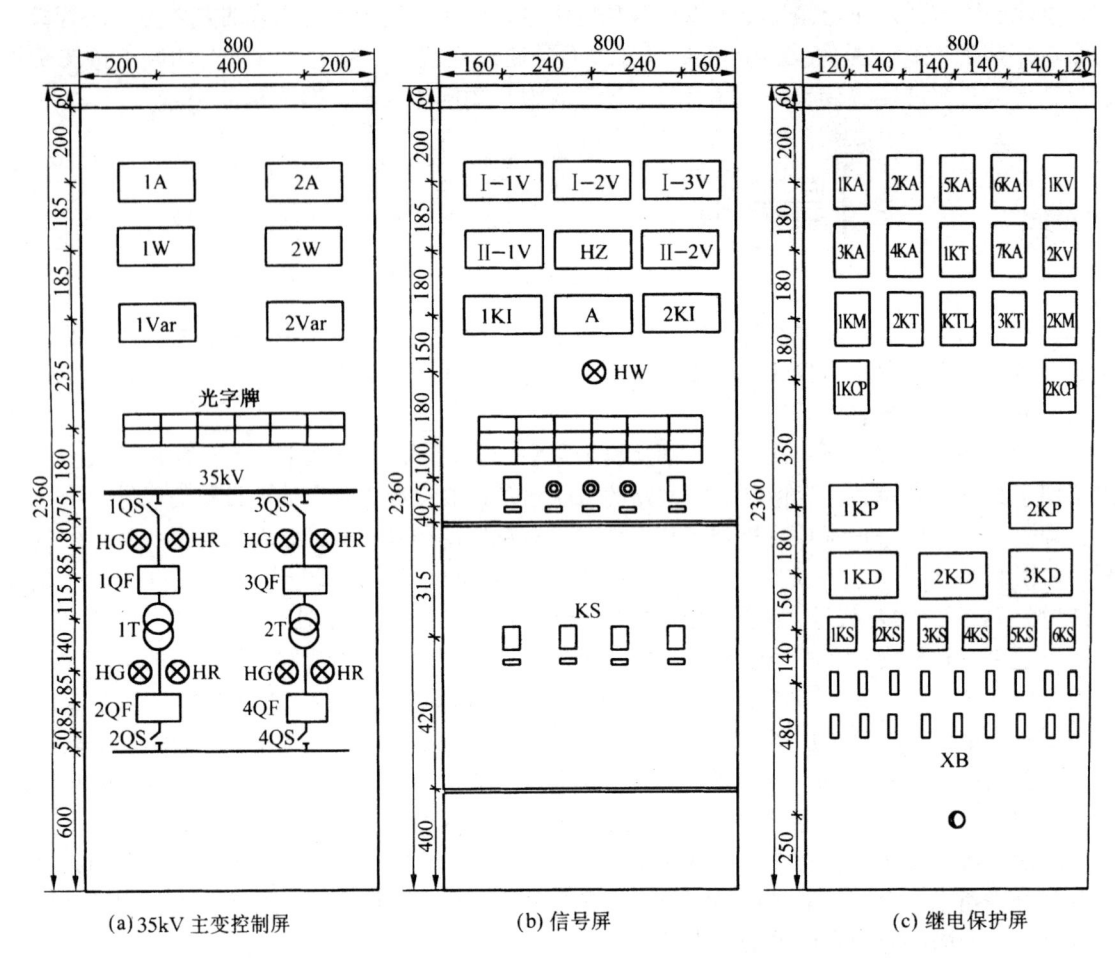

图 8-18　屏面布置图（单位：mm）

3. 端子排图设计

屏内、外二次设备的连接，必须经过端子排。端子排由若干不同类型的接线端子组合而成，通常垂直布置在屏后两侧。

（1）接线端子种类

接线端子主要有普通端子、连接端子、试验端子、终端端子等。普通端子用于屏内、外导线或电缆的连接；连接端子中间有一缺口，通过缺口处的连接片与相邻端子相连，用于有分支的二次回路连接；试验端子用于在不断开二次回路的情况下需要接入试验仪器的电流回路中，试验端子结构和接线如图 8-19 所示；终端端子用于固定或分隔不同安装项目的端子排，一般位于端子排的两端。

图 8-20 说明了端子排的编号方法，第 3、4、5 号端子是试验端子，第 7、8、9 号端子是连接端子，两端为终端端子，其余端子均为普通端子。

（2）端子排的连接和排列原则

① 屏内与屏外二次回路的连接，同一屏上各安装单位之间的连接以及转接回路等，均应经过端子排。

② 屏内设备与直接接在小母线上的设备（如熔断器、电阻、刀开关等）连接，宜经过端子排。

③ 各安装单位主要保护的正电源应经过端子排；保护的负电源应在屏内设备之间接成环形，环的两端应分别接至端子排，其他回路均可在屏内连接。

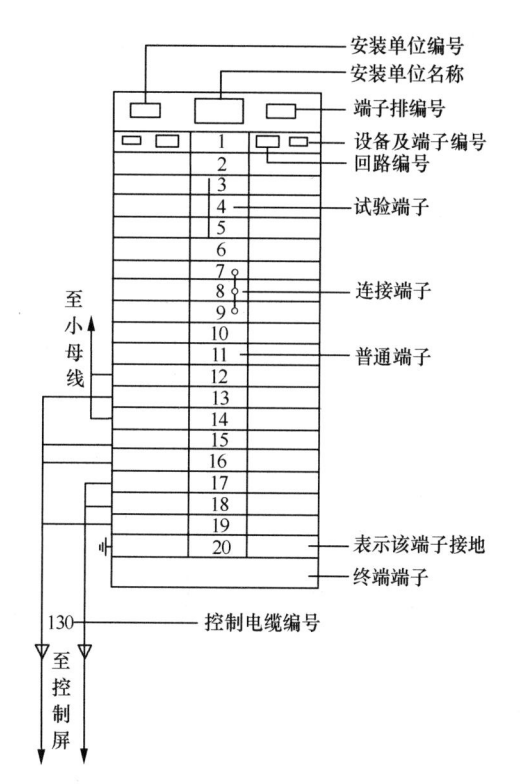

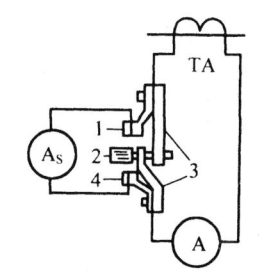

图 8-19　试验端子结构和换线图　　　　图 8-20　端子排编号表示方法图

④ 电流回路应经过试验端子。

(3) 端子排图

端子排图由端子排、连接导线或电缆及相应标注构成。端子排的标注包括端子的类型和编号、安装单位名称和编号、端子排代号以及两侧连接的回路编号和设备端子编号等。端子排一侧接屏内设备，另一侧接屏外设备。导线或电缆的标注包括导线或电缆的编号、型号和去向。图 8-21（b）是端子排图。

4. 屏后接线图设计

屏后接线图是以屏面布置图为基础，并以二次回路原理图为依据而绘制的接线图。它标明屏上各个设备引出端子之间的连接情况，以及设备与端子排之间的连接情况，对制造厂生产、用户施工和运行都很重要。

（1）屏后接线图设计的基本原则和要求

屏后接线图与屏面布置图相反，是屏面布置图的背视图。它用展开的平面图形表示各部分之间布置的相对位置，如图 8-21（c）所示。

屏后接线图中各设备采用简化外形表示，如方形、圆形、矩形等，必要时也可采用规定的图形符号表示。图形不要求按比例绘制，但要保证设备之间的相对位置正确。设备的引出端子或接线端子按实际排列顺序画出，并应注明编号及接线。

（2）屏后接线表示方式

屏后接线图上端子之间可用连续线法和中断线法（又称相对编号法）来表示。这里介绍相对编号法。如图 8-21（c）所示，电流继电器 1KA 和 3KA 的编号分别为 I1 和 I3，1KA 的 8 号端子与 3KA 的 2 号端子相连，则在 1KA 的 8 号端子旁边标上"I3:2"，在 3KA 的 2 号端子旁边标上"I1:8"。相对编号法可以应用到屏内设备，经端子排与屏外设备的连接。

图 8-21 为 10kV 出线电流保护二次回路安装接线图。图 8-21（a）为展开图，图 8-21（b）为端子排图，图 8-21（c）为屏后接线图。从图中可清楚地看到继电器等设备在屏上的实

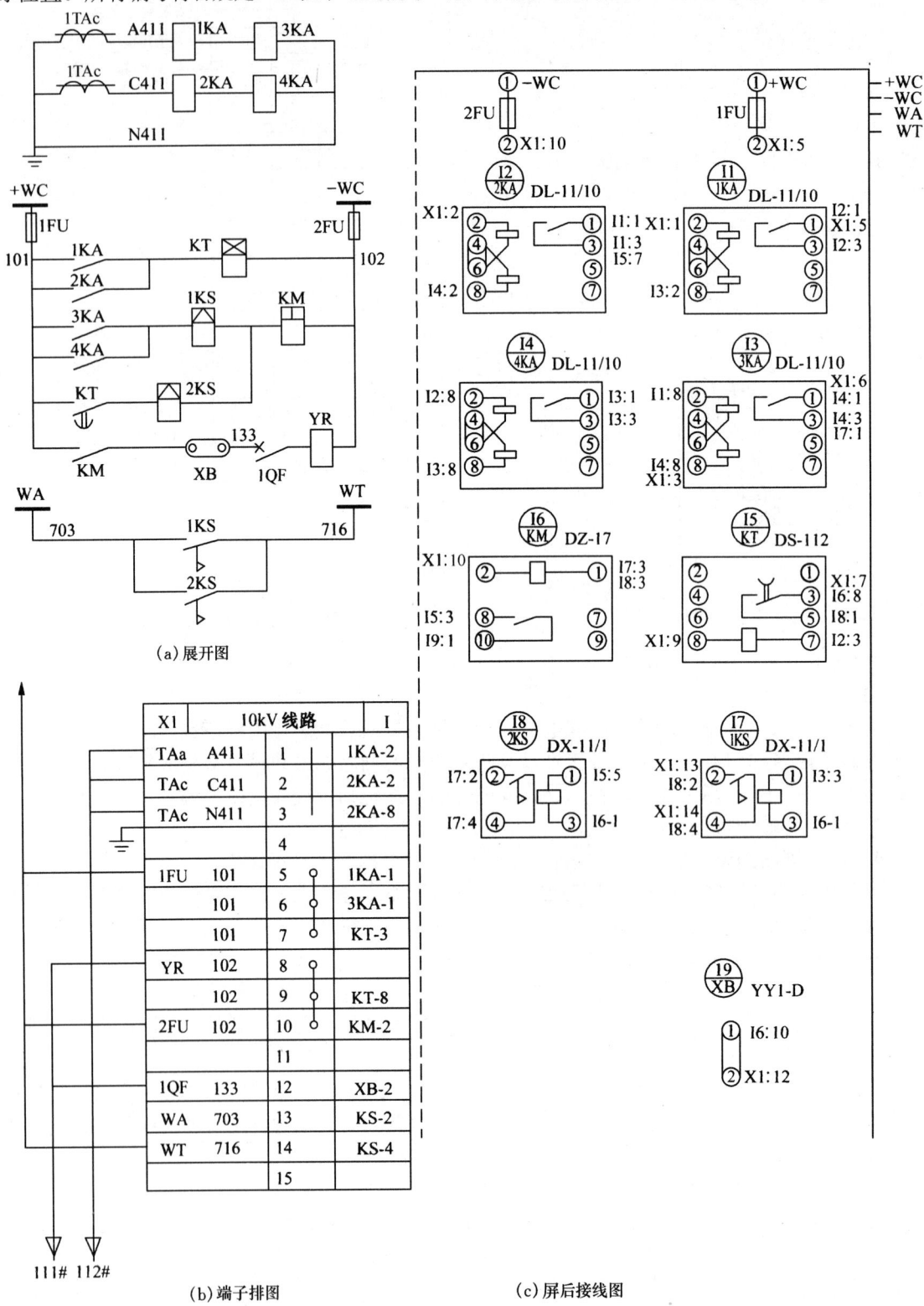

际位置。所有编号符合规定，工程中这些编号一般写在接线端或电缆芯线端所套的塑料套管上。

(a) 展开图

(b) 端子排图

(c) 屏后接线图

1KA、2KA—过电流保护电流继电器；3KA、4KA—速断保护电流继电器；

1KS、2KS—信号继电器；KT—时间继电器；KM—中间继电器

图 8-21　10kV 出线电流保护二次回路安装接线图

· 216 ·

学 习 拓 展

变电站综合自动化系统是电力系统和供配电系统的重要组成部分之一，其技术经历了早期的传统自动化、数字化变电站自动化和智能变电站自动化的发展历程。

我国的变电站自动化技术随着信息技术、计算机技术和智能电网的发展，不断有新技术和新模式涌现。国内的变电站综合自动化系统涌现出了同步相量测量技术、一体化建模技术、一体化监控技术和信息安全技术等一系列新技术，并向着宽频测量、集群测控等新领域发展。

习　　题

8-1　变电所二次回路按功能分为哪几部分？各部分的作用是什么？

8-2　操作电源有哪几种？各有何特点？

8-3　所用变压器一般接在什么位置？对所用变压器的台数有哪些要求？

8-4　断路器的控制开关有哪6个操作位置？简述断路器手动合闸、跳闸的操作过程。

8-5　什么叫中央信号回路？事故信号回路和预告信号回路的声响有何区别？

8-6　电气测量的目的是什么？对仪表的配置有何要求？

8-7　自动重合闸装置的要求是什么？一次自动重合闸装置如何实现对自动重合闸的要求？

8-8　备用电源自动投入装置的要求是什么？如何实现备用电源自动投入？

8-9　二次回路图主要有哪些？分别有何特点？

8-10　变电站综合自动化系统结构布置方式有哪两种？各方式的特点是什么？

8-11　什么叫智能变电站？智能变电站的主要技术特征和功能是什么？

第 9 章　变电所的布置与照明设计

学习目标：了解变电所的布置要求；掌握变电所布置与结构设计、照度计算方法；并通过 35kV 变电所设计实例进一步理解变电所的平面布置设计以及变电所内部的照明系统的设计。

9.1　变电所的布置与结构

9.1.1　变电所的总体布置

1. 布置方案

根据变压器、配电装置安装位置的不同，变电所的布置形式可分为户内式、户外式和混合式 3 种。户内式变电所将变压器、配电装置安装于室内，其工作条件好、运行管理方便；户外式变电所将变压器、配电装置安装于室外，安装快、建设周期短、在室外布置灵活；混合式变电所将部分变压器、配电装置安装于室内，其余部分则安装于室外。

变电所一般采用户内式。户内式变电所又分为单层布置和双层布置，6～10kV 变电所宜采用单层布置，35kV 变电所宜采用双层布置。

户内式变电所的布置主要由变压器室、高压配电室、高压电容器室、低压配电室、控制室（值班室）、工具室等部分组成。

2. 布置要求

变电所各室的布置应满足 GB 51348—2019《民用建筑电气设计标准》以及各电压等级变电所设计规范中相关条款的规定。

（1）保证运行安全

控制室内不得有高压设备，以保证值班人员的安全。变电所各室的大门都应朝外开，以利于紧急情况时人员外出和处理事故。变压器室的大门应避免朝向露天仓库；在炎热地区，变压器室应避免朝西开门，以免变压器遭到"西晒"。

（2）便于运行维护和检修

控制室一般应尽量靠近高、低压配电室，特别是要靠近高压配电室，且有门直通。若控制室与高压配电室靠近有困难，则控制室可经过走廊与高压配电室相通。为了存放运行维修的工具器材，可考虑设工具室。

（3）便于进出线

如果是架空进线，则高压配电室宜位于进线侧。考虑到进出线方便，高压电容器室应与高压配电室相邻，低压配电室应与变压器室相邻。

（4）节约占地面积和建筑费用

当变电所有低压配电室时，控制室可与低压配电室合并，低压开关柜的正面或侧面离墙的距离不得小于 3m。当高压开关柜数量较少（不多于 5 台）时，允许高压开关柜与低压开关柜安装在一个室内；但当高压开关柜和低压开关柜为单列布置时，高压开关柜与低压开关柜间的距离不得小于 2m，这时控制室应另设。

（5）应适当考虑发展

既要为变电所留有扩建的余地，又要不妨碍以后的发展。

3. 变电所布置实例

变电所主接线如图 3-34 所示，为户内式变电所，由于此次设计的变电所为 35/10.5kV 总降压变电所，所以其结构采取双层布置，变电所一层设有变压器室、10kV 高压配电室、高压电容器室，变电所二层设有 35kV 高压配电室、控制室、工具室，其布置方案如图 9-1 所示。

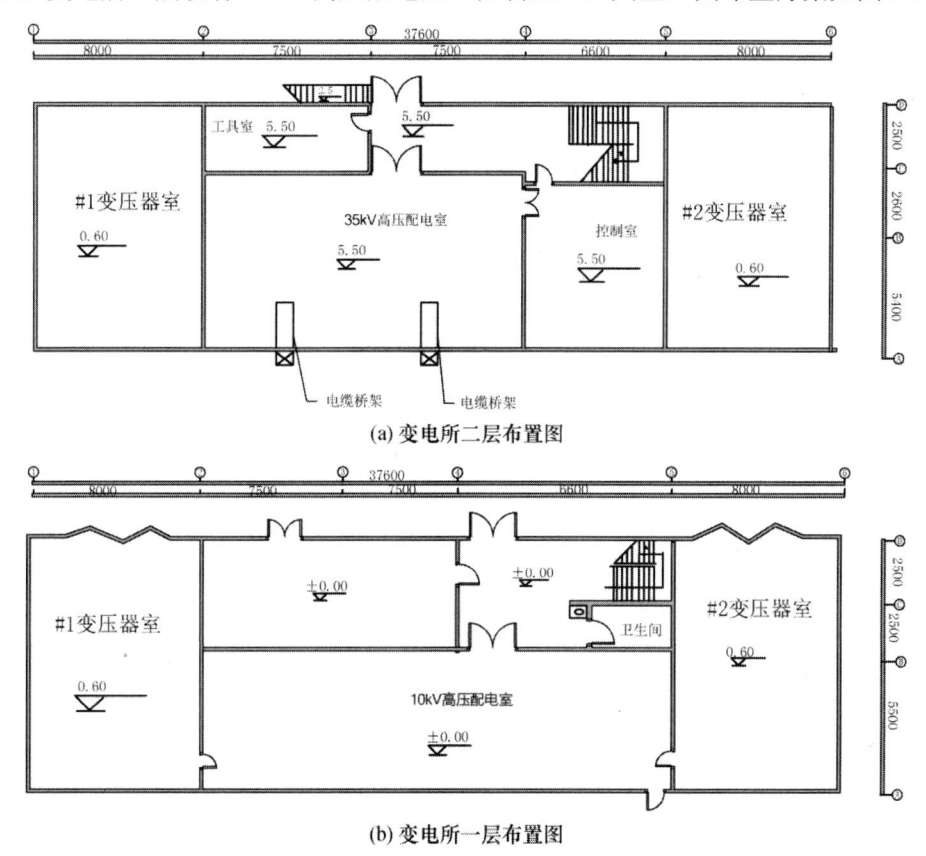

图 9-1 变电所布置方案（单位：mm）

图 9-1（a）中，两路 35kV 电源进线通过电缆桥架引入变电所二层的 35kV 高压配电室；为了便于运行维护和检修，控制室设置在高压配电室旁边，并有门直通；为了存放运行维修的工具器材，在变电所二楼过道设置了一个工具室。

图 9-1（b）中，两路 35kV 电源进线经过 35kV 高压配电室后，分别进入变电所一层的 #1 和 #2 变压器室进行电能变换，这两个变压器室分别置于变电所一层的两侧，将 35kV 电压降至 10kV；为了便于出线，在两个变压器室的中间设置 1 个 10kV 高压配电室，实现 10kV 侧单母线分段联络；由于电容器比较大，故在 10kV 高压配电室旁边设置 1 个高压电容器室，并且连接到 10kV 侧电容器补偿柜中进行补偿。

9.1.2 户内式变电所各部分的结构设计

1. 变压器室

变压器室的布置要考虑变压器的推进方式（宽面推进或窄面推进）、变压器的容量和外形尺寸、变压器的安装方式（地平抬高方式或不抬高）、进线方式（架空或电缆）、进线方向、高压侧进线开关以及通风、防火和安全。

每台油量为100kg及以上的三相变压器，应装设在单独的变压器室内。宽面推进的变压器，低压侧宜向外；窄面推进的变压器，油枕宜向外，便于变压器的油位、油温的观测。

设置于变电所内的非封闭式干式变压器，应装设高度不低于1.7m的固定遮栏，遮栏网孔不应大于40mm×40mm。变压器外廓（防护外壳）与变压器室墙壁和门的最小净距见表9-1，变压器之间的净距不应小于1m，并应满足巡视、维修的要求。

表9-1 变压器外廓（防护外壳）与变压器室墙壁和门的最小净距 （单位：mm）

项目	变压器容量	
	100~1000kVA	1250kVA及以上
油浸式变压器外廓与后壁、侧壁净距	600	800
油浸式变压器外廓与门	800	1000（1200）
干式变压器带有IP2X及以上防护等级金属外壳与后壁、侧壁净距	600	800
干式变压器带有IP2X及以上防护等级金属外壳与门净距	800	1000
干式变压器有金属网状遮拦与后壁、侧壁净距	600	800
干式变压器有金属网状遮拦与门净距	800	1000

注：①表中各值不适用于制造厂的成套产品；②括号内的数值适用于35kV变压器。

变压器室内可安装与变压器相关的负荷开关、隔离开关和熔断器。在考虑变压器布置及高、低压进出线位置时，应考虑负荷开关或隔离开关的操动机构装在近门处。#1变压器布置图如图9-2所示。

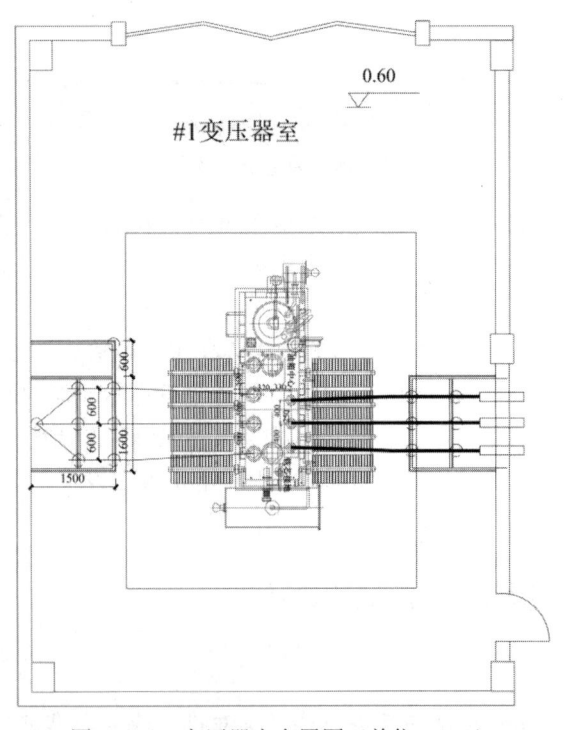

图9-2 #1变压器室布置图（单位：mm）

2. 高压配电室

高压配电室的结构主要取决于高压开关柜的数量、布置方式（单列或双列）、安装方式（靠墙或离墙）等。

高压配电室的门应向外开，相邻配电室之间有门时，应能双向开启；高压配电室的长度超过 7m 时，必须设置两个门，并宜布置在两端，其中一个门的高度与宽度能垂直搬进高压配电柜。

为了操作和维护的方便与安全，应留有足够的维护通道，考虑到发展还应留有适当数量的备用开关柜或备用位置。高压配电室平面布置图如图 9-3 所示，高压配电室内各种通道的最小宽度见表 9-2。

图 9-3（a）中，H11 为 35kV 高压配电室#1 进线开关柜、H12 为#1 进线计量柜、H13 为#1 进线 PT 柜、H14 为#1 进线分段隔离开关柜，H21 为#2 进线开关柜、H22 为#2 进线计量柜、H23 为#2 进线 PT 柜、H24 为#2 进线分段隔离开关柜。

(a) 35kV 高压配电室布置图

(b) 10kV 高压配电室布置图

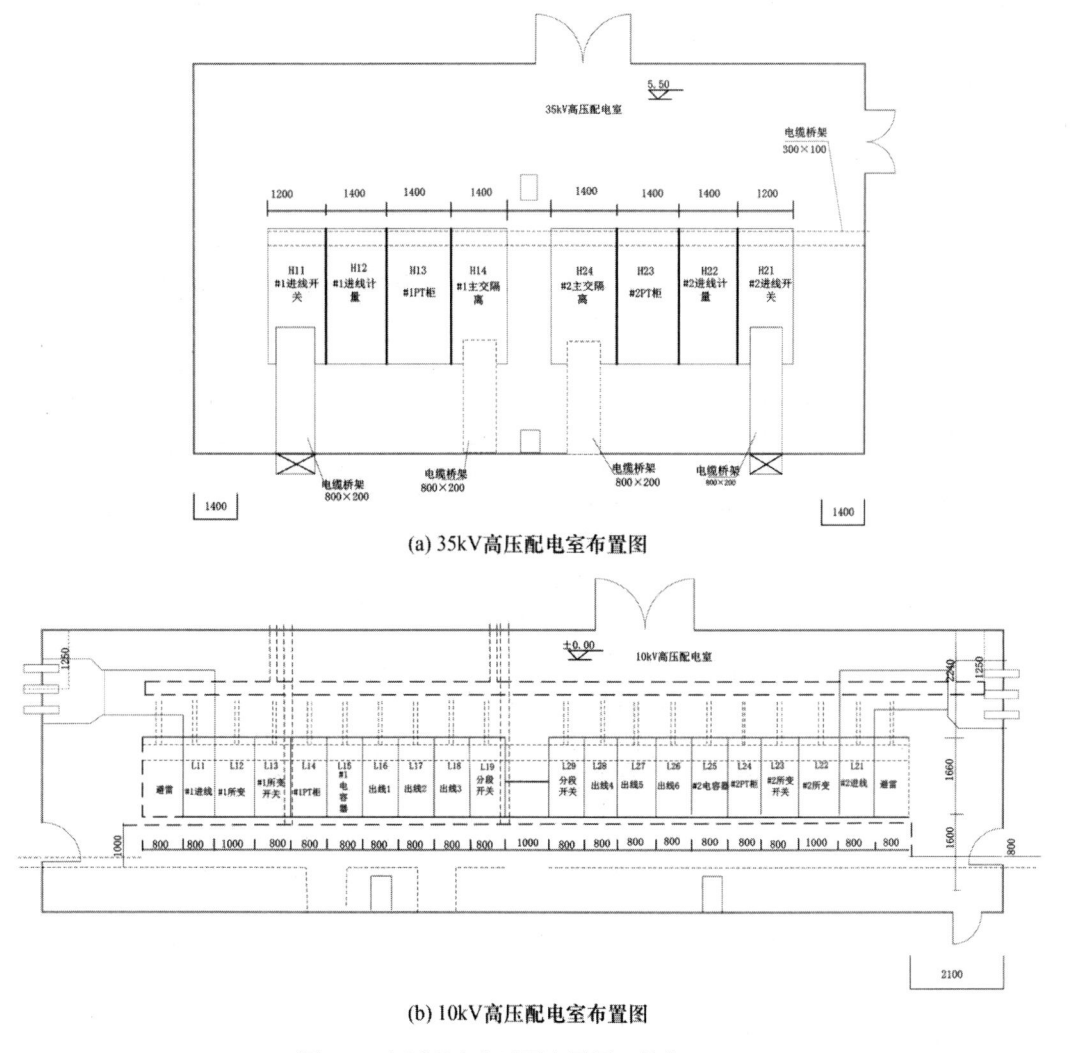

图 9-3 高压配电室平面布置图（单位：mm）

图 9-3（b）中，L11 为 10kV 高压配电室#1 进线开关柜、L12 为#1 进线所变柜、L13 为#1 进线所变开关柜、L14 为#1 进线 PT 柜、L15 为#1 进线电容器补偿柜、L16～L18 为#1 出线

柜、L19 为#1 进线分段开关柜，L21 为 10kV 高压配电室#2 进线开关柜、L22 为#2 进线所变柜、L23 为#2 进线所变开关柜、L24 为#2 进线 PT 柜、L25 为#2 进线电容器补偿柜、L26～L28 为#2 出线柜、L29 为#2 进线分段隔离开关柜。

表 9-2 高压配电室内各种通道最小宽度 （单位：mm）

开关柜布置方式	柜前操作通道		柜后维护通道	柜侧通道
	固定式	手车式		
单列布置	1500	单车长度+1200	800	1000
双列面对面布置	2000	双车长度+900	800	1000
双列背对背布置	1500	单车长度+1200	1000	1000

当电源从高压配电柜后面进线，需要在高压配电柜后墙上安装隔离开关及其操动机构时，柜后维护通道的宽度应不小于 1.5m，若柜后的防护等级为 IP2X，其维护通道可减至 1.3m。

高压配电室高度与开关柜形式及进出线情况有关，采用架空进出线时高度为 4.2m 以上，采用电缆线进出线时高度为 3.5m。开关柜下方宜设电缆沟，柜前或柜后也宜设电缆沟。

高压配电室宜设不能开启的自然采光窗，并应设置防止雨水、雪和蛇、鼠虫等从采光窗、通风窗、门、电缆沟等进入室内的设施。

3. 高压电容器室

由于电容器比较大，故在 10kV 高压配电室旁边设置 1 个高压电容器室，并且连接到 10kV 侧电容器补偿柜中进行补偿，如图 9-4 所示。高压电容器室的结构主要取决于电容器补偿柜的数量、布置方式（双列或单列）、安装方式（靠墙或离墙）等因素。

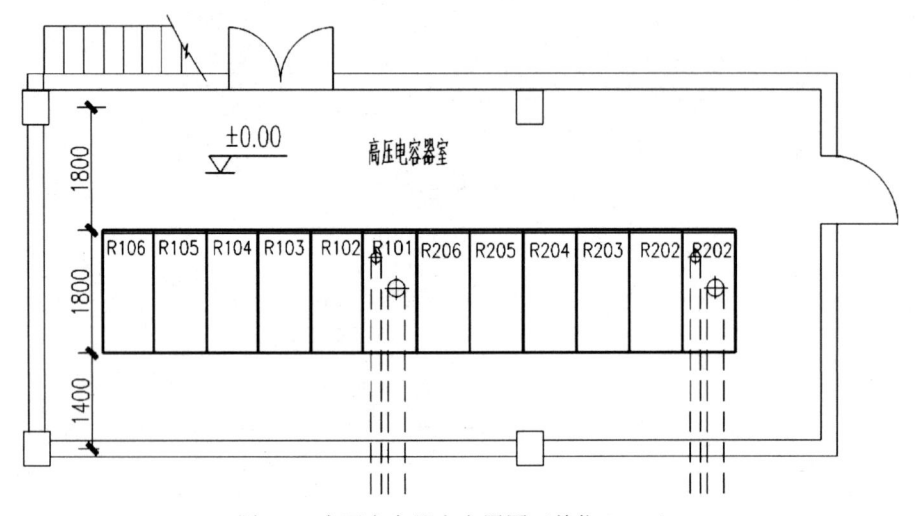

图 9-4 高压电容器室布置图（单位：mm）

当高压电容器室的长度超过 7m 时，应在高压电容器室的两端各开一个门，其中一个门的高度与宽度能垂直搬进高压电容器补偿柜。高压电容器室也应该设置防止雨、雪和蛇、鼠虫等从采光窗、通风窗、门、电缆沟等进入室内的设施。

高压电容器补偿柜为柜前安装及维护，因此可以靠墙安装，单列布置时，柜前操作通道不小于 1.5m，双列布置时，柜前操作通道不小于 2m。

高压电容器室还要有良好的自然通风，在地下室等通风条件较差的场所，可采用机械通风，有条件的可采用空调。自然通风时，上部出风，下部进风，可用每 100kvar 的进风面积为 0.1~0.3m²、出风面积为 0.2~0.4m² 估算。

4．低压配电室

低压配电室的结构主要取决于低压开关柜的数量、尺寸、布置方式（单列或双列等）、安装方式（靠墙或离墙）等因素。

当低压配电室的长度超过 7m 时，应设置两个门，尽量布置在低压配电室的两端，其中一个门的高度与宽度能垂直搬进低压配电柜。

当值班室与低压配电室合二为一时，则低压配电柜正面离墙距离不宜小于 3m。成排布置的配电柜，其长度超过 6m 时，配电柜后面的通道应有两个通向本室或其他房间的出口，并宜布置在通道两端。当配电柜排列的长度超过 15m 时，在柜列的中部还应增加通向本室的出口。

同一配电室内的两段母线，当任一段母线有一级负荷时，则母线分段处应有防火隔墙。低压配电室内各种通道宽度不应小于表 9-3 所列值。

表 9-3　低压配电室内各种通道最小净距　　　　（单位：mm）

配电柜布置方式	柜前操作通道		柜后通道		柜侧通道
	固定式	手车式	维护	操作	
设备单列布置	1500	1800	1000	1200	1000
设备双列布置	2000	2300	1000	1200	1000

低压配电室在建筑物内部及地下室时，可采用提高地坪的方式。在高层建筑物内部的低压配电室层高受限制时，可不设电缆沟，电缆可以从柜顶引至电缆托架敷设。

5．控制室（值班室）

控制室通常与值班室合在一起，控制屏、中央信号屏、继电器屏、直流电源屏、所用电屏安装在控制室。控制室位置的设置宜朝南，且应有良好的自然采光，室内布置应满足控制操作的方便及工作人员进出的方便，并应设两个可向外的出口，门应向外开。值班室与高压配电室宜直通或经过通道相通。

值班室内还应考虑通信（如电话）、照明等问题。

9.2　变电所的照明设计

电气照明是供配电工程中不可缺少的组成部分，合理的电气照明是保证变电所安全运行和保护工作人员视力健康的必要条件。

9.2.1　电气照明概述

1．光的基本概念

（1）光

光是物质的一种形态，是一种辐射能，在空间中以电磁波的形式传播，当光子的数目达到一定程度且频率在人能感受的范围中时，就成了生活中肉眼所见到的光。当光子的数目太少达不到规定的程度时，人的肉眼不能看见。

（2）光谱

把光线中不同强度的单色光，按波长长短依次排列，称为光源的光谱。光谱的大致范围包括：

① 红外线——波长为780nm～1mm；

② 可见光——波长为380～780nm；

③ 紫外线——波长为1～380nm。

波长为380～780nm的辐射能为可见光，它作用于人的眼睛就能产生视觉。不同波长的可见光，引起人眼不同的颜色感觉，将可见光波长380～780nm依次展开，可分别呈现红、橙、黄、绿、青、蓝、紫各种颜色。各种颜色之间是连续变化的。发光物体的颜色，由它所发的光内所含波长而定。单一波长的光表现为一种颜色，称为单色光；多种波长的光组合在一起，在人眼中引起色光复合而成的复色光的感觉；全部可见光混合在一起，就形成了白光。非发光物体的颜色，主要取决于它对外来照射光的吸收（光的粒子性）和反射（光的波动性）情况，因此它的颜色与照射光有关。通常所谓物体的颜色，是指它们在太阳光照射下所显示的颜色。

2．光的度量

（1）光通量

光源在单位时间内，向周围空间辐射出的使人眼产生光感的能量，称为光通量。用符号Φ表示，单位为流明（lm）。

（2）发光强度

光源在给定方向单位立体角（单位球面度）内所发出的光通量，称为光源在该方向上的发光强度，简称光强。符号为I，单位为坎德拉（cd）。

对于向各个方向均匀辐射光通量的光源，其各个方向的光强相等，计算公式为

$$I = \frac{\Phi}{\Omega} \tag{9-1}$$

式中，Ω为光源发光范围的立体角，单位为球面度（sr），且$\Omega=A/r^2$，其中r为球的半径，A为相对应的球面积；Φ为光源在立体角内所辐射的总光通量。

（3）照度

物体单位被照面积上的光通量，称为照度。符号为E，单位为勒克斯（lx）。如果光通量Φ均匀地投射在面积为S的表面上，则该表面的照度为

$$E = \frac{\Phi}{S} \tag{9-2}$$

（4）亮度

人眼由可见光引起的明亮感觉的程度，称为亮度。通常以发光体（直接发光体及反射光通量的间接发光体）在视线方向单位投影面上的发光强度来度量，符号为L，单位为cd/m^2。

3．电气照明方式和种类

（1）电气照明方式

电气照明可分为一般照明、分区一般照明、局部照明、混合照明和重点照明。

① 一般照明：指不考虑特殊部位的需要，为照亮整个场地而设置的照明。在照度要求均匀的场所使用一般照明。

② 分区一般照明：为提高特定工作区的照度而采用的一般照明，以节约能源。当同一场所内的不同区域有不同照度要求时，应采用分区一般照明。

③ 局部照明：仅供工作地点（固定式或便携式）使用的照明。对局部地点需要高照度并

对照射方向有要求时，宜采用局部照明。在一个工作场所内不应只采用局部照明。

④ 混合照明：指一般照明和局部照明组成的照明。对作业面照度要求较高，只采用一般照明不合理的场所，宜采用混合照明。

⑤ 重点照明：指强调空间的特定部件或陈设而采用的照明。当需要提高特定区域或目标的照度时，宜采用重点照明。

（2）电气照明种类

电气照明按其用途可分为正常照明、应急照明、值班照明、警卫照明和障碍照明等。

① 正常照明：指正常工作时的室内外照明。室内工作及相关辅助场所，均应设置正常照明。

② 应急照明：指因正常照明的电源失效而启用的照明。应急照明包括备用照明、安全照明和疏散照明3种。需确保正常工作或活动继续进行的场所，应设置备用照明；需确保处于潜在危险之中的人员安全的场所，应设置安全照明；需确保人员安全疏散的出口和通道，应设置疏散照明。

③ 值班照明：指非生产时间内供值班人员使用的照明。需在夜间非工作时间值守或巡视的场所应设置值班照明。

④ 警卫照明：指警卫地区周界的照明。需警戒的场所，应根据警戒范围的要求设置警卫照明。

⑤ 障碍照明：指在建筑物上或基建施工时装设的作为障碍标志的照明。在危及航行安全的建筑物、构筑物上，应根据相关部门的规定设置障碍照明，一般用闪光、红色灯显示。

4．照明质量

优良的照明质量主要由以下5个要素构成：一是适当的照度水平，二是舒适的亮度分布，三是宜人的光色和良好的显色性，四是没有眩光干扰，五是正确的投光方向和完美的造型立体感。

（1）照度水平

照度是决定物体明亮程度的直接指标。在为特定的用途选择照度水平时，要考虑视觉功效、视觉满意程度、经济水平和能源的有效利用。视觉功效是人借助视觉器官完成作业的效能，通常用工作的速度和精度来表示。增加亮度，视觉功效随之提高，但达到一定的亮度以后，视觉功效的改善就不明显了。在非工作区，不能用视觉功效来确定照度水平，而采用视觉满意程度来创造愉悦和舒适的视觉环境。无论根据视觉功效还是视觉满意程度来选择照度水平，都要受经济条件和能源供应的制约，所以要综合考虑，选择适当的标准。

（2）照度均匀度

照度均匀度 U_0 是指规定表面上的最低照度与平均照度之比。要选择适当的亮度分布，既不要使亮度分布不当而损害视觉功效，又不要使亮度差别过大而产生不舒适眩光。照度均匀度应满足以下要求：

① 公共建筑的工作房间和工业建筑作业区域的一般照明照度均匀度，其数值应符合 GB 50034—2024《建筑物照明设计标准》中的有关规定；

② 采用分区一般照明时，房间或场所内的通道和其他非工作区域，一般照明的照度值不宜低于工作区域一般照明照度值的1/3。

（3）光源颜色

光源颜色包含光的表观颜色和光源显色性两个方面。光的表观颜色即色表，可用色温或相关色温描述。光源显色性是指光源对被照物体颜色显现的性质。根据不同的应用场所，选择适当的色温和显色性的光源，以适用不同场所的要求。

室内照明光源色表可按其相关色温分为Ⅰ、Ⅱ、Ⅲ组，光源色表分组及典型应用场所宜按表9-4确定。

表9-4 光源色表分组

色表分组	色表特征	相关色温/K	适用场合举例
Ⅰ	暖	<3300	客房、卧室、病房、酒吧
Ⅱ	中间	3300～5300	办公室、教室、阅览室、商场、诊室、检验室、实验室、控制室、机加工车间、仪器装配车间
Ⅲ	冷	>5300	热加工车间、高照度场所

色温用于表征热辐射光源（白炽灯、卤钨灯）的色表，而相关色温用于表征气体放电光源的色表。具体的光源色温见表9-5。

表9-5 光源色温

光源种类	色温/K	光源种类	色温/K
蜡烛	1925	暖白色荧光灯	2700～2900
煤油灯	1920	钠铊铟灯	4200～5000
钨丝白炽灯（10W）	2400	镝钛灯	6000
钨丝白炽灯（100W）	2740	钪钠灯	3800～4200
钨丝白炽灯（1000W）	2920	高压钠灯	2100
日光色荧光灯	6200～6500	高压汞灯	3300～4300
冷白色荧光灯	4000～4300	高频无极灯	3000～4300

同一颜色的物体在具有不同光谱的光源照射下，能显出不同的颜色。为表征光源的显色性能，特引入光源的显色指数这一参数。光源的显色指数Ra是指在待测光源照射下物体的颜色与日光照射下该物体的颜色相符合的程度，而将日光与其相当的参照光源显色指数定为100。因此物体颜色失真越小，则光源的显色指数越高，也就是光源的显色性能越好。Ra值为80～100时，表示显色优良；为59～79时，表示显色一般；为50以下时，则说明显色性差。

长期工作或停留的房间、场所，照明光源的显色指数Ra不应小于80。在灯具安装高度大于8m的工业建筑场所，Ra可低于80，但必须能够辨别安全色。常用房间或场所的显色指数最小允许值应符合GB 50034—2024《建筑物照明设计标准》中的有关规定。

常用各种光源的显色指数见表9-6。

表9-6 常用各种光源的显色指数

光源种类	显色指数Ra	光源种类	显色指数Ra
普通照明用白炽灯	95～100	高压汞灯	35～40
普通荧光灯	60～70	金属卤化物灯	65～92
稀土三基色荧光灯	80～98	普通高压钠灯	23～25

（4）眩光限制

眩光是由于视野中的亮度分布或亮度范围不适宜，或在空间或时间上存在极端的亮度对比，以致引起视觉不舒适感觉或降低物体可见度的视觉现象。眩光可分为直接眩光、反射眩光和不舒适眩光。在视野中，特别是在靠近视线方向存在的发光体所产生的眩光，称为直接眩光。由视觉中的反射引起的眩光，特别是靠近视线方向看见反射像产生的眩光，称为反射眩光。产生不舒适的感觉，但并不一定降低视觉对象可见度的眩光，称为不舒适眩光。

眩光效应的严重程度取决于光源的亮度和大小、光源在视野的位置、观察者的视线方向、照度水平和房间表面的反射比等诸多因素，其中光源的亮度是最主要的。眩光会产生不舒适感，严重的还会损害视觉功效，所以必须避免眩光干扰。

① 眩光首先应从直接型灯具的遮光角来加以限制；
② 通过避免将灯具安装在干扰区、采用低光泽材料、限制灯具本身的亮度、降低亮度比等措施，减少反射眩光；
③ 公共建筑和工业建筑常用房间或场所的不舒适眩光应采用统一眩光值 UGR 评价，按 GB 50034—2024《建筑物照明设计标准》，其最大允许值宜符合照度标准表内的规定；
④ 室外体育场所的不适宜眩光值应采用眩光值 GR 评价，按 GB 50034—2024《建筑物照明设计标准》，其最大允许值宜符合表 9-7 的规定。

表 9-7 各种光源的眩光值 GR 和显色指数 Ra

类别	眩光值 GR	显色指数 Ra
无彩电转播	50	65
有彩电转播	50	85

但有时为了使照明环境具有某种气氛，也利用一些眩光效果，以提高环境的魅力。

（5）造型立体感

造型立体感是说明三维物体被照明时所表现的状态，它主要由光的主投射方向及直射光与漫射光的比例决定。选择合适的造型效果，既使人赏心悦目，又美化环境。

5. 照度标准

照度是评价照明质量的重要指标，照度的正确选择与计算是电气照明设计的重要任务。因此在照明工程中，必须按照工业与民用建筑照明设计相应的标准确定、设计或校验。目前我国的照明设计标准是 GB 50034—2024《建筑物照明设计标准》，该标准对各类建筑的照度标准有明确规定，各类房间或场所的维持平均照度不应低于该标准。

（1）通用房间或场所一般照明标准

通用房间或场所照明标准值应符合表 9-8 的规定。

表 9-8 通用房间或场所照明标准值

房间或场所		参考平面及其高度	照度标准值 /lx	统一眩光值 UGR	照度均匀度 Uo	显色指数 Ra	备注
门厅	普通	地面	100	—	0.40	60	—
	高档	地面	200	—	0.60	80	—
走廊、流动区域、楼梯间	普通	地面	50	25	0.40	60	
	高档	地面	100	25	0.60	80	
自动扶梯		地面	150	—	0.60	60	
厕所、盥洗室、浴室	普通	地面	75	—	0.40	60	
	高档	地面	150	—	0.60	80	
电梯前厅	普通	地面	100	—	0.40	60	—
	高档	地面	150	—	0.60	80	—

续表

房间或场所		参考平面及其高度	照度标准值/lx	统一眩光值UGR	照度均匀度Uo	显色指数Ra	备注
休息室		地面	100	22	0.40	80	—
更衣室		地面	150	22	0.40	80	—
储藏室		地面	100	—	0.40	60	—
餐厅		地面	200	22	0.60	80	—
公共车库		地面	50	—	0.60	60	—
公共车库检修间		地面	200	25	0.60	80	—
试验室	一般	0.75m 水平面	300	22	0.60	80	可另加局部照明
	精细	0.75m 水平面	500	19	0.60	80	可另加局部照明
检验室	一般	0.75m 水平面	300	22	0.60	80	可另加局部照明
	精细	0.75m 水平面	750	19	0.60	80	可另加局部照明
计量室、测量室		0.75m 水平面	500	19	0.70	80	可另加局部照明
电话站、网络中心		0.75m 水平面	500	19	0.60	80	—
计算机站		0.75m 水平面	500	19	0.60	80	防光幕反射
变配电站	配电室	0.75m 水平面	200	—	0.60	80	—
	变压器室	地面	100	—	0.60	60	—
电梯机房		地面	200	25	0.60	80	—
控制室	一般控制室	0.75m 水平面	300	22	0.60	80	—
	主控制室	0.75m 水平面	500	19	0.60	80	—
动力站	风机房、空调机房	地面	100	—	0.60	60	—
	泵房	地面	100	—	0.60	60	—
	冷冻站	地面	150	—	0.60	60	—
	压缩空气站	地面	150	—	0.60	60	—
	锅炉房、煤气站的操作层	地面	100	—	0.60	60	锅炉水位表照度不小于50lx
仓库	大件库	1.0m 水平面	50	—	0.40	20	—
	一般件库	1.0m 水平面	100	—	0.60	60	—
	半成品库	1.0m 水平面	150	—	0.60	80	—
	精细件库	1.0m 水平面	200	—	0.60	80	货架垂直照度不小于50lx
车辆加油站		0.75m 水平面	100	—	0.60	80	油表表面照度不小于50lx

（2）通用房间或场所应急照明标准

通用房间或场所应急照明标准值应符合下列规定：

① 备用照明的照度值除另有规定外，不低于该场所一般照明照度值的10%；

② 安全照明的照度值不低于该场所一般照明照度值的5%；

③ 疏散通道的疏散照明的照度值不低于0.5lx。

9.2.2 照明光源和灯具

照明器一般由照明光源、灯具及其附件组成。照明光源和灯具是照明器的两个主要部件，照明光源提供发光源，灯具既起固定光源、保护光源及美化环境的作用，又对光源产生的光通量进行再分配、定向控制和防止光源产生眩光。

1. 电光源的分类

根据发光原理，照明工程中使用的各种电光源可分为热辐射发光电源、气体放电发光光源和其他发光光源，如图 9-5 所示。

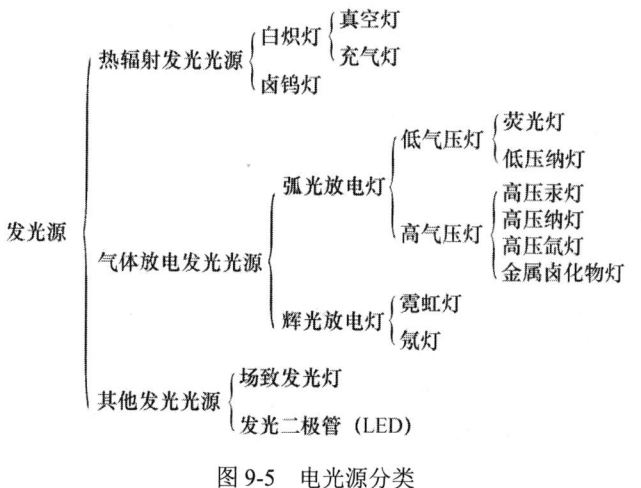

图 9-5 电光源分类

（1）热辐射发光光源

利用物体加热时辐射发光的原理所做成的光源称为热辐射发光光源。目前常用的热辐射发光光源有两种。

① 白炽灯。白炽灯的发光原理为灯丝通过电流加热到白炽状态从而引起热辐射发光。

白炽灯有 110～220V 普通灯泡和 6～36V 低压灯泡，灯头有卡口和螺口两种，其中 100W 以上者一般采用瓷质螺口。

白炽灯的结构简单，价格低，显色性好，使用方便，适用于频繁开关的场所。但发光效率低，使用寿命短，耐震性差。

② 卤钨灯。卤钨灯是在白炽灯中充入微量的卤化物，利用卤钨循环的作用，使灯丝蒸发的一部分钨重新附着在灯丝上，以达到提高发光效率、延长寿命的目的，但卤钨灯对电压波动比较敏感，耐震性较差，其结构如图 9-6 所示。

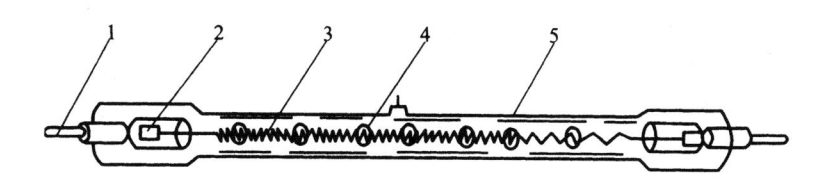

1—灯脚；2—钼箔；3—灯丝（钨丝）；4—支架；5—石英玻璃管（内充微量卤化物）

图 9-6 卤钨灯结构图

为了使灯管温度分布均匀，防止出现低温区，以保持卤钨循环的正常进行，卤钨灯要求水平安装，其偏差不大于4°。

最常用的卤钨灯为碘钨灯。碘钨灯不允许采用任何人工冷却措施（电风扇吹、水淋等）。碘钨灯工作时，管壁温度很高，因此应与易燃物保持一定的距离。碘钨灯耐震性能差，不能用在震动较大的地方，更不能作为移动光源来使用。

（2）气体放电发光光源

利用气体放电时发光的原理所做成的光源称为气体放电发光光源。目前常用的气体放电发光光源有以下几种。

① 荧光灯。荧光灯利用汞蒸气在外加电压作用下产生电弧放电，发出少许可见光和大量紫外线，紫外线又激励管内壁涂覆的荧光粉，使之再发出大量的可见光。二者混合光色接近白色。

由于荧光灯是低压气体放电灯，工作在弧光放电区，此时具有负的伏安特性。当外部电压变化时，工作不稳定，为了保证荧光灯的稳定性，利用镇流器的正伏安特性来平衡荧光灯的负伏安特性。又由于荧光灯工作时会有频闪效应，所以在有旋转电动机的车间里使用荧光灯时，要设法消除频闪效应（如在一个灯具内安装2根或3根灯管，每根灯管分别接到不同的线路上）。因为荧光灯的功率因数低，故利用电容器来提高功率因数。未接电容器时，荧光灯的功率因数只有0.5左右，接上电容器后，功率因数可提高到0.95。

直管细管径的荧光灯有管径为16mm的T5管和26mm的T8管。T5荧光灯平均寿命长达20000小时，采用电子镇流器，功率因数达0.95，比T8荧光灯节能30%以上。该类荧光灯由于管径更细，体积更小，从而降低了荧光粉等有害物质的消耗量，获得了更好的环保效益，适用于办公楼、教室、图书馆、商场，以及高度在4.5m以下的生产场所。

荧光灯是应用最广泛、用量最大的气体放电光源，具有结构简单、发光效率高、发光柔和、寿命长等优点，但需要附件较多，不适宜安装在频繁启动的场合。

② 紧凑型荧光灯。紧凑型荧光灯在我国又称为节能灯。紧凑型荧光灯的发光原理与荧光灯相同，区别在于以三基色荧光粉代替卤粉，灯管与镇流器、启辉器一体化。紧凑型荧光灯按色温分为冷色和暖色，按结构分有2U、3U、螺旋管节能灯、双U插拔管节能灯、H形插拔管节能灯等。紧凑型荧光灯具有显色指数高、发光效率高（是普通白炽灯的8倍）、寿命长、体积小、节能效果明显（比同功率白炽灯节能80%）、使用方便等优点，国家已将紧凑型荧光灯作为节能产品重点推广和使用。紧凑型荧光灯适用于住宅、宾馆、商场等场所。

③ 高压钠灯。高压钠灯是利用高压钠蒸气放电工作的，光呈淡黄色。高压钠灯的结构如图9-7所示。

高压钠灯的照射范围广，发光效率高，寿命长，紫外线辐射少，透雾性好，色温和显色指数较优，但启动时间（4~8min）和再次启动时间（10~20min）较长，对电压波动反应较敏感，广泛应用于高大工业厂房、体育场馆、道路、广场、户外作业场所等。

④ 高压氙灯。高压氙灯为惰性气体弧光放电灯，高压氙气放电时能产生很强的白光，接近连续光谱，和太阳光十分相似，点燃方便，不需要镇流器，自然冷却能瞬时启动，是一种较为理想的光源，适用于广场、车站、机场等场所。

⑤ 金属卤化物灯。金属卤（碘、溴、氯）化物灯是

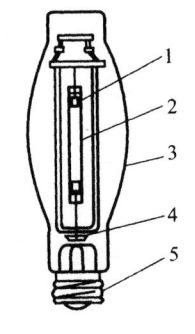

1—主电极；2—半透明陶瓷放电管；
3—外玻璃壳；4—消气剂；5—灯头

图9-7 高压钠灯结构图

在高压汞灯的基础上，为改善光色而发展起来的新型光源，不仅显色性好，而且发光效率高，受电压影响也较小，是目前比较理想的光源。

其发光原理：在高压汞灯内添加某些金属卤化物，靠金属卤化物的循环作用，不断向电弧提供相应的金属蒸汽，金属原子在电弧中受电弧激发而辐射该金属的特征光谱线。选择适当的金属卤化物并控制它们的比例，可制成各种不同显色性能的金属卤化物灯。

金属卤化物灯具有体积小、发光效率高、功率集中、便于控制和价格便宜的优点，可用于商场、大型广场和体育场等场所。

（3）其他发光光源

常见的其他发光光源有场致发光灯（屏）和发光二极管（LED）。

① 场致发光灯（屏）。场致发光灯（屏）是利用场致发光现象制成的发光灯（屏），可用于指示照明、广告等。

② LED。LED 是一种能够将电能转化为可见光的半导体，不同于白炽灯的钨丝发光与节能灯的荧光粉发光原理，它采用的是电致发光的原理，让足够多的电子和空穴在电场作用下复合而产生光子。LED 的特点非常明显，寿命长、发光效率高、无辐射与低功耗。LED 的光谱几乎全部集中于可见光频段，其发光效率可达 80%～90%，是国家倡导的绿色光源，具有广阔的发展前景。尤其当大功率的 LED 研制出来而成为照明光源时，它将大面积取代现有的白炽灯与节能灯。

2．各种照明光源的主要技术特性

光源的主要技术特性有发光效率、寿命、色温等，有时这些技术特性是相互矛盾的，在实际选用时，一般先考虑发光效率高、使用寿命长，其次再考虑显色指数、启动性能等次要指标。常用电光源的主要技术特性见表 9-9，供对照比较。

表 9-9　常用电光源的主要技术特性比较

特性参数	卤钨灯	荧光灯	紧凑型荧光灯	高压钠灯	金属卤化物灯	高压氙灯	LED 灯
额定功率/W	20～5000	20～200	5～55	35～1000	35～3500	1500～100000	0.05～
发光效率 /(lm/W)	14～30	60～100	44～87	64～140	52～130	20～40	80～140
使用寿命/h	1500～2000	11000～12000	5000～10000	12000～24000	1000～10000	1000	50000～80000
色温/K	2800～3300	2500～6500	2500～6500	2000～4000	3000～6500	5000～6000	3000～7000
显色指数 Ra	95～99	70～95	95～97	23～85	60～90	95～97	75～90
启动时间	瞬时	1～4s	10s 或快速	4～8min	4～10min	瞬时	瞬时
再启动时间间隔	瞬时	1～4s	10s 或快速	10～15min	10～15min	瞬时	瞬时
功率因数	1	0.33～0.52	0.98	0.44	0.4～0.6	0.4～0.9	>0.95
电压波动不宜大于		±5%U_N	±5%U_N	5%U_N自灭	±5%U_N	±5%U_N	
频闪效应	无	有	有	有	有	有	无
表面亮度	大	小	大	较大	大	大	大
电压变化对光通量的影响	大	较大	较大	大	较大	较大	较大

续表

特性参数	卤钨灯	荧光灯	紧凑型荧光灯	高压钠灯	金属卤化物灯	高压氙灯	LED 灯
环境温度变化对光通量的影响	小	大	大	较小	较小	小	较小
耐震性能	差	较好	较好	较好	好	好	好
需增装附件	无	电子整流器、节能电感整流器	电子整流器	镇流器	镇流器触发器	镇流器触发器	无
适用场所	厂前区、室外配电装置、广场	广泛应用	家庭、宾馆等	广场、街道、交通枢纽、展览馆等	大型广场、体育场、商场等	广场、车站、大型室外配电装置	广泛应用

3. 光源的选择

选择照明光源，在满足显色性、启动时间等要求条件下，还要比较光源价格，更应进行光源全寿命周期的综合经济分析比较。选择光源时的一般原则如下：

① 高度较低房间，如办公室、教室、会议室及仪表、电子等生产车间，宜采用细管径直管形荧光灯；

② 商店营业厅宜采用细管径直管形荧光灯、紧凑型荧光灯或小功率的金属卤化物灯；

③ 高度较高的工业厂房，应按照生产使用要求，采用金属卤化物灯或高压钠灯，也可采用大功率细管径荧光灯；

④ 一般照明场所不宜采用荧光高压汞灯，不应采用自镇流荧光高压汞灯；

⑤ 应急照明应选用能快速点燃的光源；

⑥ 应根据识别颜色要求和场所特点，选用相应显色指数的光源。

4. 灯具的类型

灯具可以按光通量在空间的分布、配光曲线、结构特点和安装方式等进行分类。

（1）按光通量在空间的分布分类

国际照明委员会（CIE）根据光通量在上、下半球空间的分布将室内灯具划分为直接型、半直接型、直接-间接型（均匀漫射型）、半间接型和间接型 5 种，其光通量分布及特点见表 9-10。

表 9-10 灯具按光通量在空间的分布类型

分布	光通量分布/% 上半球	光通量分布/% 下半球	特点
直接型	0～10	100～90	光线集中，工作面上可获得充分照度
半直接型	10～40	90～60	光线集中在工作面上，空间环境有适当照度，比直接型眩光小
直接-间接型	40～60	60～40	空间各方向的光通量基本一致，无眩光
半间接型	60～90	40～10	增加反射光的作用，使光线比较均匀柔和
间接型	90～100	10～0	扩散性好，光线均匀柔和，避免眩光，但光的利用率低

（2）按配光曲线分类

按灯具的配光曲线分类，实际上是按灯具的光强分布特性（见图9-8）进行分类的。

① 正弦分布型。光强是角度的正弦函数，当$\theta=90°$时，光强最大。

② 广照型。最大光强分布在50°～90°之间，在较广的面积上形成均匀的照度。

③ 漫射型。各个角度的光强是基本一致的。

④ 配照型。光强是角度的余弦函数，当$\theta=0°$时光强最大。

⑤ 深照型。光通量和最大光强值集中在0°～30°之间的立体角内。光通量和最大光强值集中在0°～15°之间的狭小立体角内时，为特深照型。

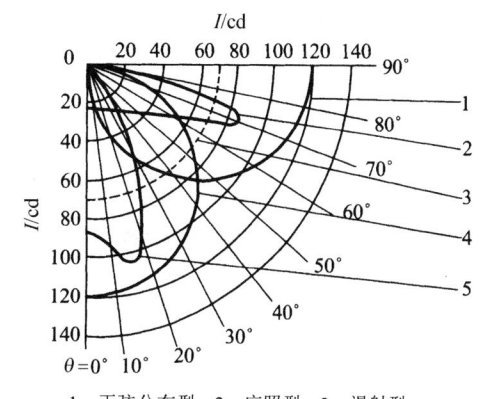

1—正弦分布型；2—广照型；3—漫射型；
4—配照型；5—深照型

图9-8 配光曲线示意图

（3）按灯具的结构特点分类

① 开启型。光源与外界空间直接接触（无罩）。

② 闭合型。灯罩将光源包合起来，但内外空气仍能自由流通。

③ 封闭型。灯罩固定处加以一般封闭，内外空气仍可有限流通。

④ 密闭型。灯罩固定处加以严密封闭，内外空气不能流通。

⑤ 防爆型。灯罩及其固定处均能承受要求的压力，能安全使用在有爆炸危险性介质的场所。防爆型又分成隔爆型和安全型两种。

（4）按灯具的安装方式分类

灯具按安装方式分为吊灯、吸顶灯、壁灯、嵌入式灯、地脚灯、庭院灯、道路广场灯和自动应急照明灯等。

灯具根据使用光源还可分为荧光灯灯具、高强度气体放电灯灯具、LED灯具等。

5．灯具的选择

灯具的选择非常重要，若选择不当，将增大灯具投资、增加电能消耗、影响生产安全。选择灯具一般应考虑以下几个方面。

① 在满足眩光限制和配光要求条件下，应选用效率高的灯具。灯具的效率是指在相同的使用条件下，灯具发出的总光通量与灯具内所有光源发出的光通量之比，它反映灯具对光源光通量的利用程度。灯具的效率越高，表明该灯具对光源发出的光通量吸收越少，反射越多。灯具的效率不应低于表9-11的规定。

表9-11 灯具的效率

灯具类型及出光口形式	直管形荧光灯灯具				紧凑型荧光灯灯具			小功率金属卤化物灯灯具			高强度气体放电灯灯具	
	开敞式	保护罩（玻璃或塑料）		格栅	开敞式	保护罩	格栅	开敞式	保护罩	格栅	开敞式	格栅或透光罩
		透明	棱镜									
灯具效率/%	75	70	55	65	55	50	45	60	55	50	75	60

② 灯具的种类与使用环境相匹配。一般场所，尽量选用开敞式灯具，以得到较高的效率；在潮湿场所，应采用相应等级的防水灯具，至少应采用带防水灯头的开敞式灯具；在有腐

蚀性气体和蒸汽的场所，应采用耐腐蚀材料制作的密闭型灯具，若采用带防水灯头的开敞式灯具，各部件应有防腐蚀或防水措施；在高温场所，宜采用带散热构造和措施的灯具，或带散热孔的开敞式灯具；在有尘埃的场所，应按防尘等级选择适宜的灯具；在有爆炸和火灾危险的场所，应符合国家现行相关标准和规范等的有关规定；在震动和摆动较大的场所，应采用防震型软性连接的灯具或防震的安装措施，并在灯具上加保护网，以防止灯泡掉下；在有洁净要求的场所，应安装不易积尘和易于擦拭的洁净灯具，以利于保持场所的洁净度，并减少维护工作量和费用。

③ 安装高度适当。灯具安装高度过高，降低了工作面上的照度，而要满足照度要求，势必增大光源功率，不经济，同时也给维护带来困难；但安装高度也不能过低，若安装高度过低，一方面容易被人碰撞，不安全，另一方面会产生眩光，降低人眼的视力。

④ 选择的照明灯具、镇流器、LED 电子控制器必须通过国家强制性产品认证。

⑤ 经济性。在满足技术要求的前提下，降低灯具的投资费用及年运行和维护费用。

由于我国的灯具种类繁多，尚无统一标准，选用时可参考相关技术手册和厂商资料。

另外，镇流器按下列原则选择：自镇流荧光灯应配用电子镇流器；T8 直管形荧光灯应配用电子镇流器或节能电感镇流器；T5 直管形荧光灯（>14W）应采用电子镇流器；采用高压钠灯和金属卤化物灯时，宜配用节能型电感镇流器；在电压偏差大的场所，采用高压钠灯和金属卤化物灯时，为了节能和保持光输出稳定，延长光源寿命，宜配用恒功率镇流器。

6．灯具的布置

（1）室内布置方案

布置要求是：保证最低的照度及均匀性，光线的射向适当，无眩光、阴影，安装维护方便，布置整齐美观，并与建筑空间协调，安全、经济等。

① 正常照明的布置。通常有两种，即均匀布置（灯具布置与设备位置无关）和选择布置（灯具布置与设备位置有关）。其中均匀布置比较美观，所以正常照明用得较多。

均匀布置的灯具可排列成正方形或矩形或菱形，如图 9-9 所示。

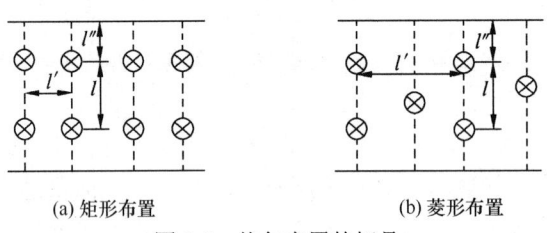

(a) 矩形布置　　　(b) 菱形布置

图 9-9　均匀布置的灯具

矩形布置时，尽量使灯距 l 与 l' 接近。为使照度更为均匀，可将灯具排成菱形，如图 9-9 (b) 所示。等边三角形的菱形布置，照度计算最为均匀，此时 $l = \sqrt{3}l'$。

布置灯具应按灯具的光强分布、悬挂高度、房屋结构及照度要求等多种因素而定。为使工作面上获得较均匀的照度，较合理的距高比一般为 1.4～1.8，从使整个房间获得较均匀的照度考虑，最边缘一列灯具离墙的距离为 l''，当靠墙有工作面时，$l''=(0.2～0.3)l$；当靠墙为通道时，$l''=(0.4～0.5)l$。对于矩形布置，可采用纵横两个方向的均方根值。

② 应急照明的布置。供继续工作用的应急照明，在主要工作面上的照度应尽可能保持原有照度的 30%～50%。其一般做法是：若为一列灯具，可采用应急照明和正常照明相间布置，或与两个工作灯具相间布置；若为两列灯具，可选其中一列为应急照明，或每列均相间布置应急照明；若为 3 列灯具，可选其中一列为应急照明或在旁边两列相间布置应急照明。

（2）室内灯具的悬挂高度

室内灯具不宜悬挂过高或过低。过高会降低工作面上的照度且维修不方便；过低则容易碰撞且不安全，另外还会产生眩光，降低人眼的视力。

表9-12给出了室内一般照明灯距地面的最低悬挂高度。

表 9-12 室内一般照明灯距地面的最低悬挂高度

光源种类	灯具形式	光源功率/W	最低离地悬挂高度/m
荧光灯	无罩	≤40	2.0
	带反射罩	≥40	2.0
卤钨灯	带反射罩	≤500	6.0
		1000～2000	7.0
高压钠灯	带反射罩	250	6.0
		400	7.0
金属卤化物灯	带反射罩	400	6.0
		≥1000	14.0 以上

9.2.3 照度计算

照明的光源类型和灯具形式确定后，需要计算各工作面的照度，从而确定光源的容量和数量，或已确定了光源容量，对某点进行照度校验。

照度计算的方法通常有利用系数法、单位功率法和逐点计算法3种。利用系数法、单位功率法主要用来计算工作面上的平均照度；逐点计算法主要用来计算工作面上任意点的照度。任何一种计算方法都只能做到基本准确。限于篇幅，本节只讨论利用系数法。

1. 利用系数的概念

利用系数（用K_u表示）是指照明光源投射到工作面上的光通量与全部光源发出的光通量之比，可用来表征光源的光通量有效利用的程度。

利用系数的计算公式为

$$K_u = \frac{\Phi_\Sigma}{n\Phi_e} \tag{9-3}$$

式中，Φ_Σ为投射到工作面上的总光通量；Φ_e为每个灯发出的光通量；n为灯的个数。

利用系数与灯具的效率、配光特性、悬挂高度及房间内各面的反射比等因素有关。灯具的悬挂高度越高、发光效率越高，利用系数就越高；房间的面积越大，形状越接近正方形，墙壁颜色越浅，利用系数也越高。

2. 利用系数的确定

利用式（9-3）一般很难求得利用系数，通常按工作房间表面反射比、房间的室空间系数，从有关照明设计手册或生产厂商提供的产品样本的利用系数表，用插值法确定灯具的利用系数。反射比ρ宜按表9-13选取。

表 9-13 工作房间表面反射比

表面名称	顶棚	墙面	地面	工作面
反射比ρ	0.6～0.9	0.3～0.8	0.1～0.5	0.2～0.6

室空间系数 K_{RC} 是表示房间几何形状的数值，可按下式计算：

$$K_{RC} = \frac{5h_r(a+b)}{a \times b} \tag{9-4}$$

式中，h_r 为灯具计算高度（指灯具开口平面到工作面的空间高度，也称室空间高度，如图9-10所示，图中 h_c 为顶棚空间高度、h_f 为地面空间高度）；a 为房间宽度；b 为房间长度。

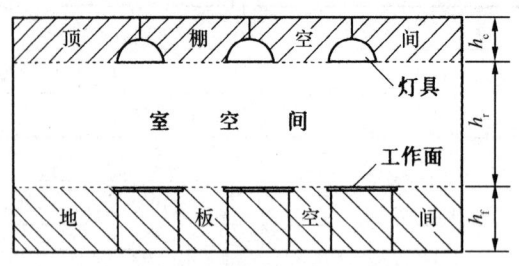

图 9-10 室内空间的划分

利用系数一般为 0.5～0.8。由于照明光源和灯具新产品层出不穷，如缺乏灯具利用系数表，根据采用的光源、灯具及使用场所，可取利用系数如下：荧光灯槽为 0.38 左右；荧光灯带为 0.5 左右；格栅荧光灯为 0.55～0.6；开启型荧光灯为 0.65 以上；蝠翼式荧光灯为 0.7～0.8。

室空间系数也可用室形指数 RI 表示，即

$$RI = \frac{a \times b}{5h_r(a+b)} = \frac{5}{K_{RC}} \tag{9-5}$$

3．计算工作面上的平均照度

当已知房间的长、宽、室空间高度、灯型及光通量时，可按下式计算平均照度：

$$E'_{av} = \frac{K_u n \Phi_e}{S} \tag{9-6}$$

式中，n 为灯的个数；Φ_e 为每个灯发出的光通量；S 为受照工作面面积（矩形房间为长与宽的乘积）。

4．计算工作面上的实际平均照度

由于灯具在使用期间，光源本身的发光效率逐渐降低，灯具也会陈旧脏污，被照场所的墙壁和顶棚也有污损的可能，从而使工作面上的光通量有所减少，因此，在计算工作面上的实际平均照度时，应计入一个小于 1 的灯具维护系数 K_m，其值见表 9-14。则工作面上的实际平均照度为

$$E_{av} = \frac{K_u K_m n \Phi_e}{S} \tag{9-7}$$

表 9-14 维护系数值

环境污染特征		房间或场所举例	灯具每年最少擦洗次数	维护系数 K_m
室内	清洁	仪器仪表装配车间、电子元器件装配车间、检验室、办公室、阅览室、教室、卧室、客房、病房、餐厅等	2	0.8
	一般	机械加工车间、机械装配车间、体育馆、影剧院、候车室、商场等	2	0.7
	污染严重	锻工车间、铸工车间、水泥车间、厨房等	3	0.6
室外		雨篷、站台等	2	0.65

5. 利用系数法的计算步骤

① 根据灯具的布置，确定灯具计算高度（室空间高度）h_r；
② 计算室空间系数 K_{RC}；
③ 确定反射比（查表9-13）；
④ 由室空间系数、反射比，查相关灯具手册，用插值法确定灯具的利用系数；
⑤ 根据有关灯具手册查出布置灯具的光通量 Φ_e；
⑥ 确定维护系数 K_m（查表9-14）；
⑦ 计算平均照度和实际平均照度。

6. 照明灯具数量的计算

由实际平均照度计算式（9-7）可知，当房间面积或受照工作面面积、灯具计算高度及照度标准 E_c 已知时，在选择确定光源和灯具后，可求得满足照度标准的光源和灯具数量，即

$$n = \frac{E_c S}{K_u K_m \Phi_e} \tag{9-8}$$

7. 照明功率密度（LPD）的计算

照明功率密度（Lighting Power Density，LPD）是指单位面积的照明安装功率（W/m²），包括光源、镇流器或变压器的功率。照明功率密度值应满足 GB 50034—2024《建筑照明设计标准》的规定。

9.2.4 照明节能

照明节能属于建筑节能及环境节能的重要组成部分之一，包括照明光源的优化、照度分布的设计及照明时间的控制，以达到照明的有效利用率最大化的目的。

1. 一般要求

① 应在满足规定的照度和照明质量要求前提下，进行照明节能评价。
② 照明节能应采用一般照明的照明功率密度（LPD）作为评价指标。
③ 照明设计的房间或场所的照明功率密度应满足 GB50034—2024《建筑照明设计标准》的规定。

2. 照明节能措施

① 选用的照明光源、镇流器的能效符合相关能效标准的节能评价值。
② 照明场所以用户为单位计量和考核照明用电量。
③ 一般场所不选用卤钨灯，对商场、博物馆显色要求高的重点照明可采用卤钨灯。
④ 一般照明不采用高压汞灯。
⑤ 一般照明在满足照度均匀度条件下，选择单灯功率较大、发光效率较高的光源。
⑥ 当公共建筑或工业建筑选用单灯功率小于或等于25W 的气体放电灯时，除自镇流荧光灯外，其他镇流器选用谐波含量低的产品。
⑦ 走廊、楼梯间、厕所、地下车库等无人长时间逗留的场所，或只进行检查、巡视和短时操作的工作场所，可配用感应式自动控制的 LED 灯。

9.2.5 变电所照明平面图设计

照明系统是变电所的重要组成部分，好的照明设计，可以为运行和检修人员创造舒适的工

作环境，提高运行维护的工作效率，保证电网安全、稳定、可靠运行。同时，变电所照明设计也是一项周密、细致的工作，需要考虑的因素很多。照明设计相关规范对很多具体设计方法有明确的规定，但在设计过程中仍存在一定的灵活性，这正是体现设计水平的地方，如果抓住其中的重点，不但使设计工作事半功倍，而且可以使设计成果更加精益、合理。

1. 变电所照明平面图设计步骤

① 识读变电所建筑平面图，分清变电所各区域功能及相应的楼层高度；
② 确定变电所的照明方式和种类、变电所的总体照明设计方案；
③ 根据变电所各区域功能选择合适的光源和灯具类型，并确定其型号；
④ 按照 GB 50034—2024《建筑照明设计标准》中关于变电所各区域的照度规定确定灯具数量；
⑤ 复核照明功率密度值；
⑥ 完成平面图中灯具和开关的放置；
⑦ 完成平面图中配电箱的放置，以及灯具、开关等设备与对应配电箱的连接。

2. 35kV 变电所照明设计实例

（1）变电所建筑平面图

35kV 变电所布置方案如图 9-1 所示，其结构采取双层布置，一层层高为 5.5m，总高度为 12m。变电所一层设有变压器室、10kV 高压配电室、高压电容器室，变电所二层设有 35kV 高压配电室、控制室、工具室；其中#1 变压器室、#2 变压器室高度为 12m。

（2）变电所的总体照明设计方案

根据 GB 51348—2019《民用建筑电气设计标准》规定，配电室须配备应急照明设备，应急照明设备须维持 1h（0.5h）事故方式下的运行；应急照明设备的开启采用手动控制方式。因此，变电所的照明设计应包括正常照明和应急照明。其中正常照明主要是为变电所的运行和检修提供照明，不需要考虑特定工作区和局部地点的照明，只需达到舒适的照明亮度和均匀度即可，采用一般照明即可。应急照明主要是为了在变电所发生事故等情况下，正常照明的电源失效，在可能引起事故的场所和重要设备处、主要通道和出入口处设置的电源。

由于变电所为双层结构，对于正常照明，在每层设置一个照明配电箱，其进线来自所用变电源，照明配电方式采用放射式。由于应急照明功率较小，整个变电所设置一个应急照明配电箱。

（3）变电所灯具选择

高压配电室、高压电容器室、控制室、工具室这些房间主要装设直立的配电盘、有斜面或水平面的控制台、工具柜等，其照明灯应具有较好的亮度分布和色彩分布，并无直射眩光和反射眩光的特点，故采用荧光灯；#1 变压器室、#2 变压器室高度为 12m，其照明灯具应具有体积小、发光效率高、功率集中的特点，故采用金属卤化物灯；由于 LED 吸顶灯具有发光效率高、耗电少、寿命长、安全环保的优点，故楼梯间采用 LED 吸顶灯；考虑到卫生间为潮湿环境，故采用防水防尘灯。

（4）变电所照度计算

以 35kV 高压配电室为例，说明其照度计算过程。

查表 9-8 可知，配电室的照度标准为 200lx。35kV 高压配电室面积为 120m^2，长为 15m，宽为 8m，高为 5.5m；灯具类型选用型号 FAC41610PH 双管荧光灯，功率为 2×28W，光通量为 2×2600lm。

查表 9-12 可知，荧光灯最低距地悬挂高度为 2m，为了避免灯具对配电柜的影响，确保 35kV 高压配电室工作的正常运转，荧光灯安装高度设置为 5m，参考平面为 0.75m 水平面，其室空间系数 K_{RC} 为

$$K_{RC} = \frac{5h_r(a+b)}{a \times b} = \frac{5 \times (5-0.75) \times (15+8)}{15 \times 8} = 4.07$$

查表 9-13，取顶棚反射比 $\rho_{cc} = 0.7$，墙面反射比 $\rho_w = 0.5$。

查表 9-14，取 35kV 高压配电室维护系数 K_m=0.8。

根据 FAC41260PH 荧光灯利用系数表（见表 9-15）可知，K_{RC} 取 4 时，K_u=0.71，当 K_{RC} 取 5 时，K_u=0.72。

表 9-15　FAC41260PH 荧光灯利用系数表

顶棚反射比 ρ_{cc}/%	80				70				50			
墙面反射比 ρ_w/%	70	50	30	10	70	50	30	10	70	50	30	10
地面反射比 ρ_{fc}/%	20	20	20	20	20	20	20	20	20	20	20	20
室空间系数 K_{RC}												
0.6	0.47	0.40	0.35	0.31	0.46	0.39	0.35	0.31	0.45	0.38	0.34	0.31
0.8	0.54	0.48	0.43	0.40	0.53	0.47	0.43	0.40	0.52	0.46	0.42	0.39
1.00	0.59	0.53	0.49	0.45	0.58	0.52	0.48	0.45	0.56	0.51	0.48	0.45
1.25	0.63	0.57	0.54	0.50	0.62	0.57	0.53	0.50	0.60	0.56	0.53	0.50
1.50	0.65	0.61	0.57	0.54	0.64	0.60	0.57	0.54	0.62	0.59	0.56	0.53
2.00	0.69	0.65	0.62	0.59	0.68	0.64	0.61	0.59	0.66	0.63	0.60	0.58
2.50	0.70	0.67	0.65	0.62	0.70	0.67	0.64	0.62	0.68	0.65	0.63	0.61
3.00	0.72	0.69	0.67	0.65	0.71	0.68	0.66	0.64	0.69	0.67	0.65	0.63
4.00	0.73	0.71	0.69	0.68	0.72	0.71	0.69	0.67	0.71	0.69	0.68	0.66
5.00	0.74	0.73	0.71	0.70	0.73	0.72	0.70	0.69	0.72	0.70	0.69	0.68
7.00	0.75	0.74	0.73	0.72	0.75	0.73	0.72	0.71	0.73	0.72	0.71	0.70
10.00	0.76	0.75	0.74	0.74	0.75	0.75	0.74	0.73	0.74	0.73	0.72	0.72

当 K_{RC}=4.07 时，利用内插法可得此时的利用系数 K_u 为

$$K_u = \frac{0.72-0.71}{4-3} \times (4.07-4) + 0.71 = 0.7107$$

当 K_{RC}=4.07 时，代入式（9-8）可得其灯具数量 n 为

$$n = \frac{E_c S}{K_u K_m \Phi_e} = \frac{200 \times 120}{2 \times 2600 \times 0.7107 \times 0.8} = 8.11$$

由于 n 为灯具数量，只能取整数，同时考虑到 35kV 高压配电室的宽度为 8m，高压配电柜放置在房间中间，为了确保照明不存在死角和盲区，该房间所放置的灯应与高压配电柜的排列平行，采用双列布置，所以灯具数量 n 的值取 10，即 35kV 高压配电室安装 10 只双管荧光灯。

通过以上方法计算出 35kV 变电所全部区域的灯具数量，具体类型、数量见表 9-16。

表 9-16 35kV 变电所灯具数量表

房间名称	灯具名称	灯具型号	灯具功率/W	数量/只
10kV 高压配电室	双管荧光灯	FAC41610PH	2×28	16
高压电容器室	双管荧光灯	FAC41610PH	2×28	8
#1 变压器室	金属卤化物灯	TG80-A	1×250	2
#2 变压器室	金属卤化物灯	TG80-A	1×250	2
一楼门厅	双管荧光灯	FAC41610PH	2×28	2
卫生间	防水防尘灯	WL008C	1×14	1
35kV 高压配电室	双管荧光灯	FAC41610PH	2×28	10
控制室	双管荧光灯	FAC41610PH	2×28	6
工具室	双管荧光灯	FAC41610PH	2×28	3
二楼门厅	双管荧光灯	FAC41610PH	2×28	3
楼梯间	吸顶灯	OPPLE-MX1860	1×20	1

（5）照明功率密度目标值

35kV 变电所各房间照明功率密度目标值为：35kV 高压配电室 LPD 为 7.1，10kV 高压配电室 LPD 为 7.0，#1 变压器室、#1 变压器室 LPD 为 6.0。

35kV 高压配电室 LPD 为该房间的灯具总功率除以总面积，35kV 高压配电室双管荧光灯数量为 10 只，功率为 2×28W，房间面积为 120m^2，则

$$LPD=10×2×28/120=4.67W/m^2<7.1W/m^2$$

符合节能要求。

（6）变电所灯具和开关的布置

35kV 高压配电室的宽度为 8m，高压配电柜放置在房间中间，为了确保照明不存在死角和盲区，该房间所放置的灯具应与高压配电柜的排列平行，采用双列布置；此外，为了避免灯具的影响，确保变电所工作的正常运行，相关变电所设计规范规定在变压器及高低压柜的上空不能安装灯具，35kV 高压配电室灯具和开关布置图如图 9-11 所示。

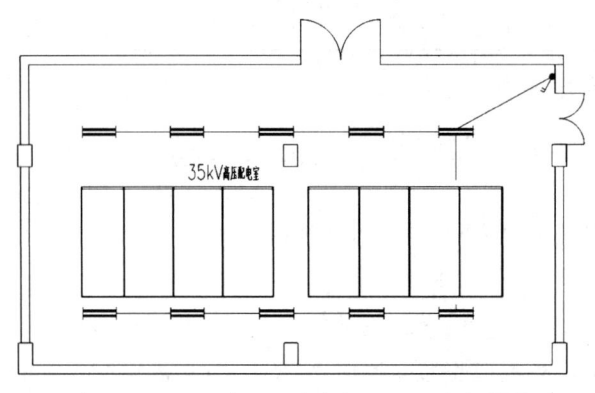

表 9-11 35kV 高压配电室灯具和开关布置图

图 9-11 中，为了便于值班人员操作方便，开关布置在控制室与 35kV 高压配电室相联通的门后，采用双联开关，每联控制 5 盏双管荧光灯，安装方式为暗装，开关面板距地高度为 1.3m。

（7）变电所配电箱的放置

35kV 变电所在每层设置一个照明配电箱，这两个照明配电箱均为暗装，下沿距地高度为 1.3m，其编号为 1AL、2AL。为了便于操作，一层照明配电箱 1AL 放置在高压电容器室，二层照明配电箱 2AL 放置在二层门厅处，如图 9-12 所示。

(a) 35kV 变电所二层照明平面图

(b) 35kV 变电所一层照明平面图

图 9-12　35kV 变电所照明平面图

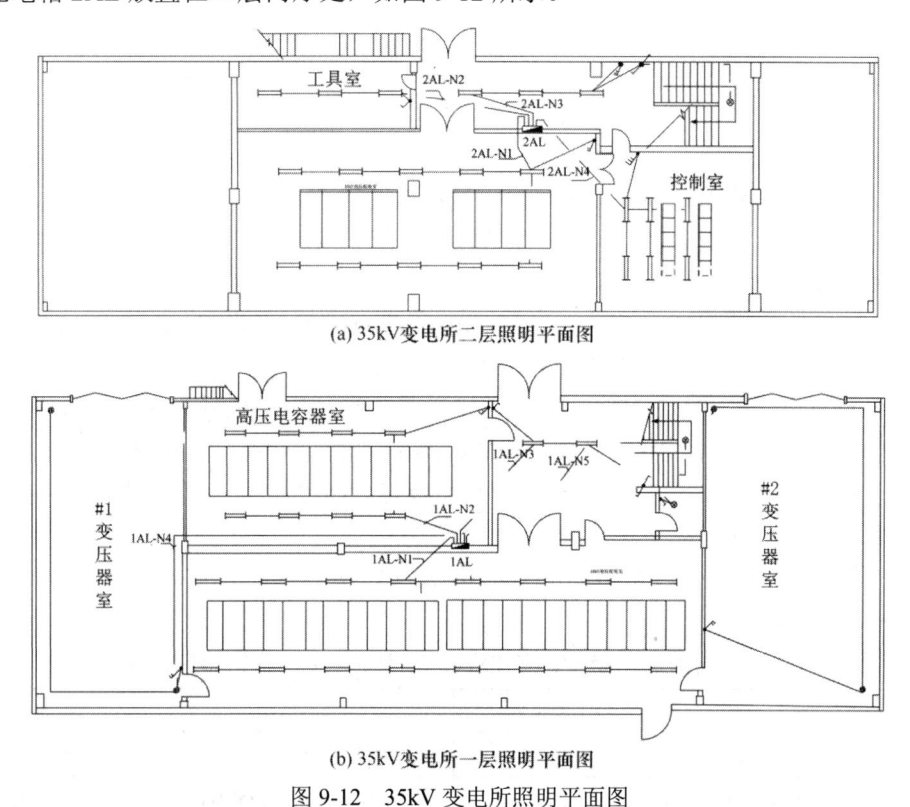

图 9-12 中，从一层照明配电箱 1AL 引出 5 条支路 N1～N5，分别控制 10kV 高压配电室、高压电容器室、一楼门厅（卫生间）、#1 变压器室、#2 变压器室的照明；从二层照明配电箱 2AL 引出 4 条支路 N1～N4，分别控制 35kV 高压配电室、工具室、二楼门厅（楼梯间）、控制室的照明。

9.2.6　变电所照明配电箱设计

变电所的照明配电箱应在照明平面图的基础上进行设计，用图形符号和文字符号表示变电所照明配电线路的控制关系。照明配电箱只画出各照明设备之间的连接，并且一般用单线图。

1. 变电所照明配电箱设计步骤

① 根据照明平面图上照明配电箱各支路灯具的类型和数量，计算各支路电流，从而确定各支路所选导线或电缆的型号规格、敷设方式和穿管管径，以及各支路所选断路器的规格型号。

② 考虑三相负荷平衡，确定照明配电箱各支路分相情况。

③ 根据照明配电箱各支路分相情况，确定配电箱电源进线所选导线或电缆的型号规格、敷设方式和穿管管径，以及进线所选断路器的规格型号。

④ 确定配电箱的规格型号。

2．35kV 变电所一层照明配电箱 1AL 设计实例

下面以 35kV 变电所一层照明配电箱 1AL 为例，对其配电箱各部分进行设计。

（1）照明配电箱各支路线缆、断路器选择

根据 35kV 变电所照明平面图，一层照明配电箱 1AL 共引出 5 条支路 N1～N5，其中 N1 支路控制 10kV 高压配电室的照明，N1 支路共有 16 只 FAC41610PH 双管荧光灯，功率为 2×28W，则该支路计算电流 I_{N1} 为

$$I_{N1} = \frac{P_{N1}}{U_{N1}\cos\varphi} = \frac{16 \times 28 \times 2}{220 \times 0.8} = 5.09A$$

照明线路采用 3 根铜芯聚氯乙烯绝缘软电线穿电线管沿天棚、墙面敷设，按允许载流量选择 N1 支路导线截面积（查表 A-12-2），且考虑照明分支线截面积不应小于 2.5mm²，可得 N1 支路导线的标注为：BVR-3×2.5-MT20-CC.WC。

目前广泛采用微型断路器，简称 MCB（Micro Circuit Breaker/Miniature Circuit Breaker），作为照明供电的电源开关，用于 125A 以下的单相、三相的短路、过载、过压等保护，包括单极（1P）、二极（2P）、三极（3P）、四极（4P）等 4 种。微型断路器的壳架电流为 63A 和 125A，额定分断电流为 6A、10A、16A、20A、25A、32A、40A、50A、63A、80A、100A、125A。由于 N1 支路计算电流 I_{N1}=5.09A，可选用额定分断电流为 6A 的单极微型断路器 NB1-63/1P/10A。

根据上述方法，可得一层照明配电箱 1AL 各支路功率、计算电流、线缆和断路器的型号，如表 9-17 所示。

表 9-17　一层照明配电箱 1AL 各支路功率、计算电流、线缆和断路器的型号

支路号	功率	计算电流	线缆型号	断路器型号
N1	896W（0.9kW）	5.09A	BVR-3×2.5-MT20-CC.WC	NB1-63/1P/10A
N2	448W（0.5kW）	2.55A	BVR-3×2.5-MT20-CC.WC	NB1-63/1P/10A
N3	70W（0.1kW）	0.4A	BVR-3×2.5-MT20-CC.WC	NB1-63/1P/10A
N4	500W（0.5kW）	2.8A	BVR-3×2.5-MT20-CC.WC	NB1-63/1P/10A
N5	500W（0.5kW）	2.8A	BVR-3×2.5-MT20-CC.WC	NB1-63/1P/10A

（2）照明配电箱各支路分相

一般来说，照明配电箱的进线采用三相四线制供电，考虑三相负荷平衡，对照明配电箱各支路进行分相，一方面可以有效减少三相电流不平衡对整个供电系统的影响，另一方面可以有效减小照明配电箱进线的计算电流，从而减小进线的截面积和总断路器的额定分断电流，有效减少投资成本。

照明配电箱各支路分相的原则是将 5 条支路 N1～N5 尽可能平均分配到 L1、L2、L3 相上，因此将电流最大的 N1 支路单独分配到 L1 相，将 N2、N5 支路分配到 L2 相，将 N3、N4 支路分配到 L3 相，则各相电流为：

L1 相　　$I_{L1}=I_{N1}$=5.09A

L2 相　　$I_{L2}=I_{N2}+I_{N5}$=2.55+2.8=5.35A

L3 相　　$I_{L3}=I_{N3}+I_{N4}$=0.4+2.8=3.2A

（3）照明配电箱进线线缆、断路器选择

照明配电箱的进线采用三相四线制供电，由于 L1、L2、L3 各相电流中最大的一相为

5.35A，查表 A-12-2 可知，其截面积为 2.5mm² 即可，考虑到以后线路改造或扩容，可将其截面积适当放有一定的余量，故照明配电箱进线的标注为：BVR-4×4-MT25-CC.WC。

由于照明配电箱的进线采用三相四线制供电，故总断路器选用四极微型断路器，其分断电流大于 5.35A 即可，可选用 10A 断路器，考虑到以后线路改造或扩容，总断路器选用 NB1-63/4P/16A。

（4）照明配电箱的规格型号

PZ30 配电箱是一种安装终端电器的装置，其主要特点是采用电器尺寸模数化、安装轨道化、外形艺术化、使用安全化，适用于额定电压 220V 或 380V、负载总电流不大于 100A 的单相三线或三相五线的末端电路中。作为对用电设备进行控制，对过载、短路过电压和漏电起保护作用的一种成套装置，广泛应用于高层建筑、宾馆、住宅、车站、港口、机场、医院、影剧院、大型商业网点和工矿企业等。

PZ30 配电箱主要有 4 大系列：单排、双排、三排、四排。单排有如下回路：04、06、08、10、12、14、15、16、18、20、22；双排有如下回路：20、24、28、30、32、36、40、44；三排有如下回路：42、45、48、54、60、66；四排（比较少见）有如下回路：72、80、88。

由于微型断路器可安装在 PZ30 配电箱的轨道上，所以本实例选用 PZ30 配电箱。由于一层照明配电箱 1AL 的 5 条支路 N1～N5 采用的均为单极微型断路器，占 5 个回路，进线总断路器采用四极微型断路器，占 4 个回路，所以选用单排 10 回路 PZ30 配电箱，考虑到以后线路改造或扩容，也可选用 PZ30-12 路配电箱。一层照明配电箱 1AL 系统图如图 9-13 所示。

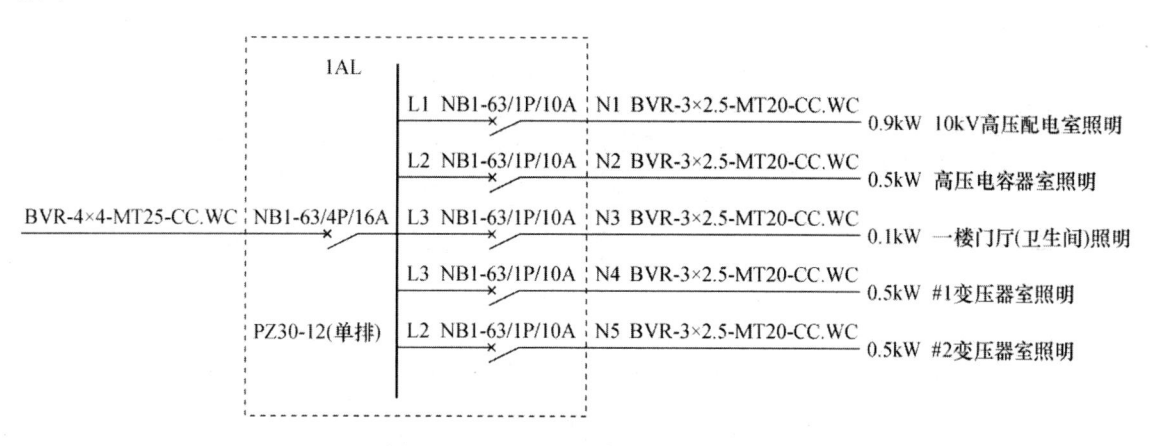

图 9-13 一层照明配电箱 1AL 系统图

图 9-13 中，虚线方框为照明配电箱外框，延伸至虚线框外的线代表线路出了照明配电箱，连接末端设备。虚线左侧为照明配电箱进线，因为是照明配电箱，故为三级负荷，进线处为 1 根线缆；虚线右侧为照明配电箱出线，即各照明支路。

小 组 讨 论

1. 根据第 3 章图 3-33 的 10/0.4kV 变电所主接线设计其变电所平面布置与结构。
2. 试设计 10kV 变电所的照明布置。

习　　题

9-1　变电所的布置要求是什么？

9-2　什么是光通量、发光强度、照度和亮度？常用单位各是什么？

9-3　电气照明的方式和种类有哪些？

9-4　电气照明有什么特点？对工业生产有什么作用？

9-5　什么叫热辐射发光光源和气体放电发光光源？试以白炽灯和荧光灯为例，说明各自的发光原理和性能。

9-6　在哪些场所宜采用白炽灯照明？在哪些场所宜采用荧光灯照明？

9-7　光源选择的原则是什么？

9-8　什么叫照明光源的利用系数？它与哪些因素有关？

9-9　变电所照明平面图的设计步骤有哪些？

9-10　有一教室长 11.5m、宽 6.5m、高 3.6m，照明器离地高度为 3.1m，课桌的高度为 0.8m。室内顶棚、墙面均为大白粉刷，顶棚有效反射比取 70%，墙面有效反射比取 50%。要求课桌的实际平均照度为 150lx，若采用 FAC41260PH 型荧光灯，试确定所需的灯数及灯具布置方案。

9-11　设计 10kV 变电所的照明平面图，如图 9-14 所示。

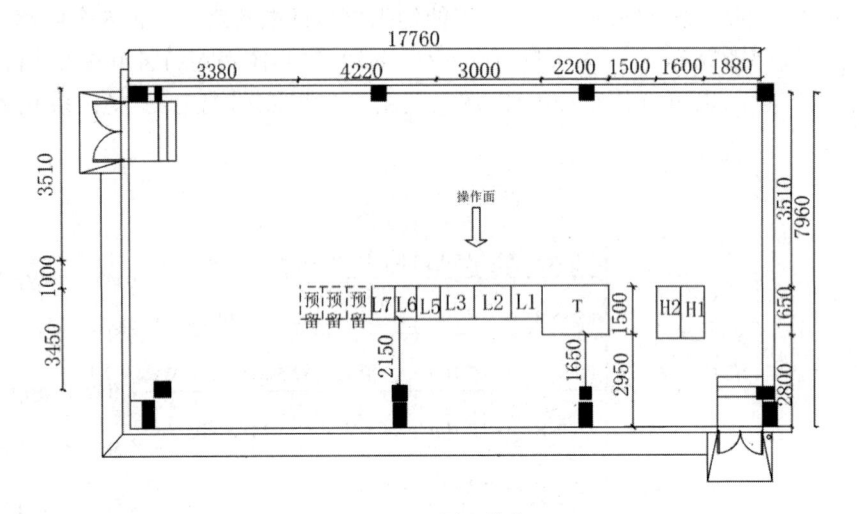

图 9-14　习题 9-12 图（单位：mm）

9-12　说明线路 BVR-4×4-MT25-CC.WC 的含义及如何确定的。

第 10 章 防雷与接地

学习目标：掌握电气安全、防雷和接地的知识及理论；理解其对供配电系统安全运行的重要性。

10.1 过电压和防雷

10.1.1 电气安全基础

人身安全和设备安全是电气安全的两个方面。人身安全是指电气从业人员或其他人员的安全；设备安全是指电气设备及其所拖动的机械设备的安全。当电气设备、线路处于短路、过载、接触不良、散热不良等不正常运行状态时，其发热量增加，温度升高，容易引起火灾。在有爆炸性混合物的场合，电火花、电弧还会引发爆炸。

1. 电流对人体的伤害作用

电对人体的伤害分为电击和电伤两种。电击是指当电流通过人体内部器官，使其受到伤害。如电流作用于人体中枢神经，使心脑和呼吸机能的正常工作受到破坏，人体发生抽搐和痉挛，失去知觉；电流也可能使人体呼吸功能紊乱，血液循环系统活动大大减弱而造成假死。电击是人体触电较危险的情况。电伤是指人体器官受到电流的伤害，如电弧造成的灼伤、烙印、由电流的化学效应而造成的皮肤金属化等。电伤是人体触电事故较为轻微的一种情况。

2. 影响人体触电伤害程度的因素

电流的大小直接影响人体触电的伤害程度。不同的电流会引起人体不同的反应。电流持续时间越长，人体触电时间越长，电流对人体产生的热伤害、化学伤害及生理伤害越严重。一般情况下，工频电流 15～20mA 以下及直流电流 50mA 以下，对人体是安全的。但如果触电时间很长，即使工频电流小到 8～10mA，也可能使人致命。电流流过人体的途径，也是影响人体触电严重程度的重要因素之一。当电流通过人体心脏、脊椎或中枢神经系统时，危险性最大。在一定电压作用下，流过人体的电流与人体电阻成反比。因此，人体电阻是影响人体触电后果的另一因素。人体电阻由表面电阻和体积电阻构成。有关研究结果表明，人体电阻一般在 1000～3000Ω 范围内。人体触电的危害程度与触电电流频率也有关系。一般来说，频率在 25～300Hz 的电流对人体触电的伤害程度最为严重。低于或高于此频率段的电流对人体触电的伤害程度明显减轻。电流对人体的伤害作用还与性别、年龄、精神状态有很大的关系。一般来说，对电流女性比男性敏感，小孩比大人敏感。

3. 触电的方式

人体触电的方式有很多，常见的有单线触电、两线触电、跨步触电、接触电压触电、人体接近高压触电、人体在停电设备上工作时突然来电的触电等。

单相触电：如果人站在大地上，当人体接触到一根带电导线时，电流通过人体经大地而构成回路，这种触电方式通常称为单线触电，也称为单相触电。这种触电的危害程度取决于三相电网中的中性点是否接地。

两相触电：如果人体的不同部位同时分别接触一个电源的两根不同电位的裸露导线，电线上的电流就会通过人体从一根导线到另一根导线形成回路，使人触电，这种触电方式通常称为两线触电，也称为两相触电。此时，人体处于线电压的作用下，两相触电比单线触电的危险性更大。

跨步触电：当人体在具有电位分布的区域内行走时，人的两脚（一般相距以 0.8m 计算）分别处于不同电位点，两脚间承受电位差的作用而触电，这一电压称为跨步电压。跨步电压的大小与电位分布区域内的位置有关，在越靠近接地体处，跨步电压越大，触电危险性也越大。

10.1.2 过电压及雷电基本概述

1．过电压的种类

过电压按产生原因可分为内部过电压和雷电过电压。内部过电压是由于电力系统正常操作、事故切换、发生故障或负荷骤变时引起的过电压，可分为操作过电压、弧光接地过电压及谐振过电压。内部过电压的能量来自电力系统本身，经验表明，内部过电压一般不超过系统正常运行时额定相电压的 4 倍，对电力线路和电气设备绝缘的威胁不是很大。雷电过电压也称外部过电压或大气过电压，是由电力系统中的设备或建筑物遭受来自大气中的雷击或雷电感应而引起的过电压。雷电冲击波的电压幅值可高达 1 亿伏，其电流幅值可高达几十万安，对电力系统的危害远远超过内部过电压。其可能毁坏电气设备和线路的绝缘，烧断线路，造成大面积长时间停电。因此，必须采取有效措施加以防护。

2．雷电过电压

雷电或称闪电，是大气中带电云层之间或带电云层与大地之间所发生的一种强烈的自然放电现象。雷电有线状、片状和球状等形式。带电云层即雷云的形成有多种理论解释，人们至今仍在探索中。常见的一种说法是在闷热、潮湿、无风的天气里，接近地面的湿气受热上升，遇到冷空气凝成冰晶。冰晶受到上升气流的冲击而破碎分裂，气流挟带一部分带正电的小冰晶上升，形成"正雷云"，而另一部分较大的带负电的冰晶则下降，形成"负雷云"，随着电荷的积累，雷云电位逐渐升高。由于高空气流的流动，正、负雷云均在空中飘浮不定，当带不同电荷的带电雷云相互间或带电雷云与大地间接近到一定程度时，就会产生强烈的放电，放电瞬间出现耀眼的闪光和震耳的轰鸣，这种现象就叫雷电。

雷电可分为直击雷、感应雷和闪电电涌侵入 3 大类。

（1）直击雷过电压

当雷电直接击中电气设备、线路或建筑物时，强大的雷电流通过被击物流入大地，在被击物上产生较高的电压降，称为直击雷过电压。

（2）感应雷（闪电感应）过电压

闪电感应是指闪电放电时，在附近导体上产生的雷电静电感应和雷电电磁感应，它可能使金属部件之间产生火花放电。

① 闪电静电感应过电压。由于雷云的作用，使附近导体上感应出与雷云极性相反的电荷，雷云主放电时，先导通道中的电荷迅速中和，导体上的感应电荷得到释放，如果没有就近泄入地中，就会产生很高的电动势，从而产生闪电静电感应过电压。输电线路上的静电感应过电压可达几万甚至几十万伏，导致线路绝缘闪络及所连接的电气设备绝缘遭受损坏。在危险环境中未做等电位连接的金属管线间可能产生火花放电，导致火灾或爆炸危险。

② 闪电电磁感应过电压。由于雷电流变化迅速，在周围空间产生瞬变的强电磁场，使附

近的导体上感应出很高的电动势，从而产生闪电电磁感应过电压。

（3）闪电电涌侵入（雷电波侵入）

闪电电涌是指闪电击于防雷装置或线路上以及由闪电静电感应和闪电电磁脉冲引发，表现为过电压、过电流的瞬态波，即雷电波。

闪电电涌侵入是指雷电对架空线路、电缆线路和金属管道的作用，可能沿着管线侵入室内，危及人身安全或损坏设备。这种闪电电涌侵入造成的危害占雷害总数的一半以上。

10.1.3 防雷装置

防雷装置分为外部防雷装置和内部防雷装置。外部防雷装置由接闪器、引下线和接地装置3部分组成。内部防雷装置是用于减小雷电流在所需防护空间内产生的电磁效应的防雷装置，由避雷器或屏蔽导体、等电位连接件和电涌保护器等组成。

1. 接闪器

接闪器是直接接受雷击的金属物体。接闪器分为接闪杆（俗称避雷针）、接闪线（俗称避雷线）、接闪带（俗称避雷带）和接闪网（俗称避雷网）。接闪器的金属杆称为接闪杆，主要用于保护露天变配电设备及建筑物；接闪器的金属线称为接闪线或架空地线，主要用于保护输电线路；接闪器的金属带、金属网称为接闪带、接闪网，主要用于保护建筑物。它们都是利用其高出被保护物的突出地位，把雷电引向自身，然后通过引下线和接地装置把雷电流泄入大地，使被保护的线路、设备、建筑物免受雷击。

1）接闪杆

接闪杆起引雷的作用，其保护范围以其能防护直击雷的空间来表示，按国家标准 GB 50057—2010《建筑物防雷设计规范》采用"滚球法"来确定。

"滚球法"，就是选择一个半径为 h_r（滚球半径）的滚球，沿着需要防护直击雷的部分滚动，如果球体只触及接闪器或接闪器和地面，而不触及需要保护的部位，则该部位就在这个接闪器的保护范围之内。滚球半径是按建筑物防雷类别确定的，因此，在确定滚球半径之前，首先要了解建筑物是如何分类的。

（1）建筑物防雷分类

GB 50057—2010《建筑物防雷设计规范》规定，建筑物应根据其重要性、使用性质、发生雷电事故的可能性和后果，按对防雷的要求分成3类。

① 在可能发生对地闪击的地区，遇下列情况之一时，应划为第一类防雷建筑物：

● 凡制造、使用或储存火炸药及其制品的危险建筑物，因电火花而引起爆炸、爆轰，会造成巨大破坏和人身伤亡者；

● 具有0区或20区爆炸危险场所的建筑物；

● 具有1区或21区爆炸危险场所的建筑物，因电火花而引起爆炸，会造成巨大破坏和人身伤亡者。

② 可能发生对地闪击的地区，遇下列情况之一时，应划为第二类防雷建筑物：

● 国家级重点文物保护的建筑物；

● 国家级的会堂、办公建筑物、大型展览和博览建筑物、大型火车站和飞机场（不包含停放飞机的露天场所和跑道）、国宾馆、国家级档案馆、大型城市的重要给水水泵房等特别重要的建筑物；

● 国家级计算中心、国际通信枢纽等对国民经济有重要意义的建筑物；

● 国家特级和甲级大型体育馆；

- 制造、使用或储存火炸药及其制品的危险建筑物,且电火花不易引起爆炸或不致造成巨大破坏和人身伤亡者;
- 具有 1 区或 21 区爆炸危险场所的建筑物,且电火花不易引起爆炸或不致造成巨大破坏和人身伤亡者;
- 具有 2 区或 22 区爆炸危险场所的建筑物;
- 有爆炸危险的露天钢质封闭气罐;
- 预计雷击次数大于 0.05 次/a 的部、省级办公建筑物和其他重要或人员密集的公共建筑物以及火灾危险场所;
- 预计雷击次数大于 0.25 次/a 的住宅、办公楼等一般性民用建筑物或一般性工业建筑物。

③ 在可能发生对地闪击的地区,遇下列情况之一时,应划为第三类防雷建筑物:
- 省级重点文物保护的建筑物及省级档案馆;
- 预计雷击次数大于或等于 0.01 次/a 且小于或等于 0.05 次/a 的部、省级办公建筑物和其他重要或人员密集的公共建筑物以及火灾危险场所;
- 预计雷击次数大于或等于 0.05 次/a 且小于或等于 0.25 次/a 的住宅、办公楼等一般性民用建筑物或一般性工业建筑物;
- 在平均雷暴日大于 15d/a 的地区,高度在 15m 及以上的烟囱、水塔等孤立的高耸建筑物;
- 在平均雷暴日小于或等于 15d/a 的地区,高度在 20m 及以上的烟囱、水塔等孤立的高耸建筑物。

确定好建筑物防雷分类之后,可根据建筑物防雷类别确定滚球半径,滚球半径的定义见表 10-1。

表 10-1 各类防雷建筑物的滚球半径和避雷网格尺寸(GB 50057—2010)

建筑物防雷类别	滚球半径 h_r/m	避雷网格尺寸/m
第一类防雷建筑物	30	≤5×5 或 ≤6×6
第二类防雷建筑物	45	≤10×10 或 ≤12×8
第三类防雷建筑物	60	≤20×20 或 ≤24×16

(2)接闪杆的保护范围

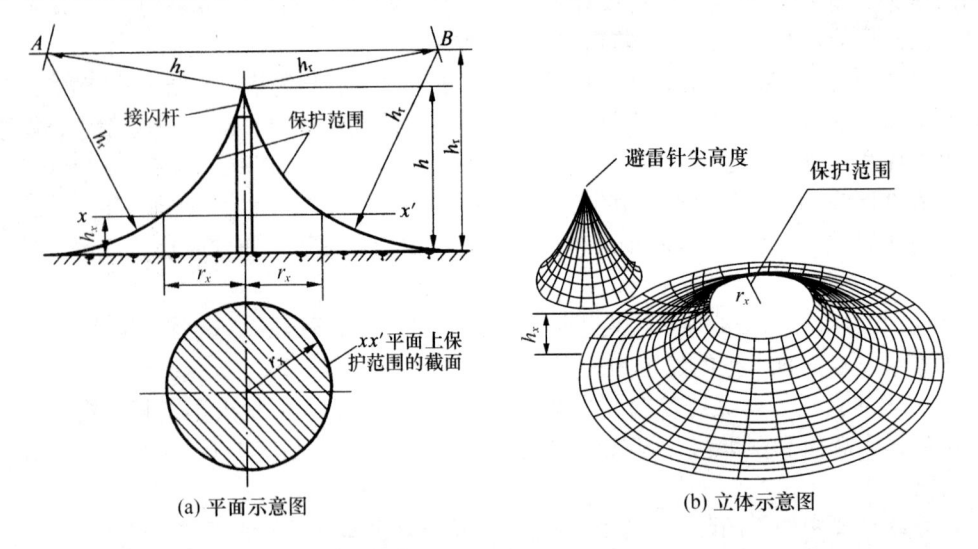

① 单支接闪杆的保护范围:单支接闪杆的保护范围如图 10-1 所示,按下列方法确定。

(a) 平面示意图

(b) 立体示意图

图 10-1 单支接闪杆的保护范围

当接闪杆高度 $h \leqslant h_r$ 时：

a. 距地面处作一平行于地面的平行线；

b. 以接闪杆的杆尖为圆心、h_r 为半径，作弧线交平行线于 A、B 两点；

c. 以 A、B 为圆心，h_r 为半径作弧线，该弧线与杆尖相交，并与地面相切。由此弧线起到地面为止的整个锥形空间，就是接闪杆的保护范围。

接闪杆在被保护物高度 h_r 的 xx' 平面上的保护半径 r_x 为

$$r_x = \sqrt{h(2h_r - h)} - \sqrt{h_x(2h_r - h_x)} \quad (10\text{-}1)$$

接闪杆在地面上的保护半径为

$$r_0 = \sqrt{h(2h_r - h)} \quad (10\text{-}2)$$

以上式中，h_r 为滚球半径，由表 10-1 确定。

当接闪杆高度 $h > h_r$ 时，在接闪杆上取高度 h_r 的一点代替接闪杆的针尖作为圆心，余下做法与接闪杆高度 $h \leqslant h_r$ 时相同。

【例 10-1】某厂锅炉房烟囱高 40m，烟囱上安装一支高 2m 的接闪杆，锅炉房（属第三类防雷建筑物）尺寸如图 10-2 所示，试问此接闪杆能否保护锅炉房。

解 查表 10-1 得，第三类防雷建筑物的滚球半径 $h_r = 60\text{m}$，而接闪杆顶端高度 $h = 40 + 2 = 42\text{m}$，$h_x = 8\text{m}$，根据式（10-1）得接闪杆保护半径为

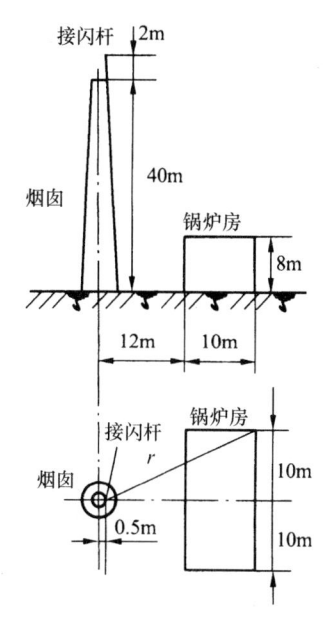

图 10-2 接闪杆的保护范围

$$r_x = \sqrt{42 \times (2 \times 60 - 42)} - \sqrt{8 \times (2 \times 60 - 8)} = 27.3\text{m}$$

现锅炉房在 $h_x = 8\text{m}$ 高度上最远屋角距离接闪杆的水平距离为

$$r = \sqrt{(12 - 0.5 + 10)^2 + 10^2} = 23.7\text{m} < r_x$$

例 10-1 视频

由此可见，烟囱上的接闪杆能保护锅炉房。

② 两支接闪杆的保护范围：两支等高接闪杆的保护范围如图 10-3 所示。在接闪杆高度 $h \leqslant h_x$ 的情况下，当两支接闪杆的距离 $D \geqslant 2\sqrt{h(2h_r - h)}$ 时，应各按单支接闪杆保护范围计算；当 $D < 2\sqrt{h(2h_r - h)}$ 时，保护范围如图 10-3 所示，按下列方法确定。

a. $AEBC$ 外侧的接闪杆保护范围，按单支接闪杆的方法确定。

b. 两支接闪杆之间 C、E 两点位于两杆间的垂直平分线上。在地面每侧的最小保护宽度 b_0 为

$$b_0 = \overline{CO} = \overline{EO} = \sqrt{h(2h_r - h) - \left(\frac{D}{2}\right)^2} \quad (10\text{-}3)$$

在 AOB 轴线上，距中心线任一距离 x 处，在保护范围上边线的保护高度 h_x 为

$$h_x = h_r - \sqrt{(h_r - h)^2 + \left(\frac{D}{2}\right)^2 - x^2} \quad (10\text{-}4)$$

该保护范围上边线是以中心线距地面 h_r 的一点 O' 为圆心，以 $\sqrt{(h_r-h)^2+\left(\dfrac{D}{2}\right)^2}$ 为半径所作的圆弧 $\overset{\frown}{AB}$。

c. 两杆间 $AEBC$ 内的保护范围。ACO、BCO、BEO、AEO 部分的保护范围确定方法相同，以 ACO 保护范围为例，在任一保护高度 h_x 和 C 点所处的垂直平面上以 h_x 作为假想接闪杆，按单支接闪杆的方法逐点确定。如图 10-3 中 1-1 剖面图。

d. 确立 xx' 平面上的保护范围。以单支接闪杆的保护半径 r_x 为半径，以 A、B 为圆心作弧线与四边形 $AEBC$ 相交。同样以单支接闪杆的（r_0-r_x）为半径，以 E、C 为圆心作弧线与上述弧线相接，如图 10-3 中的粗虚线所示。

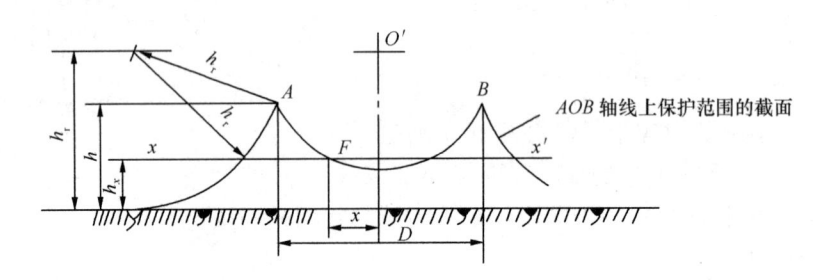

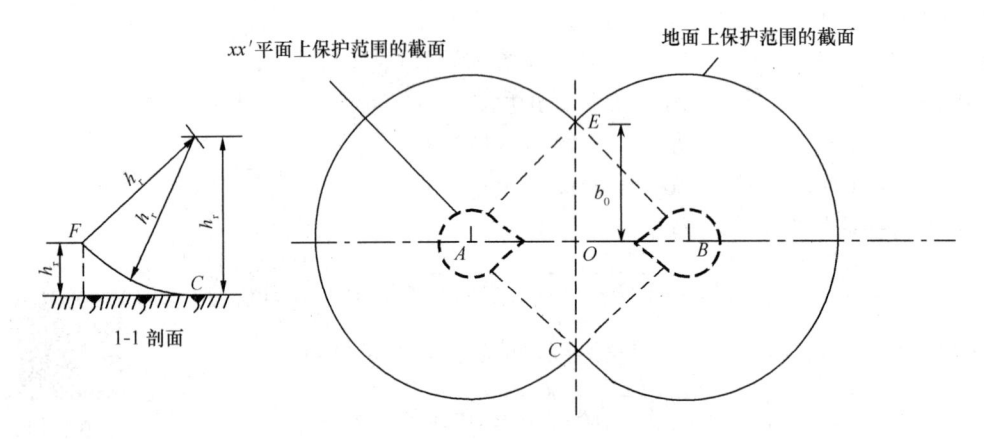

图 10-3 两支等高避雷针的保护范围

两支不等高接闪杆的保护范围的计算，在 h_1、h_2 分别小于或等于 h_r 的情况下，当 $D \geqslant \sqrt{h_1(2h_r-h_1)}+\sqrt{h_2(2h_r-h_2)}$ 时，接闪杆的保护范围计算应按单支接闪杆保护范围所规定的方法确定。

2）接闪线

当单根接闪线高度 $h \geqslant 2h_r$ 时，无保护范围。

当单根接闪线高度 $h < 2h_r$ 时，保护范围如图 10-4 所示，保护范围应按以下方法确定。

① 距地面 h_r 处作一平行于地面的平行线。

② 以接闪线为圆心，h_r 为半径作弧线交于平行线的 A、B 两点。

③ 以 A、B 为圆心，h_r 为半径作弧线，这两条弧线相交或相切，并与地面相切。这两条弧线与地面围成的空间就是接闪线的保护范围。

当 $h_r < h < 2h_r$ 时，保护范围最高点的高度 h_0 为

$$h_0 = 2h_r - h \tag{10-5}$$

接闪线在 h_x 高度的 xx' 平面上的保护宽度 b_x 为

$$b_x = \sqrt{h(2h_r - h)} - \sqrt{h_x(2h_r - h_x)} \quad (10\text{-}6)$$

式中，h 为接闪线的高度；h_x 为保护物的高度。

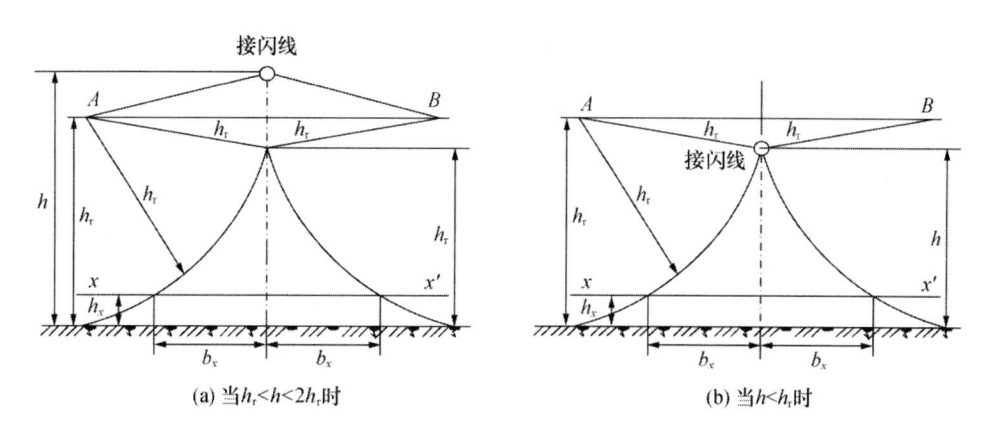

(a) 当 $h_r < h < 2h_r$ 时

(b) 当 $h < h_r$ 时

图 10-4 单根接闪线的保护范围

关于两根等高或不等高接闪线的保护范围，可参看有关国家标准或相关设计手册，也可采用作图法进行相关设计。

3）接闪带和接闪网的保护范围

接闪带和接闪网的保护范围应是其所处的整幢高层建筑。为了达到保护的目的，接闪网的网格尺寸有具体的要求，见表 10-1。

2. 避雷器

避雷器的主要作用是保护通信设备和电力系统中的各种电气设备免受雷电过电压、操作过电压、暂态过电压冲击而损坏。避雷器的原理是通过并联放电间隙或非线性电阻的作用，对入侵流动波进行削幅，降低被保护设备所受过电压值。当通信线缆或设备在正常工作电压下运行时，避雷器不会产生作用，对地面来说视为断路。一旦出现高电压且危及被保护设备绝缘时，避雷器立即动作，将高电压冲击电流导向大地，从而限制电压浮动，保护通信线缆和设备绝缘。当过电压消失后，避雷器迅速恢复原状，使通信线路正常工作。

避雷器的类型主要有保护间隙、阀型避雷器和氧化锌避雷器。保护间隙主要用于限制大气过电压，一般用于配电系统、线路和变电所进线段保护。阀型避雷器与氧化锌避雷器用于变电所和发电厂的保护，在 500kV 及以下系统主要用于限制大气过电压，在超高压系统中还用来限制内部过电压或作内部过电压的后备保护。

阀型避雷器由火花间隙和阀片组成，装在密封的瓷套管内。阀片用碳化硅制成，具有非线性特征。在正常工作电压下，阀片电阻值较高，起到绝缘作用，而在雷电过电压下其电阻值较小。

氧化锌避雷器是目前最先进的过电压保护设备之一。其工作原理与阀型避雷器基本相似，由于氧化锌非线性电阻片具有极高的电阻而呈绝缘状态，有十分优良的非线性特性。在正常工作电压下，仅有几百微安的电流通过，因而无须采用串联的放电间隙，其结构先进合理。

氧化锌避雷器的典型技术参数见表 10-2。

表 10-2 氧化锌避雷器的典型技术参数

型号	避雷器额定电压/kV	系统标称电压/kV	持续运行电压/kV	直流 1mA 参考电压/kV	标称放电流下残压/kV	陡波冲击残压/kV	2ms 方波通流容量/A	使用场所
HY5WS-10/30	10	6	8	15	30	34.5	100	配电（S）
HY5WS-12.7/45	12.7	10	6.6	24	45	51.8	200	
HY5WZ-17/45	17	10	13.6	24	45	51.8	200	电站（Z）
HY5WZ-51/134	51	35	40.8	73	134	154	400	
HY2.5WD-7.6/19	7.6	6	4	11.2	19	21.9	400	旋转电动机（D）
HY2.5WD-12.7/31	12.7	10	6.6	18.6	31	35.7	400	
HY5WR-7.6/27	7.6	6	4	14.4	27	30.8	400	电容器（R）
HY5WR-17/45	17	10	13.6	24	45	51	400	
HY5WR-51/134	51	35	40.5	73	134	154	400	

与被保护物绝缘并联的空气火花间隙叫保护间隙，其按结构形式可分为棒形、球形和角形3种。目前3～35kV线路广泛应用的是角形间隙。正常情况下，保护间隙对地是绝缘的。当线路遭到雷击时，角形间隙被击穿，雷电流泄入大地。角形间隙击穿时会产生电弧，因空气受热上升，电弧转移到间隙上方拉长而熄灭，使线路绝缘子或其他电气设备的绝缘不致发生闪络，从而起到保护作用。

3．引下线

引下线是防直击雷必不可少的器件，是将雷电流从接闪器传导至接地装置的导体。引下线的材料有热镀锌钢、铜、镀锡铜、铝、铝合金和不锈钢等。热镀锌钢的结构和最小截面应按表10-3规定取值。一般情况下，明敷接闪导体和引下线固定支架的间距不宜大于表10-4的规定。

表10-3 接闪线（带）、接闪杆和引下线的结构、最小截面和最小厚度/直径

结构	明敷		暗敷		烟囱	
	最小截面/mm²	最小厚度/直径/mm	最小截面/mm²	最小厚度/直径/mm	最小截面/mm²	最小厚度/直径/mm
单根扁钢	50	2.5/	80		100	4/
单根圆钢	50	/8	80	/10	100	/12
绞线	50	/每股直径1.7			50	/每股直径1.7

表10-4 明敷接闪导体和引下线固定支架的间距

布置方式	扁形导体和绞线固定支架的间距/mm	单根圆形导体固定支架的间距/mm
安装在水平面上的水平导体	500	1000
安装在垂直面上的水平导体	500	1000
安装在从地面至高20m垂直面上的垂直导体	1000	1000
安装在高于20m垂直面上的垂直导体	500	1000

4．浪涌保护器

浪涌保护器（Surge Protection Device，SPD），也叫防雷器，是一种为各种电子设备、仪

器仪表、通信线路提供安全防护的电子装置。当电气回路或者通信线路中因为外界的干扰突然产生尖峰电流或电压时，浪涌保护器能在极短的时间内导通分流，从而避免浪涌对回路中其他设备的损害。

浪涌保护器适用于交流 50/60Hz，额定电压 220/380V 的供电系统中，对间接雷电和直接雷电影响或其他瞬时过压的电涌进行保护，适用于家庭住宅、第三产业及工业领域电涌保护的要求。

10.1.4 防雷保护

1. 架空线路的防雷保护

① 架设接闪线：在输电线路的上层装设架空地线，特别是在 35kV 以上的线路中广泛采用。

② 提高线路自身的绝缘水平：通过使用木横担、瓷横担或高一等级绝缘的绝缘子，提高线路的防雷水平。

③ 利用三角形排列导线的顶线做保护线：在三角形排列的顶线绝缘子上装设保护间隙，当雷击时，由顶线承受雷击，保护间隙被击穿，对地泄放雷电流，从而保护下层的导线。

④ 装设自动重合闸装置或自重合熔断器：线路因雷击放电而产生的短路由电弧引起，通过自动重合闸装置或自重合熔断器，可以在电弧熄灭后自动合闸，恢复供电。

⑤ 装设避雷器和保护间隙：在个别绝缘薄弱地点加装避雷器，保护线路的个别绝缘薄弱环节，包括特别高的金属杆塔、木杆线路中的金属杆塔以及线路的交叉处等。

2. 变电所的防雷保护

（1）防直击雷

35kV 及以上电压等级变电所可采用接闪杆、接闪线或接闪带，以保护其室外配电装置、主变压器、主控室、室内配电装置及变电所免遭直击雷。一般装设独立接闪杆或在室外配电装置上装设接闪杆防直击雷。当采用独立接闪杆时，宜设独立的接地装置。

当雷击接闪杆时，强大的雷电流通过引下线和接地装置泄入大地，接闪杆及引下线上的高电位可能对附近的建筑物和变配电设备发生"反击闪络"。为防止"反击闪络"事故的发生，应注意下列规定与要求：

① 独立接闪杆与被保护物之间应保持一定的空气中间距 S_0，此距离与建筑物的防雷等级有关，但通常应满足 $S_0 \geq 5m$。

② 独立接闪杆应装设独立的接地装置，其接地体与被保护物的接地体之间也应保持一定的地中间距 S_E，通常应满足 $S_E \geq 3m$。

③ 独立接闪杆及其接地装置不应设在人员经常出入的地方，其与建筑物的出入口及人行道的距离不应小于 3m，以限制跨步电压。否则，应采取下列措施之一：

● 水平接地体局部埋深不小于 1m；
● 水平接地体局部包以绝缘物，如涂厚 50~80mm 的沥青层；
● 采用沥青碎石路面，或在接地装置上面敷设 50~80mm 厚的沥青层，其宽度要超过接地装置 2m；
● 采用"帽檐式"均压带。

（2）进线防雷保护

35kV 电力线路一般不采用全线装设接闪线来防直击雷，但为防止变电所附近线路上受到雷击时，雷电过电压沿线路侵入变电所内损坏设备，需在进线 1～2km 段内装设接闪线，使该段线路免遭直雷击。为使接闪线保护段以外的线路受雷击时侵入变电所的雷电过电压有所限制，一般可在接闪线两端处的线路上装设氧化锌避雷器。进线段防雷保护接线方式如图 10-5 所示。当保护段以外线路受雷击时，雷电波到避雷器 F1 处，即对地放电，降低了雷电过电压值。避雷器 F2 的作用是防止雷电波侵入在断开的断路器 QF 处产生雷电过电压而击坏断路器。

3～10kV 配电线路的进线防雷保护，可以在每路进线终端装设避雷器，以保护线路断路器及隔离开关，如图 10-6 中的 F1 和 F2。如果进线是电缆引入的架空线路，则在架空线路终端靠近电缆头处装设避雷器，其接地端与电缆头外壳相连后接地。

（3）配电装置防雷保护

为防止雷电侵入波沿高压线路侵入变电所，对变电所内设备特别是价值最高但绝缘相对薄弱的电力变压器造成危害，在变电所每段母线上装设一组氧化锌避雷器，并应尽量靠近变压器，距离一般不应大于 5m。如图 10-5 和图 10-6 中的 F_3 避雷器的接地线应与配电变压器低压侧接地中性点及金属外壳在一起接地，如图 10-7 所示。

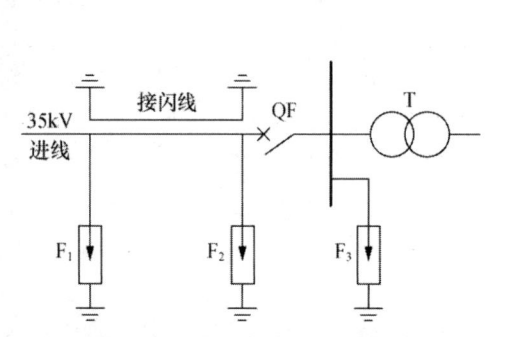

图 10-5　35kV 变电所进线防雷保护

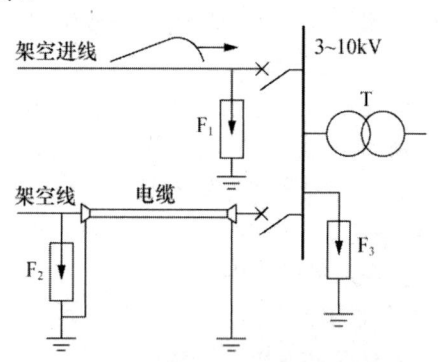

图 10-6　3～10kV 变电所进线防雷保护

3．高压电动机的防雷保护

对高压电动机的防雷电侵入尤为重要，通常采用性能较好的专用于保护高压电动机的具有串联间隙的金属氧化物避雷器，并尽可能靠近高压电动机的安装地点。对于定子绕组中性点能引出的高压电动机，就在中性点装设避雷器。对于定子绕组中性点不能引出的高压电动机，可采用如图 10-8 所示的接线，在电动机 M 前面加一段 100～150m 的引入电缆，并在电缆前的电缆头处安装一组氧化锌避雷器。F1 与电缆联合作用，利用雷电流将 F1 击穿后的集肤效应，可大大减小流过电缆芯线的雷电流。在电动机电源端安装一组并联有电容器（0.25～0.5μF）的氧化锌避雷器 F2。

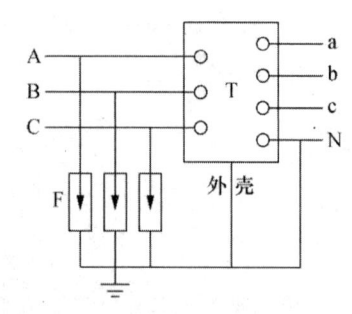

图 10-7　电力变压器 T 的防雷保护及其接地系统

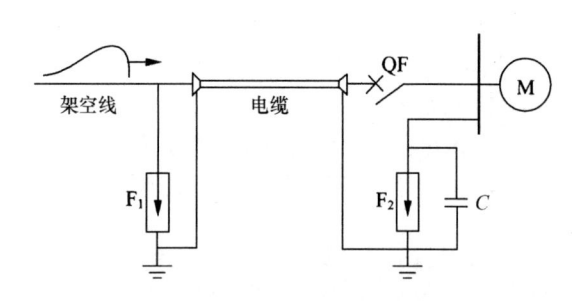

图 10-8　高压电动机的防雷保护接线

10.2 接 地

10.2.1 接地概述

1. 接地和接地装置

电气工程中的地是指提供或接收大量电荷并可用来作为稳定良好的基准电位或参考电位的物体，一般指大地。电子设备中的基准电位参考点也称为"地"，但不一定与大地相连。接地是指在系统、装置或设备的给定点与局部地之间做电连接。与局部地之间的连接可以是有意的、无意的或意外的，也可以是永久性的或临时性的。

2. 接地分类

（1）功能接地

功能接地是指出于电气安全之外的目的，将系统、装置或设备的一点或多点接地。

① （电力）系统接地。根据系统运行的需要进行的接地，如交流电力系统的中性点接地、直流系统中的电源正极或中点接地等。

② 信号电路接地。为保证信号具有稳定的基准电位而设置的接地。

（2）保护接地

保护接地是指为了电气安全，将系统、装置或设备的一点或多点接地。

① 电气装置保护接地。电气装置的外露可导电部分、配电装置的金属架构和线路杆等，由于绝缘损坏有可能带电，为防止其危及人身和设备的安全而设置的接地。

② 作业接地。将已停电的带电部分接地，以便在无电击危险情况下进行作业。

③ 雷电防护接地。为雷电防护装置（接闪杆、接闪线和浪涌保护器等）向大地泄放雷电流而设的接地，用以消除或减轻雷电危及人身安全和损坏设备。

④ 防静电接地。将静电荷导入大地的接地，如对易燃易爆管道、贮罐及电子器件、设备为防止静电的危害而设的接地。

⑤ 阴极保护接地。使被保护金属表面成为电化学原电池的阴极，以防止该表面被腐蚀的接地。

（3）功能和保护兼有的接地

电磁兼容性（Electromagnetic Compatibility，EMC）是指为系统、装置或设备在其工作的电磁环境中能不降低性能地正常工作，且对该环境中的其他事物（包括有生命体和无生命体）不构成电磁危害或骚扰的能力。为此目的所做的接地称为电磁兼容性接地。电磁兼容性接地既有功能接地（抗干扰)，又有保护接地（抗损害）的含义。

屏蔽是电磁兼容性要求的基本保护措施之一。为防止寄生电容回收或形成噪声电压需将屏蔽体接地，以便电磁屏蔽体泄放感应电荷或形成足够的反向电流以抵消干扰影响。

10.2.2 高压电气装置接地

1. 高压电气装置接地的一般规定

① 电力系统、装置或设备应按规定接地。接地装置应充分利用自然接地体，但应校验自

然接地体的热稳定性。

② 不同用途、不同额定电压的电气装置或设备，除另有规定外，应使用一个总的接地网，接地电阻应符合其中最小值的要求。

③ 设计接地装置时，应考虑土壤干燥或降雨和冻结等季节变化的影响，接地电阻、接触电压和跨步电压在四季中均应符合要求，但雷电保护接地的接地电阻可只考虑在雷雨季中土壤干燥状态的影响。

2. 110kV 及以上发电厂、变电所接地网设计的一般要求

① 应掌握工程地点的地形、地质和土壤情况，并实测或合理确定场地的土壤电阻率。

② 应根据有关建筑物的布置、结构和基础钢筋配置情况确定可用作接地网的自然接地体，并估算其等效接地电阻值。

③ 应根据系统远期最大运行方式下的电气接线、线路状况及系统的计算电抗与电阻的比值（X/R）等条件，确定年流经变电所接地网的最大接地故障不对称电流有效值。

④ 应计算确定流过设备外壳接地导体和经接地网入地的最大接地故障不对称电流值。

⑤ 应根据厂址的土壤结构、电阻率及接地网接地电阻值的要求初步拟定接地网的布置形式和尺寸，核算接地网的接地电阻、最大接触电压和跨步电压。

⑥ 当最大接触电压和跨步电压不满足要求时，应采取降低措施或提高允许值的相应措施，如可考虑敷设高电阻率路面结构层或深埋接地装置以降低人体接触电压和跨步电压；变电所中可在设备周围敷设鹅卵石等地表高电阻率表层材料，地表高阻层的厚度一般可取 10～35cm。

⑦ 接地导体（线）和接地极的材质与相应的截面应通过热稳定校验确定，并应计及设计使用年限内土壤腐蚀的影响。

⑧ 设计人员应根据实测结果校验设计。当不满足要求时，应补充与完善或增加防护措施。

10.2.3 低压电气装置接地

1. 低压配电系统接地形式的表示方法

第一字母表示电源端对地的关系：T——电源端有一点直接接地；I——电源端所有带电部分不接地或有一点经高阻抗接地。

第二个字母表示电气装置的外露可导电部分对地的关系：T——电气装置的外露可接近导体直接接地，此接地点在电气上独立于电源端的接地点；N——电气装置的外露可接近导体与电源端接地有直接电气连接。

短横线后的字母（如果有）用来表示中性导体与保护导体的配置情况：S——中性导体和保护导体（PE 导体）是分开的；C——中性导体和保护导体（PE 导体）是合一的。

2. 低压配电系统的保护接地分类

低压配电系统的保护接地按接地形式，分为 TN 系统、TT 系统和 IT 系统 3 种。

（1）TN 系统

TN 系统是指电力系统有一点直接接地，电气装置的外露可接近导体通过保护导体与该接地点相连接。TN 系统分为：

TN-C 系统——整个系统中，中性（N）导体和 PE 导体是合一的（PEN），装置的 PEN 也可以另外增设接地，如图10-9（a）所示。

TN-S系统——整个系统应全部采用单独的PE导体，装置的PE导体可另外增设接地，如图10-9（b）所示。

TN-C-S系统——系统中有一部分线路的中性（N）导体与PE导体是合一的，称为保护中性导体（PEN线），如图10-9（c）所示。

在TN系统中，装置外露可接近导体通过保护导体或保护中性导体接地，这种接地形式我国习惯称为"保护接零"。

TN系统中的设备发生单相碰壳漏电故障时，就形成单相短路回路，因该回路内不包含任何接地电阻，整个回路的阻抗就很小，故障电流很大，足以保证在最短的时间内使熔丝熔断、保护装置或自动开关跳闸，从而切除故障设备的电源，保障人身安全。

（2）TT系统

电源端有一点直接接地，电气装置的外露可接近导体应接到在电气上独立于电源系统接地的接地极上。对装置的PE导体，可另外增设接地。电力系统中有一点直接接地，电气装置的外露可接近导体通过保护接地线接至与电力系统接地点无关的接地极，如图10-10（a）所示。当设备发生单相接地故障时，就会通过保护接地装置形成单相短路电流，如图10-10（b）所示。

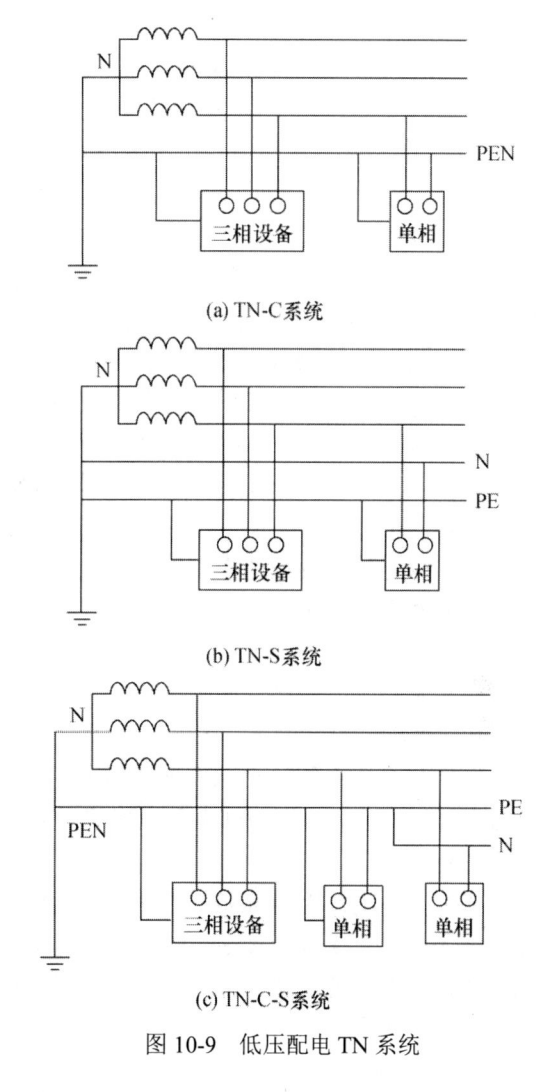

图10-9 低压配电TN系统

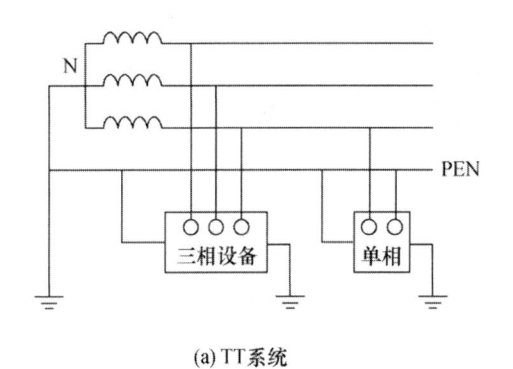

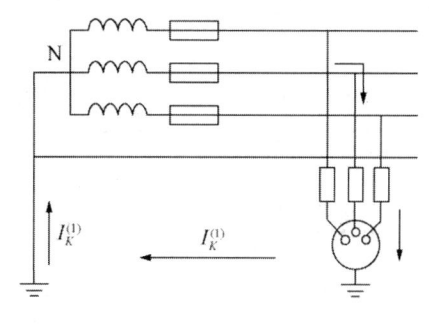

图10-10 TT系统及保护接地功能说明

（3）IT系统

系统电源端的所有带电部分应与地隔离，或系统某一点（一般为中性点）通过足够高的阻抗接地。电气装置的外露可接近导体应被单独或集中地接地，或在满足电击安全防护的条件下集中接到系统的保护接地上。IT系统可配出N导体，但一般不宜配出N导体。对装置的PE

导体，可另外增设接地，如图10-11所示。

3．系统接地形式的选用

① TN-C系统：由于整个系统的N导体和PE导体是合一的，虽然节省一根导体，但其安全水平较低，如单相回路的PEN线中断或导电不良时，设备金属外壳对地将带220V的故障电压，电击致死的危险很大；不能装RCD（剩余电流动作保护器）来防电击和接地电弧火灾；PEN导体不允许被切断，检修设备时不安全；PEN导体通

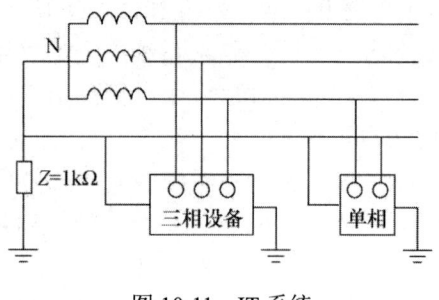

图10-11 IT系统

过中性电流，对信息技术系统和电子设备易产生干扰等。由于上述原因，TN-C系统不宜采用。

② TN-S系统：PE导体在正常工作时不通过电流，其电位接近地电位，不会对电子设备造成干扰，能大大降低电击或火灾危险。TN-S系统特别适用于设有对低压电气装置供电的配电变压器的下列工业与民用建筑：

- 对供电连续性或防电击要求较高的公共建筑、医院、住宅等民用建筑；
- 单相负荷较大或非线性负荷较多的工业厂房；
- 有较多信息技术系统以及电磁兼容性（EMC）要求较高的通信局站、计算机站房、微电子厂房及科研办公楼等场所；
- 有爆炸、火灾危险的场所。

③ TN-C-S系统：在独立变电所与建筑物之间采用PEN导体，但进建筑物后N与PE导体分开，其安全水平与TN-S系统相仿，因此宜用于未附设配电变压器的上述②中所列建筑和场所的电气装置。

④ TT系统：因电气装置外露可接近导体与系统电源端接地分开单独接地，装置外壳为地电位且不会导入电源侧接地故障电压，防电击安全性优于TN-S系统，但需装RCD。故同样适用于未附设配电变压器的上述②中所列建筑和场所的电气装置，尤其适用于无等电位连接的户外场所，例如户外照明、户外演出场地、户外集贸市场等场所的电气装置。

⑤ IT系统：因其接地故障电流很小，故障电压很低，不致引发电击、火灾、爆炸等危险，供电连续性和安全性最高。因此适用于不间断供电要求较高和对接地故障电压有严格限制的场所，如应急电源装置、消防、矿井下电气装置、医院手术室以及有防火防爆要求的场所。但因一般不引出N导体，不便于对照明、控制系统等单相负荷供电，且其接地故障防护和维护管理较复杂而限制了在其他场所的应用。

10.2.4　接地装置

人工接地体大多采用钢管、角钢、圆钢和扁钢制作。一般情况下，人工接地体都采取垂直敷设，特殊情况如多岩石地区，可采取水平敷设。

垂直敷设的接地体的材料，常用直径为40～50mm、壁厚为3.5mm的钢管，或者40mm×40mm×4mm～50mm×50mm×6mm的角钢，长度宜取2.5m。

水平敷设的接地体，常采用厚度不小于4mm、截面不小于100mm^{2}的扁钢或直径不小于10mm的圆钢，长度宜为5～20m。

如果接地体敷设处的土壤有较强的腐蚀性，则接地体应镀锌或镀锡并适当加大截面，不允许采用涂漆或涂沥青的方法防腐。按GB 50169—2016《电气装置安装工程　接地装置施工及

验收规范》规定，钢接地体和接地线的截面不应小于表 10-5 所列的规格。对于 110kV 及以上变电所的接地装置，应采用热镀锌钢材，或者适当加大截面。

表 10-5 钢接地体和接地线的最小规格

种类、规格及单位		地上		地下	
		室内	室外	交流回路	直流回路
圆钢直径/mm		6	8	10	12
扁钢	截面/mm	60	100	100	100
	厚度/mm	3	4	4	6
角钢厚度/mm		2	2.5	4	6
钢管管壁厚度/mm		2.5	2.5	3.5	4.5

注：①电力线路杆塔的接地体引出截面不应小于 50mm²，引出线应为热镀锌的。

②作为防雷接地装置，圆钢直径不应小于 10mm；扁钢截面不应小于 100mm²，厚度不应小于 4mm；角钢厚度不应小于 4mm；钢管壁厚不应小于 3.5mm。作为引下线，圆钢直径不应小于 8mm；扁钢截面不应小于 48mm²，其厚度不应小于 4mm。

为减少自然因素（如环境温度）对接地电阻的影响，接地体顶部距地面应不小于 0.6m。

多根接地体相互靠近时，入地电流将相互排斥，影响入地电流流散，这种现象称为屏蔽效应。屏蔽效应使得接地体组的利用率下降。因此，安排接地体位置时，为减少相邻接地体间的屏蔽作用，垂直接地体的间距不宜小于接地体长度的 2 倍，水平接地体的间距应符合设计要求，一般不宜小于 5m。接地干线应在不同的两点及以上与接地网相连，自然接地体应在不同的两点及以上与接地干线或接地网相连。

变配电所和车间一般采用环路式接地装置。环路式接地装置在变配电所和车间建筑物四周，离墙脚 2~3m 处打入一圈接地体，再用扁钢连成环路，外缘各角应做成圆弧形，圆弧半径不宜小于均压带间距的一半。这样，接地体间的散流电场将相互重叠而使地面上的电位分布较为均匀，跨步电压及接触电压很低。当接地体之间距离为接地体长度的 2~3 倍时，这种效应就更明显。若接地区域范围较大，可在环路式接地装置范围内，每隔 5~10m 宽度增设一条水平接地带作为均压带，该均压带还可作接地干线用，以使各被保护设备的接地线连接更为方便可靠。在经常有人出入的地方，应加装帽檐式均压带或采用高绝缘路面。

10.2.5 接地电阻

接地体与土壤之间的接触电阻以及土壤的电阻之和称为散流电阻，散流电阻加接地体和接地线本身的电阻称为接地电阻。

1. 接地电阻的要求

对接地装置的接地电阻进行限定，实际上就是限制接触电压和跨步电压，保证人身安全。电力装置的工作接地电阻应满足以下几个要求（可参阅表 A-17-1）。

① 电压为 1000V 以上的中性点接地系统中，电气设备实行保护接地。由于系统中性点接地，当电气设备绝缘击穿而发生接地故障时，将形成单相短路，由继电保护装置将故障部分切除，为确保可靠动作，此时接地电阻 $R_E \leq 0.5\Omega$。

② 电压为 1000V 以上的中性点不接地系统中，由于系统中性点不接地，当电气设备绝缘击穿而发生接地故障时，一般不跳闸而是发出接地信号。此时，电气设备外壳对地电压为 $R_E I_E$，I_E 为接地电容电流，当接地装置单独用于 1000V 以上的电气设备时，为确保人身安全，取 R_E

I_E 为 250V，同时还应满足设备本身对接地电阻的要求，即

$$R_E \leq \frac{250V}{I_E} \tag{10-7}$$

且
$$R_E \leq 10\Omega$$

当接地装置与 1000V 以下的电气设备公用时，考虑到 1000V 以下设备分布广、安全要求高的特点，所以取

$$R_E \leq \frac{125V}{I_E} \tag{10-8}$$

同时还应满足下述 1000V 以下设备本身对接地电阻的要求。

③ 电压为 1000V 以下的中性点不接地系统中，考虑到其对地电容通常都很小，因此，规定 $R_E \leq 4\Omega$，即可保证安全。对于总容量不超过 100kVA 的变压器或发电机供电的小型供电系统，接地电容电流更小，所以规定 $R_E \leq 10\Omega$。

④ 电压为 1000V 以下的中性点接地系统中电气设备实行保护接零，电气设备发生接地故障由保护装置切除故障部分，但为了防止零线中断时产生危害，仍要求有较小的接地电阻，规定 $R_E \leq 4\Omega$。同样对总容量不超过 100kVA 的小系统，可采用 $R_E \leq 10\Omega$。

2．降低接地电阻的方法

在高土壤电阻率场地，可采取下列方法降低接地电阻：
① 将垂直接地体深埋到低电阻率的土壤中或扩大接地体与土壤的接触面积；
② 置换成低电阻率的土壤；
③ 采用降阻剂或新型接地材料；
④ 在永冻土地区采用深孔（井）技术的降阻方法，应符合国家标准 GB 50169—2016《电气装置安装工程　接地装置施工及验收规范》规定；
⑤ 采用多根导体外引接地装置，外引长度不应大于有效长度。

10.2.6　低压配电系统的等电位连接

按等电位连接的作用可分为保护等电位连接（如防间接接触电击的等电位连接或防雷的等电位连接）和功能等电位连接（如信息系统抗电磁干扰及用于电磁兼容性的等电位连接）。按等电位连接的作用范围分为总等电位连接、辅助等电位连接和局部等电位连接。按是否接地分为接地的和不接地的等电位连接。

1．总等电位连接

在等电位连接中，将保护接地导体、总接地导体或总接地端子（或母线）、建筑物内的金属管道和可利用的建筑物金属结构等可导电部分连接在一起，称为总等电位连接。每个建筑物内的接地导体、总接地端子和下列可导电部分应实施保护等电位连接：
① 进入建筑物的供应设施的金属管道，例如燃气管、水管等；
② 在正常使用时可触及的装置外部可导电结构、集中供热和空调系统的金属部分；
③ 便于利用的钢筋混凝土结构中的钢筋；
④ 进线配电箱的 PE（PEN）母排；
⑤ 自接地极引来的接地干线（如需要）。

从建筑物外进入的上述可导电部分，应尽可能在靠近入户处进行等电位连接。通信电缆的金属护套应做保护等电位连接，这时应考虑通信电缆的业主或管理者的要求。

2．辅助等电位连接

辅助等电位连接则是在伸臂范围内有可能出现危险电位差的、可同时接触的电气设备之间或电气设备与外界可导电部分（如金属管道、金属结构件）之间直接用导体做连接。

3．局部等电位连接

局部等电位连接是在建筑物内的局部范围内将各导电部分连通并实施的再一次保护等电位连接。下列情况需做局部等电位连接：

① 配电箱或用电设备距离总等电位连接端子较远，发生接地故障时，PE 导体上的电压降超过 50V；

② 由 TN 系统同一配电箱供电给固定式和手持式（移动式）两种电气设备，而固定式设备保护电器切断电源时间不能满足手持式（移动式）设备防电击要求时；

③ 为满足浴室、游泳池、医院手术室等场所对防电击的特殊要求时；

④ 为避免爆炸危险场所因电位差产生电火花时；

⑤ 为满足防雷和信息系统抗干扰的要求时。

10.2.7 防雷工程设计接地实例分析

下面以 35kV 变电所为例，进行防雷工程与接地设计。根据规范要求，该建筑物属于第三类建筑物，在建筑物屋顶敷设避雷带应满足第三类建筑物的防雷要求，如图 10-12 所示，避雷网格尺寸为 8m×5m，沿屋面敷设的镀锌扁钢为 60×6mm²，引下线间距多于 2 根，且间距不小于 8m。利用镀锌扁钢在屋面焊接成避雷网。上下焊接成电气通路，引下线引入地面后应与接地装置焊接，每根引下线的接地电阻不应大于 10Ω。图 10-13 是变电所主接地网布置图。

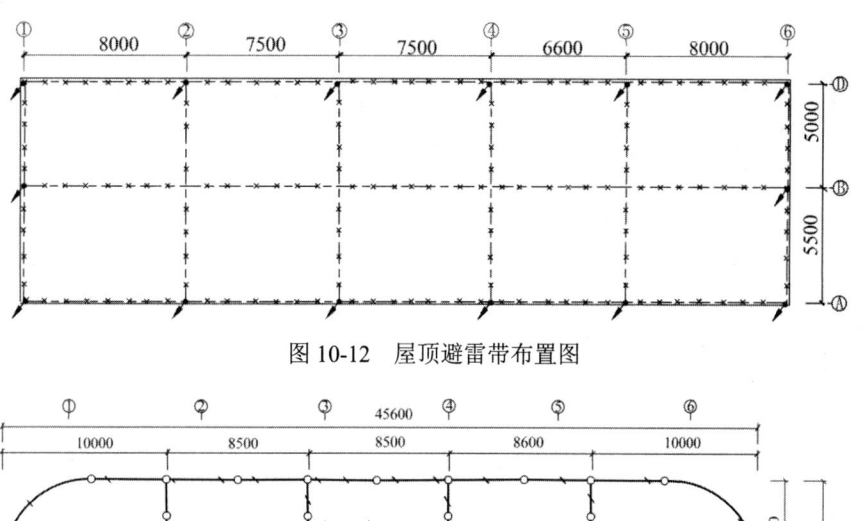

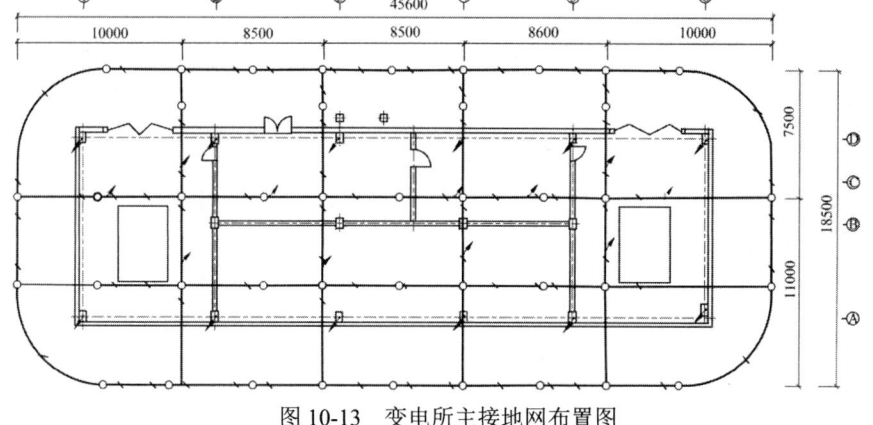

图 10-12 屋顶避雷带布置图

图 10-13 变电所主接地网布置图

接地网安装结束后，接地电阻的实测值必须小于 0.5Ω，否则应增加水平接地体或垂直接地体以满足规程要求。屋顶避雷带由柱内钢筋引下，必须与主接地网可靠连接。主变压器、断路器、隔离开关、电流互感器、电压互感器和避雷器的接地必须有两根接地引下线。主变压器中性点引下线在入地前分成两根，并分别与接地网网格的两边连接。水平接地体的埋深为 0.8m（以变电所场地标高为准），遇电缆沟或建筑物基础时可适当埋深，接地网四周成弧形。接地线经过的出入口及人行道，应在其上敷设 200mm 厚的碎石沥青层，其宽度超过接地装置 2.0m。图 10-14 是变电所一层接地网布置图。

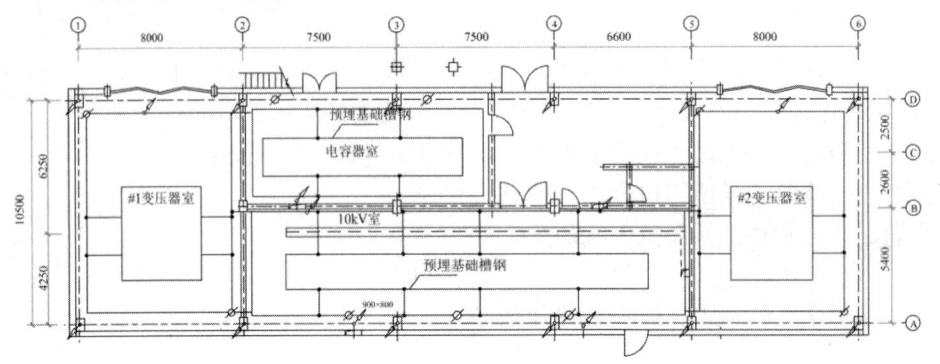

图 10-14 变电所一层接地网布置图

接地扁钢沿墙壁粉刷层或地下敷设，沿墙壁敷设的接地扁钢距地面 0.25m，接地线过走廊时敷设于地下 0.2~0.3m，明敷的接地扁钢应涂黄、绿两色。配电装置室的金属门窗、基础槽钢、设备电缆支架及网门等均应用镀锌扁钢与接地干线焊接。水平接地体采用镀锌扁钢 60×6，垂直接地体采用镀锌扁钢 60×8，二次设备室控制柜地板下和 10kV 开关室柜下面的二次电缆沟需增设 25×4 铜排一根（通长），并与主接地网有两点以上的可靠接地，供保护装置接地用。图 10-15 是接地体安装及加工图。焊接前应将焊接处表面的铁锈和污物等消除，直至表面露出金属光泽为止。角钢与扁钢的连接应用 45°角焊，其焊接高度与扁钢厚度相同。

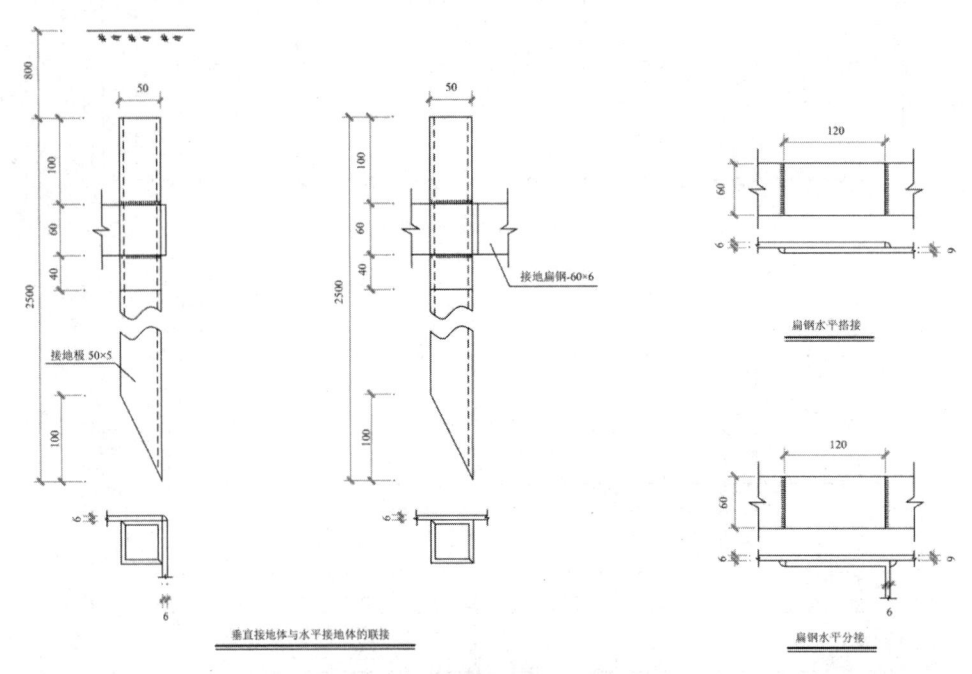

图 10-15 接地体安装及加工图

小 组 讨 论

1. 我国古代建筑物与现代建筑物的防雷方式如何？以实际实例说明，如山西应县千年木塔与上海东方明珠。

2. 试对比中外防雷技术，说明我国防雷技术的历史演变，以及目前在世界上所处的历史方位。

3. 以本章实例中的35kV变电所为例，说明一个变电所分别有哪些工作接地和保护接地。

习 题

10-1 电气安全有哪些？发生电气火灾时，如何保证安全？

10-2 过电压有哪些类型？有何区别？

10-3 接闪杆、接闪线、接闪带和接闪网的功能是什么？分别应用在什么场所？

10-4 架空线路有哪些防雷措施？3～10kV线路主要采取哪种防雷措施？

10-5 变配电所有哪些防雷措施？重点保护什么设备？

10-6 建筑物按防雷要求分几类？各类建筑物应采取哪些相应的防雷措施？

10-7 什么叫功能接地和保护接地？保护接零是指什么？同一低压配电系统中，能否有的采用保护接地有的又采用保护接零？

10-8 TN-C、TN-S、TN-C-S各有什么特点？其中的中性线（N线）、保护线（PE线）和保护中性线（PEN线）各有哪些功能？

10-9 什么叫等电位连接？等电位连接如何分类？其作用是什么？

10-10 某厂有一座第二类防雷建筑物，高为8m，其屋顶最远一角距离高为40m的水塔18m，水塔上中央装有一根2.5m高的接闪杆。试问此接闪杆能否保护该建筑物。

附录 A 常用电气设备的主要技术数据

表 A-1 需要系数

表 A-1-1 用电设备组的需要系数及功率因数值

用电设备组名称		需要系数 K_d	$\cos\varphi$	$\tan\varphi$
单独传动的金属加工机床	小批生产的金属冷加工机床	0.12～0.16	0.50	1.73
	大批生产的金属冷加工机床	0.17～0.20	0.50	1.73
	小批生产的金属热加工机床	0.20～0.25	0.55～0.60	1.51～1.33
	大批生产的金属热加工机床	0.25～0.28	0.65	1.17
锻锤、压床、剪床及其他锻工机械		0.25	0.60	1.33
木工机械		0.20～0.30	0.50～0.60	1.73～1.33
液压机		0.30	0.60	1.33
生产用通风机		0.75～0.85	0.80～0.85	0.75～0.62
卫生用通风机		0.65～0.70	0.80	0.75
泵、活塞压缩机、空调送风机		0.75～0.85	0.80	0.75
冷冻机组		0.85～0.90	0.80～0.90	0.75～0.48
球磨机、破碎机、筛选机、搅拌机等		0.75～0.85	0.80～0.85	0.75～0.62
电阻炉（带调压器或变压器）	自动装料	0.70～0.80	0.95～0.98	0.33～0.20
	非自动装料	0.60～0.70	0.95～0.98	0.33～0.20
	干燥箱、电加热器等	0.40～0.60	1.00	0
试验设备（电热为主）		0.20～0.40	0.80	0.75
试验设备（仪表为主）		0.15～0.20	0.70	1.02
工频感应电炉（未带无功率补偿装置）		0.80	0.35	2.68
高频感应电炉（未带无功率补偿装置）		0.80	0.60	1.33
焊接和加热用高频加热设备		0.50～0.65	0.70	1.02
熔炼用高频加热设备		0.80～0.85	0.80～0.85	0.75～0.62
表面淬火电炉（带无功功率补偿装置）	电动发电机	0.65	0.70	1.02
	真空管振荡器	0.80	0.85	0.62
	中频电炉（中频机组）	0.65～0.75	0.80	0.75
氢气炉（带调压器或变压器）		0.40～0.50	0.85～0.90	0.62～0.48
真空炉（带调压器或变压器）		0.55～0.65	0.85～0.90	0.62～0.48
电弧炼钢炉变压器		0.90	0.85	0.62
电弧炼钢炉的辅助设备		0.15	0.50	1.73
点焊机、缝焊机		0.35，0.20[①]	0.6	1.33
对焊机		0.35	0.70	1.02

续表

用电设备组名称	需要系数 K_d	$\cos\varphi$	$\tan\varphi$
自动弧焊变压器	0.50	0.50	1.73
单头手动弧焊变压器	0.35	0.35	2.68
多头手动弧焊变压器	0.40	0.35	2.68
单头直流弧焊机	0.35	0.60	1.33
多头直流弧焊机	0.70	0.70	1.02
金属加工、机修、装配车间用起重机[②]	0.10～0.25	0.50	1.73
铸造车间用起重机[②]	0.15～0.45	0.50	1.73
联锁的连续运输机械	0.65	0.75	0.88
非联锁的连续运输机械	0.50～0.60	0.75	0.88
一般工业用硅整流装置	0.50	0.70	1.02
电解用硅整流装置	0.70	0.80	0.75
电镀用硅整流装置	0.50	0.75	0.88
红外线干燥设备	0.85～0.90	1.00	0
电火花加工装置	0.50	0.60	1.33
超声波装置	0.70	0.70	1.02
X 光设备	0.30	0.55	1.52
磁粉探伤机	0.20	0.40	2.29
电子计算机主机	0.60～0.70	0.80	0.75
电子计算机外部设备	0.40～0.50	0.50	1.73
铁屑加工设备	0.40	0.75	0.88
排气台	0.50～0.60	0.90	0.48
老炼台	0.60～0.70	0.70	1.02
陶瓷隧道窑	0.80～0.90	0.95	0.33
拉单晶炉	0.70～0.75	0.90	0.48
赋能腐蚀设备	0.60	0.93	0.40
真空浸渍设备	0.70	0.95	0.33

注：① 需要系数 0.20 仅用于电子行业及焊接机器人；② 起重机设备功率为换算到 $\varepsilon=100\%$ 的功率，其需要系数已相应调整。

表 A-1-2 建筑照明用电设备的需要系数

建筑类别	需要系数	建筑类别	需要系数	建筑类别	需要系数
生产厂房（有自然采光）	0.80～0.90	仓库	0.50～0.70	体育馆	0.70～0.80
生产厂房（无自然采光）	0.90～1.00	锅炉房	0.90	医院	0.50
办公楼	0.70～0.80	集体宿舍	0.60～0.80	商店	0.85～0.90
设计室	0.90～0.95	托儿所、幼儿园	0.80～0.90	学校	0.60～0.70
科研楼	0.80～0.90	食堂、餐厅	0.80～0.90	展览馆	0.70～0.80
综合商业服务楼	0.75～0.85	旅馆	0.60～0.70		

表 A-1-3 照明用电设备的功率因数及 $\tan\varphi$

光源类型	$\cos\varphi$	$\tan\varphi$		光源类型	$\cos\varphi$	$\tan\varphi$
白炽灯、卤钨灯	1.00	0.00	荧光灯	电感镇流器（无补偿）	0.50	1.73
高压汞灯	0.40～0.55	2.29～1.52		电感镇流器（有补偿）	0.90	0.48
高压钠灯	0.26～0.50	2.29～1.73		电子镇流器[①]（>25W）	0.95～0.98	0.33～0.20
金属卤化物灯	0.40～0.55	2.29～1.52		LED 灯（≤5W）	0.40	2.29
氙灯	0.90	0.48		LED 灯（>5W）	0.70	1.02
霓虹灯	0.40～0.50	2.29～1.73		LED 灯（宣称高功率因数者）	0.90	0.48

注：① 按实际补偿后的功率因数，灯具小于 25W 时，镇流器应做消谐处理。

表 A-2 并联电容器的技术数据

型号	额定容量/kvar	额定电容/μF	型号	额定容量/kvar	额定电容/μF
BZMJ0.4-10-3	10	199	BFM6.6-50-1W	50	2.2
BZMJ0.4-12-3	12	239	BFM6.6-80-1W	80	3.6
BZMJ0.4-14-3	14	279	BFM6.6-100-1W	100	7.3
BZMJ0.4-16-3	16	318	BFM6.6-150-1W	150	10.9
BZMJ0.4-20-3	20	398	BFM6.6-200-1W	200	14.6
BZMJ0.4-30-3	30	597	BFM11-50-1W	50	1.32
BZMJ0.4-40-3	40	796	BFM11-100-1W	100	2.63
BZMJ0.4-50-3	50	995	BFM11-200-1W	200	5.26
BAM11/$\sqrt{3}$-25-1W	25	1.97	BFM11-334-1W	334	8.79
BAM11/$\sqrt{3}$-50-1W	50	3.95	BFM11/$\sqrt{3}$-50-1W	50	3.95
BAM11/$\sqrt{3}$-100-1W	100	7.89	BFM11/$\sqrt{3}$-100-1W	100	7,89
BAM11/$\sqrt{3}$-200-1W	200	15.78	BFM11/$\sqrt{3}$-200-1W	200	15.79
BAM11/$\sqrt{3}$-334-1W	334	26.36	BFM11/$\sqrt{3}$-334-1W	334	26.37

表 A-3 低损耗电力变压器的技术数据

表 A-3-1 S13-M 系列 6～10kV 级铜绕组全密封低损耗电力变压器的技术参数

型号	额定电压/kV 高压及分接范围	额定电压/kV 低压	连接组标号	空载损耗/kW	负载损耗/kW	短路阻抗/%	空载电流/%
S13-M30	6 6.3 10.5 11	0.4	Yyn0 Dyn11	0.08	0.60/0.63	4.0	0.6
S13-M50				0.10	0.87/0.91		0.5
S13-M63				0.11	1.04/1.09		0.45
S13-M80				0.13	1.25/1.31		0.45
S13-M100	±5% 或 ±2×2.5%			0.15	1.50/1.58		0.4
S13-M125				0.17	1.80/1.89		0.4
S13-M160				0.20	2.20/2.31		0.4
S13-M200				0.24	2.60/2.73		0.4
S13-M250				0.29	3.05/3.20		0.35
S13-M315				0.34	3.65/3.83		0.35

续表

型号	额定电压/kV 高压及分接范围	额定电压/kV 低压	连接组标号	空载损耗/kW	负载损耗/kW	短路阻抗/%	空载电流/%
S13-M400	6 6.3 10.5 11	0.4	Yyn0 Dyn11	0.41	4.30/4.52	4/4.5	0.35
S13-M500				0.48	5.15/5.41		0.35
S13-M630				0.57	6.20	4.5	0.3
S13-M800	±5% 或 ±2×2.5%			0.70	7.50		0.3
S13-M1000				0.83	10.30		0.3
S13-M1250				0.97	12.00		0.25
S13-M1600				1.17	14.50		0.25
S13-M2000				1.55	18.30		0.40
S13-M2500				1.83	21.20		0.40

注：负载损耗列的斜线"/"下方的数据适用于Dyn11连接组。

表 A-3-2　S13 系列 35/0.4kV 级铜绕组低损耗电力变压器的技术参数

型号	额定电压/kV 高压及分接范围	额定电压/kV 低压	连接组标号	空载损耗/kW	负载损耗/kW	短路阻抗/%	空载电流/%
S13-50/35	35~38.5	0.4	Yyn0 Dyn11	0.13	1.15/1.21	6.5	1.6
S13-100/35				0.17	1.92/2.02		1.4
S13-125/35				0.20	2.26/2.38		1.3
S13-160/35				0.22	2.69/2.83		1.3
S13-200/35				0.26	3.16/3.33		1.3
S13-250/35				0.31	3.76/3.96		1.1
S13-315/35				0.37	4.53/4.77		1.1
S13-400/35	±5% 或 ±2×2.5%			0.44	5.47/5.76		1.0
S13-500/35				0.52	6.58/6.93		1.0
S13-630/35				0.62	7.87		0.9
S13-800/35				0.74	9.40		0.8
S13-1000/35				0.86	11.54		0.7
S13-1250/35				1.06	13.94		0.6
S13-1600/35				1.27	16.67		0.5
S13-2000/35				1.63	20.90		0.5
S13-2500/35				1.92	27.60		0.4
S13-3150/35				2.28	30.40		0.4
S13-4000/35				2.71	27.36		0.45

注：负载损耗列的斜线"/"下方的数据适用于Dyn11连接组。

表 A-3-3 S(F)11 系列 35kV 级铜绕组低损耗电力变压器的技术参数

型号	额定电压/kV 高压及分接范围	额定电压/kV 低压	连接组标号	空载损耗 /kW	负载损耗 /kW	短路阻抗 /%	空载电流 /%
S11-800/35				0.98	9.40		0.65
S11-1000/35				1.15	11.5		0.65
S11-1250/35				1.40	13.9	6.5	0.55
S11-1600/35			Yd11	1.69	16.6		0.45
S11-2000/35				2.17	18.3		0.45
S11-2500/35				2.56	19.6		0.45
S11-3150/35	35~38.5	6.3		3.04	23.0		0.45
S11-4000/35	±5% 或 ±2×2.5%	6.6 10.5 11		3.61	27.3	7.0	0.45
S11-5000/35				4.32	31.3		0.45
SF11-6300/35				5.24	35.0		0.45
SF11-8000/35				7.20	38.4		0.35
SF11-10000/35				8.70	45.3	8.0	0.35
SF11-12500/35			Ynd11	10.0	53.8		0.30
SF11-16000/35				12.1	65.8		0.30
SF11-20000/35				14.4	79.5		0.30
SF11-25000/35				17.0	94.0	10.0	0.25
SF11-31500/35				20.2	112.0		0.25

表 A-4 常用高压断路器的技术数据

类别	型号	额定电压 /kV	额定电流 /A	额定短路开断电流 /kA	额定峰值耐受电流 /kA	额定短时耐受电流 (有效值)/kA	分闸时间 /ms
真空户内	ZN12-40.5	40.5	630、1250、1600、2000	25	63	25(4s)	40~70
	ZN72-40.5		630、1250、1600、2000	25	63	25(4s)	40~70
	VSV-40.5		630、1250、1600、2000	31.5	80	31.5(4s)	40~70
	ZN40-12	12	630	16	50	16(4s)	50
	ZN41-12		1250	20	50	20(4s)	
	ZN28-12		630、1250	25	63	25(4s)	60
			1250、1600、2000	31.5	80	31.5(4s)	
	ZN48A-12		630、1250	20	50	16(4s)	50
			630、1250	25	63	20(4s)	
			1600、2000	31.5	80	31.5(4s)	
			1600、2000、2500	40	100	40(4s)	
	ZN63A-12 Ⅰ		630	16	40	16(4s)	50
	ZN63A-12 Ⅱ		630、1250	25	63	25(4s)	
	ZN63A-12 Ⅲ		1250	31.5	100	31.5(4s)	
	HVA-12		630、1250	25	50	25(4s)	45
	VS1-12		630、1250	20	50	20(4s)	≤50

续表

类别	型号	额定电压/kV	额定电流/A	额定短路开断电流/kA	额定峰值耐受电流/kA	额定短时耐受电流(有效值)/kA	分闸时间/ms
真空户内	VD4-12①	12	630、1250、1600	25	63	25(4s)	≤60
			1600、2000、2500	31.5	80	31.5(4s)	
	VB2-12③		630、1250	31.5	80	31.5(4s)	≤60
			1250、2000、2500	40	100	40(4s)	≤60
六氟化硫(SF₆)户内	LN2-40.5Ⅰ	40.5	1250	16	40	16(4s)	≤60
	LN2-40.5Ⅱ		1250	25	63	25(4s)	≤60
	LW36-40.5		1600	25	31.5	25(4s)	60
			3150	63	80	31.5(4s)	
	HD4/Z-40.5①		1250、1600、2000	25	63	25(4s)	45
	SF1-40.5②		630、1250	25	50	20(4s)	65

注：① ABB（中国）有限公司产品；② 施耐德（中国）有限公司产品；③ GE（中国）有限公司产品。

表 A-5 常用高压隔离开关的技术数据

型号	额定电压/kV	额定电流/A	额定峰值耐受电流/kA	4s 额定短时耐受电流（有效值）/kA	操动机构型号
GN27-40.5	40.5	630	50	20	CS6-2T (CS6-2)
		1250	80	31.5	
		2000	100	40	
GW4-40.5		630	50	20	CS6-2T (CS6-2)
		1000	63	25	
		1250	80	31.5	
GN19-12	12	400	31.5	12.5	CS6-1T (CS6-1)
		630	50	20	
		1000	80	31.5	
		1250	100	40	
		2000	120	50	
GN30-12		400	31.5	12.5	CS6-1T (CS6-1)
		630	50	20	
		1000	80	31.5	
		1250	80	31.5	
JN-35、JN3-35、JN2-10Ⅰ/10Ⅱ、JN3-10	35		50	20	
JN2-10Ⅰ/10Ⅱ、JN3-10、JN4-10、JN7-10	10		80	31.5	
JN15(A)-12	12		100	40	

表 A-6 常用高压熔断器的技术数据

表 A-6-1 XRNT1 型变压器保护用户内高压限流插入式熔断器的技术数据

型号	额定电压/kV	熔断器额定电流/A	熔体额定电流/A	最大分断电流有效值/kA
XRNT1-12	12	63	6.3、10、16、20、25、31.5、40、50、63	50
		125	50、63、80、100、125、	
		200	160、200	
		315	250、315	

表 A-6-2 XRNP 型电压互感器保护用户内高压限流插入式熔断器的技术数据

型号	额定电压/kV	熔断器额定电流/A	熔体额定电流/A	最大分断电流有效值/kA
XRNP1-7.2	7.2	4	0.2、0.3、0.5、1、2、3.15、4	50
XRNP1-12	12	4	0.2、0.3、0.5、1、2、3.15、4	
XRNP1-40.5	40.5	4	0.2、0.3、0.5、1、2、3.15、4	
XRNP2-7.2	7.2	10	0.5、1、2、3.15、5、7.5、10	50
XRNP2-12	12	10	0.5、1、2、3.15、5、7.5、10	
XRNP2-40.5	40.5	5	0.5、1、2、3.15、5	

表 A-6-3 户外高压跌开式熔断器的技术数据

型号	额定电压/kV	额定电流/A	分断电流/kA	分合负荷电流/A
RW3-12	12	100	6.3	—
		200	8.0	
RW11-12		100	6.3	—
		200	12.5	
RW12-12		100	6.3	—
		200	12.5	
RW20-12		100	10	—
		200	12	
RW10-12(F)		100	6.3	100
		200	10	200

表 A-7 常用电流互感器的技术数据

型号	额定一次电流/A	级次组合	额定二次负荷/VA 0.2级	额定二次负荷/VA 0.5级	额定二次负荷/VA 10P级	1s额定短时耐受电流有效值/kA	额定峰值耐受电流/kA
LCZ-40.5(Q)	200	0.2/0.5 0.2/10P 0.5/10P 10P/10P	30	50	50	18	45
	300					24	60
	400					36	90
	600					48	120
	800		50	50	50	48	120

续表

型号	额定一次电流/A	级次组合	额定二次负荷/VA 0.2级	额定二次负荷/VA 0.5级	额定二次负荷/VA 10P级	1s额定短时耐受电流有效值/kA	额定峰值耐受电流/kA
LZZB-40.5	150	0.2/0.5 0.2/3.0 0.2/10P 0.5/10P	30	50	20	13	33.2
	200					19.5	49.7
	300					26	66.3
	400					39	99.5
	500					52	112
LZZBJ9-12	30	0.2/10P 0.5/10P	10	10	15	4.5	11.25
	40					6	15
	50					7.5	18.75
	75					11.25	28.125
	100					15	37.5
	150					22.5	56.25
	200					30	75
	300、400、600					45	112.5
	800、1000、1250		15	15	20	100	250
LMZB6-10	1500	0.5/10P		50	50	50	90
	2000			50	50		
	3000			50	50		
	4000			60	60		
LMZ1-0.66	15、20、30、40、50、75、100、150、200、300、400、500、600	0.5		5		—	—
LMZJ1-0.66	750、800、1000、1500	0.5		10		—	—
LMZJ1-0.66	2000、2500、3000	0.5		15		—	—

表A-8 常用电压互感器的技术数据

型号	额定电压/kV 一次线圈	额定电压/kV 二次线圈	额定电压/kV 剩余电压线圈	准确级额定容量/kVA cosφ=0.8 0.2级	0.5级	1.0级	6P级	热极限输出/VA	额定绝缘水平/kV
JDZ9-6Q	$6/\sqrt{3}$	$0.1/\sqrt{3}$	—	40	120	240	—	600	7.2/32/60
JDZ9-10Q	$10/\sqrt{3}$	$0.1/\sqrt{3}$	—						10/42/75
JDZX9-6Q	$6/\sqrt{3}$	$0.1/\sqrt{3}$	100/3	25	90	180	100	500	7.2/32/60
JDZX9-	$10/\sqrt{3}$	$0.1/\sqrt{3}$	100/3						10/42/75
JDZ9-35	$35/\sqrt{3}$	$0.1/\sqrt{3}$	100/3	30	50	100	—	600	10/42/75
JDZX9-35	$35/\sqrt{3}$	$0.1/\sqrt{3}$	100/3	40	80	100	100	800	40/95/200

表 A-9　常用低压断路器的技术数据

表 A-9-1　CM2 系列塑料外壳式低压断路器的技术数据

型号	壳架等级额定电流 I_{nm}/A	断路器（脱扣器）额定电流 I_n/A	热脱扣器整定电流 I_{r1} 调节范围/A	电磁脱扣器整定电流 I_{r3} 调节范围/A 配电用	电磁脱扣器整定电流 I_{r3} 调节范围/A 电动机保护用	额定短路分断能力 I_{cs}/kA
CM2-63 L	63	10	10 I_n	10I_n±20%	12I_n±20%	35
CM2-63M	63	16、20、25、32	(0.8-0.9-1.0) I_n	10I_n±20%	12I_n±20%	50
CM2-63H	63	40、50、63	(0.8-0.9-1.0) I_n	10I_n±20%	12I_n±20%	70
CM2-125L	125	16、20、25	(0.8-0.9-1.0) I_n			35
CM2-125M	125	32、40、50	(0.8-0.9-1.0) I_n			50
CM2-125H	125	63、80、100、125	(0.8-0.9-1.0) I_n			70
CM2-225L	225	125、140、160 180、200、225	(0.8-0.9-1.0) I_n			35
CM2-225M	225	125、140、160 180、200、225	(0.8-0.9-1.0) I_n			50
CM2-225H	225	125、140、160 180、200、225	(0.8-0.9-1.0) I_n			70
CM2-400L	400	225、250、315 350、400	(0.8-0.9-1.0) I_n	(5-6-7-8-9-10) I_n ±20%	(10-12-14) I_n ±20%	50
CM2-400M	400	225、250、315 350、400	(0.8-0.9-1.0) I_n	(5-6-7-8-9-10) I_n ±20%	(10-12-14) I_n ±20%	70
CM2-400H	400	225、250、315 350、400	(0.8-0.9-1.0) I_n	(5-6-7-8-9-10) I_n ±20%	(10-12-14) I_n ±20%	75
CM2-630L	630	400、500、630	(0.8-0.9-1.0) I_n			50
CM2-630M	630	400、500、630	(0.8-0.9-1.0) I_n			70
CM2-630H	630	400、500、630	(0.8-0.9-1.0) I_n			75

注：① 按短路分断能力，CM2 系列断路器分 3 个级别：L 代表标准型，M 代表较高分断型，H 代表高分断型。
②CM2 系列断路器、热脱扣器具有反时限特性，电磁脱扣器为瞬时动作。

表 A-9-2　配电用 CM2 系列断路器保护特性数据

壳架等级额定电流 I_{nm}/A	断路器（脱扣器）额定电流 I_n/A	热脱扣器 1.05I_{r1}（冷态）不动作时间/h	热脱扣器 1.30I_{r1}（热态）不动作时间/h	电磁脱扣器动作电流 I_{r3}/A
63	10≤I_n≤63	1 小时内不动作	≤1	10 I_n±20%
125	10≤I_n<63	1 小时内不动作	≤1	10 I_n±20%
125	I_n=63	1 小时内不动作	≤1	10 I_n±20%
125	63<I_n≤125	2 小时内不动作	≤2	(5-6-7-8-9-10)I_n ±20%
225	125≤I_n≤225	2 小时内不动作	≤2	(5-6-7-8-9-10)I_n ±20%
400	225≤I_n≤400	2 小时内不动作	≤2	(5-6-7-8-9-10)I_n ±20%
630	400<I_n≤630	2 小时内不动作	≤2	(5-6-7-8-9-10)I_n ±20%

表 A-9-3 电动机保护用 CM2 系列断路器保护特性数据

壳架等级额定电流 I_{nm}/A	断路器（脱扣器）额定电流 I_n/A	热动型脱扣器					电磁脱扣器动作电流 I_{r3}/A
		$1.0I_{r1}$ 不动作时间（冷态）/h	$1.20I_{r1}$ 不动作时间（热态）/h	$1.50I_{r1}$ 不动作时间（热态）/min	$7.2I_{r1}$ 不动作时间（冷态）/min	脱扣级别	
63	$10 \leq I_n \leq 63$	2 小时内不动作	≤ 2	≤ 4	$4 < T_1 \leq 10$	10	$10 I_n \pm 20\%$
125	$16 \leq I_n < 63$						
	$63 \leq I_n \leq 125$						
225	$125 \leq I_n \leq 225$						(10-12-14)$I_n \pm 20\%$
400	$225 \leq I_n \leq 400$			≤ 8	$6 < T_1 \leq 20$	20	
630	$400 \leq I_n \leq 630$						

表 A-9-4 CM2 系列断路器脱扣器方式及内部附件代号

脱扣器方式及内部附件代号	附件名称	脱扣器方式及内部附件代号	附件名称
208、308	报警触头	270、370	欠电压脱扣器，辅助触头
210、310	分励脱扣器	218、318	分励脱扣器，报警触头
220、320	辅助触头	228、328	辅助触头，报警触头
230、330	欠电压脱扣器	238、338	欠电压脱扣器，报警触头
240、340	分励脱扣器，辅助触头	248、348	分励脱扣器，辅助触头，报警触头
250、350	分励脱扣器，欠电压脱扣器	268、368	两组辅助触头，报警触头
260、360	两组辅助触头	278、378	欠电压脱扣器，辅助触头，报警触头

注：① CM2 系列断路器脱扣器方式及内部附件代号用 3 位数表示，第一位数表示过电流脱扣器形式，后两位数表示内部附件形式。200 表示 CM2 断路器仅有电磁脱扣器，300 表示 CM2 断路器带有热动-电磁脱扣器。
② 对CM2-400及CM2-630，其中248、348、278、378规格中辅助触头为一对触头（即一常开一常闭），268、368规格中的辅助触头为三对触头（即三常开三常闭）。
③ 对CM2-63、CM2-125及CM2-225，其中220、320、240、340、270、370规格中辅助触头可供两对触头（即二常开二常闭），260、360可供三对触头（即三常开三常闭）。

表 A-9-5 CW2 系列智能型万能式低压断路器的技术数据

型号	壳架等级额定电流 I_{nm}/A	断路器（脱扣器）额定电流 I_n/A	额定短路分断能力 I_{cs}/kA		1s 额定短时耐受电流 I_{cw}/kA	
			400V	690V	400V	690V
CW2-1600	1600	200、400、630、800、1000、1250、1600	50	25	42（0.5s）	25（0.5s）
CW2-2000	2000	630、800、1000、1250、1600、2000	80	50	60	40
CW2-2500	2500	1250、1600、2000、2500	85	50	65	50
CW2-4000	4000	2000、2500、2900、3200、3600、4000	100	75	85	75
CW2-6300	6300	4000、5000、6300	120	85	100	85

注：① CW2 系列智能型断路器智能控制器有 L25、M25、M26、H26、P25、P26 型，具有过电流保护、负荷监控、显示和测量、报警及指示、故障记忆、自诊断、谐波分析等功能。
② I_n=200、400、630、800、1000，断路器具有电动机保护型，其 U_n=400V。

表 A-9-6　CW2 系列长延时反时限动作特性数据

整定电流 I_{r1} 调整范围		L25 型	(0.65～1)I_n 按每级 5%递变调整				
		M25、M26、H26、P25、P26 型	(0.4～1)I_n 按每级 10A 递变调整				
动作时间允许误差 ±15%	电流	动作时间					
^	1.05 I_{r1}	2h 内不动作					
^	1.3 I_{r1}	<1h 动作					
^	1.5 I_{r1}	整定时间 t_1/s	15	30	60	120	240	480
^	2.05 I_{r1}	动作时间/s	8.4	16.9	33.7	67.5	135	270
^	6.05 I_{r1}	动作时间/s	0.94	1.88	3.75	7.5	15	30
^	7.2 I_{r1}	动作时间/s	0.65	1.3	2.6	5.2	10	21
脱扣级别				10	10	20	30
热模拟功能		≤10min（断电可清除）					

注：①长延时反时限动作特性以 1.5I_{r1} 的整定时间 t_1 为基准；②脱扣级别对应于电动机保护型断路器。

表 A-9-7　CW2 系列短延时动作特性数据

整定电流 I_{r2} 调整范围			L25 型	(1.5～10)I_{r1}+OFF 按 1.5、2、3、4、5、6、8、10 倍 I_{r1} 递变调整			
			M25、M26、H26、P25、P26 型	(0.4～15)I_{r1}+OFF 按每级 20A 递变调整			
动作时间允许误差±10%	$I≥I_{r2}$，$I≤8I_{r1}$		电流	动作时间			
^	^		反时限	$T_2=(8I_{r1})^2t_2/I^2$			
动作时间允许误差±15%	$I≥I_{r2}$，$I>8I_{r1}$ 或 $I≥I_{r2}$，$I≤8I_{r1}$ 反时限 OFF 时		定时限	整定时间 t_2/s	0.1	0.2	0.3	0.4
^	^		^	可返回时间/s	0.06	0.14	0.23	0.35
热模拟功能				≤5min（断电可清除）			

注：在低倍数电流时为反时限特性；当过载电流大于 8I_{r1} 时，自动转换为定时限特性。短延时特性可"OFF"，此时呈定时限特性。

表 A-9-8　CW2 系列瞬时动作特性数据

整定电流 I_{r3} 调整范围（动作时间允许误差±15%）	L25 型	(3～15)I_{r1} 按 3、4、5、8、10、12、15 倍 I_{r1} 递变调整
^	M25、M26、H26、P25、P26 型	1.6～35kA(CW2-1600)+OFF 2～50kA(CW2-2000)+OFF 2.5～50kA(CW2-2500)+OFF 4～65kA(CW2-4000)+OFF 6.3～80kA(CW2-6300)+OFF 按每级 100A 递变调整

表 A-10　常用低压熔断器的技术数据

型号	额定电压/V	额定电流/A		最大分断电流/kA
^	^	熔断器	熔体	^
RT14	交流 500	20	2、4、6、8、10、2、16、20	100
^	^	32	2、4、6、8、10、12、16、20、25、32	^
^	^	63	16、20、25、32、40、50、63	^

续表

型号	额定电压/V	额定电流/A 熔断器	额定电流/A 熔体	最大分断电流/kA
RT16	交流500、660	100	4、6、10、16、20、25、32、40、50、63、80、100	120（500V） 50（660V）
		160	4、6、10、16、20、25、32、40、50、63、80、100、125、160	
		250	80、100、125、160、200、250	
		400	125、160、200、250、315、400	
		630	315、400、500、630	
RT18	交流500	32	2、4、6、10、16、20、25、32	50
		63	2、4、6、10、16、20、25、32、40、50、63	
RT19		16	2、4、6、8、10、16	50
		63	10、16、20、25、32、40、63	
		125	25、32、40、50、63、80、100、125	
RT20		160	4、6、10、16、20、25、32、40、50、63、80、100、125、160	120
		250	80、100、125、160、200、250	
		400	125、160、200、250、315、400	
		630	315、400、500、630	
RL6	交流500	16	2、6、10、16	50
		25	2、6、10、16、20、25	
		63	20、25、32、40、50、63	
		100	50、63、80、100	

表A-11 常用裸导体和矩形导体允许载流量

表A-11-1 铝及钢芯铝导体的允许载流量（环境温度+25℃，最高允许温度+70℃）

导线截面/mm²	LJ型铝绞线 不同环境温度的载流量/A				LGJ钢芯铝绞线			
	25℃	30℃	35℃	40℃	25℃	30℃	35℃	40℃
16	105	99	92	85	105	98	92	85
25	135	127	119	109	135	127	119	109
35	170	160	150	138	170	159	149	137
50	215	202	189	174	220	207	193	178
70	265	249	233	215	275	259	228	222
95	325	305	286	247	335	315	295	272
120	375	352	330	304	380	357	335	307
150	440	414	387	356	445	418	391	360
185	500	470	440	405	515	484	453	416
240	610	574	536	494	610	574	536	494
300	680	640	597	550	700	658	615	566

表 A-11-2　单片涂漆矩形导体立放时允许载流量（最高允许温度+70℃）

矩形导体尺寸（宽×厚）/mm²	铝导体（LMY）载流量/A 环境温度 25℃	30℃	35℃	40℃	铜导体（TMY）载流量/A 环境温度 25℃	30℃	35℃	40℃
40×4	480	451	422	389	625	587	550	506
40×5	540	507	475	483	700	659	615	567
50×5	665	625	585	593	860	809	756	697
50×6.3	740	695	651	600	955	898	840	774
63×6.3	870	818	765	705	1125	1056	990	912
63×8	1025	965	902	831	1320	1240	1160	1070
63×10	1155	1085	1016	936	1475	1388	1300	1195
80×6.3	1150	1080	1010	932	1480	1390	1300	1200
80×8	1320	1240	1160	1070	1690	1590	1490	1370
80×10	1480	1390	1300	1200	1900	1786	1670	1540
100×6.3	1425	1340	1155	1455	1810	1700	1590	1470
100×8	1625	1530	1430	1315	2080	1955	1830	1685
100×10	1820	1710	1600	1475	2310	2170	2030	1870
125×8	1900	1785	1670	1540	2400	2255	2110	1945
125×10	2070	1945	1820	1680	2650	2490	2330	2150

注：矩形导体平放，当宽为 63mm 以下时，载流量应乘 95%，当宽为 63mm 以上时，载流量应乘 92%。

表 A-12　绝缘导体的允许载流量

表 A-12-1　聚氯乙烯绝缘铜导体明敷允许载流量(最高允许温度+70℃)　　　（单位：A）

导体截面/mm²	环境温度 25℃	30℃	35℃	导体截面/mm²	环境温度 25℃	30℃	35℃
1				35	192	181	170
1.5	25	24	23	50	232	219	206
2.5	34	32	30	70	298	281	264
4	45	42	40	95	361	341	321
6	58	55	52	120	420	396	372
10	80	75	71	150	483	456	429
16	111	105	99	185	552	521	490
25	155	146	137	240	652	615	578

表A-12-2 聚氯乙烯绝缘导体穿管允许载流量(最高允许温度+70℃)　　（单位：A）

导体截面/mm²	两根导体 环境温度 25℃	30℃	35℃	管径/mm SC	MT	PC	三根导体 环境温度 25℃	30℃	35℃	管径/mm SC	MT	PC	四根导体 环境温度 25℃	30℃	35℃	管径/mm SC	MT	PC
铝导体																		
2.5	20	19	17	15	16	16	17	17	16	15	16	16	15	15	14	15	19	20
4	27	25	24	15	19	16	23	22	21	15	19	20	21	20	19	20	25	20
6	34	32	30	20	25	20	30	28	26	20	25	20	27	25	24	20	25	25
10	47	44	41	20	25	20	41	39	37	25	32	25	37	35	33	25	32	32
16	60	56	52	25	32	25	56	53	50	25	32	32	51	48	45	32	38	32
25	84	79	74	32	38	32	74	70	66	32	38	40	67	63	59	32		40
35	103	97	91	32	38	40	91	86	81	32		40	82	77	72	50		50
50	125	118	103	40	51	50	110	104	98	40		50	100	94	88	50		63
70	159	141	131	50	51	50	141	133	125	50		63	125	118	111	65		63
95	192	181	170	50		63	171	161	151	65		63	154	145	136	65		63
120	223	210	197	65		63	197	186	175	65		80	177	167	157	65		
铜导体																		
1.5	19	18	17	15	16	16	17	16	15	15	16	16	15	14	13	15	16	16
2.5	25	24	23	15	19	20	22	21	20	15	16	20	20	19	18	15	19	20
4	34	32	30	15	19	16	30	28	26	15	19	20	27	25	24	20	25	20
6	43	41	39	20	25	20	38	36	34	20	25	20	34	32	30	20	25	25
10	60	57	54	20	25	25	53	50	47	25	32	25	48	45	42	25	32	32
16	81	76	71	25	32	32	72	68	64	25	32	32	65	61	57	32	38	32
25	107	101	95	32	38	32	94	89	84	32	38	40	85	80	75	32		40
35	133	125	118	32	38		117	100	103	32		40	105	99	93	50		50
50	160	151	142	40		50	142	134	126	40		50	128	121	114	50		63
70	204	192	180	50		50	181	171	161	50		63	163	154	145	65		63
95	246	232	218	50		63	219	207	195	65		63	197	186	175	65		63
120	285	269	253	65		63	253	239	225	65		80	228	215	202	65		

注：① 管径根据GB 50303—2015《建筑电气工程施工质量验收规范》，按导体总面积≤保护管内孔面积的40%计。规定直管长度≤30m，一个弯管长度≤20m，两个弯管长度≤15m，三个弯管长度≤8m。超长应设拉线盒或放大一级管径。
② 表中的SC，焊接钢管，管径按内径计；MT，电线管，管径按外径计；PC，硬塑料管，管径按内径计。

表A-12-3 交联聚氯乙烯及乙丙橡胶绝缘导体穿管允许载流量 (最高允许温度+90℃)　　（单位：A）

导体截面/mm²	两根导体 环境温度 25℃	30℃	35℃	管径/mm SC	MT	PC	三根导体 环境温度 25℃	30℃	35℃	管径/mm SC	MT	PC	四根导体 环境温度 25℃	30℃	35℃	管径/mm SC	MT	PC
铝导体																		
2.5	20	19	17	15	16	16	17	17	16	15	16	16	16	15	14	15	19	20
4	27	25	24	15	19	16	23	22	21	15	19	20	21	20	19	20	25	20
6	34	32	30	20	25	20	30	28	26	20	25	20	27	25	24	20	25	25

· 277 ·

续表

导体截面/mm²	两根导体						三根导体						四根导体					
	环境温度			管径/mm			环境温度			管径/mm			环境温度			管径/mm		
	25℃	30℃	35℃	SC	MT	PC	25℃	30℃	35℃	SC	MT	PC	25℃	30℃	35℃	SC	MT	PC
铝导体																			
10	47	44	41	20	25	20	41	39	37	25	32	25	37	35	33	25	32	32
16	64	60	56	25	32	25	56	53	50	25	32	32	51	48	45	32	38	32
25	84	79	74	32	38	32	74	70	66	32	38	40	67	63	59	32		40
35	103	97	91	32	38	40	91	86	81	32		40	82	77	72	50		50
50	125	118	111	40	51	50	110	104	98	40		50	100	94	88	50		63
70	159	150	141	50	51	50	141	133	125	50		63	125	118	111	65		63
95	192	181	170	50		63	171	161	151	65		63	154	145	136	65		63
120	223	210	197	65		63	197	186	175	65		80	177	167	157	65		
铜导体																			
1.5	24	23	22	15	16	16	21	20	19	15	16	16	19	18	17	15	16	16
2.5	32	31	30	15	16	16	29	28	27	15	16	16	26	25	24	15	19	20
4	44	42	40	15	19	16	38	37	36	15	19	20	34	33	32	20	25	20
6	56	54	52	20	25	20	50	48	46	20	25	20	45	43	41	20	25	25
10	78	75	72	20	25	25	69	66	63	25	32	25	61	59	57	25	32	32
16	104	100	96	25	32	25	92	88	84	25	32	32	82	79	76	32	38	32
25	138	133	128	32	38	32	122	117	112	32	38	40	109	105	101	32		40
35	171	164	157	32	38	40	150	144	138	32		40	135	130	125	50		50
50	206	198	190	40		50	182	175	168	40		50	164	158	152	50		63
70	263	253	242	50		50	231	222	213	50		63	208	200	192	65		63
95	318	306	294	50		63	280	269	258	65		63	252	242	232	65		63
120	368	354	340	65		63	324	312	300	65		80	292	281	270	65		

注：① 管径根据 GB 50303—2015《建筑电气工程施工质量验收规范》，按导体总面积≤保护管内孔面积的40%计。规定直管长度≤30m，一个弯管长度≤20m，两个弯管长度≤15m，一个弯管长度≤8m。超长应设过线盒或放大一级管径。
② 表中的 SC，焊接钢管，管径按内径计；MT，电线管，管径按外径计；PC，硬塑料管，管径按内径计。

表 A-13 电力电缆的允许载流量

表 A-13-1 0.6/1 kV 聚氯乙烯绝缘及护套电力电缆允许载流量(最高允许温度+70℃)　（单位：A）

导体数×截面/mm²		电缆埋地			电缆明敷		
		20℃	25℃	30℃	25℃	30℃	35℃
铝导体	3×2.5+2.5	18	17	16	20	19	18
	3×4+4	24	23	19	28	26	24
	3×6+6	30	29	27	35	33	31
	3×10+10	40	38	36	49	46	43

续表

导体数×截面/mm²		电缆埋地			电缆明敷		
		20℃	25℃	30℃	25℃	30℃	35℃
铝导体	3×16+16	52	49	46	65	61	57
	3×25+16	66	63	59	83	78	73
	3×35+16	80	76	71	102	96	90
	3×50+25	94	89	84	124	117	110
	3×70+35	117	111	104	159	150	141
	3×95+50	138	131	123	194	183	172
	3×120+70	157	149	140	225	212	199
	3×150+70	178	169	158	260	245	230
	3×180+95	200	190	178	297	280	263
	3×240+120	230	219	205	350	330	310
铜导体	3×2.5+2.5	24	23	21	27	25	24
	3×4+4	31	29	28	36	34	32
	3×6+6	39	37	35	46	43	40
	3×10+10	52	49	46	64	60	56
	3×16+16	67	64	60	85	80	75
	3×25+16	86	82	77	107	101	95
	3×35+16	103	98	92	134	126	118
	3×50+25	122	116	109	162	153	144
	3×70+35	151	143	134	208	196	184
	3×95+50	179	170	159	252	238	224
	3×120+70	203	193	181	293	276	259
	3×150+70	230	219	205	338	319	300
	3×180+95	258	245	230	386	364	342
	3×240+120	298	283	265	456	430	404

注：① 电缆埋地载流量，适用于电缆直接埋地或敷设在地下的管道内。
② 电缆明敷载流量为多芯电缆敷设在自由空气中或在有孔托盘、梯架上；当电缆靠墙敷设时，载流量×0.94。

表 A-13-2 交联聚乙烯绝缘聚氯乙烯护套电力电缆允许载流量（最高允许温度+90℃）（单位：A）

电缆额定电压	0.6/1kV(3～4 导体)				6、10kV(3 导体)				35kV(3 导体)			
敷设方式	地中直埋 20℃		空气中敷设 25℃		地中直埋 20℃		空气中敷设 25℃		地中直埋 25℃		空气中敷设 30℃	
导体数×截面/mm²	铝	铜	铝	铜	铝	铜	铝	铜	铝	铜	铝	铜
3×4	29	37	33	44								
3×6	36	46	43	56								
3×10	47	61	60	78								
3×16	61	79	80	104								
3×25	78	101	101	132								
3×35	94	122	125	164	100	129	131	173				—

续表

电缆额定电压	0.6/1kV(3～4 导体)				6、10kV(3 导体)				35kV(3 导体)			
敷设方式	地中直埋 20℃		空气中敷设 25℃		地中直埋 20℃		空气中敷设 25℃		地中直埋 25℃		空气中敷设 30℃	
导体数×截面/mm²	铝	铜	铝	铜	铝	铜	铝	铜	铝	铜	铝	铜
3×50	112	144	152	210	120	153	159	210	100	128	136	179
3×70	138	178	194	269	148	190	204	265	123	159	174	229
3×95	164	211	236	326	177	224	248	322	146	189	211	277
3×120	186	240	274	378	202	255	287	369	166	214	245	322
3×150	210	271	316	436	227	289	322	422	188	242	283	371
3×180	236	304	361	498	255	323	370	480	211	272	323	424
3×240	272	351	425	588	294	375	436	567	243	314	380	500
3×300	308	396	490	678	331	425	499	660	275	353	438	577
3×400					354	463	558	742	314	397	494	651

表 A-13-3　不同环境温度时的导体、电缆载流量校正系数

敷设方式	明敷					埋地				
环境温度	20℃	25℃	30℃	35℃	40℃	10℃	15℃	20℃	25℃	30℃
PVC	1.12	1.06	1.0	0.94	0.87	1.10	1.05	1.0	0.95	0.84
XLEP/EPR	1.08	1.04	1.0	0.96	0.91	1.07	1.04	1.0	0.96	0.93

注：PVC 为聚氯乙烯绝缘导体、聚氯乙烯绝缘及护套电缆；XLEP 为交联聚氯乙烯绝缘导体、交联聚乙烯绝缘电缆；EPR 为乙丙橡胶绝缘导体、乙丙橡胶绝缘电缆。

表 A-13-4　不同土壤热阻系数

分类特征（土壤特性和雨量）	土壤热阻系数/(℃·m/W)
土壤很潮湿，经常下雨。如湿度大于 9%的沙土，湿度大于 14%的沙泥土等	0.8
土壤潮湿，规律性下雨。如湿度为 7%～9%的沙土，湿度为 12%～14%的沙泥土等	1.2
土壤较干燥，雨量不大。如湿度为 8%～12%的沙泥土等	1.6
土壤干燥，少雨。如湿度大于 4%但小于 7%的沙土，湿度为 4%～8%的沙泥土等	2.0
多石地层，非常干燥。如湿度小于 4%的沙土，湿度小于 1%的黏土等	3.0

表 A-13-5　不同土壤热阻系数时的电缆载流量校正系数

土壤热阻系数/(℃·m/W)	1.00	1.20	1.50	2.00	2.50	3.00
电缆穿管埋地	1.18	1.15	1.1	1.05	1.00	0.96
电缆直接埋地	1.30	1.23	1.16	1.06	1.00	0.93

表 A-13-6　电缆埋地多根并列时的载流量校正系数

电缆外皮间距	电缆根数					
	1	2	3	4	5	6
无间隙	1	0.75	0.65	0.60	0.55	0.50
一根电缆外径	1	0.80	0.70	0.60	0.55	0.55
125mm	1	0.85	0.75	0.70	0.65	0.60
250mm	1	0.90	0.80	0.75	0.70	0.70
500mm	1	0.95	0.85	0.80	0.80	0.80

表 A-13-7　电缆空气中单层多根并行敷设时的载流量校正系数

并列根数		1	2	3	4	5	6
电缆中心距	S=d	1.00	0.90	0.85	0.82	0.81	0.80
	S=2d	1.00	1.00	0.98	0.95	0.93	0.90
	S=3d	1.00	1.00	1.00	0.98	0.97	0.96

表 A-13-8　电缆桥架上无间距配置多层并列电缆载流量的校正系数

叠置电缆层数		1	2	3	4
桥架类别	梯架	0.8	0.65	0.55	0.5
	托盘	0.7	0.55	0.5	0.45

表 A-14　导体机械强度最小截面

表 A-14-1　架空裸导体的最小截面

线路类别		导体最小截面/mm²		
		铝及铝合金导体	钢芯铝导体	铜导体
35kV 及以上线路		35	35	35
3～10kV 线路	居民区	35	25	25
	非居民区	25	16	16
低压线路	一般	16	16	16
	与铁路交叉跨越处	35	16	16

表 A-14-2　绝缘导体的最小截面

线路类别			导体最小截面/mm²		
			铜导体软导体	铜导体	铝导体
照明用灯头引下导体		室内	0.5	1.0	2.5
		室外	1.0	1.0	2.5
移动式设备线路		生活用	0.75	—	—
		生产用	1.0	—	—
敷设在绝缘支件上的绝缘导体（L 为支持点间距）	室内	L≤2m	—	1.0	2.5
	室外	L≤2m	—	1.5	10
		2m<L≤6m	—	2.5	10
		6m<L≤15m	—	4	10
		15m<L≤25m	—	6	10
穿管敷设的绝缘导体			1.0	1.0	2.5
沿墙明敷的塑料护套导体			—	1.0	2.5
板孔穿线敷设的绝缘导体			—	1.0(0.75)	2.5
PE 导体和 PEN 导体	有机械保护时		—	1.5	2.5
	无机械保护时	多导体	—	2.5	4
		单导体	—	10	16

表 A-15 导体与电缆的电阻和电抗

表 A-15-1 LJ 型铝导体的电阻和电抗

铝导体型号	LJ-16	LJ-25	LJ-35	LJ-50	LJ-70	LJ-95	LJ-120	LJ-150	LJ-185	LJ-240
电阻/(Ω/km)	1.98	1.28	0.92	0.64	0.46	0.34	0.27	0.21	0.17	0.132
线间几何均距/m	\multicolumn{10}{c}{电抗/(Ω/km)}
0.6	0.358	0.344	0.334	0.323	0.312	0.303	0.295	0.287	0.281	0.273
0.8	0.377	0.362	0.352	0.341	0.330	0.321	0.313	0.305	0.299	0.291
1.0	0.390	0.376	0.366	0.355	0.344	0.335	0.327	0.319	0.313	0.305
1.25	0.404	0.390	0.380	0.369	0.358	0.349	0.341	0.333	0.327	0.319
1.5	0.416	0.402	0.390	0.380	0.369	0.360	0.353	0.345	0.339	0.330
2.0	0.434	0.420	0.410	0.398	0.387	0.378	0.371	0.363	0.356	0.348

表 A-15-2 室内明敷及穿管的绝缘铝、铜导体的电阻和电抗

导体截面 /mm²	铝导体/(Ω/km) 电阻 R_0(65℃)	铝导体 电抗 X_0 导体间距 100mm	铝导体 电抗 X_0 穿管	铜导体/(Ω/km) 电阻 R_0(65℃)	铜导体 电抗 X_0 导体间距 100mm	铜导体 电抗 X_0 穿管
1.5	24.39	0.342	0.14	14.48	0.342	0.14
2.5	14.63	0.327	0.13	8.69	0.327	0.13
4	9.15	0.312	0.12	5.43	0.312	0.12
6	6.10	0.300	0.11	3.62	0.300	0.11
10	3.66	0.280	0.11	2.19	0.280	0.11
16	2.29	0.265	0.10	1.37	0.265	0.10
25	1.48	0.251	0.10	0.88	0.251	0.10
35	1.06	0.241	0.10	0.63	0.241	0.10
50	0.75	0.229	0.09	0.44	0.229	0.09
70	0.53	0.219	0.09	0.32	0.219	0.09
95	0.39	0.206	0.09	0.23	0.206	0.09
120	0.31	0.199	0.08	0.19	0.199	0.08
150	0.25	0.191	0.08	0.15	0.191	0.08
185	0.20	0.184	0.07	0.13	0.184	0.07

表 A-15-3 电力电缆的电阻和电抗

额定截面 /mm²	电阻/(Ω/km) 铝导体电缆 60℃	75℃	80℃	铜导体电缆 60℃	75℃	80℃	电抗/(Ω/km) 纸绝缘三导体电缆 1kV	6 kV	10 kV	塑料三导体电缆 1kV	6 kV	10 kV
2.5	14.38	15.13	—	8.54	8.98	—	0.098	—	—	0.100	—	—
4	8.99	9.45	—	5.34	5.61	—	0.091	—	—	0.093	—	—

续表

额定截面 /mm²	电阻/(Ω/km)						电抗/(Ω/km)					
	铝导体电缆			铜导体电缆			纸绝缘三导体电缆			塑料三导体电缆		
	导体工作温度						额定电压等级					
	60℃	75℃	80℃	60℃	75℃	80℃	1 kV	6 kV	10 kV	1 kV	6 kV	10 kV
6	6.00	6.31	—	3.56	3.75	—	0.087	—	—	0.091	—	—
10	3.60	3.78	—	2.13	2.25	—	0.081	—	—	0.087	—	—
16	2.25	2.36	2.40	1.33	1.40	1.43	0.077	0.099	0.110	0.082	0.124	0.133
25	1.44	1.51	1.54	0.85	0.90	0.91	0.067	0.088	0.098	0.075	0.111	0.120
35	1.03	1.08	1.10	0.61	0.64	0.65	0.065	0.083	0.092	0.073	0.105	0.113
50	0.72	0.76	0.77	0.43	0.45	0.46	0.063	0.079	0.087	0.071	0.099	0.107
70	0.51	0.54	0.56	0.31	0.32	0.33	0.062	0.076	0.083	0.070	0.093	0.101
95	0.38	0.40	0.41	0.23	0.24	0.24	0.062	0.074	0.080	0.070	0.089	0.096
120	0.30	0.31	0.32	0.18	0.19	0.19	0.062	0.072	0.078	0.070	0.087	0.095
150	0.24	0.25	0.26	0.14	0.15	0.15	0.062	0.071	0.077	0.070	0.085	0.093
185	0.20	0.21	0.21	0.12	0.12	0.13	0.062	0.070	0.075	0.070	0.082	0.090
240	0.16	0.16	0.17	0.09	0.10	0.10	0.062	0.069	0.073	0.070	0.080	0.087

表 A-16 电流继电器的技术数据

表 A-16 -1 DL 型电磁式电流继电器的技术数据

型号	最大整定电流/A	长期允许电流/A		动作电流/A		最小整定值时功率消耗/W	返回系数
		线圈串联	线圈并联	线圈串联	线圈并联		
DL-11/0.6，DL-31/0.6	0.6	1	2	0.15～0.3	0.3～0.6	20	≥0.8
DL-11/2，DL31/2	2	4	8	0.5～1	1～2		
DL-11/6，DL-31/6	6	10	20	1.5～3	3～6		
DL-11/10，DL-31/10	10	10	20	2.5～5	5～10		
DL-11/20，DL-31/20	20	15	30	5～10	10～20		
DL-11/50，DL-31/50	50	20	40	12.5～25	25～50		
DL-11/100，DL-31/100	100	20	40	25～50	50～100		
DL-11/200，DL-31/200	200	20	40	50～100	100～200		

表 A-16-2 GL 型感应式电流继电器的技术数据和动作特性曲线

型号	额定电流/A	整定值		速断电流倍数	返回系数
		动作电流/A	10 倍动作电流的动作时间/s		
GL-11/10，GL-21/10	10	4, 5, 6, 7, 8, 9, 10	0.5, 1, 2, 3, 4	2～8	≥0.80
GL-11/5，GL-21/5	5	2, 2.5, 3, 3.5, 4, 4.5, 5			
GL-15/10，GL-25/10	10	4, 5, 6, 7, 8, 9, 10	0.5, 1, 2, 3, 4		≥0.80
GL-15/5，GL-25/5	5	2, 2.5, 3, 3.5, 4, 4.5, 5			

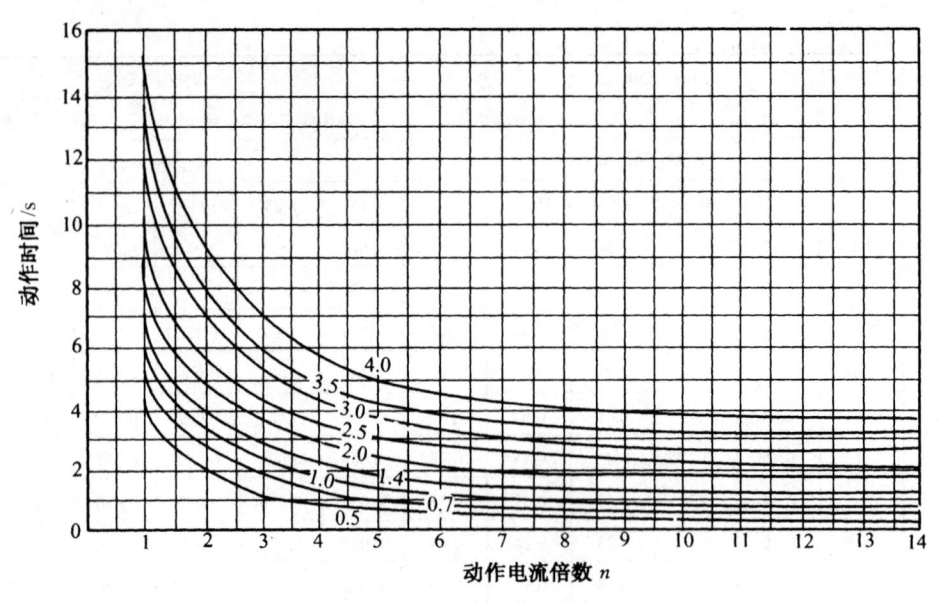

图 A-16-1　动作特性曲线

表 A-16-3　DS 型电磁式时间继电器的技术数据

型号	额定电压/V	动作电压/V	返回电压/V	延时整定范围/s	功率消耗/W
DS-111C	DC 24、48、 110、220	≤70% 额定电压	≥5% 额定电压	0.1～1.3	12
DS-112C				0.25～3.5	
DS-113C				0.5～9	
DS-111，DS-114				0.1～1.3	36
DS-112，DS-115				0.25～3.5	
DS-113，DS-116				0.5～9	
DS-121，DS-124	AC 110、127 220、380	≤85% 额定电压		0.1～1.3	75
DS-122，DS-125				0.25～3.5	
DS-123，DS-126				0.5～9	

表 A-17　接地和防雷技术数据

表 A-17-1　电力装置工作接地电阻要求

序号	电力装置名称	接地的电力装置特点	接地电阻值
1	1kV以上大电流接地系统	仅用于该系统的接地装置	$R_E \leq \dfrac{2000}{I_K^{(1)}}$ 当 $I_K^{(1)} > 4000A$ 时 $R_E \leq 0.5\Omega$
2	1kV以上小电流接地系统	仅用于该系统的接地装置	$R_E \leq \dfrac{250}{I_E}$ 且 $R_E \leq 10\Omega$
3		与1kV以下系统公用的接地装置	$R_E \leq \dfrac{120}{I_E}$ 且 $R_E \leq 10\Omega$

续表

序号	电力装置名称	接地的电力装置特点		接地电阻值
4	1kV以下系统	与总容量在100kVA以上的发电机或变压器相连的接地装置		$R_E \leq 4\Omega$
5		与总容量在100kVA及以下的发电机或变压器相连的接地装置		$R_E \leq 10\Omega$
6		本表序号4装置的重复接地		$R_E \leq 10\Omega$
7		本表序号5装置的重复接地		$R_E \leq 30\Omega$
8	避雷装置	独立避雷针和避雷线		$R_E \leq 10\Omega$
9		变配电所装设的避雷器	与序号4装置公用	$R_E \leq 4\Omega$
10			与序号5装置公用	$R_E \leq 10\Omega$
11		线路上装设的避雷器或保护间隙	与电动机无电气联系	$R_E \leq 10\Omega$
12			与电动机有电气联系	$R_E \leq 5\Omega$
13	防雷建筑物	第一类防雷建筑物		$R_{sh} \leq 10\Omega$
14		第二类防雷建筑物		$R_{sh} \leq 10\Omega$
15		第三类防雷建筑物		$R_{sh} \leq 30\Omega$

注：R_E为工频接地电阻；R_{sh}为冲击接地电阻；$I_K^{(1)}$为流经接地装置的单相短路电流；I_E为单相接地电容电流，按式（1-2）计算。

表A-17-2 土壤电阻度参考值

土壤名称	电阻率/(Ω·m)	土壤名称	电阻率/(Ω·m)
陶黏土	10	砂质黏土、可耕地	100
泥炭、泥灰岩、沼泽地	20	黄土	200
捣碎的木炭	40	含砂黏土、砂土	300
黑土、田园土、陶土	50	多石土壤	400
黏土	60	砂、砂砾	1000

表A-17-3 垂直管形接地体单排敷设时的利用系数（未计入连接扁钢的影响）

管间距离与管子长度之比a/l	管子根数n	利用系数η_E	管间距离与管子长度之比a/l	管子根数n	利用系数η_E
1	2	0.84~0.87	1	5	0.67~0.72
2		0.90~0.92	2		0.79~0.83
3		0.93~0.95	3		0.85~0.88
1	3	0.76~0.80	1	10	0.56~0.62
2		0.85~0.88	2		0.72~0.77
3		0.90~0.92	3		0.79~0.83

表A-17-4 垂直管形接地体环形敷设时的利用系数（未计入连接扁钢的影响）

管间距离与管子长度之比a/l	管子根数n	利用系数η_E	管间距离与管子长度之比a/l	管子根数n	利用系数η_E
1	4	0.66~0.72	1	20	0.44~0.50
2		0.76~0.80	2		0.61~0.66
3		0.84~0.86	3		0.68~0.73
1	6	0.58~0.65	1	30	0.41~0.47
2		0.71~0.75	2		0.58~0.63
3		0.78~0.82	3		0.66~0.71
1	10	0.52~0.58	1	40	0.38~0.44
2		0.66~0.71	2		0.56~0.61
3		0.74~0.78	3		0.64~0.69

表 A-17-5　爆炸性粉尘环境区域的划分和代号

代号	爆炸性粉尘环境特征
0区	正常情况下能形成爆炸性混合物（气体或蒸气爆炸性）的爆炸危险场所
1区	在不正常情况下能形成爆炸性混合物的爆炸危险场所
2区	在不正常情况下能形成爆炸性混合物不可能性较小的爆炸危险场所
10区	在正常情况下能形成粉尘或纤维爆炸性混合物的爆炸危险场所
11区	在不正常情况下能形成粉尘和纤维爆炸性混合物的爆炸危险场所
21区	在生产（使用、加工储存、转运）过程中，闪点高于环境温度的可燃液体，易引起火灾的场所
22区	在生产过程中，粉尘或纤维可燃物不可能爆炸但能引起火灾危险的场所

表 A-18　照明技术数据

表 A-18-1　工业建筑一般照明标准

房间或场所		参考平面及其高度	照度标准值/lx	统一眩光值UGR	照度均匀度U_0	显色指数Ra	照明功率密度/(W/m²) 现行值	照明功率密度/(W/m²) 目标值
变、配电站	配电装置室	0.75m水平面	200	—	0.6	80	≤7.0	≤6.0
	变压器室	地面	100	—	0.6	60	≤4.0	≤3.5
试验室	一般*	0.75m水平面	300	22	0.6	80	≤9.5	≤8.0
	精细*	0.75m水平面	500	19	0.6	80	≤16.0	≤14.0
检验	一般*	0.75m水平面	300	22	0.6	80	≤9.5	≤8.0
	精细，有颜色要求*	0.75m水平面	750	19	0.6	80	≤23.0	≤21.0
计量室，测量室*		0.75m水平面	500	19	0.7	80	≤15.0	≤13.5
电源设备室，发电机室		地面	200	25	0.6	80	≤7.0	≤6.0
控制室	一般控制室	0.75m水平面	300	22	0.6	80	≤9.5	≤8.0
	主控制室	0.75m水平面	500	19	0.6	80	≤15.0	≤13.5
电话站，网络中心		0.75m水平面	500	19	—	80	≤15.0	≤13.5
计算机站**		0.75m水平面	500	19	—	80	≤15.0	≤13.5
动力站	风机房，空调机房	地面	100		0.6	60	≤4.0	≤3.5
	泵站	地面	100		0.6	60	≤4.0	≤3.5
	压缩空气站	地面	150		0.6	60	≤6.0	≤5.0
	锅炉房***	地面	100		0.6	60	≤5.0	≤4.5
仓库	大件库	1.0m水平面	50		0.4	20	≤2.5	≤2.0
	一般件库	1.0m水平面	100		0.6	60	≤4.0	≤3.5
	精细件库****	1.0m水平面	200		0.6	60	≤7.0	≤6.0
机械加工	粗加工*	0.75m水平面	200	22	0.4	60	≤7.5	≤6.5
	一般加工公差≥0.1mm*	0.75m水平面	300	22	0.6	60	≤11.0	≤10.0
	精密加工公差＜0.1mm*	0.75m水平面	500	19	0.7	60	≤17.0	≤15.0
冲压，剪切，钣金		0.75m水平面	300		0.6	60	≤11.0	≤10.0

续表

房间或场所		参考平面及其高度	照度标准值/lx	统一眩光值UGR	照度均匀度U₀	显色指数Ra	照明功率密度/(W/m²)	
							现行值	目标值
热处理		地面至0.5m水平面	200	—	0.6	60	≤7.5	≤6.5
锻工		地面至0.5m水平面	200	—	0.6	60	≤8.0	≤7.0
精密铸造的制模、脱壳		地面至0.5m水平面	500	25	0.6	60	≤17.0	≤15.0
铸造	熔化、浇铸	地面至0.5m水平面	200	—	0.6	60	≤9.0	≤8.0
	造型	地面至0.5m水平面	300	25	0.6	60	≤13.0	≤12.0
焊接	一般	0.75m水平面	200	—	0.6	60	≤7.5	≤6.5
	精密	0.75m水平面	300	—	0.7	60	≤11.0	≤10.0
电线、电缆制造		0.75m水平面	300	25	0.6	60	≤11.0	≤10.0
机电修理	一般*	0.75m水平面	200	—	0.6	60	≤7.5	≤6.5
	精密*	0.75m水平面	300	22	0.7	60	≤11.0	≤10.0
仪表装配	一般*	0.75m水平面	300	25	—	80	≤11.0	≤10.0
	精密*	0.75m水平面	500	22	—	80	≤17.0	≤15.0

注：* 可加装局部照明；** 防光幕反射；*** 锅炉水位表照度≥50lx；**** 货架垂直≥50lx。

表 A-18-2　公共建筑、公共场所及居住建筑照度标准

房间或场所		参考平面及其高度	照度标准值/lx	统一眩光值UGR	照度均匀度U₀	显色指数Ra	照明功率密度/(W/m²)	
							现行值	目标值
公共建筑	普通办公室	0.75m水平面	300	19	0.6	80	≤15.0	≤13.5
	高档办公室	0.75m水平面	500	19	0.6	60	≤15.0	≤13.5
	会议室	0.75m水平面	300	19	0.6	80	≤9.0	≤8.0
	设计室	实际工作面	500	19	0.6	80	≤15.0	≤13.5
	资料、档案室	0.75m水平面	200	—	0.4	80	≤7.0	≤6.0
教育建筑	教室*、阅览室	课桌面	300	19	0.6	80	≤9.0	≤8.0
	实验室	实验桌面	300	19	0.6	80	≤9.0	≤8.0
	多媒体教室	0.75m水平面	300	19	0.6	80	≤9.0	≤8.0
	教室黑板	黑板面	500**	—	0.7	80	—	—
图书馆建筑	一般阅览室、多媒体阅览室	0.75m水平面	300	19	0.6	80	≤9.0	≤8.0
	老年阅览室、珍善本阅览室	0.75m水平面	500	19	0.6	80	≤15.0	≤13.5
	陈列室、目录室	0.75m水平面	300	19	0.6	80	≤11.0	≤10.0
	书库	0.75m水平面	50	0.4	0.4	80	≤6.0	≤5.0
公共场所	门厅 普通	地面	100	—	0.4	60	≤6.0	≤5.0
	门厅 高档	地面	200	—	0.6	80	≤11.0	≤10.0
	走廊、流动区域、楼梯间 普通	地面	50	25	0.4	60	≤2.5	≤2.0
	走廊、流动区域、楼梯间 高档	地面	100	25	0.6	80	≤4.0	≤3.5
	自动扶梯	地面	150	—	0.6	60	≤3.5	≤3.0
	厕所、洗手间、浴室 普通	地面	75	—	0.4	60	≤3.5	≤3.0
	厕所、洗手间、浴室 高档	地面	150	—	0.6	80	≤7.5	≤6.5
	休息室	地面	100	22	0.4	80	≤11.0	≤10.0
	车库 停车间	地面	50	—	—	60	≤3.5	≤3.0
	车库 检修间	地面	200	25	—	80	≤7.5	≤6.5

续表

房间或场所		参考平面及其高度	照度标准值/lx	统一眩光值UGR	照度均匀度U₀	显色指数Ra	照明功率密度/(W/m²)	
							现行值	目标值
居住建筑	起居室 一般活动	0.75m水平面	100	—	—	80	≤6.0	≤5.0
	起居室 书写、阅读	0.75m水平面	300*	—	—	80	≤6.0	≤5.0
	卧室 一般活动	0.75m水平面	75	—	—	80	≤6.0	≤5.0
	卧室 床头、阅读	0.75m水平面	150*	—	—	80	≤6.0	≤5.0
	餐厅	0.75m水平面	150	—	—	80	6.0	≤5.0
	厨房 一般活动	0.75m水平面	100	—	—	80	6.0	≤5.0
	厨房 操作台	台面	150*	—	—	80	6.0	≤5.0
	卫生间	0.75m水平面	100	—	—	80	6.0	
	电梯前厅	地面	75	—	—	60	3.5	≤3.0
	走道、楼梯间	地面	75	—	—	60	2.5	≤2.0
	车库	地面	30	—	—	60	2.0	≤1.5

注：* 不包括教室黑板专用灯功率；** 混合功率。

表 A-18-3 T8 三基色高效节能直管形荧光灯技术数据

型号	功率/W	光通量/lm	显色指数Ra	色温/K	管径/mm	管长/mm	平均寿命/h	灯头
F15T8/865	15	950	82	6500	26	437.4	10000	G3
F15T8/840	15	950	82	4000	26	437.4	10000	G3
F15T8/827	15	950	82	2700	26	437.4	10000	G3
F18T8/865	18	1300	82	6500	26	589.8	10000	G3
F18T8/840	18	1350	82	4000	26	589.8	10000	G3
F18T8/827	18	1350	82	2700	26	589.8	10000	G3
F30T8/865	30	2265	82	6500	26	894.6	12000	G3
F30T8/840	30	2450	82	4000	26	894.6	12000	G3
F30T8/827	30	2550	82	2700	26	894.6	12000	G3
F36T8/865	36	3150	82	6500	26	1199.4	12000	G3
F36T8/840	36	3150	82	4000	26	1199.4	12000	G3
F36T8/827	36	3250	82	2700	26	1199.4	12000	G3
F58T8/865	58	5100	82	6500	26	1500	12000	G3
F58T8/840	58	5100	82	4000	26	1500	12000	G3
F58T8/827	58	5450	82	2700	26	1500	12000	G3

注：表中为佛山照明公司产品数据。

表 A-18-4 蝠翼式 36W 荧光灯的利用系数表(最大距高比 l/h=1.8,效率为 82%)

顶棚反射比		0.7				0.5				0.3				0
墙面反射比		0.7	0.5	0.3	0.1	0.7	0.5	0.3	0.1	0.7	0.5	0.3	0.1	0
室空间系数 K_{RC}	1	0.89	0.86	0.83	0.81	0.85	0.82	0.80	0.78	0.81	0.79	0.78	0.76	0.72
	2	0.82	0.77	0.73	0.70	0.79	0.75	0.71	0.68	0.75	0.72	0.69	0.66	0.63
	3	0.76	0.69	0.64	0.60	0.72	0.67	0.62	0.59	0.69	0.65	0.61	0.58	0.55
	4	0.70	0.62	0.57	0.52	0.67	0.60	0.55	0.51	0.64	0.59	0.54	0.51	0.48
	5	0.65	0.56	0.50	0.45	0.62	0.54	0.49	0.45	0.59	0.53	0.48	0.44	0.42

续表

顶棚反射比		0.7				0.5				0.3				0
墙面反射比		0.7	0.5	0.3	0.1	0.7	0.5	0.3	0.1	0.7	0.5	0.3	0.1	0
室空间系数 K_{RC}	6	0.59	0.50	0.44	0.39	0.57	0.49	0.43	0.39	0.54	0.47	0.42	0.38	0.36
	7	0.56	0.45	0.38	0.33	0.52	0.33	0.37	0.33	0.50	0.42	0.37	0.33	0.31
	8	0.50	0.40	0.33	0.29	0.48	0.39	0.33	0.29	0.46	0.38	0.33	0.29	0.27
	9	0.46	0.36	0.30	0.25	0.42	0.35	0.29	0.25	0.42	0.34	0.29	0.25	0.23
	10	0.43	0.32	0.26	0.22	0.41	0.32	0.26	0.22	0.39	0.31	0.26	0.22	0.20

表 A-18-5 FAC42601P 型嵌入式下开放式
(2×36W)荧光灯具的利用系数表(最大距高比 l/h=1.29, 效率为 76%)

顶棚反射比		0.7				0.5				0.3				0
墙面反射比		0.7	0.5	0.3	0.1	0.7	0.5	0.3	0.1	0.7	0.5	0.3	0.1	0
地面反射比		0.1				0.1				0.1				0
室空间系数 K_{RC}	1	0.77	0.75	0.73	0.71	0.75	0.73	0.72	0.70	0.73	0.72	0.70	0.69	0.67
	1.25	0.76	0.73	0.71	0.69	0.74	0.72	0.70	0.68	0.72	0.70	0.68	0.67	0.65
	1.67	0.74	0.70	0.68	0.65	0.71	0.69	0.66	0.64	0.70	0.67	0.65	0.63	0.62
	2	0.72	0.68	0.65	0.62	0.70	0.67	0.64	0.62	0.68	0.65	0.63	0.61	0.59
	2.5	0.69	0.65	0.62	0.58	0.67	0.64	0.61	0.58	0.65	0.62	0.60	0.57	0.56
	3.3	0.66	0.60	0.56	0.53	0.63	0.59	0.55	0.52	0.61	0.58	0.54	0.52	0.50
	4	0.63	0.57	0.52	0.48	0.61	0.56	0.51	0.48	0.59	0.54	0.51	0.48	0.46
	5	0.58	0.51	0.46	0.43	0.56	0.50	0.46	0.42	0.54	0.49	0.45	0.42	0.41
	6.25	0.53	0.46	0.40	0.37	0.51	0.45	0.40	0.36	0.49	0.44	0.39	0.36	0.35
	8.33	0.45	0.37	0.32	0.28	0.43	0.36	0.31	0.28	0.42	0.35	0.31	0.28	0.26

表 A-18-6 BGK288/250+ZG 型中天棚悬挂式(250W 钠灯)中配光工矿灯具的利用系数表(效率为 66.9%)

顶棚反射比		0.7			0.5			0.3			0.1			0
墙面反射比		0.5	0.3	0.1	0.5	0.3	0.1	0.5	0.3	0.1	0.5	0.3	0.1	0.1
地面反射比		0.2			0.2			0.2			0.2			0.2
室空间系数 K_{RC}	0	0.77	0.77	0.77	0.73	0.73	0.73	0.70	0.70	0.70	0.67	0.67	0.67	0.66
	1	0.69	0.67	0.66	0.67	0.65	0.64	0.64	0.63	0.62	0.62	0.61	0.60	0.59
	2	0.62	0.59	0.58	0.60	0.57	0.56	0.58	0.56	0.55	0.56	0.54	0.53	0.51
	3	0.56	0.52	0.50	0.54	0.51	0.49	0.53	0.50	0.48	0.51	0.49	0.47	0.45
	4	0.51	0.46	0.44	0.49	0.45	0.43	0.48	0.44	0.43	0.46	0.44	0.42	0.40
	5	0.46	0.41	0.39	0.45	0.41	0.39	0.44	0.40	0.38	0.42	0.39	0.38	0.35
	6	0.42	0.37	0.35	0.41	0.37	0.35	0.40	0.36	0.35	0.39	0.36	0.34	0.32
	7	0.39	0.34	0.32	0.38	0.33	0.32	0.37	0.33	0.31	0.36	0.32	0.31	0.28
	8	0.36	0.31	0.29	0.35	0.30	0.29	0.34	0.30	0.28	0.33	0.30	0.28	0.26
	9	0.33	0.28	0.26	0.32	0.28	0.26	0.31	0.28	0.26	0.31	0.27	0.26	0.23
	10	0.30	0.26	0.24	0.30	0.26	0.24	0.29	0.25	0.24	0.29	0.25	0.24	0.21

附录 B 常用文字符号表

1. 电气设备文字符号表

设备名称	文字符号	英文名	旧符号
装备，设备	A	device, equipment	—
备用电源自动投入装置	APD	reserve-source auto-put into device	BZT
自动重合闸装置	ARD	auto-reclosing device	ZCH
照明配电箱	AL	lighting distribution box	MX
电力配电箱	AP	power distribution box	DX
电容器	C	capacitor, electric capacity	C
照明器	EL	lamping, lighting	ZMQ
避雷器	F	arrester	BL
熔断器	FU	fuse	RD
跌开式熔断器	FD	drop-out fuse	RD
发电机	G	generator	F
蓄电池	GB	battery	XDC
电铃	HA	electric bell	DL
电笛	HB	electric alarm whistle	DD
高压配电所	HDS	high voltage distribution substation	GPS
车间变电所	STS	shop transformer substation	CBS
总降压变电所	HSS	head step-down substation	GPS
绿色指示灯	HG	green lamp	LD
红色指示灯	HR	red lamp	HD
白色指示灯	HW	white lamp	BD
黄色指示灯	HY	yellow lamp	WD
继电器	K	relay	J
电流继电器	KA	current relay	LJ
重合闸继电器	KAR	auto-reclosing relay	ZCJ
差动继电器	KD	differential relay	CJ
闪光继电器	KF	flash-light relay	SGJ
气体继电器	KG	gas relay	WSJ
热继电器	KH	thermal eletrical relay	RJ
冲击继电器	KI	impulse relay	CJJ
中间继电器	KM	auxiliary relay	ZJ
接触器	KM	contactor	CJ、C
防跳继电器	KTL	latching trip relay	TBJ
干簧继电器	KR	reed relay	GHJ
信号继电器	KS	signal relay	XJ
接地继电器	KE	earthing relay	JDJ
时间继电器	KT	time-delay relay	SJ
电压继电器	KV	voltage relay	YJ
电抗器	L	inductive coil reactor	DK

设备名称	文字符号	英文名	旧符号
电动机	M	motor	D
保护线	PE	protecive wire	—
保护中性线	PEN	protective neutral wire	N
中性线	N	neutral wire	N
电流表	PA	ammeter	A
电压表	PV	voltmeter	V
功率表	PP	power meter	W
电能表	PJ	watt hour meter	WH
无功功率表	PR	reactive power meter	VAR
无功电能表	PRJ	reactive volt-ampere-hour meter	VARH
电力开关	Q	switch	DK
断路器	QF	circuit breaker	DL
刀开关	QK	knife switch	DK
低压断路器（自动开关）	QF	low-voltage circuit-breaker	ZK
负荷开关	QL	load breaking switch	HK
隔离开关	QS	disconnector	G
电阻器、变阻器	R	resistor	R
系统	S	system	S
控制开关	SA	control switch	KK
选择开关	SA	selector switch	XK
按钮	SB	button	YA
位置开关、限位开关	SQ	limit switch	XK
变压器	T	transformer	B
有载调压变压器	TLC	on-load tap-changing transformer	ZTB
电流互感器	TA	current transformer	LH
零序电流互感器	TAZ	zero current transformer	ZLH
电压互感器	TV	voltage transformer	YH
整流器	U	rectifier	AL
二极管	V	diode	D
事故音响母线	WAS	accident sound signal small busbar	SYM
母线	WB	busbar	M
控制小母线	WC	control small busbar	KM
熔断器报警母线	WF	fuse forecast signal busbar	RBM
预报信号小母线	WFS	forecast signal busbar	YBM
闪光信号小母线	WF	flash light signal busbar	SM
线路	WL	line, wire	L
合闸小母线	WO	switch-on busbar	HM
信号小母线	WS	signal small busbar	XM
掉牌未复归光字牌母线	WT	light-word-plate busbar for plate no reset	PM
端子排	X	terminal block	D
连接片	XB	link	LP
合闸线圈	YO	closing operation coil	HQ
跳闸线圈	YR	release operation coil	TQ

2. 下标文字符号表

名称	文字符号	英文名	旧符号
年	a	year, annual	n
有功	a	active	yg
无功	r	reactive	wg
允许	al	allowable	yx
平均	av	average	pj
平衡	ba	balance	ph
不平衡	ub	unbalance	bp
镇流器损耗	bl	ballast loss	
电容，电容器	C	electric capacity, capacitor	C
计算	c	calculate	js
顶棚，天花板	c	ceiling	P
补偿	c	compensation	
电缆	cab	cable	L
额定运行短路分段能力	cs	operating short-circuit breaking capacity	oc
需要	d	demand	x
基准	d	datum	j
差动	d	differential	
地，接地	E	earth, earthing	d, jd
设备	e	equipment	S
有效的	e	efficient	yx
经济	ec	economic	ji, j
等效的	eq	equivalent	dx
动稳定	es	electrodynamic stable	dw
热稳定	th	thermal stability	
熔断器	FU	fuse	RD
熔体	FE	fuse element	RL
地面	f	floor	d
发电机	G	generator	F
电动机	M	motor	D
谐波	h	harmonic	
电流	i	current	i
电压	u	voltage	u
投资	I	investment	t
假想的	ima	imaginary	jx
偏移	inc	inclined	py
瞬时	i	instantaneous	o
瞬时电流速断	ioc	instantaneous over current	qb
时限电流速断	tioc	time instantaneous over current	
短路	K	short-circuit	d
继电器	KA	relay	J
电感	L	inductance	L
负荷	L	load	H
线	l	line	l
长延时	l	long-delay	l
短延时	s	short-delay	s

名称	文字符号	英文名	旧符号
维护	m	maintenance	w
人工的	man	manual	rg
幅值	m	peak value	m
最大	max	maximum	max
最小	min	minimum	min
额定，标称	N	rated, nominal	e
自然的	nat	natural	zr
非周期性的	np	non-periodic	f-zq
过电流	oc	over current	gl
过负荷	OL	over-load	gh
架空线路	oh	over-head line	K
动作，运行	op	operating, operation	dz
过电流脱扣器	OR	over-current release	TQ
有功功率	p	active power	p
无功功率	q	reactive power	q
周期性的	p	periodic	zq
尖峰	pk	peak	jf
断路器	QF	circuit-breaker	DL
可靠（性）	rel	reliability	k
室空间	RC	room cabin	RC
返回	re	returning	f
系统	S	system	XT
灵敏系数	s	sensitivity	s
冲击	sh	shock, impulse	cj,ch
启动	st	start	q,qd
跨步	step	step	kp
变压器	T	transformer	B
时间	t	time	t
接触	tou	touch	jc
热脱扣器	TR	thermal over-load release	R,RT
利用	u	utilize	l
接线	w	wiring	JX
工作	w	working	gz
墙壁	w	wall	q
导线，线路	WL	wire, line	l
（触头）接触	XC	contact	jc
吸收	α	absorption	a
反射	ρ	reflection	ρ
温度	θ	temperature	θ
总和	Σ	total, sum	Σ
透射	τ	transmission	τ
相	φ	phase	φ
零，无，空	0	zero, nothing, empty	0
初始的	0	initial	0
停止，停歇	0	stopping	0
环境	0	environment	0
半小时（最大）	30	30min[maximum]	30

参 考 文 献

[1] 唐志平，邹一琴. 供配电技术. 4版. 北京：电子工业出版社，2019.

[2] 贾渭娟，罗平. 供配电系统. 重庆：重庆大学出版社，2016.

[3] 刘介才. 供配电技术. 4版. 北京：机械工业出版社，2017.

[4] 翁双安. 供配电工程设计指导. 北京：机械工业出版社，2009.

[5] 江萍. 智能建筑供配电系统. 北京：清华大学出版社，2013.

[6] 陈珩. 电力系统稳态分析. 4版. 北京：中国电力出版社，2021.

[7] 陈怡，蒋平，万秋兰，等. 电力系统分析. 2版. 北京：中国电力出版社，2018.

[8] 景敏慧. 变电站电气二次回路及抗干扰. 北京：中国电力出版社，2010.

[9] 张保会，尹项根. 电力系统继电保护. 2版. 北京：中国电力出版社，2009.

[10] 国家电力调度通信中心. 国家电网公司继电保护培训教材. 北京：中国电力出版社，2009.

[11] 俞丽华. 电气照明. 4版. 上海：同济大学出版社，2014.

[12] 王子若. 跨入设计院：建筑电气设计. 北京：中国建筑工业出版社，2018.

[13] 中国航空规划设计研究总院有限公司. 工业与民用供配电设计手册. 4版. 北京：中国电力出版社，2022.

[14] 北京照明学会照明设计专业委员会. 照明设计手册. 3版. 北京：中国电力出版社，2017.

[15] 王建华. 电气工程师手册. 4版. 北京：机械工业出版社，2024.

[16] 覃剑. 智能变电站技术与实践. 北京：中国电力出版社，2012.